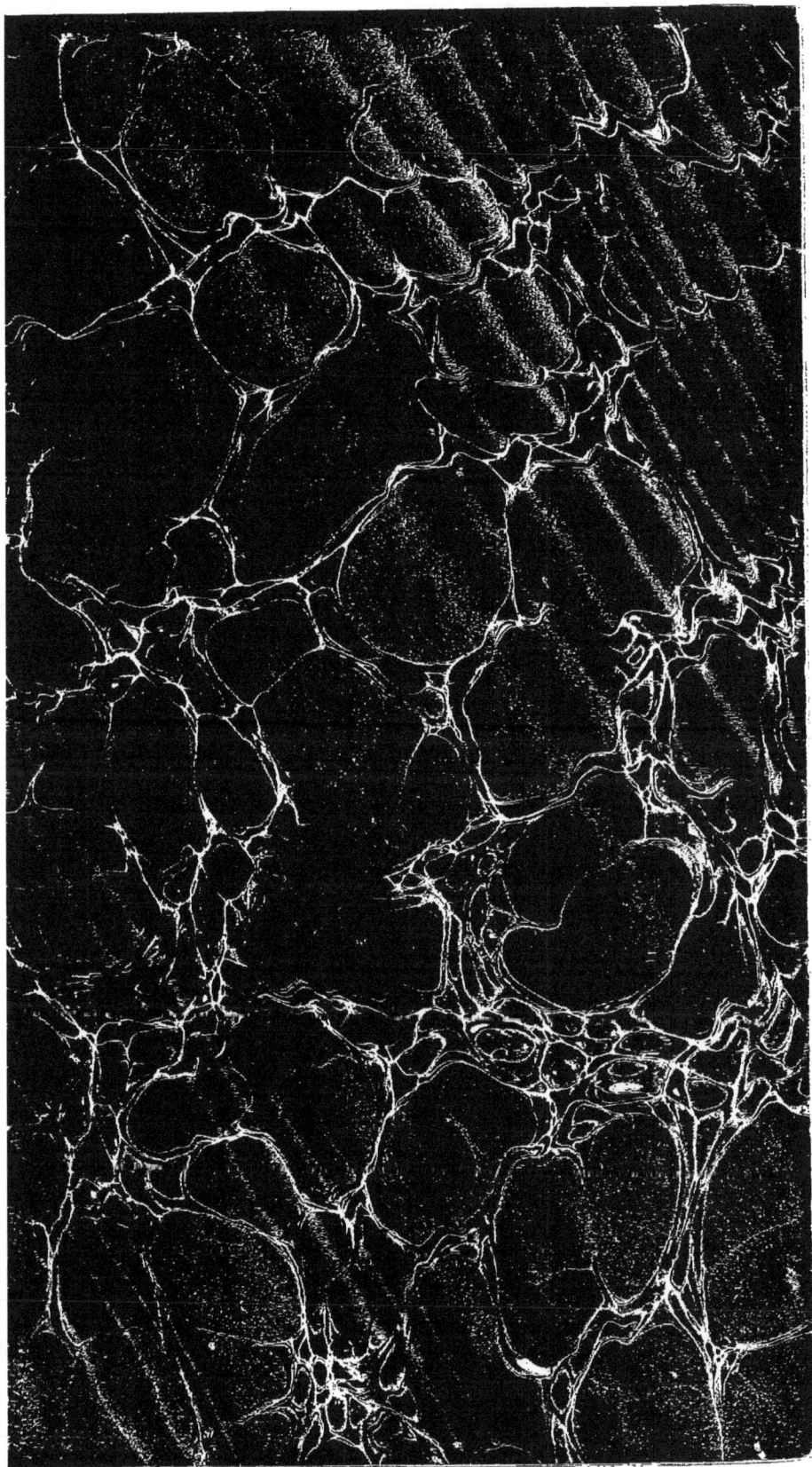

COURS

D'AGRICULTURE

II.

PARIS. — IMPRIMERIE D'E. DUVERGER,

RUE DE VERNEUIL, N° 4.

COURS

D'AGRICULTURE

PAR

LE COMTE DE GASPARIN

PAIR DE FRANCE

MEMBRE DE L'ACADÉMIE DES SCIENCES,
DE LA SOCIÉTÉ ROYALE ET CENTRALE D'AGRICULTURE, ETC.

TOME SECOND

PARIS

A LA LIBRAIRIE AGRICOLE DE LA MAISON RUSTIQUE

QUAI MALAQUAIS, N° 19

EN PROVINCE

Chez tous les Libraires et Correspondants du Comptoir central de la Librairie.

1844

INTRODUCTION

Avec ce volume finit la série des connaissances accessoires à l'agriculture que nous avons résolu de traiter
dans ce cours. Le volume suivant contiendra les premières parties de l'agriculture proprement dite. Nous
n'avons pas cru devoir étendre davantage le cercle de
nos études préliminaires ; nous avons craint de nous
jeter dans des travaux qui auraient retardé l'achèvement
de cet ouvrage qui nous présente déjà tant de difficultés
à surmonter, et nous avons dû choisir celles des sciences
accessoires qui se liaient le plus intimement au sujet
principal, et celles qui jusqu'ici avaient été le plus né-
gligées. Ainsi, après avoir traité de l'agrologie dont nos
devanciers, excepté Thaer, se bornaient à exposer dé-
daigneusement quelques généralités ; après avoir traité
des amendements et des engrais en nous appuyant sur
des travaux récents et justement estimés ; après avoir
épuisé ainsi tout ce qui concerne l'état naturel du sol et
les modifications qu'il faut lui faire subir, nous arrivons
à l'atmosphère, qui est, comme le sol, un des milieux
dans lequel vivent les plantes, et qui doit aussi être
étudiée plus complétement qu'elle ne l'a été jusqu'ici.

Notre propre pratique, les efforts que nous avions été obligé de faire pour nous procurer les notions qui nous manquaient, quand nous avons entrepris l'exploitation agricole, nous avaient appris l'importance de ces deux sciences, l'agrologie et la météorologie, sans lesquelles il est impossible de se rendre compte du moindre des phénomènes agricoles. Déjà dans plusieurs mémoires que nous avons publiés, nous avons montré l'usage que l'on peut en faire, et à quel point elles éclairent toute recherche. Dans celui qui traite de la culture de la garance, l'agrologie est la base d'où partent toutes nos déductions. Nous avons rattaché à la météorologie ce que nous avons écrit sur la culture de l'olivier, sur celle du mûrier et sur les assolements du Midi; nous le demandons à ceux qui voudront relire ces mémoires serions-nous arrivé aux résultats qu'ils présentent, si nous avions été privé du secours que nous ont offert l'agrologie et la météorologie. Il était temps de mettre ces deux instruments de recherche entre les mains de tout le monde pour épargner aux agriculteurs, qui aiment à se rendre compte de leurs opérations, les travaux que leur acquisition nous a coûtés.

L'architecture rurale est un corollaire de la météorologie que nous aurions écarté, si d'un côté nous n'avions trouvé bien incomplets et bien fautifs les ouvrages que l'on a publiés sur cette matière importante, et si de l'autre nous n'avions trouvé en M. Paul de Gasparin, ingénieur des ponts et chaussées, un collaborateur au niveau des connaissances actuelles, et disposé à adopter par son travail la forme et les limites que nous nous sommes prescrites dans le reste de l'ouvrage.

Enfin, la mécanique agricole était le préliminaire indispensable de la culture, et sans elle nous ne pourrions rien établir de certain sur ses résultats économiques; c'est par là que nous terminons ce travail préliminaire.

Quelques mots maintenant sur les parties que nous n'avons pas cru devoir traiter en ce moment. Nous voulons parler de la zootechnie, de l'économie politique et de la législation agricole. Nos études à l'école vétérinaire de Lyon, les ouvrages que nous avons publiés sur plusieurs branches de la zootechnie, et notre longue pratique agricole, nous donnaient le droit de penser que nous aurions pu entreprendre de développer l'état actuel de cette science; mais nous avons cru que cette étude importante ne devait pas être traitée par occasion, et abrégée comme elle l'aurait été nécessairement dans un ouvrage où elle ne figurerait que comme accessoire. L'art d'élever et de soigner les animaux est une branche d'industrie qui peut marcher séparément de l'agriculture, et qui exige un enseignement aussi spécial et aussi complet qu'elle. Il ne fallait donc pas effleurer une matière qui doit recevoir tout le développement qu'elle mérite.

L'économie politique est sans contredit une des bases les plus essentielles de l'agriculture; mais les ouvrages qui en traitent sont nombreux, familiers à nos lecteurs; et depuis quelque temps ils sont rédigés sous un point de vue beaucoup moins mercantile et beaucoup plus agricole que par le passé. D'ailleurs, nous avons eu soin de donner toute l'étendue qui leur convient, aux notions économiques qui nous importent le plus à me-

sure que les sujets auxquels elles sont mêlées se présentaient à nous, et de faire ainsi de ces articles spéciaux un
supplément et un commentaire des ouvrages qui traitent l'ensemble de la science. On a déjà pu s'apercevoir
de cette marche dans plusieurs chapitres de la sixième et
de la septième partie de l'agrologie où nous traitons de
l'appréciation des terrains. C'est ainsi que, profitant de
toutes les occasions favorables, nous mettrons sous les
yeux de nos lecteurs les modifications et les additions que
le point de vue agricole apporte dans les questions économiques, sans nous astreindre à les disposer dans un
ensemble méthodique. .

Quant à la législation agricole, nous laisserons les
légistes de profession s'acquitter de cette tâche qui a
son importance et sa difficulté, surtout si l'on ne se
borne pas à la législation positive, mais que l'on remonte
aux principes du droit pour introduire les améliorations
si nécessaires dans nos codes.

Nous ne devons pas finir sans dire quelques mots sur
la manière dont nous avons conçu que devaient être présentées les doctrines agricoles pour répondre aux besoins d'instruction de notre époque. Aujourd'hui que
des études scientifiques assez étendues pénètrent dans
toutes les classes, que les fils des propriétaires, après
avoir suivi les cours des facultés, en sortent avec des
connaissances assez avancées dans les sciences mathématiques et naturelles, il leur est impossible de se contenter des ouvrages qui étaient destinés à leurs pères
dont l'éducation était presque entièrement littéraire. A .
ceux-ci, il fallait des livres où la science fût mise à la
portée de tout le monde, comme Voltaire croyait y avoir

mis Newton, comme avant lui Fontenelle leur avait enseigné l'astronomie. Buffon ne s'était fait lire que pour
son style, et l'on se gardait d'ouvrir les volumes où
Daubenton approfondissait la science dont Buffon ne
montrait que les fleurs. Un autre temps était venu. Pour
nos aïeux, le style de Buffon était l'essentiel, le fonds
n'était que l'accessoire; on voyait en lui le littérateur
avant d'y voir le savant; mais Laplace et Cuvier ont su
écrire des choses savantes en beau style; et de nos jours
c'est le savoir que l'on cherche en eux avant d'y remarquer le beau langage. On veut d'abord être instruit,
on aime à recevoir l'instruction dans un style élégant;
mais la forme sans le fond est dédaignée. Les ouvrages
d'agriculture jusqu'à Arthur Young et Thaer n'étaient
que trop empreints de cette facture vide, superficielle,
d'autant plus dangereuse qu'elle séduit et entraîne les
hommes vers un but indéfini. Après avoir lu les poëtes
agricoles, les anciennes Maisons rustiques, Rosier, Olivier de Serres lui-même, on se sentait du goût pour une
occupation dont ils faisaient entrevoir les charmes, dont
ils esquissaient certains détails, mais dont on ne pouvait
comprendre ni l'ensemble, ni la liaison des parties,
ni les chances heureuses et funestes. On en était pour
l'agriculture au point où en sont les lecteurs de romans
maritimes pour la marine. Elle apparaissait belle, sé-
duisante; l'agriculture était là dégagée de soins impor-
tuns comme les bergers des *Bucoliques*; mais à peine
nos marins inexpérimentés avaient-ils quitté le rivage,
à peine nos agriculteurs novices avaient-ils embrassé
leur nouvelle profession, que chaque pas, chaque heure
venait leur découvrir des désagréments, des accidents,

des dangers auxquels rien ne les avait préparés. Le revers de la médaille était d'autant plus hideux qu'on ne l'avait pas fait entrevoir; les difficultés d'autant plus insolubles que l'on n'en connaissait pas l'origine, et que l'on était dépourvu des principes qui auraient pu les faire éviter, et qui pouvaient les faire surmonter. C'était une déception complète.

Les hommes d'aujourd'hui ont appris à apprendre. On les a accoutumés à la rigueur des démonstrations; ils ne se contentent pas de simples allégations; ils veulent remonter aux causes, ils veulent calculer les probabilités de leurs entreprises, et pour calculer il faut avoir des données exactes. Nous avons fait de grands pas vers le positif. Dans cette disposition d'esprit, quand nos jeunes gens, à peine sortis des bancs de l'école, jettent les yeux sur la bibliothèque agricole de leurs pères, quand ils entr'ouvrent les livres que ceux-ci leur recommandent pour s'instruire de leurs nouveaux devoirs dans la science qui dirige leur fortune et d'où dépend leur existence, ils ne tardent pas à être saisis de dégoût, du vide qu'ils y trouvent, et ils en viennent à mépriser la science agricole, en pensant qu'elle n'est et ne peut être que ce qu'ils trouvent dans ces ouvrages.

Cette expérience, que nous avons vu faire trop souvent sous nos yeux, l'étonnement de ceux à qui nous montrions tout ce que l'agriculture a de réel et de solide, le zèle qui remplaçait l'indifférence quand ils avaient compris qu'on pouvait se rendre compte d'une opération de culture comme d'une expérience de physique, nous avaient démontré qu'il était temps de procéder d'une autre façon dans l'enseignement agricole. Il fallait que les élèves trouvassent dans les livres à leur usage les formes, le mode de démonstration des sciences qu'ils venaient d'étudier, il fallait rattacher l'enseignement à leurs souvenirs récents, à leurs travaux antérieurs, et leur donner la satisfaction de penser que toutes leurs études classiques n'étaient pas perdues pour les usages de la vie. C'est à cette classe de lecteurs que ce livre est particulièrement adressé. Les jeunes gens qui viennent de terminer leurs études scientifiques, les hommes qui ont des notions suffisantes des sciences, trouveront ici un aliment préparé par eux ; en possession des principes raisonnés de l'agriculture, ils n'avanceront dans la pratique qu'armés de toutes pièces, prêts à faire face aux chances, à pourvoir aux nécessités, préparés aux mécomptes, préparés aussi à les éviter et à rendre leur culture aussi profitable que possible, parce qu'ils sauront l'adapter au *terrain,* au *climat* et au *marché.*

On nous répondra sans doute ici par les tristes exemples qu'ont souvent offerts les théoriciens quand ils voulaient se mêler de pratique. Ces exemples, nous les connaissons ; ils sont nombreux, et ils ont rendu pendant longtemps les agriculteurs de cabinet la fable du pays et l'effroi de leurs familles qu'ils ne tardaient pas à ruiner. Mais qu'appelait-on alors de ce nom de théoriciens ? c'étaient des hommes qui avaient dévoré tout ce fatras de basse littérature agricole, toutes ces productions de cerveaux systématiques, où l'on trouve le panégyrique des méthodes les plus étranges, isolé des circonstances particulières qui les ont fait réussir, où l'on obtient des millions en ajoutant des zéros aux chiffres qui représentent les prétendus produits nets de quelques mètres de terre. Ces théoriciens étaient aussi de bonnes gens, opiniâtres par nature, enthousiastes de leur état où ils avaient prospéré, et s'imaginant qu'il suffisait de les imiter pour réussir également, sans s'inquiéter si les conditions des terrains, des climats, du prix de revient, des marchés, étaient les mêmes partout; c'était enfin des écrivains bâtissant des hypothèses qu'ils donnaient pour des théories, faisant produire la terre au moyen d'huiles, de sels, de savon, qui n'existaient que dans leur imagination; attribuant au sol une vertu attractive pour les éléments de l'atmosphère, qui surpassait tout ce que nous indique l'expérience, et concluant de ce point de vue, que la terre suffisamment divisée et subdivisée, pouvait se passer de toute addition d'engrais et porter indéfiniment de riches récoltes. Écrivains dont Voltaire a fait la critique dans un de ses meilleurs contes, *l'Homme aux quarante écus,* où les principes les plus sévères de l'économie politique s'allient si spirituellement à la satire la plus amusante. Ainsi on appelait ces hommes des théoriciens, et ils ne possédaient que des systèmes vagues ou contradictoires sur les bases de la science, des rêveries sur l'histoire des cultures, et le vide sur les rapports économiques de l'entreprise agricole. Nous en avons vu pourtant réussir quelques-uns, mais c'étaient ceux qui, dociles aux leçons de l'expérience, se hâtaient d'oublier ce qu'ils avaient lu, et rectifiaient par la pratique les notions fausses ou incomplètes des livres; qui avaient le bon sens de laisser marcher la culture du pays, en l'améliorant lentement et progressivement sans la bouleverser. Ces hommes sages et prudents finissaient par refaire ainsi leur éducation agricole, et nous les avons vu presque tous, tremblants encore du danger auquel ils avaient échappé, devenir les ennemis acharnés des livres d'agriculture et les détracteurs de toute préparation scientifique.

Une saine théorie produira des effets tout autres, par cela même qu'elle sera basée sur des principes sains, et que toute déduction qui en découlera portera avec elle la rigueur de la démonstration, ou ne sera plus donnée que comme douteuse ; celui qui en sera imbu arrivera à la pratique avec la conviction qu'il doit étudier le terrain, le climat, le pays et ses habitants, ses usages, ses institutions, ses débouchés, ses ressources, avant de se mettre à l'œuvre ; car ce n'est qu'avec toutes les données qu'on lui aura appris à résoudre le problème du meilleur système de culture à adopter. Il ne se fera pas d'idées exagérées, il n'aura pas d'aveugle engouement, parce qu'il possédera les chiffres positifs qui sont propres à les réprimer ; mais aussi cette sûreté d'appréciation lui permettra d'entreprendre avec hardiesse ce qu'il concevra avec prudence. Nous avons vu aussi de pareils théoriciens à l'œuvre, et nous ne craignons pas de dire qu'ils diffèrent autant de ceux auxquels on prostitue ce nom, que leurs résultats respectifs diffèrent entre eux. Pilâtre de Rozier se précipite du haut des airs avec son ballon, Gay-Lussac et Biot dirigent le leur et accomplissent heureusement leur voyage. Les uns et les autres n'avaient jamais monté d'aréostat, mais le premier était ignorant en physique, et les deux autres y étaient habiles. N'abordons aucune pratique sans connaître les principes qui la dirigent, et si nous n'ob-

tenons pas toujours le succès, nous saurons au moins
dès le début la valeur des chances que nous nous expo-
sons à subir.

Cet ouvrage aurait été moins imparfait sans doute si,
écrit de longue main, nous eussions retardé sa publication. Chaque jour ajoute quelque fait à ceux que nous
possédons déjà; plusieurs savants distingués s'occupent
en ce moment des rapports de la production au sol et
aux engrais, nous aurions pu perfectionner notre travail
en attendant, pour le publier, une époque plus éloignée.
Mais on sait aujourd'hui comment il a été entrepris; à
la suite d'un cours fait pour quelques jeunes gens et
dont nous avions écrit la première leçon seulement,
M. Bixio, qui rend de si grands services au développement
de la publicité en matière d'agriculture, publia cette
première leçon dans son *Journal d'agriculture pratique,*
et nous pressa ensuite de rédiger le reste du cours. Nous
nous laissâmes séduire à la perspective de réunir en un
corps les études qui avaient été l'objet le plus constant
de nos occupations. A mesure que nous avançons dans la
carrière, nous sentons de plus en plus les difficultés et le
poids de notre tâche, nous regrettons quelquefois qu'il
ne soit pas possible de la mûrir davantage, mais d'un
autre côté nous savons qu'il y a un moment où il faut
borner les recherches, où il est plus avantageux de co-
ordonner, de classer ce que nous avons acquis. Le livre
appellera la critique et le secours; nous profiterons de
l'une et de l'autre; l'ouvrage aurait moins gagné à rester en portefeuille.

On nous a souvent consulté sur les livres d'agriculture qui, ayant un mérite réel, pouvaient être admis

dans la bibliothèque des jeunes agriculteurs et dans celle des comices agricoles, sans crainte que l'inexpérience des uns, en ce qui touche à la culture, et celle des autres, en ce qui regarde les livres, pût les jeter dans l'erreur. Pour répondre à cette question, il faut d'abord faire une distinction. Le nombre de livres qui sont au niveau des connaissances actuelles est petit, mais il y en a quelques-uns d'excellents. Ceux-ci forment une classe à part. Il y a ensuite une classe beaucoup plus nombreuse de livres que l'on peut lire plus tard, quand la pratique et l'habitude de juger ce qu'on lit nous permet de profiter de ce qu'ils renferment de bon, et de nous défier de ce qu'ils ont de faux, de hasardeux ou d'exagéré : ceux-ci nous instruisent de l'histoire de la science, des degrés qu'elle a dû franchir pour parvenir à l'époque actuelle.

Dans la première classe, nous plaçons d'abord les œuvres d'Arthur Young, dictées par le bon sens pratique et par l'amour le plus pur de l'agriculture ; avec lui on risque peu de s'égarer parce qu'on voit ce qu'il cherche, qu'on suit la marche de ses investigations, et que lorsqu'il s'est trompé il a la bonne foi d'en convenir. Son enthousiasme est communicatif, mais il est réglé, il s'arrête à temps. Ignorant dans les sciences physiques, il a surtout compris et exposé le point de vue économique. Ses voyages sont d'excellents modèles de la manière d'étudier un pays sous le point de vue agricole, et personne n'a encore égalé la sûreté et la rapidité de son coup d'œil. Ceux qu'il a faits dans diverses parties de l'Angleterre nous font mesurer le chemin que ce pays a fait dans le progrès agricole ; nous y comprenons com-

ment, sous l'influence des lois et malgré l'accroissement
de l'industrie et de la population, le labourage, presque
universel au moment où il écrivait, a fait graduellement
place au pâturage et à l'élève des bestiaux. Son *Irlande*
est un chef-d'œuvre où se trouve tout le passé et tout
l'avenir de ce pays, et qui n'a laissé à ceux qui sont venus
après lui que la tâche de le répéter. Son *Voyage en
France* nous dépeint vivement sa situation agricole
avant la révolution ; on s'étonne de la vérité de telles
descriptions, recueillies sans s'arrêter, en traversant le
pays sur une jument aveugle. C'est dans cet ouvrage qu'il
a fixé les premières bases des climats agricoles. Ses expériences d'agriculture seront toujours un modèle pour
ceux qui voudront suivre ses traces. Il a eu peu d'imita-
teurs sur une aussi grande échelle et avec la variété
qu'il y a introduite, cependant ce n'était qu'un petit
fermier ruiné ! Enfin ses *Annales*, son *Arithmétique
politique* sont des preuves de l'activité et du rare bon
sens de l'écrivain. Nous ne pouvons trop recommander
ce livre à l'attention de nos jeunes lecteurs ; si les faits
ont vieilli, les méthodes de recherches, la marche des
renseignements ne vieilliront pas et peuvent servir à former des successeurs à cet homme célèbre.

Après lui vient incontestablement Thaer qui a jeté de
si précieux germes en Allemagne où ses leçons ont renouvelé l'agriculture. Celui-ci était savant en histoire
naturelle, en physique et en chimie. Son ouvrage didac-
tique est au niveau des connaissances de son temps, et
si sous ce rapport il est maintenant un peu en arrière,
il a encore toute sa valeur sous le rapport agricole proprement dit ; son principal mérite consiste dans la

science de l'organisation des grandes exploitations; il en fait connaître le mécanisme, les rapports, l'équilibre. Il enseigne à proportionner les forces des hommes, des animaux, les engrais aux terrains et aux cultures. C'est cette partie de l'ouvrage de Thaer qui a fondé la réputation qui lui reste justement acquise. Il est à regretter qu'il n'ait pas cru devoir embrasser un champ plus vaste que celui de l'agriculture de l'Allemagne, et qu'il ait ainsi passé sous silence toutes les cultures méridionales. Nous devons sa traduction à M. Crud de Genève, qui, dans son *Economie de l'agriculture*, qui sert de commentaire à l'ouvrage de Thaer, a étendu ses recherches aux climats du nord de l'Italie.

Schwerz est le livre par excellence du praticien, soit lorsqu'il décrit l'agriculture de l'Alsace, de la Belgique et du Palatinat, soit quand il réunit dans un traité les leçons de sa longue pratique et qu'il l'éclaire au flambeau d'une saine raison. Nous indiquerons ses ouvrages dont une partie a été enfin traduite en français, comme la source d'une solide instruction, comme le complément de tout ce que nous dirons dans ce cours pour toutes les parties qu'il a traitées, car il s'est aussi renfermé dans l'agriculture de la région céréale. Schwerz ne remonte pas aux principes scientifiques, mais ses discussions prouvent qu'ils ne lui sont pas étrangers, et quand on les possédera, on liera entre elles ses déductions d'une manière très profitable.

Bürger a condensé les principes de l'agriculture dans un court traité qui a été traduit. Sa direction est plus scientifique que celle de Schwerz; l'ordre d'exposition est satisfaisant; on sent, en lisant cet auteur, qu'il est familier avec la pratique. Son *Traité de la culture du maïs*, qui est son premier ouvrage, est aussi celui qui nous paraît avoir le plus de mérite propre. C'est une excellente monographie, elle a fondé la réputation de Bürger, et sa lecture sera très profitable aux jeunes gens, même à ceux qui ne cultiveront jamais de maïs. Malheureusement cet ouvrage n'a été traduit que par extraits dans la bibliothèque britannique de Genève.

Nous avons voulu laisser pour le dernier un homme qui a prouvé que la France ne se laissait devancer dans aucune carrière intellectuelle. Je veux parler de M. Mathieu de Dombasle, correspondant de l'Institut. Ses premiers travaux sur le sucre de betterave l'avaient fait connaître comme un savant et habile technologiste. Il a fondé ensuite notre première école d'agriculture à Roville ; elle est devenue une pépinière de jeunes gens instruits, ayant appris surtout sous leur illustre maître l'art d'observer et de douter, et qui sont devenus la plupart de très bons praticiens. Cet enseignement a produit comme un heureux corollaire la publication des *Annales de Roville*, collection d'excellents mémoires sur différents points de la pratique agricole et de l'économie politique, remarquable surtout par les comptes-rendus des cultures, où règnent à la fois la science et la bonne foi. Quoi de plus instructif que le spectacle d'un homme aussi éminent dans son art, concevant *à priori* un système agricole ; puis, à mesure qu'il avance dans son exécution, reconnaissant ses erreurs, se corrigeant, se modifiant, docile aux leçons de l'expérience, et nous instruisant par son exemple ! Quel dommage que l'État n'ait pas mis un tel homme à la tête d'un établissement

expérimental avec des ressources suffisantes, sans compter avec lui, en ne lui demandant pour tous résultats que
ceux de ses expériences ! Quelque difficulté que présente
l'organisation et l'administration d'une ferme, on peut
dire que c'était trop peu pour sa capacité. Son énergie,
son talent d'invention auraient été mieux employés à
vaincre des obstacles d'une autre espèce, à lutter avec la
nature pour lui arracher ses secrets. Il a été constamment tenu en lisière par la perspective du compte à
rendre à ses actionnaires, et, quoiqu'il ait été soutenu
par le gouvernement, il ne l'a pas été avec l'étendue et
de la manière qui convenait pour tirer tout le parti possible de ses facultés[1].

Yvart avait inséré dans le *Dictionnaire d'agriculture*,
publié par le libraire Déterville, un excellent article sous
le titre de *Succession de culture*. C'est un traité méthodique des assolements, et il vient d'être réimprimé à part.
Cet ouvrage se distingue par la pureté et la sévérité de ses
principes, et par son enchaînement logique. Peut-être
l'auteur n'avait-il pas assez généralisé ses vues et s'é-
tait-il trop renfermé dans le cercle des doctrines
absolues puisées dans l'étude des assolements anglais et belges ? Le principe qui exclut absolument la
répétition de la même plante dans un assolement a été
contredit par les faits ; ses formules d'assolement comprennent un trop petit nombre de végétaux et ne s'é-

(1) Depuis que ceci est écrit, nous avons appris la mort de cet
illustre promoteur des progrès agricoles. La douleur publique et
l'hommage que lui rendent les hommes les plus éminents de ce pays,
témoignent de la grandeur de la perte. Il laisse après lui un traité
d'agriculture qui, quoique inachevé, nous conservera le fruit de son
expérience et de ses méditations.

tendent pas à ceux des régions agricoles du midi. Yvart
est un puritain de l'école anglaise; mais on le lit avec
sécurité, parce que, s'il manque de hardiesse, il n'entraîne pas du moins dans des·erreurs nuisibles. Son
ouvrage restera parmi les livres les plus recomman-
dables de notre littérature agricole.

Lullin de Châteauvieux est un esprit plus vaste, plus
indépendant, parce qu'il avait beaucoup vu et que ses
connaissances étaient bien plus étendues. L'homme qui
trompa un moment le monde entier par le talent avec
lequel il avait su prendre le style de Napoléon dans le
Manuscrit de Sainte-Hélène; l'homme qui avait su apprécier si bien et de si haut la position de l'Angleterre dans
ses *Lettres de Saint-James*, cet homme ne pouvait que
porter de vives lumières sur l'agriculture, quand il s'en
occupait. Aussi ses lettres sur l'agriculture de l'Italie
resteront comme un modèle d'appréciation agricole
d'un pays; sa description de l'État Romain, et de sa
culture, nous paraît porter le cachet de la critique la plus
exacte et la plus fine. Son dernier ouvrage sur l'agriculture française[1], quoique n'ayant pas reçu le dernier
poli de la main de l'auteur, contient des parties supé-
rieurement traitées; on distinguera surtout ce qui concerne l'agriculture de la Bourgogne, pays où l'auteur
avait des propriétés. Nous recommandons les ouvrages
de Lullin à nos jeunes voyageurs, ils y verront l'heureux
emploi des connaissances économiques agricoles dirigées par un coup d'œil rapide et exercé.

Voilà, quant à présent, les livres que nous considé-

_____

(1) *Voyages agronomiques en France.* 2 vol. in-8°.

rons comme nos livres classiques. Leurs auteurs sont
nos maîtres; leurs erreurs sont celles de leur temps;
mais leur doctrine générale est pure, elle inspirera bien
ceux qui s'en pénètreront. Il y a ensuite un petit nombre de livres moins importants, mais écrits dans la
même direction, et qui offrent une lecture solide. Nous
nous écarterions trop du but si nous voulions les énumérer.

Quand plus tard on voudra connaître les ouvrages
principaux qui ont marqué les différentes époques de la
science agricole, on lira parmi les anciens : Varron,
dont l'esprit synthétique coordonna de bonne heure la
science; Columelle, qui nous a transmis en bon langage les traditions des cultivateurs latins; Virgile qui,
né aux champs, n'a jamais oublié son origine, et
a chanté l'art géorgique dans une poésie parfaite.
Chez les modernes, nous trouvons Tarello qui le premier donna l'idée des assolements et de leur théorie. Cet
essai, tout informe qu'il est, se trouve dans un petit livre
plein de bons enseignements. Puis parmi nous, Olivier
de Serres, le premier livre original d'agriculture écrit
en français, et si longtemps le seul. Il y décrit la vie des
manoirs des gentilshommes de son temps dans un style
animé qui fait passer l'amour de la campagne, le goût
du *ménage des champs*, dans l'âme de ses lecteurs. Sa
doctrine est saine, quoique rapide et incomplète; son
style, qui rappelle souvent Montaigne et Amyot, est
beaucoup plus inculte que le leur, mais on aime à se
retrouver quelquefois dans la compagnie des esprits vi-
goureux de ce siècle, heureux près de leur foyer champêtre, après avoir été éprouvés au feu des passions reli-

gieuses et des guerres civiles. Les agriculteurs du midi trouveront de bons conseils dans ce livre, relativement à la culture de leur région; ceux de tous les pays y profiteront de l'expérience de l'auteur dans leurs rapports avec leurs fermiers, leurs ouvriers, leurs domestiques, leurs voisins. C'était un temps où il fallait compter plus encore avec les hommes qu'avec les choses.

Les livres de Duhamel sont ceux d'un observateur patient qui accumulait les faits, répétait les expériences des autres, et y ajoutait les siennes. Mais ils manquent de sève et de vues nouvelles. Il s'était pris de passion pour le système de Tull, et fit son Traité d'agriculture dans le dessein de le propager. Un esprit aussi méthodique et aussi exact ne tarda pas à s'apercevoir que les engrais étaient d'utiles auxiliaires de la culture; il modifia progressivement ses premières vues en conséquence de ses essais. Ses livres seront excellents pour celui qui possèdera déjà, avec une saine théorie, les moyens de se rendre compte des résultats.

L'abbé Rozier qui avait vécu quelque temps à la campagne, près de Béziers, s'y était beaucoup occupé de vinification et de fermentation; après avoir rédigé pendant plusieurs années le *Journal de Physique*, se trouvant à Lyon au contact de quelques hommes de mérite, de Bourgelat qui venait d'y fonder l'école vétérinaire, de Latourette, botaniste distingué, il entreprit de rédiger un cours d'agriculture en forme de dictionnaire. Sous le rapport des doctrines physiques et chimiques, Rozier a vieilli, ou plutôt il n'a jamais été au niveau de son temps; comme pratique d'agriculture, il a été un faible compilateur des idées des autres, hésitant entre les doctri-

nes, les exposant sans oser les juger. Aussi la nouvelle
édition qu'en donnèrent les membres de la section d'a-
griculture de l'Institut ne renferme-t-elle presque plus
rien de l'ouvrage original. Ce livre avait cependant son
genre de mérite ; sous des formes qui affectaient d'être
didactiques, on y trouvait cet amour de l'art qui est communicatif, un détachement sans arrière-pensée de toute
idée de retour vers le monde et de dévouement aux intérêts agricoles. Il n'y a pas dans ce travail une ligne
qui vous transporte en dehors de la vie champêtre et
des occupations variées et attrayantes qu'elle peut présenter. Je crois que sous ce rapport on pourrait encore
le lire avec profit, quand ce ne serait que pour respirer
cet air pur que nous ne trouvons plus dans l'atmosphère
agitée de notre pays, où les préoccupations politiques,
le mouvement rapide des fortunes, les ambitions et les
convoitises rivales, ne permettent à personne le repos
et la quiétude d'esprit qui accompagne la modéra-
tion des désirs et la soumission aux lois de la Providence.

Avant de terminer cette longue conversation avec nos
lecteurs, nous reviendrons un moment sur une des
parties qui font la matière de ce volume. Nous explique-
rons les causes qui nous ont obligé à donner à la météorologie agricole un développement plus grand, sous
certains rapports, que celui que nous avons consacré à l'agrologie. Pour celle-ci, nous avions des élèves
déjà bien préparés par l'étude d'excellents traités de
chimie, de physique, de minéralogie, de géologie et
de physiologie végétale, ce qui nous dispensait de nous
appesantir sur les principes de ces sciences. Nous ne

sommes pas si heureux en météorologie. Si les écrits de
MM. Biot, Pouillet, Kämtz nous permettent de passer
légèrement sur la théorie de la plupart des phénomènes,
il est malheureusement trop vrai qu'ils ont traité la
science sous un point de vue totalement différent du
nôtre. Ils étudiaient les météores dans le but de trouver les lois de la physique générale du globe ; nous cherchons principalement leurs effets sur la végétation. Ce
but plus spécial exigeait aussi plus de détails, et des
détails directement applicables aux faits agricoles, mais
qui avaient peu d'importance si on les considérait relativement à la théorie générale de la terre. C'est ici le cas
de rappeler ce que nous avons dit dans l'introduction
sur les différences qui existent entre la science pure et
la science appliquée (pages 5 et 6 du 1er volume). Nous
avons fait envisager la métallurgie comme la science
complémentaire de la minéralogie pour arriver au traitement pratique des métaux ; dans cette science, non
content de considérer les propriétés générales du fer,
nous avons voulu le connaitre dans des états autres que
ceux sous lesquels il se présente dans la nature. Nous
avons étudié le mode de fusion de différents minerais,
la nature de leurs fontes, la qualité de leur fer, leur
élasticité, leur cassure à chaud et à froid, etc., toutes
propriétés qui n'entraient pas dans le plan de la minéralogie, et qui étaient nécessaires pour arriver au but
que se proposait la métallurgie. Ces considérations se
reproduisent avec toute leur force quand on étudie la
météorologie agricole après la météorologie. Ainsi
préoccupé des grands problèmes de la physique générale du globe, le météorologiste néglige les détails qui

sont les plus importants pour nous. Qu'il soit question, par exemple, des abaissements de température, nous devons consulter leurs effets sur le sol, sur les plantes, les époques où ils arrivent, leur coïncidence avec l'état de la végétation qui les rendent plus ou moins pernicieux ou indifférents ; les régions du globe qu'ils affectent, leurs limites qui indiquent les limites des différentes cultures ; les probabilités de leur retour dans chaque lieu, ce qui mesure les chances de réussite de certains végétaux, etc.; toutes ces notions appartiennent bien à la météorologie, mais elles importent peu aux physiciens, tandis qu'elles préoccupent vivement l'agriculteur qui, de son côté, n'attache pas grande importance à l'équilibre de densité des couches d'air qui s'élèvent jusqu'aux limites de l'atmosphère, non plus qu'à l'état des différentes couches qui descendent vers le centre de la terre. Le premier insistera sur les questions qui se rattachent à la température de l'espace, à la chaleur intérieure du globe, tandis que nous devons surtout étudier ce qui se passe dans le milieu où vivent nos plantes, la couche d'air en contact avec la terre, la couche de terre où plongent leurs racines.

On ne sera donc pas surpris qu'ayant à écrire pour la première fois un cours de météorologie appliquée à l'agriculture, nous ayons cru devoir exposer avec quelque détail celles des branches de la science sur lesquelles les physiciens avaient passé légèrement. Nous renvoyons à leurs livres pour celles qu'ils ont suffisamment développées, et la nouvelle traduction du petit traité de Kämtz, que vient de nous donner M. Martins, nous dispensera d'entrer dans beaucoup de détails ; mais nous n'avons pu négliger ceux qui y étaient omis. Nous aurions regardé comme impossible aujourd'hui de développer les théories agricoles en laissant une pareille lacune dans l'instruction des élèves ; si nous nous reprochons même un défaut, c'est celui de la brièveté que nous avons dû nous imposer.

En traitant de la mécanique, nous avons été plus à l'aise que pour la météorologie. La matière était mieux préparée, les principes généraux bien posés et développés par d'habiles écrivains. Dans ces derniers temps, la mécanique industrielle a pris une si grande part dans les progrès de la société, que ses problèmes ont été attaqués par tous les côtés. Prony, Navier, Poncelet, Morin ont aplani le terrain sur lequel Coulomb avait déjà imprimé ses traces. Nous pourrons donc nous renfermer plus exactement dans notre sujet, nous borner à caractériser les forces qui nous sont plus spécialement propres, leur mode d'application, leurs effets, et à donner les moyens de juger les machines qui se présentent dans la pratique au moyen d'un petit nombre d'exemples. On trouvera ensuite dans les recueils de Leblanc, dans l'ouvrage de Thaer sur les instruments d'agriculture, dans ceux de MM. Mathieu de Dombasle, de Valcour, etc., les descriptions et les figures d'une foule d'instruments auxquels on pourra appliquer les règles qui résulteront de la théorie. Chaque jour voit paraître de nouvelles inventions en ce genre, qui diffèrent souvent très peu entre elles et de ce qui est déjà connu. Nous sommes loin de méconnaître ce que présentent d'ingénieux certaines dispositions nouvelles, mais nous croyons que les esprits inventifs usent trop d'efforts dans la plupart de ces recherches, et que ces perfectionnements microscopiques ont souvent trop absorbé l'attention des sociétés savantes, des comices et des agriculteurs. Combien de fois n'avons-nous pas répété une expérience curieuse, celle de faire changer de conducteurs et de chevaux les charrues qui avaient lutté dans un concours, et de constater que le vainqueur de la première lutte l'était encore dans la seconde, quoiqu'il eût changé d'instrument et pris celui de son concurrent malheureux! Sans aucun doute les perfectionnements obtenus dans nos charrues ont rendu de grands services à l'agriculture. On ne peut faire aucune comparaison entre les instruments imparfaits de nos pères, dont se servent encore toutes les contrées arriérées, et les excellentes charrues de Provence et de Dombasle; mais il est un point où, une fois arrivés, les perfectionnements sont d'une faible importance. Il n'est aucune de ces charrues nouvelles qui puisse se vanter de diminuer les frais d'un dixième, et qui ne le cède comme instrument de produit à un engrais meilleur et plus abondant, qui, avec le même travail, peut doubler et tripler le produit. C'est toujours vers cette source de richesses que nous croyons devoir diriger l'attention de nos lecteurs; comme en mécanique nous leur montrerons que c'est principalement vers le but d'employer complétement les forces, bien plus que dans des perfectionnements qui diminuent une résistance déjà trop faible relativement à la puissance des moteurs, qu'ils doivent porter toute leur attention pour trouver l'économie qu'ils recherchent.

Quand nous passerons à la seconde partie de ce cours, à celle qui traite de l'agriculture proprement dite, nos

lecteurs s'apercevront de la facilité que l'étude préliminaire des sciences accessoires nous donnera pour traiter
notre sujet et abréger l'exposition de la science sans
pourtant rien omettre.

COURS

D'AGRICULTURE

MÉTÉOROLOGIE AGRICOLE

Les plantes vivent dans la terre et dans l'air : nous venons d'étudier le premier de ces deux milieux ; nous avons recherché sa composition, les éléments qui le constituent, puis ses propriétés physiques, celles des différents sols relativement aux végétaux, et leur valeur relative ; c'est maintenant à l'atmosphère que nous allons nous attacher pour reconnaître avec le même soin sa nature, ses modifications et leurs effets sur les plantes. Ce n'est que par l'étude sérieuse des climats que l'on peut parvenir à la connaissance approfondie de l'agriculture, à déterminer les végétaux propres aux différents pays, les assolements qui leur conviennent, et à éviter les fautes qu'a trop souvent causées une imitation servile. « Dans les avantages naturels d'un pays, dit Arthur Young[1], le climat est aussi essentiel que le sol, et il est impossible de se former une idée nette de ses propriétés et de ses ressources, à moins de connaître clairement les avantages et les désavantages de ses différents territoires et de savoir les distinguer des effets accidentels

_____

(1) *Voyage en France*, t. II, p, 188.

de l'industrie et des richesses; » et, en effet, la même nature de terre qui, en Norwège, produit quelques sapins, porte d'abondantes récoltes de blé en Allemagne, se couvre de riches vignobles en France, et sous le Tropique devient le siége de ces belles cultures de végétaux précieux qui donnent le sucre et les épices. Qu'a-t-il fallu pour amener des effets si différents? Des modifications dans la chaleur, la lumière, l'humidité, qui tiennent elles-mêmes à d'innombrables diversités dans les latitudes, dans la situation respective des terres et des mers, la direction des vents, etc. La science qui traite de ces modifications prend le nom de *météorologie;* elle peut se diviser en trois branches principales : 1° la *météorologie* proprement dite, qui s'occupe des phénomènes divers qui se passent dans l'atmosphère, qui les étudie en eux-mêmes, sans chercher à comparer leurs effets dans les différentes parties du globe; 2° la *climatologie,* application de la météorologie pure à la surface de la terre, qui nous apprend la répartition et la succession de phénomènes atmosphériques sur les différents points de sa surface; 3° enfin la *méteorognosie,* qui cherche à déduire les phénomènes futurs de l'observation des phénomènes passés et présents.

La météorologie agricole a sa tâche propre, qui consiste à reconnaître les effets de chacun des météores et de chacun des climats sur la végétation. Des tentatives ont été faites dans ce but par Adanson, Duhamel, de Humboldt, Boussingault, etc., mais nous nous apercevons à chaque pas combien elles laissent encore à désirer. Nous verrons ici, comme dans l'agrologie, le nombre des problèmes surpasser de beaucoup celui des solutions. Est-ce à dire pourtant que nous devions nous abstenir de tracer le cadre qui doit à la fois nous montrer et nos acquisitions encore si faibles et notre trop réelle indigence? Nous ne le pensons pas. Nous croyons qu'ici, comme dans l'agrologie, une exposition complète de l'état de la science appellera sur elle l'attention des hommes studieux, et ne pourra qu'être avantageuse à ses progrès.

Dans cette partie du cours comme dans le précédent, nous passerons rapidement sur l'exposition des principes que nous devons présumer être familiers à nos lecteurs. Nous n'en dirons que ce qui sera nécessaire pour les préparer aux applications agricoles, et si nous insistons davantage sur quelques notions générales, c'est qu'elles n'ont pas encore reçu les développements dont elles sont susceptibles ou qu'elles font partie de nos recherches particulières et que leur importance pour la science agricole nous a fait un devoir de les détacher du reste de nos travaux scientifiques.

Nous suivrons dans notre exposition l'ordre que nous avons indiqué plus haut pour la division de la météorologie. Ainsi, nous commencerons à traiter des phénomènes pris en eux-mêmes, sans rapport avec leur distribution géographique; ensuite nous traiterons des climats agricoles et enfin de la météorognosie. La tâche que nous nous imposons est trop difficile et trop nouvelle pour que nous n'ayons pas besoin d'un redoublement d'indulgence de la part de nos lecteurs.

PREMIÈRE PARTIE.

La terre est entourée d'une atmosphère formée de mélange de plusieurs gaz et de vapeurs aqueuses, tenant en suspension des sels, des corpuscules organisés, des débris végétaux ou animaux plus ou moins décomposés, et des poussières minérales. C'est à travers l'atmosphère que nous arrivent le calorique, la lumière, l'électricité, fluides impondérés auxquels elle sert de récipient, de conducteur et d'obstacle selon l'état variable de ses mélanges. Avant de rechercher les réactions auxquelles donne lieu le rapprochement de tant d'éléments, nous allons en parcourir la série et les examiner séparément.

CHAPITRE I".

Éléments fixes de l'air atmosphérique.

Les physiciens ne sont pas encore d'accord sur la constitution de l'air atmosphérique. Les uns, Prout, Dobereiner, Thompson, etc., entraînés par la constance des proportions des gaz qui s'y trouvent, la considèrent comme un véritable composé chimique formé de 1 volume d'oxygène et de 4 volumes d'azote ; d'autres, tels que MM. Dalton, Babinet, etc., partant de considérations physiques, la regardent comme un simple mélange dont les proportions varient selon les hauteurs ; celles de l'oxygène diminuent sans cesse à mesure que l'on s'élève. De nouvelles expériences de MM. Dumas, Boussingault et d'autres chimistes distingués tendent à renverser ces deux hypothèses [1] ; elles attaquent d'abord la théorie qui considérait l'air uniquement comme une combinaison, en ce qu'elles semblent montrer que les composants ne s'y trouvent pas en proportion définie de 20 à 80 et de 1 à 4, mais bien en proportion indéfinie de 20,81 d'oxygène à 79,29 d'azote en volume et en poids de 23,010 d'oxygène et de 76,990 d'azote. Quant à la seconde hypothèse, Dalton paraît avoir été induit en erreur par une analyse fautive de l'air pris au sommet du Faulhorn ; des expériences plus exactes ont montré qu'à cette hauteur il avait la même composition qu'à la surface de la terre, et confirment ainsi les résultats de la célèbre expérience aérostatique de Gay-Lussac. Il semblerait donc qu'il y a à la fois dans l'air combinaison et mélange; la combinaison restant fixe et donnant aux analyses ce caractère d'uniformité qui est si remarquable; le mélange variable selon les temps, les lieux, les saisons et expliquant les différences qui se sont produites quelquefois et que manifestent entre autres les analyses de l'air pris à la surface de la mer.

La physiologie nous a appris l'importance de l'oxygène pour l'entretien de la vie végétale ; la consommation qu'en font les plantes et les animaux ont pu faire naître des craintes sur l'avenir. L'atmosphère ne s'épuise-t-elle pas de cet élément, et ne viendra-t-il pas une époque où elle s'en trouvera tellement appauvrie, qu'elle sera impropre à les alimenter? Ces craintes manquent de fondement, car M. Dumas a fait voir qu'en supposant que le total des hommes et des animaux vivant sur le globe représentassent mille millions d'hommes, et en négligeant l'oxygène dégagé par les plantes, cette masse d'êtres animés n'ab-

---

(1) *Comptes-rendus de l'Acad. des Sciences*, t. XII, p. 1005 et suiv.

sorberait en un siècle qu'une quantité d'oxygène du poids de 15 ou 16 cubes de cuivre de 1 kilomètre de côté, et que l'oxygène de l'atmosphère représente 134 mille de ces cubes. L'altération de l'air serait donc inappréciable à nos instruments pendant un grand nombre de siècles, en admettant d'ailleurs que la nature n'eût pas pourvu au moyen de rétablir l'équilibre, et que la décomposition seule de l'acide carbonique par les plantes ne suffit pas pour produire cet effet.

Quant à l'azote, nous avons vu dans l'agrologie toute l'importance de cet élément pour la vie organique. Il abonde dans notre atmosphère, et c'est probablement de ses combinaisons produites par les phénomènes électriques et calorifiques que résulte l'ammoniaque et l'acide nitrique mêlé à l'air ; car nous savons que l'absorption de l'azote en nature par les végétaux, soupçonnée depuis longtemps, n'a pas été mise encore complétement hors de doute par les expériences de M. Boussingault, et que, même d'après ce savant chimiste, toutes les espèces de plantes ne seraient pas aptes à se l'approprier.

CHAPITRE II.

Éléments variables mélangés à l'air.

Outre l'oxygène et l'azote qui se trouvent dans l'air en proportions presque définies, nous y trouvons plusieurs autres éléments très variables dans leur quantité ; du gaz acide carbonique, de l'eau, des sels, des matières terreuses, des débris végétaux ou animaux modifiés et connus sous le nom de *miasmes*, de l'ammoniaque, de l'acide nitrique, et un principe hydrogéné dont la nature n'est pas encore bien déterminée. Si nous avons cru ne pas devoir insister beaucoup sur les gaz permanents de l'air, parce que la presque invariabilité de leurs pro-

portions rend tout-à-fait suffisantes les analyses que nous en
avons, il n'en est pas de même des éléments variables. Ceux-ci
exercent des actions spéciales sur les êtres vivants, et la végétation est puissamment modifiée par plusieurs d'entre eux ; nous
devons donc nous occuper sérieusement de leur existence, de
leurs proportions et de leurs effets ; c'est ce que nous allons
faire dans ce chapitre.

Section Ire. — *De l'acide carbonique de l'air.*

Des analyses grossières avaient d'abord fait penser que le gaz
acide carbonique se trouvait dans l'air dans la proportion de 1
à 2 centièmes ; des procédés plus exacts ont prouvé qu'elle
ne s'élevait pas à 1 millième. M. Th. de Saussure, à qui les
sciences doivent tant d'ingénieuses recherches, a démontré
que la quantité de gaz acide carbonique contenue dans l'air
libre était variable selon que le sol était humecté ou sec ; que,
dans le premier cas, il s'emparait de ce gaz et le laissait échapper dans le second ; que l'on observait pendant la nuit une plus
grande proportion d'acide carbonique que pendant le jour, ainsi
que dans les couches élevées plus riches de ce gaz que les couches
inférieures de l'air. Il a observé que dans les villes et les lieux
fermés, la variation du jour à la nuit était moins considérable
que dans les lieux ouverts ; que le vent augmentait la proportion de gaz dans les couches inférieures, mais faisait disparaître la variation de la nuit au jour ; que la quantité en était plus
grande en été qu'en hiver. Le maximum d'acide carbonique a
lieu sur la fin de la nuit, le minimum au milieu du jour. La
plus grande augmentation nocturne est du tiers de la quantité
diurne. Le maximum à Genève dans une prairie s'est élevé à
5,79 ; le minimum est descendu à 3,06 sur dix mille parties
d'air [1].

(1) *Bibl. univers.*, t. XLIV, p. 23 et suiv.

On pourrait expliquer la différence de quantité d'acide carbonique que présentent le jour et la nuit, en remarquant que la
végétation ne décompose ce gaz qu'à la lumière; mais de nombreuses exceptions à la règle ne permettent pas d'attribuer à la
végétation la plus grande part dans les variations dont nous
venons de parler. M. de Saussure a pensé que leur coïncidence
avec celles que présentent les phénomènes électriques doit
faire pressentir une liaison entre ces deux ordres de phénomènes.

Les variations si remarquables dans la quantité d'acide carbonique que M. de Saussure a observé à Genève selon les époques
des jours et de l'année, devront se manifester aussi selon les lieux
et les climats divers. Des experiences semblables aux siennes,
faites dans des localités éloignées, en donneraient sans doute la
preuve et révèleraient une des causes de la fertilité de certaines
contrées et de la stérilité de beaucoup d'autres. Rappelons-nous
en effet que ce même savant a prouvé ailleurs [1] que la végétation était favorisée par un accroissement de l'acide carbonique de l'atmosphère, jusqu'à la proportion de 8 de ce
gaz sur 100 d'air, quantité 80 fois plus forte que celle qui
existe. Si une dose pareille de gaz acide carbonique était mêlée à l'air, les animaux à respiration aérienne cesseraient de
pouvoir y vivre, mais les plantes y prendraient un développement considérable. M. A. Brongniart a basé sur cette considération une hypothèse pour expliquer la formation des houillères, en supposant une végétation très développée de grandes
fougères, de cycadées, de conifères, croissant dans un air
surabondant en acide carbonique, le dépouillant peu à peu de
cette surabondance, solidifiant son carbone et le rendant graduellement propre à admettre la vie animale [2]. L'acide carbonique serait ainsi descendu à la faible proportion que l'on
trouve aujourd'hui. Peut-être des calculs mathématiques sur la

(1) *Recherches sur la végétation*, p. 29 et suiv.
(2) *Annales des sciences naturelles*, 1828, t. XV, p. 225 et suiv.

masse présumée des houilles suffiraient-ils pour expliquer cette disparition, sans même avoir recours à la formation de ces innombrables roches carbonatées que l'on pourrait supposer avoir été produites par des éruptions de chaux alcaline et non saturée? En effet, M. Chevandier a montré[1] qu'un hectare de forêts produisait annuellement une quantité de 1750 kilogrammes de carbone fixé dans son bois; que Liebig porte même à 2000 kil.[2]; ce même auteur montre que toutes les autres cultures en fixent à peu près la même quantité; ainsi : 5000 kil. de foin, 40,000 kil. de betterave, 8000 kil. de blé et la paille qui en résulte, fixent également près de 2000 kil. de carbone; or, le prisme d'air qui s'élève jusqu'aux limites de l'atmosphère, et qui a pour base un hectare, renferme 16,900 kil. de carbone; d'où résulte la conséquence que la consommation annuelle d'une végétation vigoureuse enlève la 9e partie de tout le carbone de l'atmosphère qui repose sur elle.

On pourrait donc craindre que la proportion venant à diminuer rapidement, les plantes ne finissent par manquer de cet aliment indispensable. « Mais, dit M. Boussingault[3], aussitôt que cesse l'action vitale, il se produit des phénomènes chimiques d'un ordre opposé à celui de l'assimilation; la décomposition commence, et les principes qui entrent comme éléments de l'être qui a cessé de vivre passent par une foule de transformations dont le résultat final est de restituer à l'atmosphère le carbone qui lui avait été enlevé. » Ainsi, pourvu qu'il n'arrivât pas de ces catastrophes qui ensevelissent tout à coup la végétation du globe et la mettent à l'abri de décompositions ultérieures, comme cela est arrivé lors de la formation des houillères, on pourrait espérer que le carbone de l'atmosphère persistera dans sa proportion actuelle, s'il n'y avait pas une partie de ter-

(1) *Comptes-rendus*, t. XVIII, p. 143.
(2) *Chimie agricole*, 2e édit., p. 14.
(3) *Annales de chimie*, t. LVII, p. 172.

II.   3

reau qui se convertit en charbon, et si les masses énormes de madrépores qui se forment chaque année au point d'encombrer certaines parties de la mer, ne fixaient irrévocablement une grande quantité d'acide carbonique. Mais il faut considérer aussi qu'il y a des sources de cet acide qui tendent à restituer à l'air celui qu'il peut perdre, et, au premier rang, il faut mettre le dégagement des vapeurs des nombreuses bouches volcaniques dans lequel l'acide carbonique joue un grand rôle. L'avenir et des analyses exactes pourront seuls nous apprendre si ces causes de perte et de gain se balancent, ou si nous marchons vers un nouvel état plus favorable à la respiration animale, et moins favorable à l'absorption végétale, ou vers un autre état tout contraire. Ces analyses exigent un grand soin, des instruments exacts, et ne peuvent devenir populaires : on en trouvera le détail dans les Mémoires de Th. de Saussure que nous avons cités plus haut.

Nous avons traité assez en détail des fonctions de l'acide carbonique dans notre premier volume, pour que nous n'ayons pas besoin de répéter ici que non-seulement il est absorbé à l'état de gaz par les feuilles, mais aussi que l'eau de pluie en s'en emparant le transmet aux racines des plantes, le met en contact avec les carbonates terreux qu'il dissout, et avec différents autres composés minéraux qu'il modifie.

SECTION II. — *De différentes substances variables qui font accidentellement partie de l'air.*

Nous avons déjà traité fort au long [1] de ce qui concerne l'existence et la formation de l'ammoniaque et de l'acide nitrique, trouvés dans les eaux de pluie par Magraft, Bergmann, et dont Liebig, d'après eux, a constaté la présence. La quantité de

(1) T. 1, p. 134 et suiv.

ces substances est si petite dans l'atmosphère, qu'elle ne peut être indiquée par nos eudiomètres; mais elle devient reconnaissable quand l'eau de pluie a dissous tout ce qui s'en trouve dans la masse de l'air. Outre ces substances, les vapeurs aqueuses, dont nous traiterons bientôt, entraînent aussi des sels qui existent dans les eaux qui les produisent : c'est un fait maintenant bien prouvé par les dépôts qui se font dans les salines, aux sources d'acide borique et au-dessus de toutes les chaudières où l'on fait évaporer des dissolutions de sels. Dalton trouva une partie de chlorure de sodium pour 1,000 parties d'eau de pluie à Manchester, dans le voisinage de la mer [1]; en 1825, Brandes, ayant fait régulièrement l'analyse des eaux de pluie à Salzoffeln, trouva les résidus suivants :

	Par 10 milliers de partie.		Par 10 milliers de partie.
Janvier.	65	Juillet.	16
Février.	35	Août.	28
Mars.	21	Septembre.	21
Avril.	14	Octobre.	31
Mai.	8	Novembre	27
Juin.	11	Décembre	35
		Moyenne.	26

L'analyse lui donna de la résine, du mucus, du chlorhydrate de magnésie, du sulfate de magnésie, du carbonate de magnésie, du chlorure de potassium et de sodium, du sulfate de chaux, des oxydes de fer et de manganèse, et des sels ammoniacaux. La plupart de ces sels sont contenus dans l'eau de mer, et sont transportés avec l'eau vaporisée; ils rendent à la terre ceux qui lui sont soustraits par la végétation et le lavage des eaux pluviales. Un hectare qui reçoit 2,500 mètres cubes d'eau de pluie par an ou 2,500,000 kilog. d'eau, reçoit donc en même temps 65 kilog. de sels divers. Cette quantité, produit des

(1) *Edinburg journal of science*, t. III, p. 176.

pluies de toute l'année, est absolument inappréciable à nos instruments, qui n'analysent jamais qu'un petit volume d'air ;
mais elle devient reconnaissable dans l'eau de pluie dont on
veut analyser un grand volume.

+ Les vents et la colonne ascendante d'air qui part de la terre
pour se rendre dans l'atmosphère par l'effet du rayonnement
de la chaleur et de l'électricité, entraînent aussi une grande
quantité de poussière terreuse , l'air en contient constamment.
Si l'on ferme hermétiquement la chambre dont l'air paraîtra
le plus pur , et si l'on y rentre après plusieurs mois , on trouvera le sol et les meubles couverts d'une poussière que l'air en
repos a laissé déposer ; il est facile de l'apercevoir en tous temps,
en regardant le trajet d'un rayon solaire pénétrant par un ori-
fice de petit diamètre dans une chambre d'ailleurs obscure.
Ces matières terreuses, transportées par l'air, expliquent l'existence de certaines substances, de la chaux par exemple, que
l'on trouve dans des plantes croissant sur des sols qui ne la
contiennent pas.

Les plantes pendant la floraison remplissent aussi l'air de
leurs odeurs, qui sont des principes hydrogénés. M. Boussingault a trouvé de l'hydrogène dans les analyses qu'il a faites de
l'air des lieux malsains. L'existence constante dans l'air de matières volatiles, résineuses, produits de la végétation, ne permet
pas de tirer de ses résultats les conclusions qu'il y cherchait et
qu'il propose avec une sage réserve, mais ils attestent au moins
que l'hydrogène est aussi pour sa part dans la composition variable de l'air , soit qu'il tire sa source des émanations des
marais, des exhalaisons des plantes , des bouches des volcans,
ou qu'il ait toute autre origine.

Mais les miasmes que M. Boussingault cherche à saisir et
à analyser ont une si grande influence sur l'agriculture , sont
un si grand obstacle à ses progrès dans les pays naturellement
les plus fertiles, que nous devons nous y arrêter un moment.

On sait généralement que les bords des marais, des étangs, des lieux où les eaux croupissent et se dessèchent, sont malsains à habiter ; que les hommes y sont sujets aux fièvres intermittentes, pernicieuses ; à la fièvre jaune, à la peste. Des contrées entières sont connues par les maladies qui sévissent sur les habitants pendant une partie de l'année. Les côtes plates des mers nous en présentent de malheureusement célèbres, les étangs de Languedoc, les maremmes, les marais Pontins, les rivages d'Alexandrette, le delta du Nil, etc. Les désastres qui ont suivi les expéditions aux bouches du Niger et des autres fleuves de l'Afrique ; l'insalubrité des îles qui se trouvent aux bords du Gange et dans une foule d'autres points des côtes de l'Inde, sont présents à tous les souvenirs et rappellent les noms de leurs nombreuses victimes.

Les vents qui traversent ces foyers étendent et propagent les germes de maladie jusque bien avant dans l'intérieur des terres. Les physiciens sont généralement d'avis que l'infection est produite par des miasmes développés par la putréfaction des végétaux et des animaux aquatiques mis à sec. Ces corpuscules élevés avec la vapeur d'eau par l'effet des courants ascendants de l'air, s'élèvent jusqu'à une certaine hauteur en rapport avec leur gravité et leur force ascensionnelle. Autour des marais Pontins ils ne dépassent pas la hauteur de 2 à 300 mètres. Au Mexique, M. de Humboldt assure qu'ils atteignent à 900 mètres d'élévation [1]. On a remarqué que l'air humide qui transportait le miasme, s'en dépouillait en tamisant à travers les arbres d'une forêt, à travers un canevas. M. Rigaud de Lille a observé des positions en Italie où l'interposition d'un rideau d'arbres préservait tout ce qui était derrière lui, tandis que la partie découverte était exposée aux fièvres ; les moines de Franquevaux, en se tenant constamment sous de doubles tentes de canevas, pouvaient prendre la fraîcheur du soir et du

(1) *Essai sur le Mexique*, t. IV, p. 524, in-8°.

matin, qui frappait de fièvres tous ceux qui avaient l'audace de la respirer à découvert[1].

Le miasme disséminé dans un air sec paraît y être en dose si minime, que non-seulement il est inaccessible aux investigations de la science, mais encore qu'il n'est pas susceptible d'affecter gravement les êtres vivants; il en est autrement quand l'air est refroidi par le rayonnement du soir et par celui de la nuit. Alors se précipite dans les couches basses de l'air une masse d'humidité qui le transporte avec elle en le concentrant, et quand cette rosée vient à se vaporiser de nouveau aux premiers rayons de soleil, elle entraîne avec elle ces mêmes miasmes dans son mouvement ascensionnel. Alors englouti en assez grande quantité par la respiration, par la déglutition, absorbé par les pores, il manifeste ses effets délétères. Dans les pays de mauvais air on ne saurait trop se préserver contre ces alternatives de précipitations et de vaporisations de l'humidité atmosphérique.

Les terrains qui ont été longtemps sous les eaux conservent pendant une longue série d'années la propriété d'émettre des miasmes; les terres neuves soumises pour la première fois à la culture présentent à l'action de l'atmosphère une foule de corps organiques conservés à l'abri du contact de l'air, qui entrent alors en décomposition, et ont des effets délétères bien connus des pionniers américains et des nouveaux colons; enfin M. A. d'Orbigny a observé en Amérique des vallées très fiévreuses où passait une eau courante non sujette à se dessécher, et qui paraissait parfaitement pure. Dans les climats ardents de la zone équinoxiale, la nature entière est animée, et l'évaporation entraîne toujours avec elle les produits d'une masse de fermentations, là même où rien ne semble l'annoncer. Les terrains habituellement secs et sans végétation y sont les seuls où l'air soit parfaitement pur; si ce n'est quand, par

(1) Rigaud de Lille. *Recherches sur le mauvais air.*

leur élévation, les terrains humides rentrent dans une zone plus tempérée et où la lenteur des actions chimiques ne produit pas instantanément une quantité considérable de miasmes.

La difficulté de trouver la cause matérielle de ces désordres a fait attribuer les fièvres endémiques aux grandes oscillations de température que l'on remarque dans ces climats entre la nuit et le jour. Mais il est aussi nombre de lieux fort sains qui présentent ces oscillations, et sans changer de pays on trouve à côté les unes des autres des localités soumises aux mêmes influences thermométriques dont les unes sont salubres et les autres infectées. Sur la lisière des marais Pontins, les habitations construites sur le bord de la mer et sur le vent des marais n'éprouvent point de fièvres, tandis que celles qui sont dans les marais ou au-delà des marais sous l'influence des vents chauds et humides qui les traversent y sont très exposées. A Rome même, le côté de la rue qui reçoit directement l'impression de ces vents est fiévreux, tandis que le côté opposé est salubre. Il y a donc dans l'air une influence particulière qui cause l'infection.

En vain on aurait recours à l'eudiomètre pour la signaler, les matières morbifiques sont en trop petite quantité pour pouvoir être distinguées dans un aussi petit volume. Moscati s'est servi pour les condenser, dans les rizières du Piémont, d'un globe de verre rempli de glace, qui précipitait la vapeur aqueuse à sa surface; Rigaud de Lille d'une espèce de toiture de verre à vitres, sur laquelle la rosée abondante des marais du Languedoc venait se déposer.

L'eau de rosée recueillie dans les lieux infectés est d'une couleur blanchâtre; on y voit flotter une multitude de filaments blancs dont elle ne se dépouille qu'après plusieurs filtrations; elle est inodore, légèrement alcaline; après quelque temps de repos l'eau de chaux et l'acétate de plomb y produisent un léger précipité floconneux. D'après les analyses de Vauquelin,

elle contient de la matière animale, de l'ammoniaque, du chlorure de sodium et du carbonate de soude. Il serait à désirer
que ces analyses fussent reprises avec toutes les ressources
qu'offrent les progrès de la chimie. La matière organique enlevée par la vaporisation était sans odeur au moment où elle fut
recueillie, et n'annonçait aucune putréfaction préalable, mais
elle ne tarda pas à fermenter, on lui trouvait une odeur d'œufs
pourris et il s'en dégageait de l'ammoniaque. M. Rigaud
n'eut pas le temps de compléter les expériences qu'il avait entreprises sur les effets de la rosée des marais administrée aux
animaux ; mais on sait que dans ces contrées les moutons qui
le matin broutent l'herbe humide sont exposés à la pourriture
et au sang de rate. Il y a là un vaste champ de recherches
à entreprendre pour nos jeunes savants du midi, et dans leurs
travaux ils ne manqueront pas de se guider sur les principes exposés par M. Chevreul dans son remarquable rapport sur le
lait des vaches[1].

On constatera la présence de matières organiques dans l'air des
lieux que l'on soupçonnera recéler des principes d'infection, en
se servant du procédé indiqué par M. Boussingault[2]. Peu après
le coucher du soleil, il posait deux verres de montre creux sur
un support ; dans l'un il versait de l'eau distillée chaude,
afin d'en mouiller la surface et de lui communiquer une température supérieure à celle de l'air ambiant, l'autre restait dans
son état naturel, mais se refroidissant par l'effet du rayonnement nocturne, il ne tardait pas à se couvrir d'une rosée abondante que le verre chaud ne condensait pas. Alors ajoutant une
goutte d'acide sulfurique pur dans chaque verre et évaporant à
sec, on voyait une trace de matière charbonneuse adhérente au
verre où la rosée avait été déposée, si elle contenait des matières
étrangères, tandis que le verre qui n'en avait point reçu était par-

(1) Comptes-rendus de l'Académie, t. VIII, p. 380 et suiv.
(2) *Annales de chimie*, octobre 1834

faitement net. Si un moustique tombait dans l'eau on avait le temps de l'enlever avant de verser l'acide.

Il ne faut pas croire cependant que les matières organiques dont la présence est ainsi constatée aient toujours des propriétés délétères. L'enceinte des abattoirs, les voiries, les lieux où se font sentir les émanations des latrines, donneraient sans doute des traces charbonneuses très marquées, et cependant, les fièvres ne résultent pas de la respiration de leur air, les bouchers jouissent d'une santé remarquable. On a lieu de croire que les miasmes nuisibles sont en général de nature végétale ; ceux qu'avaient recueillis M. Rigaud avaient une odeur de plante brûlée quand on les incinérait ; les bords fiévreux des étangs sont couverts de plantes aquatiques en décomposition, et le nombre des animaux qui s'y trouvent mêlés est très petit. Dans ses explorations des marais Pontins, M. Rigaud remarquait que l'odeur marécageuse n'annonçait pas toujours l'infection fiévreuse, et qu'elle était surtout à craindre dans des lieux dont l'air paraissait pur et inodore. Il semblerait donc que le miasme est un corps organisé, premier produit de la fermentation des végétaux aquatiques, mais doué encore de vie et n'ayant pas subi lui-même de décomposition ; que son introduction dans la circulation des êtres vivants est une vraie inoculation, et que quand il est atteint lui-même par la mort et la putréfaction, il produit des odeurs désagréables, de l'hydrogène carboné et sulfuré, de l'ammoniaque, mais qu'alors il cesse d'être délétère. Quoi qu'il en soit de cette hypothèse, la présence de matières charbonnées dans le verre qui a reçu la rosée n'implique l'existence des miasmes fiévreux qu'autant que la santé des hommes et des animaux est habituellement sujette aux maladies dans la contrée où se fait l'expérience.

L'absence d'une population condensée près de lieux infectés en fait le siége d'une grande agriculture, qui par son importance, son étrangeté, son indépendance, la vie aisée et libre

que l'on y mène, a un grand attrait pour les propriétaires.
La difficulté de vendre de grands domaines ainsi placés les y
attache par un nœud indissoluble, ils sentent le besoin d'exercer
une surveillance immédiate dans ces déserts où les cultures et
par conséquent les dépenses se font sur une si vaste échelle;
aussi peu d'entre eux résistent à la tentation de les habiter
souvent et longtemps, et l'on compte parmi eux de nombreuses
victimes du mauvais air, dont le sort ne rebute pas leurs successeurs. Nous dirons donc pour eux, comme pour les ouvriers
qu'ils occupent, qu'il est des précautions qui peuvent les garantir *jusqu'à un certain point* des dangers de l'infection.
1° Ne jamais sortir avant que la rosée soit dissipée, rentrer
avant qu'elle ne tombe. C'est aux travaux du matin, confiés
spécialement aux hommes, que l'on doit attribuer la plus
grande mortalité de ce sexe. 2° Ne pas sortir le matin à jeun, et
prendre avant de s'exposer à la fraîcheur une boisson excitante
comme le café ou le thé de préférence aux spiritueux. Elle
communique un léger état fébrile qui préserve de l'invasion.
L'état de stupeur qui succède au premier effet des spiritueux
est au contraire propre à favoriser l'absorption des miasmes.
3° Entretenir les fonctions de la peau en portant des gilets de
flanelle. 4° Quoique les propriétés désinfectantes des chlorures
n'agissent probablement pas sur les miasmes comme sur les
odeurs, cependant, dans le doute, on ne doit pas les négliger et
on peut se créer une atmosphère chlorurée en portant sur soi,
à portée de la respiration, des substances qui exhalent de ces
gaz, tels que les chlorures de chaux. Un vieux garde des marais
Pontins faisait détonner chaque soir une pincée de poudre à canon dans sa cabane, et dégageait ainsi un gaz que la tradition lui
faisait regarder comme salutaire. Cette pratique tendrait à indiquer l'utilité des chlorures et des gaz nitreux comme préservatif
de l'infection miasmatique. 5° Planter en avant des habitations
d'épais rideaux d'arbres sur la direction des vents humides et

chauds. 6° Garnir toutes les portes et fenêtres de châssis de canevas, pour que dans les temps chauds on puisse les ouvrir sans introduire le miasme. 7° Boire des eaux de rivière filtrées préférablement à celles des puits, et si l'on n'a que de ces dernières, les aiguiser au moyen d'un filet de vinaigre ou d'acide citrique. 8° Le chef d'une de ces exploitations jetées loin des centres de population doit étudier attentivement les symptômes de début des fièvres pernicieuses et être pourvu de doses préparées de médicaments, afin de prévenir les dangers qui résultent de la répétition des accès avant l'arrivée du médecin.

CHAPITRE III.

Du calorique.

SECTION Ire. — *Chaleur intérieure de la terre.*

Nous interrompons ici l'étude des substances en suspension dans l'atmosphère. Avant de parler de l'eau et de sa vapeur, nous traiterons des fluides impondérables qui la modifient si fortement, et nous commencerons par le calorique. La surface de la terre et l'atmosphère qui la recouvre le reçoivent de trois sources. 1° Par communication d'une chaleur intérieure que possède le globe, qui élève à peine de $\frac{1}{30}$ de degré la température de la surface, mais qui devient sensible à mesure que l'on pénètre dans son intérieur, à proportion du degré de conductibilité des couches des terrains. Nous savons par les observations faites au fond des mines et par les creusements de puits artésiens que cette chaleur augmente progressivement et d'environ 1 degré.

A Lille. . . . . par 25^m,459   A Genève. . . . . . . par 32^m,55
Au puits de Grenelle. par 32, 3   A Saint-Ouen. . . . . par 35, 65

En même temps que l'intérieur de la terre transmet à la surface son contingent de chaleur, celle-ci éprouve de la part des autres sources, de la radiation des étoiles et du soleil des modifications importantes qui affectent les couches supérieures du sol jusqu'à des profondeurs variables, selon les latitudes et la conductibilité des terrains, modifications que nous étudierons plus tard.

2° La deuxième source du calorique, c'est la température de l'espace céleste, provenant de l'irradiation de cette multitude d'étoiles qui couvrent le firmament. La chaleur qui en provient étant très faible et inférieure à celle du globe terrestre, devient négative pour lui, et, dans les rayonnements réciproques, la terre perd plus qu'elle ne gagne. Fourrier admettait que la température de l'espace était de — 52° environ; mais M. Pouillet la porte à — 142°, tandis que Poisson veut qu'elle ne soit que de — 13°.

3° L'irradiation du soleil est la troisième source de la chaleur du globe. Elle communiquerait à chaque point de la surface d'une sphère homogène et dépouillée d'atmosphère une température relative au sinus de l'angle d'incidence de ses rayons. De sorte que, sous les mêmes parallèles, on aurait des chaleurs égales aux mêmes époques de l'année. Mais bien des causes viennent modifier cette action; d'abord l'existence d'une atmosphère qui absorbe une partie des rayons calorifiques, d'autant plus grande que la couche d'air est plus épaisse, et par conséquent que le soleil est plus près de l'horizon.

Quand l'air n'est pas pur, mais est mêlé de beaucoup d'eau à l'état de vapeur ou à l'état vésiculaire, l'absorption du calorique partant du soleil est plus grande, et il en arrive moins encore à la surface de la terre. Quand il y est parvenu, il est conduit dans l'intérieur avec plus de vitesse, selon la nature et l'état des corps qui composent cette surface.

En l'absence de soleil, pendant la nuit, la terre, rayonnant vers l'espace plus froid qu'elle, tend à se mettre en équilibre avec lui, et lui restitue la chaleur qu'elle a reçue. Cet équilibre serait promptement rétabli, et l'on passerait avec rapidité de la chaleur diurne à un froid intense, si l'air laissait passer avec autant de facilité la chaleur obscure renvoyée par la terre que la chaleur lumineuse qu'elle a reçue du soleil. Les vapeurs aqueuses opposent de plus grands obstacles encore à cette transmission ; c'est ainsi que l'atmosphère et les nuages tendent à retarder le refroidissement de la surface du sol.

La surface de la terre est loin d'être homogène ; elle est composée de plaines, de montagnes, de mers, de cultures diverses ou de déserts stériles. Toutes ces différences entraînent des modifications importantes dans la distribution de la chaleur. Les eaux absorbent moins de rayons solaires que les terres, mais les restituent aussi avec plus de lenteur ; elles ont donc une température plus égale ; une surface sèche, sablonneuse, colorée, acquerra une température beaucoup plus élevée qu'une surface humide et blanchâtre ou couverte de végétaux.

Enfin l'atmosphère est loin d'être en repos ; l'air échauffé ne cesse de s'élever pour céder sa place à l'air plus froid qui se meut pour le remplacer, ce qui produit les vents, et la direction de ces vents les rend humides ou secs, selon les surfaces qu'ils parcourent ; l'air est ainsi plus ou moins transparent, plus ou moins propre à transmettre la chaleur. Ce sont toutes ces causes qui produisent les différences de climats dont nous parlerons dans la deuxième partie, mais qui produisent aussi les variations entre le jour et la nuit, les jours, les mois et les saisons entre eux.

La température influe sur les plantes de trois manières : par son excès, par son défaut, par sa durée, par sa continuité ; ainsi nous devrons rechercher les termes des *maxima* et des *minima* de température, soit dans l'air, soit dans la terre, c'est-à-dire dans les deux milieux où se passe la vie des plantes. Cette observation de chaque jour nous donnera les *maxima* et *minima* absolus qui nous indiqueront la possibilité de l'existence des différents végétaux dans le lieu de l'observation, selon leurs aptitudes relatives à supporter le froid et le chaud ; elle nous indiquera la température moyenne des mois et des saisons qui nous font juger de la durée de température propre à amener les plantes à leur maturité ; et enfin les oscillations de cette température qui, par son défaut de continuité, amène des accidents divers qui influent sur l'action de la végétation.

Pour déterminer la température d'un lieu au moment de l'observation, on se sert du thermomètre dont on connaît les propriétés. On devra toujours se pourvoir des meilleurs instruments sortis des ateliers des artistes les plus renommés[1]. Néanmoins on devra les vérifier en les plongeant dans de l'eau où l'on aura mis à fondre une quantité suffisante de glace. Cette épreuve devra être répétée au moins tous les ans ; car l'on sait que le zéro de l'échelle est sujet à se déplacer par les changements moléculaires qui surviennent dans le verre du tube et de la boule, et il faut tenir compte de ces déplacements dans les observations. Si l'échelle thermométrique s'élève jusqu'au degré de l'eau bouillante, il faudra aussi vérifier le terme supérieur, et plonger la boule dans la vapeur de l'eau en ébullition.

Le thermomètre destiné à observer la température de l'atmosphère doit être placé à l'ombre, isolé, autant que possible, des objets environnants, préservé du rayonnement du sol par une planchette, et de celui du ciel par un petit toit.

Le minimum de la température a lieu ordinairement un peu avant le lever du soleil ; mais comme on risquerait souvent de manquer l'observation à cause des affaires de la campagne, on

(1) M. Bunten les confectionne aujourd'hui avec un soin qui est une très bonne garantie.

pourra se servir d'un thermomètre à *minima*, dont la marche aura été soigneusement comparée à celle du thermomètre à mercure bien vérifié. On construit aussi des thermomètres à *maxima* qui peuvent suppléer à la présence de l'observateur vers deux heures et demie après midi, heure de la plus haute température atmosphérique. On ne l'emploiera aussi qu'après exacte vérification. En possession de ces deux instruments, on pourra régler les heures des observations ordinaires à neuf heures du matin, trois heures, neuf heures du soir, comme les heures les plus convenables pour embrasser les phénomènes météorologiques les plus importants.

Nous avons toujours ajouté à ces observations, dans un but d'utilité agricole, deux thermomètres à *minima* et à *maxima*, placés près du sol, et un autre dont la boule était recouverte d'un millimètre de sable blanc.

Le thermomètre à *minima*, dans cette position, nous indique des températures minimes plus basses que celles du thermomètre placé dans l'air, et nous tient en éveil sur les risques des gelées blanches, et celui à *maxima* entouré des rayonnements calorifiques de la terre échauffée par le soleil, monte plus haut que le thermomètre placé dans l'air, et nous apprend les influences que les plantes reçoivent de la chaleur solaire. Le thermomètre placé sous le sable témoigne de l'échauffement de la couche solaire du sol par les effets de soleil, et nous fait comprendre la différence qui existe entre les jours nébuleux et les jours clairs, comme entre les climats brumeux et ceux qui sont habituellement sereins.

Section II. — *Des maxima de température.*

Un certain degré de chaleur est nécessaire pour faire entrer a sève des plantes en mouvement, nous verrons que ce degré diffère dans chaque espèce de plantes ; la végétation s'accélère

et devient plus luxuriante, si en continuant a fournir à la plante
une humidité correspondant à l'accroissement de son évaporation, on augmente cette chaleur. Dans ces conditions, les parties herbacées et la tige de la plante se développent largement,
de nouveaux bourgeons ne cessent de se former et d'éclore ; si
quelques-uns fleurissent, ils forment peu de graines, la sève
étant sans cesse appelée vers le haut par l'éclosion et l'élon-
gation de ces nouveaux bourgeons. L'accroissement en hauteur ne se ralentit qu'à mesure que la chaleur restant la même
ou devenant croissante, l'humidité diminue et cesse d'être
surabondante, alors les bourgeons fleurissent plus complète-
ment et finissent par fructifier.

Mais il est, pour chaque plante, un degré maximum de chaleur qu'elle peut supporter, au-delà duquel elle se flétrit et meurt.
Si certains cryptogames résistent à l'action de l'eau bouillante
dans les sources thermales, la plupart des végétaux aériens
que l'on a soumis à l'épreuve paraissent ne pas résister à une
température de l'air de $+50^o$. Cette température ne se rencontre
que passagèrement à la surface du sol pendant quelques heures
du jour, mais elle ne descend pas jusqu'aux racines, et ne s'é-
lève pas jusqu'aux feuilles caulinaires des plantes. Burckardt a
bien observé des thermomètres à $47^o,4$, à Esné dans la Haute-
Égypte, mais c'était pendant la durée du Chamsin, vent chaud
du désert, et pendant un petit nombre d'heures ; c'est aussi dans
des circonstances extraordinaires analogues que l'on a eu $45^o,3$
à Bassora, $44^o,7$ à Pondichéri, $40^o,0$ à Madras, $39^o,7$ à Palerme, et $38^o,4$ à Paris. A 16 centimètres du sol, il nous est
arrivé à Orange d'observer le thermomètre à $44^o,5$, tandis qu'il
n'était qu'à 39° à 2 mètres d'élévation. M. Sonnerat dit avoir
vu, à Luçon, un petit lac dont l'eau prend la chaleur de 86^o2,
et où vivent des poissons et végétaux, des *agnus castus* et des
aspathes [1]. Ces extrêmes, quand ils ne sont pas très répétés,

_____

(1) *Journal de physique*, 1774, p. 256.

fatiguent momentanément les plantes, mais ne peuvent pas détruire la végétation. Ce qui est surtout important pour elles, c'est la température moyenne des *maxima* pendant l'époque de la végétation. Chaque végétal exige, pour parvenir à tout son développement et à sa maturité complète, une succession de chaleur qui n'est pas uniquement exprimée par les moyennes de jour ; il lui faut, en outre, des moyennes de *maxima* proportionnées aux besoins de ses organes. En 1843, les olives n'ont pas bien mûri en Provence, elles ont rendu peu d'huile ; la température moyenne, bien qu'un peu plus basse que dans les autres années, n'explique pas ce défaut de maturité. Elle a été complète dans des années qui n'avaient pas une chaleur moyenne supérieure ; mais les *maxima* nous donnent plus de 3 degrés de moins que leur moyenne annuelle, et 7 degrés de moins que les années chaudes. Certaines plantes, les plantes alpines, par exemple, ne peuvent supporter sans souffrir des *maxima* élevés. L'observation des *maxima* de température et de leurs effets sur les plantes est donc très essentielle, et devrait être étudiée en détail sur les différents végétaux, mieux qu'on ne l'a fait jusqu'ici.

SECTION III. — *Des minima de température. Effets du froid*

L'influence du froid sur les plantes est tout autrement marquée que celle de la chaleur. Comme le climat que nous habitons nous présente fréquemment des abaissements de température au-dessous de la congélation de l'eau, tandis qu'il faut chercher sur des points spéciaux du globe, et dans des circonstances extraordinaires, les coups de chaleur qui ont pu agir d'une manière fâcheuse sur la végétation, il s'ensuit que l'on n'a guère que quelques expériences sur les effets de la chaleur, tandis que les observations des effets du froid sont très nom-

breuses, mais elles présentent une multitude de contradictions,
venant, en général, de ce que ces effets ne peuvent être ap-
préciés que par la comparaison de la température et de l'état
de la végétation au moment où elle reçoit l'impression frigorifique, tandis que l'on n'a trop souvent considéré que la température et les résultats du froid. Les faits épars et disparates que
nous possédons ne peuvent être ramenés à une doctrine générale qu'au moyen d'une analyse faite avec plus de soin.

Si nous examinons les cas dans lesquels les végétaux ont res-
senti les atteintes du froid, nous trouvons : 1° que sur les jeunes
pousses des arbres et des plantes, les bourgeons fraîchement
éclos, dont le développement est encore herbacé et n'a pas encore pris une consistance ligneuse, ou au moins plus serrée et
plus abondante en fibres ligneuses; comme sur les plantes à végétation continue, dont la sève est en mouvement tant que la
chaleur et l'humidité ne leur manquent pas, celles de la zone
équatoriale, par exemple, l'impression d'un degré de froid tel
qu'il arrête l'impulsion de la sève, engorge les canaux ou les
vide, et produit la désorganisation des tissus, cause la mort
des parties herbacées pénétrées par le froid, et même celle des
parties ligneuses, selon que la force et la durée frigorifique a
été plus ou moins prolongée. L'abaissement de température
nécessaire pour crisper les fibres et arrêter le mouvement de la
sève varie selon la nature de la plante. Ainsi, nous voyons les
jeunes pousses de chêne résister même à la température de la
formation de la glace; celles de mûrier, de figuier, de luzerne, etc., périr à cette température; celles des plantes
de serre se flétrir sans retour à celle de $4°,6$ au-dessus de
zéro.

2° La prolongation du froid à un haut degré d'intensité
pénètre aussi les parties ligneuses, et peut, selon la nature du
végétal, faire périr même le tronc. Le degré absolu de froid
que l'arbre peut supporter indique invariablement la limite

de sa végétation. On est loin de connaître ce point extrême ; peut-être même ne le connaît-on pas exactement pour une seule plante, car il ne suffit pas pour cela de connaître sa limite topographique. Elle peut s'y arrêter autant par la difficulté de fructifier et de se propager, autant par la décurtation constante de ses scions que par une température assez froide pour pénétrer jusqu'à la moelle de l'arbre et à ses racines et pour produire leur désorganisation. On sait seulement qu'un grand nombre de végétaux périssent entièrement désorganisés dans toutes leurs parties quand ils ont éprouvé un degré de froid relatif à leur nature ; mais admettrons-nous que dans tous les cas le mûrier blanc périra comme dans l'Ain en 1838, quand il éprouvera une température de — 25° ; que celui des Philippines ne résistera jamais à celle de —15° qui l'emporte ordinairement auprès de Paris ; pour arriver à cette conclusion absolue, il faudrait pouvoir affirmer que dans aucun cas ces arbres n'ont résisté à une température plus basse, ce qui est loin d'être démontré.

Ainsi, aptitude propre de chaque espèce de végétal pour supporter un certain degré d'abaissement de température ; aptitude décroissante de chaque partie du végétal à mesure qu'elle est plus imprégnée de sève, plus aqueuse, moins ligneuse, moins volumineuse ; le bourgeon supportant un moindre degré de froid que le scion, le scion que le rameau, le rameau que la branche, la branche que le tronc, et enfin le tronc que les racines, car au volume de celles-ci il faut ajouter celui de la terre qui les recouvre, et qu'il faut que le froid pénètre avant de les atteindre. C'est cette dernière raison qui explique pourquoi on empaille les arbres sensibles au froid pour retarder l'atteinte qu'ils peuvent en recevoir.

Il ne suffirait donc pas de connaître l'abaissement extrême de température que peut supporter chaque arbre pour expliquer sa mort, il faudrait encore connaître la durée de cette tempé-

rature extrême. Un moment suffit pour détruire le bourgeon
baigné de rosée, il faut plus longtemps pour le rameau ; le tronc
ne périt qu'après une longue succession de froids ; la racine
résiste presque toujours.

Mais ce qui rend plus difficile la détermination de ce degré extrême, c'est que nous voyons les ravages du froid dépendre souvent beaucoup plus des circonstances du dégel que
de l'intensité même du froid et de l'état des cultures.

Les gelées les plus fortes paraîtraient être de peu d'effet sur
un grand nombre d'arbres et de plantes, si elles étaient suivies
d'un dégel lent et graduel. C'est ainsi que, quand les hommes
surpris par les grands froids ont un membre gelé, la gangrène
se manifeste sur-le-champ si on approche ce membre du feu ;
tandis qu'il ne reste aucune trace du mal si, frotté d'abord avec
de la neige, ou trempé dans l'eau à la température de la glace
fondante, puis successivement amené par des frictions à une
température plus élevée, le membre n'arrive que par degrés
au point de chaleur qui lui est naturel. Cette même expérience peut se faire sur des végétaux ; ainsi une racine de
navet gelé exposée subitement au soleil se décompose aussitôt,
tandis qu'en la plongeant dans un vase plein d'eau à zéro, elle
se dégèle et conserve toutes ses qualités. Flaugergues ayant
placé en janvier des plantes de blé dans un vase plein d'eau,
elles y furent exposées à plusieurs alternatives de gelée et de
dégel ; repiquées dans la terre le 2 mars, elles reprirent bien
et donnèrent des épis longs et bien nourris[1]. Les végétaux
éprouvent dans le nord, et malgré leur manteau de neige qui
quelquefois est léger, des températures au moins aussi froides que
celles de nos grands hivers du midi, et cependant on n'y signale
jamais, pour les plantes de la culture ordinaire, les résultats
désastreux des hivers. Cela provient uniquement de ce que les
dégels y sont plus humides et plus graduels ; tandis qu'en avan-

(1) *Journal de physique*, 1780, t. XV, p. 486.

çant vers le midi il se manifeste de ces dégels subits, déterminés par l'influence d'un beau soleil et qui frappent de sphacèle toute la végétation qui n'avait éprouvé cependant qu'un degré de froid médiocre. C'est par la même raison que les gelées sont d'autant plus meurtrières qu'elles arrivent plus tard et que sans parler de celles qui surviennent quand la sève est déjà en mouvement, celles des mois de février et de mars, si souvent suivies de dégels rapides, même dans les pays du nord, sont plus funestes aux plantes que les gelées bien plus intenses de décembre et de janvier.

L'étude particulière que nous avons faite des circonstances de la mortalité des oliviers est aussi applicable à d'autres végétaux avec les modifications que comportent leur nature et leur situation en terre [1]. Ainsi en 1709, du 9 au 11 janvier on eut —14°,5 en Provence, le 12 le dégel arriva subitement, les feuilles des oliviers se flétrirent, le bois des branches sécha, l'écorce sphacelée se détacha du tronc. En 1789, les grands froids durèrent du 20 décembre 1788 au 8 janvier suivant, le thermomètre descendit à —15°,65 à Orange ; le dégel eut lieu subitement par l'arrivée d'un vent de sud chaud qui remplaça le vent du nord, et l'on perdit la plus grande partie des oliviers. Le 11 janvier 1820, nous eûmes à Orange un froid de —13°, qui fut de —15° à Joyeuse placé aussi à la limite de la région des oliviers ; les vents du sud-ouest ayant amené le 15 un changement dans la température et par un beau soleil, une grande mortalité frappa les oliviers de la Provence et d'autant plus qu'ils étaient en dehors de l'action du vent. Le même phénomène eut lieu en 1830 ; tandis qu'en 1745, 1748, 1766, 1802, par une température de —10°, le dégel accompagné d'un grand vent du nord, ne fut pas suivi de mortalité dans tous les lieux non abrités et qui se trouvaient dans le courant d'air. Cela s'explique facilement lorsqu'on sait que dans ces

(1) *Mémoires d'agriculture*, t. II, p. 365 et suiv.

conditions le vent abaisse de 6 degrés au moins la température produite par la chaleur directe, et de beaucoup plus celle par la chaleur réfléchie des rayons du soleil, enlève l'humidité à mesure que la glace se fond et en augmentant la rapidité de l'évaporation produit du froid sur les organes des plantes.

De même en 1755,1768,1811 une gelée provoquée par une température de —12°,5 à —10 ne produisit aucun mauvais effet, parce que le dégel fut accompagné de pluie, et qu'il eut lieu graduellement et à une basse température. Les seuls endroits frappés en 1811 furent ceux où la pluie manqua.

Quand la sève est en mouvement et que les organes des plantes sont abreuvés de sucs, des froids beaucoup moindres peuvent avoir des effets aussi funestes si les circonstances du dégel ne sont pas favorables, et dans cette saison avancée, comme nous l'avons dit, il est bien plus ordinaire de voir succéder un soleil brillant et chaud aux gelées nocturnes. C'est ainsi qu'en 1838 un grand nombre de vignes périrent dans le Lyonnais et même dans le Languedoc, après avoir supporté une gelée de seulement —4 à 5 degrés ; tandis que des oliviers transplantés dans l'automne de 1829 après avoir eu la tête coupée, et par conséquent privés de tout mouvement de sève, résistèrent parfaitement au froid.

Ainsi la cause principale du mal produit par le froid peut être attribuée à la rapidité du dégel, et si l'on examine l'état des organes frappés de mort, on trouve les cellules rompues, leurs débris nageant dans le liquide, et quelques jours après les fibres ligneuses et les tissus noircis et comme brûlés. Duhamel explique ce fait par l'accroissement de volume de l'eau qui passe à l'état de glace. Alors, dit-il, tous les organes qui la contiennent sont violemment distendus ; si le dégel est subit, ces parties ne peuvent reprendre subitement leur premier état, de là vient l'altération de l'intérieur du végétal. Cette explication mécanique est loin de nous satisfaire ; nous la chercherions plutôt dans la soustraction rapide d'une grande quantité de calorique que la glace passant à l'état liquide enlève aux parties solides de la plante, modifiant ainsi profondément leur état moléculaire, et le privant de leur cohésion et de leur élasticité.

Les gros arbres, par celà même que leurs troncs et leurs branches font ombre sur une partie de leur pourtour, périssent plus rarement en entier que les petites plantes. La partie frappée par le soleil est seule nécrosée; d'où résulte dans la suite un défaut dans leur bois; la couche annuelle manque en cet endroit. Buffon et Duhamel en comptant, en 1757, les couches complètes d'un arbre qu'on avait abattu, constatèrent que la couche de bois imparfaite qu'ils appelèrent *faux aubier*, remontait à l'année 1709 si tristement célèbre dans les fastes météorologiques. Les arbres résineux, par la nature même de leur sève, sont beaucoup moins exposés que les autres aux effets de la gélivure.

Quand la gelée a pénétré jusqu'à la racine des arbres et l'a désorganisée, on les voit néanmoins pousser avec assez de vigueur au printemps, mais ils se fanent et périssent au mois de mai suivant. La sève qui stagnait dans les vaisseaux du tronc, a suffi pour alimenter cette première végétation, qui ne se renouvelle pas. C'est à la noirceur de la moelle qu'on reconnaît que les arbres ont souffert de la gelée.

Quelquefois les arbres sont plus fortement atteints dans les terrains humides, comme cela arriva l'an 1789[1] en Beaujolais; les vignes plantées dans les terrains humides périrent, tandis qu'elles n'éprouvèrent pas de mal dans les terrains secs. D'autres fois, on remarque, au contraire, que les arbres sont préservés dans les terrains humides, et qu'ils sont plus frappés dans les terrains secs[2]. On conçoit très bien qu'il y a ici des effets qui tiennent aux circonstances du dégel, et d'autres à la

(1) *Journal de physique*, t. XXXV, p. 392.
(1) *Mémoires de l'auteur*, t. II, p.

profondeur à laquelle est parvenue la gelée. Sur un terrain humide, si le dégel est lent, l'eau à une basse température fait sur les racines l'effet de la neige sur les membres d'un homme gelé. D'un autre côté, si la gelée est très profonde, si elle a enveloppé pendant longtemps les racines, elle peut les avoir frappées de mort avant même l'action du dégel.

L'état des cultures influe beaucoup aussi sur les effets que le froid produit sur les arbres. On a remarqué depuis long-temps qu'en rompant la liaison des particules du sol, en diminuant ainsi sa conductibilité, le travail fait avant l'hiver au pied des arbres, et l'amoncellement de la terre autour de leur tronc et sur leurs grosses racines, ce que l'on appelle en un mot *chausser un arbre*, les garantissent des fâcheux effets de l'abais-sement excessif de la température. En 1830, notre plus grande perte en oliviers eut lieu sur les arbres que la précocité de l'hiver n'avait pas permis de chausser, elle fut insensible sur ceux pour lesquels cette opération avait pu être terminée à temps. Le fumier déposé sur les racines et le bas du tronc avant l'hiver nous fit éprouver aussi de la perte. La litière forme autour des racines un corps spongieux qui se charge d'humidité, puis de glaçons qui font adhérence avec elles et y entretiennent longtemps l'action du froid.

Il résulte de tout ce que nous venons de dire, que nous au-rons surtout à considérer relativement aux effets frigorifiques, 1° l'intensité de l'abaissement de température; 2° sa durée; 3° l'époque où il arrive, comparé à l'état de la végétation.

L'abaissement de la température pendant la nuit ne pro-vient pas seulement de l'absence du soleil, mais aussi du rayonnement de la terre vers les espaces célestes. Dans les pays où le ciel est habituellement serein, les *minima* de tem-pérature s'écartent plus des *maxima*, que dans ceux qui sont brumeux. Le rayonnement nocturne s'exerçant sans obstacle, y abaisse considérablement la température pendant la nuit et le soleil lançant aussi directement ses rayons sur la terre et sur les plantes y élève la température diurne. La distribution des *minima* est donc loin de se faire sur le globe en raison de la latitude, mais dépend aussi des circonstances qui rendent l'atmosphère plus ou moins humide. La rigueur des hivers, les *minima* absolus, intéressent à un haut point l'agriculture, 1° en fixant une limite aux plantes à végétation continue ou très prolongée, à celles qui sont le plus sensibles à un froid intense ; 2° en obligeant à renfermer les bestiaux pendant la nuit dans des constructions coûteuses, en resserrant par là le cercle où l'on peut les faire paître, obligeant à leur attacher des gardiens plus nombreux, chargés de soins plus minutieux, en faisant disparaître de bonne heure les herbes frappées par la gelée, et réduisant les propriétaires à nourrir pendant l'hiver de fourrages secs, conservés à grands frais, enfin en bannissant cette facile administration des bestiaux qui, dans les pays brumeux, à température égale, à hiver doux, permet de laisser le bétail toute l'année aux champs et sans abri, comme cela a lieu dans les latitudes tempérées, et sous le climat des côtes occidentales et des îles, ainsi que nous le voyons pratiquer en Angleterre, au grand profit des cultivateurs. Cette faculté n'existe que là où les *minima* diffèrent peu des *maxima*, et où ils diffèrent peu entre eux ; en un mot, dans ceux où la courbe que l'on tracerait pour représenter la marche de la température diurne se rapprocherait le plus possible de la ligne droite [1]. On conçoit

(1) C'est la première fois que nous parlons des courbes qui représentent les phénomènes météorologiques ; il est bon d'avertir nos lecteurs que ces courbes se tracent sur un plan, d'après la méthode adoptée par les géomètres pour la construction des courbes. On mène deux droites $o\,x$, $o\,y$ perpendiculaires entre elles, qu'on appelle axes ; sur l'un de ces axes on porte des longueurs qui représentent le temps, et par les différents points de division obtenus, on mène des parallèles à l'autre axe, lesquelles représentent l'intensité du phénomène à l'époque indiquée par la division. Ainsi, pour tracer une courbe qui re-

dès lors toute l'utilité de l'observation des *minima* absolus,
c'est-à-dire de ceux qui indiquent la plus forte descente du
thermomètre.

L'observation continue des *minima* indique bien l'abaissement nocturne de chaque jour, mais ne dit rien de la continuité des gelées, car les *minima* n'expriment que l'intensité de froid d'un moment, et il est utile de connaître sa durée. Le thermomètre peut descendre accidentellement bien au-dessous de zéro quelques moments avant le lever du soleil et produire une légère croûte de glace, et quelque fâcheuse que cette congélation subite, suivie d'un prompt dégel, soit pour les plantes, cette circonstance n'implique pas que les tissus ligneux ou animaux aient beaucoup à en souffrir ; mais le prolongement de cette même température pendant toute une nuit, pendant plusieurs nuits consécutives, et pendant les jours qui les suivent, produit une épaisseur de glace plus considé-

présente la marche de la température diurne, on porte successivement l'unité de longueur sur l'axe $o\,x$, à partir du point o, en marquant les points de division par les chiffres, 1, 2, 3, etc. Par les points de division, on mène des parallèles à l'axe $o\,y$, dont la longueur contienne autant d'unités qu'il y en a dans la température observée à l'heure correspondante. On joint par une courbe continue les différents points obtenus, et on a la courbe des températures diurnes, c'est-à-dire que, si en un point quelconque on mène une parallèle à $o\,y$ jusqu'à la rencontre avec $o\,x$, la longueur de cette parallèle est la température à l'heure indiquée par le pied de cette parallèle. Exemple :

COURBE DES TEMPÉRATURES HORAIRES

Moyenne de janvier à Padoue.

Fig. 1.

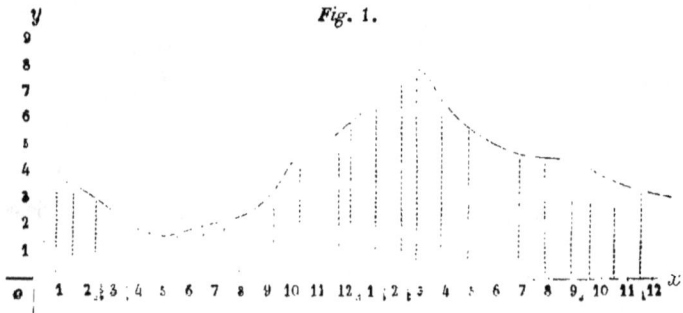

rable; il en résulte que la profondeur à laquelle le froid peut avoir pénétré est plus grande, et l'impression qu'il a dû faire plus nuisible.

L'astronome Flaugergues, qui a si bien senti dans le cours de sa longue carrière tous les points par lesquels la météorologie se liait à l'agriculture, a proposé de prendre l'épaisseur de la glace pour mesure de l'effet produit, et a inventé pour l'observer un instrument qu'il a nommé *kruomètre*. Nous arrivons bien plus simplement au même but au moyen d'un vase ouvert par le haut, rempli d'eau et abrité du rayonnement nocturne sur les côtés par des matières mauvaises conductrices, telles que la paille, par exemple. Chaque matin, on rompt la couche de glace, et l'on en mesure l'épaisseur. On voit alors que cette épaisseur est loin d'être toujours en rapport avec le chiffre du *minimum*, mais qu'elle est une fonction de ce chiffre et de la durée de temps pendant lequel a régné la basse température. Adanson se trompait donc en assignant l'épaisseur de 9 millimètres par $3^0,75$ d'abaissement au-dessous de zéro, 45 millimètres par 15° et 54 millimètres par $17^0,5$; car la durée du froid devait aussi être prise en considération. En janvier 1778, Adanson trouvait que l'épaisseur de la glace formée du 4 janvier au 22 était de 170 millimètres; mais, en recueillant la glace chaque jour, il avait trouvé 361 millimètres, et il observait judicieusement qu'il aurait obtenu un plus grand produit s'il l'eût recueillie d'heure en heure[1].

L'observation de l'épaisseur de la glace formée de 24 en 24 heures nous a donné :

A Orange, moyenne de 17 années :

En automne.	18 millim. pour	7 jours de gelée.
En hiver.	346 —	47 —
Total. . .	364 —	54 —

ou par jour de gelée 67 millimètres.

(1) *Mémoires de l'Académie des Sciences*, 1778, p. 428.

A Middelbourg, moyenne de 4 ans :

En automne. . . . . .   277 millimètres.
En hiver. 1,220
                                  ——————
                        1,497 millim. en 52 jours de gelée,

ou par jour de gelée 288 millimètres.

A Rome, moyenne de 6 ans (1784-89) :

En automne. . . . . .   16 millim. en 14 jours.
En hiver.   250   —   1,6
                      ——————   ——————
                      266   —   15,6

ou par jour de gelée 139 millimètres.

    Les différences que l'on remarque ici ne pourraient servir à établir correctement l'échelle de la rigueur des climats, parce que les observations de Rome renferment l'année 1789 dont l'hiver fut très rude. Si l'on en faisait abstraction, l'épaisseur moyenne de la glace ne serait plus que de 141 millimètres; le nombre des jours de gelée de 12 et l'épaisseur de la glace par jour moyen de gelée de 117 millimètres. On voit dans ces comparaisons que Rome a le quart seulement du nombre des jours de gelée d'Orange, mais que ces jours donnent une épaisseur de glace plus forte, qu'ainsi son climat est moins sujet aux gels et dégels successifs, et est sous ce rapport plus favorable à la végétation que celui d'Orange. Quant à Middelbourg, il est influencé par sa position insulaire qui ne lui donne qu'un petit nombre de jours de gelée, mais aussi par sa position septentrionale qui y cause des gelées bien plus fortes que celles de notre midi. Ce genre d'observations peut devenir la source des considérations agricoles les plus importantes, et nous ne saurions trop le recommander aux agriculteurs intelligents.

    Flaugergues ne s'est pas borné à observer l'épaisseur de la glace en rapport avec l'intensité et la durée du froid, il a encore cherché à les comparer avec la profondeur de la gelée en terre ; ses observations se faisaient sur un carré de jardin passé à la bêche et bien nivelé. Un premier tableau, continué pendant plusieurs années, nous donne seulement la profondeur de la gelée en terre pour la durée de chaque période de gelée [1].

Années.	Nombre de jours de gelée.	Epoque de minimum de température.	Minimum absolu.	Profondeur de la terre gelée.	Profondeur de la gelée par jour.
1766.	32	10 janv.	— 11,11	466ᵐⁱˡˡⁱᵐ	14ᵐⁱˡˡ. 6
1767.	13	11 janv.	— 11,12	257	19 7
1768.	8	5 janv.	— 12,5	244	30 5
1776.	7	31 janv.	— 12,9	238	34 0
1778.	11	9 janv.	— 6,2	243	22 1
1779.	21	16 janv.	— 8,4	392	18 7
1782.	14	18 févr.	— 10,0	284	20 3
1784.	21	21 et 26 janv.	— 8,8	298	14 2
1789.	33	31 déc. 1788.	— 18,1	585	17 7

Pour tirer des conclusions numériques de ce tableau, il faudrait autre chose que la connaissance du minimum absolu; celle de la température moyenne nous serait aussi nécessaire. Cependant Flaugergues observe que tant qu'il gèle dans l'air, la terre gelée, qui prend ce degré de froid, le communique à la couche immédiatement au-dessous, et ainsi successivement, quoique le froid ait diminué. Mais il est bien évident que, quoique la continuité de la gelée soit un des grands éléments de la question, la rapidité de la propagation doit tenir à l'intensité du froid reçu, d'où dérive une plus grande différence de température entre les couches successives de terre.

Cependant, si nous disposons ce tableau selon l'ordre du nombre de jours de froid, nous trouverons encore d'autres conclusions que celles énoncées par l'auteur. Nous avons alors :

	jours.	millim.		
1776.	7	34,0	de prof. de gelée en terre par jour de gelée.	
1768.	8	30,5	—	—
1778.	11	22,1	—	—
1767.	13	19,7	—	—
1782.	14	20,3	—	—
1779.	21	18,7	—	—
1784.	21	14,2	—	—
1766.	32	14,6	—	—
1789.	33	17,7	—	—

(1) *Journal de Physique*, 1820, t. I, p. 143.

On trouverait ici qu'en faisant la part du degré plus ou moins bas de la température, la gelée pénétrerait plus vite en terre les premiers jours que les jours suivants, que la température intérieure du sol lui opposerait des obstacles toujours plus grands à mesure que la profondeur augmente ; enfin, il paraîtrait que la durée a un effet bien plus marqué sur cette profondeur que l'intensité elle-même. On y voit, par l'exemple du grand hiver de 1789, que la gelée pénétrerait au plus dans le climat de la Provence à une profondeur de $0^m,6$ de terre soulevée, et moins encore si l'on interposait entre les couches de terre une couche de corps moins bons conducteurs, tels que les roseaux, sans les mettre en contact avec les racines.

Flaugergues nous donne une autre série d'expériences.

Janv.	Thermomètre. Matin. 7 heures.	Soir. 2 heures.	État du ciel.	Vents.	Épaisseur de la couche de glace.	Profondeur de la gelée en terre.	Approfondiss. de la gelée en terre par jour de gelée.
3	—3,8	—5,0	Serein.	N. fort.			
4	—3,8	—1,1	Nuageux.	N. tr. f.			
5	—3,8	—1,1	C., grésil.	Id.	88$^{millim.}$		
6	—3,8	—1,1	Couvert.	Id.	111		
7	—3,8	—0,6	Serein.	Id.	89		
8	—2,5	—2,5	Couvert.	Id.	68		
9	—6,2	—3,1	Nuageux.	Id.	124		
10	—7,5	—2,5	Couvert.	N.			
11	—5,2	—2,5	Nuageux.	N. tr. f.			
12	—5,6	0,6	Serein.	N.		millim.	millim.
13	—6,1	—3,1	Id.	N. tr. f.	90	175	15,9
14	—6,3	—3,1	Id.	N.			
15	—6,3	—3,1	Id.	Id.			
16	—8,4	—2,8	Id.	N. léger.		244	17,2
17	—7,8	—1,2	Id.	Id.			
18	—7,8	—0,6	Id.	N. tr. l.			
19	—6,2	—0,0	Id.	N. l.	111		
20	—5,0	—2,6	Id.	Id.	55	352	19,6
21	—6,0	—1,9	Id.	Id.	93		
22	—6,2	+3,8	Nuageux.	N. tr. l.	97		
23	—1,9	+2,8	Serein.	N. l.	10	392	18,6

Nous avons vu précédemment qu'une gelée de 21 jours (1779, 1784) nous avait donné, avec une température minimum absolue de — 8°,8, tantôt un approfondissement de la gelée en terre de 18$^{mill.}$,7, tantôt de 14$^{mill.}$,2. Ici nous trouvons, avec un minimum absolu de — 8°,4 et par 21 jours de gelée, un approfondissement de 18$^{mill.}$,6. Ce résultat est assez concordant avec celui obtenu en 1779, mais, si nous examinons plus à fond notre dernier tableau, nous reconnaîtrons que :

			millim.
Du 3 au 13, la température moyenne étant de. . . — 3,3	l'approfondissement de la gelée a été par jour de.		15,9
Du 14 au 16.. . . . . . — 5,0	—	—	23,0
Du 17 au 20.. . . . . . — 3,9	—	—	27,0
Du 21 au 23.. . . . . . — 3,1	—	—	13,3

Ici apparaissent, à côté des effets de la durée, ceux de l'intensité; la gelée est assez faible jusqu'au 8; elle a pénétré dans le sol, mais toujours avec plus de difficulté à mesure qu'il lui a fallu traverser une couche plus profonde; les froids du 9 au 13 ont produit dans le période suivant, du 14 au 16, une plus grande rapidité de la propagation de la gelée intérieure; ceux du 14 au 16 ont agi sur l'observation du 20, le thermomètre était remonté, mais la progression d'approfondissement était encore croissante; enfin, la température augmentant dès le 17, on en remarque l'effet sur l'observation du 21 au 23.

Il est facile de voir que pour parvenir à quelque chose d'exact dans ce genre, il faudrait une plus longue série d'observations, et des observations plus détaillées. Les lacunes qui existent dans la colonne qui indique l'épaisseur de l'eau glacée ne permettent pas de les comparer avec la marche de l'approfondissement de la gelée en terre. Flaugergues a aussi prétendu que, quoique la terre fût couverte d'une couche de neige de plus de 0^m,30 d'épaisseur, la gelée descendait aussi profondément et avec autant de rapidité que si la terre était découverte. Les expériences de M. Boussingault prouvent au contraire que la neige agit comme un écran, et qu'en abritant le sol, elle le soustrait aux effets du rayonnement. Pendant la durée du froid, le thermomètre placé sur la neige était toujours plus bas que celui qui en était recouvert.

Il peut être utile aux cultivateurs qui ont des transports à faire en hiver, de connaître les fardeaux que peut supporter la glace, selon ses différentes épaisseurs. On a trouvé qu'à

0^m,04 d'épaisseur, elle supporte un homme isolé.

0,095, l'infanterie peut y passer en files espacées.

0,10 à 0,13, elle porte des pièces de 8 sur des traîneaux.

0,13 à 0,15, elle porte des pièces de 12 sur des traîneaux.

0,16 à 0,19, l'artillerie de campagne attelée peut y passer. C'est donc cette épaisseur qui indique la possibilité de traverser des espaces glacés avec des charrettes à chargement ordinaire.

0,20 à 0,24, elle porte les pièces de 24 sur des traîneaux.

0,27 à 0,32, elle porte les plus lourds fardeaux.

Après avoir parlé des effets de l'intensité et de la durée d'une basse température, nous arrivons à ceux qui résultent de l'époque où elle se présente. Les plantes que le cultivateur destine à passer l'hiver en terre sont celles qui n'ont pas à redouter le retour fréquent de froids assez intenses pour qu'elles ne puissent y résister. La plupart d'entre elles sont moins préparées à supporter les conséquences des dégels subits. Ainsi, les céréales d'hiver perdent bien la plupart de leurs feuilles à la suite de ces dégels, mais elles ont une vitalité robuste qui leur donne le moyen d'en produire de nouvelles; il en est de même de la plupart des fourrages artificiels. Dans un terrain sec ou siliceux dont les parties n'ont pas une adhérence nécessaire entre elles, les gelées et les dégels d'hiver n'ont pas une influence fâcheuse pour ces plantes, et dans certains cas, elles les délivrent d'une foule d'insectes et de petits animaux, qui pullulent dans les hivers doux; mais dans un terrain argileux, toujours plus ou moins humide, si une gelée légère a pénétré peu profondément en terre, l'accroissement de volume que prend la couche gelée la soulève et la détache de la couche inférieure; il peut arriver alors que les radicules qui pénétraient dans cette couche soient rompues, que la plante soit soulevée en même temps, et que, lors du dégel, la terre se pulvérisant, ses racines restent nues, détachées de la terre. Alors le végétal meurt, ou bien, ne tenant plus au sol que par un petit nombre de racines, il souffre, jaunit et ne revient à la santé qu'après un certain laps de temps passé à produire de nouvelles radicules. Si cet accident se répète fréquemment, tous les jours, par exemple, après une gelée de nuit, comme cela arrive quelquefois, les végétaux en éprouvent une rude atteinte, et leur vie peut être compromise. Aussi les cultivateurs redoutent-ils cette succession de petites gelées nocturnes, suivies de jours chauds, bien plus qu'un degré intense et prolongé de froid.

Les effets ne sont plus les mêmes quand il est question d'arbustes ou d'arbres. Alors le végétal enraciné plus profondément, ne pouvant être arraché, les gelées superficielles lui causent peu de mal quand il n'est pas encore entré en séve; mais quand la végétation a commencé, il suffit d'un degré de froid assez léger pour détruire les parties végétales encore tendres, à peine développées, consistant presque entièrement en cellules à parois peu solides, mucilagineuses; elles peuvent être détruites par une température qui ne descende pas au-dessous de zéro. Le danger est d'autant plus grand que l'air est plus humide, et que le froid détermine la précipitation de l'humidité et la production de la gelée blanche. Alors l'eau, ayant imbibé le tissu spongieux des jeunes pousses, se dilate par la congélation, les détruit, et ainsi se trouvent supprimés les bourgeons, les fleurs et les fruits à peine noués des arbres et des plantes. On peut craindre ces funestes effets jusqu'à une époque qui varie selon celle de la pousse et de la floraison des différents végétaux. En automne, les gelées blanches précoces détruisent les dernières pousses des plantes délicates, surtout des légumineuses, et les scions terminaux encore herbacés des arbres. Cette décurtation des branches est surtout sensible pour les mûriers dont elle arrête la croissance.

II.   5

La gelée blanche se produit quand l'abaissement de la **tem-pérature**, causé par le rayonnement nocturne, est assez grand pour faire descendre, au-dessous de zéro, le thermomètre isolé de terre et placé près du sol. Il faut à la fois que l'air soit très humide et qu'il y ait une parfaite dissolution de la vapeur, qui laisse une entière transparence à l'atmosphère, d'ailleurs sans nuages. Ces circonstances ne se rencontrent pas partout au même degré. On observe depuis quelque temps cette disposition au rayonnement au moyen de l'*éthrioscope* qui consiste en un thermomètre placé au centre d'une demi-sphère creuse, isolée à $0^m,15$ du sol. La boule du thermomètre est ainsi vue de tous les points du ciel, sans pouvoir recevoir les émanations calorifiques de la terre. Faute d'avoir encore un assez grand nombre de ces observations, on peut juger du pouvoir rayonnant d'un lieu par la fréquence des gelées blanches. Ainsi, à Orange, nous avons, en moyenne, 17,7 gelées blanches, tandis qu'à Rome nous en trouvons 63,8. A Rome, nous voyons arriver une gelée blanche en juin, le thermomètre étant dans l'air à $+ 15°$; tandis qu'à Orange, le rayonnement ne produit pas plus de 8° de refroidissement. Dans l'Inde on se procure artificiellement de la glace en plaçant une jatte peu profonde remplie d'eau sur un tas de paille peu pressée ; on voit alors le rayonnement abaisser la température de 19° au moins, et peut-être de 20° et 25°. Au rapport de Garcilasso di Vega, quand les Péruviens voient le temps très clair, à l'époque de la pousse des plantes, ils mettent le feu à leurs fumiers pour produire un brouillard artificiel qui intercepte la vue du ciel, arrête le rayonnement, et prévient la gelée blanche.

La fréquence de la gelée blanche, fâcheuse pour toutes les cultures, est surtout fatale à celles de la vigne, du mûrier et des arbres fruitiers, dont elle détruit les bourgeons. En Italie, on appelle la terre d'Otrante la province des fleurs, à cause de la fréquence des gelées blanches de printemps qui ne permet-

tent pas que les fruits leur succèdent. Quand on connaît le retour moyen de ce phénomène dans un climat, on peut réellement assigner la réduction probable des récoltes de ces
végétaux ; c'est ce que nous avons essayé de faire pour le mûrier. Rappelons ici cet examen qui pourra servir de type pour
estimer le dommage que l'on pourrait éprouver dans d'autres
situations et sur d'autres genres de culture.

De 1813 à 1830, on a éprouvé à Orange quatre gelées
blanches à la fin d'avril et au commencement de mai, après le
développement de la feuille du mûrier : 1° le 30 avril 1817 ;
cette gelée ne fit mal qu'aux vignes et aux mûriers nains ; les
grands arbres, qui se trouvaient en dehors de la couche de vapeur condensée, n'eurent aucun mal ; mais le 1er mai de la même
année, il y eut une nouvelle gelée qui fut plus forte ; les
grands arbres eux-mêmes en souffrirent dans les lieux bas. 2°
Le 21 avril 1825, la gelée blanche sévit sur les arbres placés
dans les lieux abrités, d'où le vent ne chassait pas la vapeur
condensée ; elle ne produisit aucun effet sur ceux qui étaient en
rase campagne. 3° Le 30 avril 1826, la gelée ne détruisit pas
la feuille mais la jaunit ; les vers à soie se trouvaient mal de cet
aliment et il y eut une mauvaise récolte de cocons. Ainsi, pendant dix-sept ans, la gelée blanche n'a sévi que quatre fois, en
trois années différentes, après la foliation du mûrier ; elle n'a
attaqué que partiellement la feuille deux fois ; elle l'a altérée
une troisième. On pourrait donc craindre cet événement à
Orange tous les cinq ans, et l'expérience nous apprend qu'il
causerait une perte moyenne d'un quart de récolte[1], c'est donc
$\frac{4}{20}$ de réduction probable par an pour la plaine d'Orange, située
au centre de la vallée du Rhône ; les pays moins bien abrités
éprouvent une plus forte réduction. Ainsi à Lavaur on se plaint
d'une chance de gelée blanche qui noircit la feuille de mûrier

(1) *Voir* cette discussion dans nos Mémoires d'agriculture, T. III,
p. 208.

tous les trois ans ; à Paris la réduction moyenne ne serait que de $\frac{1}{24}$ par an. Il est évident qu'en avançant vers le nord ces chances doivent diminuer, puisque les oscillations de température deviennent de moins en moins fortes vers le solstice d'été et que le mouvement de la végétation s'y rapproche toujours plus de cette époque.

Chacun connaît la célébrité de la lune rousse si redoutée des cultivateurs. On donne ce nom à la lune qui, étant nouvelle en avril, devient pleine vers la fin de ce mois et souvent dans le mois de mai. On l'accuse d'être contraire à la végétation et de geler les jeunes pousses des plantes. M. Arago a expliqué complétement cet effet dans l'*Annuaire du Bureau des Longitudes* pour 1833. Il ne dépend nullement de la lune, mais de ce que cette époque est celle où la végétation entre en mouvement et où la température minimum ordinaire est assez basse pour que, par un ciel pur, la température des plantes et des bourgeons isolés du sol descende en vertu du rayonnement nocturne au-dessous du point de la formation de la glace.

SECTION IV. — *Des températures moyennes*

La température moyenne d'un jour est la somme des températures observées aux différentes époques équidistantes de ce jour, divisée par le nombre d'observations. Plus les observations sont nombreuses et plus l'on approche de la véritable moyenne. On a plusieurs séries d'observations faites d'heure en heure [1]. Leur examen nous apprend que l'on peut approcher beaucoup de la véritable moyenne en choisissant quelques époques particulières de la journée. Ainsi on a trouvé que les demi-sommes de température de deux heures homonymes du matin et du soir se rapprochent de la moyenne de la journée ;

(1) Voir *Météorologie* de Kamtz, p. 11 et suiv.

que parmi elles, celles de 8 heures du matin et de 8 heures du soir s'en rapprochent plus encore, mais que l'on obtenait un résultat plus exact en prenant le quart de la somme de 4 heures et 10 heures du matin, 4 heures et 10 heures du soir ; ou le tiers de la somme de 7 heures du matin, midi et 10 heures du soir. L'assujettissement qu'entraîne le choix de ces heures d'observation rend ces méthodes impraticables pour les personnes qui ont des affaires, et, pour déterminer la moyenne du jour, il sera préférable pour elles de se servir des thermométrographes qui indiquent le *minimum* et le *maximum* de la journée en l'absence de l'observateur. Kamtz a montré que l'on obtiendrait très approximativement la moyenne du jour en ajoutant à la température minimum le produit de la différence des maximum et minimum par les coefficients suivants, différents selon les différentes époques de l'année.

Janvier. 0,388	Pour l'hiver (décembre, janvier, février).	0,5013
Février. 0,411		
Mars. 0,468	Pour le printemps (mars, avril, mai)	0,4723
Avril. 0,481	Pour l'été (juin, juillet, août). . . .	0,4553
Mai. 0,512	Pour l'automne (septembre, octobre, novembre)	0,4587
Juin. 0,501		
Juillet. 0,488	Pour l'année entière	0,4715
Août. 0,500		
Septembre . . . 0,482		
Octobre. 0,433		
Novembre. . . . 0,381		
Décembre. . . . 0,357		

Si nous avons donc au mois d'avril une température minimum de 6°,5, et une maximum de 15°,2; la différence de température 8°,7 × 0,481 = 4,18 qui, ajoutée à 6°,5, nous donne pour moyenne réelle 10°,68. La demi-somme des minimum et maximum nous aurait donné 10°,85.

La température moyenne des mois et des années résultera de l'addition des températures moyennes des jours, dont la somme sera divisée par le nombre des termes.

On a cherché les moyens de suppléer à l'observation par le calcul pour déterminer la température moyenne d'un lieu[1]. Les formules proposées ne sont pas applicables à toutes les situations, parce que la température est non-seulement influencée par la latitude des lieux, mais aussi par leur position relativement aux surfaces aqueuses et continentales du globe. On a donc eu recours à l'observation pour déterminer la moyenne des températures des différents pays, et c'est en faisant passer une courbe par chacun de ceux qui ont une même température que M. de Humboldt a tracé les lignes isothermes. Nous en parlerons en traitant de la climatologie.

La température moyenne des années dans les différents lieux est un des éléments les plus précieux de la physique du globe, puisqu'elle indique les rapports de la chaleur avec leur position, leur latitude et la configuration des continents. Mais dans la pratique c'est une pure abstraction dont l'usage a trop souvent induit en erreur ceux qui ont voulu l'appliquer, en inférant de l'égalité de la moyenne annuelle de température, une similitude dans les climats qui entraînait des procédés agricoles semblables. C'est la température moyenne des saisons qui est alors le point capital à considérer. Ainsi Péking a une température moyenne de 12,7, celle de son mois le plus

---

(1) La formule qui s'applique le mieux aux climats européens est celle-ci : $T = 86,3 \cos. L - 5\frac{1}{2}$. On appelerait I la température, L la latitude. On obtient la température en degrés de Farenheit. Ainsi, pour Paris, 48° 50′ de latitude, on a

$$
\begin{array}{ll}
\text{Logar. de cos. de la latitude, 48°,50...} & 9,81839 \\
\text{Logar. de 86,3. . . . .} & 1,93601 \\
\hline
& 1,75430
\end{array}
$$

qui donne le nombre 56,8 dont, en retranchant 5 $\frac{1}{2}$, on a 51,3 F. ou 10°,69 cent. pour température moyenne de Paris. Les résultats donnent la température au niveau de la mer. On trouve dans l'*Annuaire du Bureau des Longitudes* une table de réduction du thermomètre de Farenheit en degrés centigrades.

froid est de —4,1 ; celle du mois le plus chaud de +25,1. A La Rochelle la température moyenne est de 11°,6 ; le mois le plus froid + 2,9 ; le plus chaud + 20,9. Quelle similitude peut-on trouver entre des pays qui présentent des différences aussi énormes ; et si l'excès de la chaleur de l'été compense à Péking le froid de l'hiver, et finit par donner à peu près la moyenne que l'on obtient du climat plus égal de La Rochelle, pourrait-on comparer en rien ces deux situations météorologiques et fonder sur ce chiffre la moindre conclusion agronomique?

Ce peu d'importance agricole des moyennes annuelles de température, peut se dire aussi de celle des jours. Ainsi une température moyenne de 12° résultera dans un pays de la demi-somme d'un minimum de —3,0 et d'un maximum de +27 et dans d'autres d'un minimum de +6 et d'un maximum de +18. Dans le premier, on aura eu au mois d'avril une gelée meurtrière, suivie d'un dégel rapide ; dans l'autre, une douce température de nuit comme de jour. Cependant les travaux des météorologistes qui ont réuni avec tant de peines les tableaux des températures moyennes ne nous seront pas inutiles, si nous considérons que dans les différents pays les saisons de l'hiver et de l'été gardent entre elles des rapports analogues à ceux qui ont lieu entre la nuit et le jour. Nous trouverons donc dans leurs moyennes des saisons des renseignements précieux pour l'établissement des climats agricoles.

C'est surtout quand on a voulu faire l'application des moyennes de température aux progrès de la végétation que l'on a été induit en erreur. Ainsi, on énonce généralement que le blé commence à végéter avec 6 degrés de température moyenne. Ces 6 degrés sont formés, année commune, d'un maximum de 8 degrés et d'un minimum de 4. Qu'arrivera-t-il si l'on a 10 degrés de maximum et 2 de minimum? Le voici : Le blé commence réellement et continue à végéter avec 4 degrés de température ; quand la moyenne est composée comme dans la première hypothèse, la végétation n'est pas interrompue pendant les 24 heures ; dans la seconde, au contraire, il y a interruption pendant toutes les heures où la température reste au-dessous de 4°, et cette intermittence prolonge le temps nécessaire à la plante pour prendre son développement. C'est un effort qui lui est nécessaire, pour vaincre la force d'inertie de la séve, semblable à celui que fait le cheval pour ébranler une voiture arrêtée. Ce que nous pourrions ajouter ici serait prématuré si nous ne parlions d'abord des effets de la chaleur solaire.

SECTION V. — *De la chaleur solaire.*

Toutes les températures dont nous avons parlé jusqu'ici sont celles de l'air, corps transparent qui n'arrête qu'une partie des rayons solaires à leur passage, pour parvenir aux corps opaques, la terre et la plante, qui en absorbent une partie bien plus grande. La chaleur solaire est donc un des principaux éléments de la question de la végétation ; c'est elle qui différencie le plus les climats agricoles, selon qu'ils la reçoivent plus ou moins abondamment, soit en raison de la latitude des lieux, soit par l'absence ou la présence de vapeurs opaques qui s'interposent entre le soleil et la terre , soit par l'exposition, l'inclinaison du sol, les abris qui réfléchissent ou interceptent les rayons solaires. Comme c'est un effet souvent très local, les savants qui se sont occupés de la physique du globe l'ont d'abord négligé ; mais ils n'ont pas tardé à s'apercevoir de l'énorme influence de la chaleur solaire sur la marche de la végétation, sur la maturité des végétaux ; alors ils ont signalé cette lacune. M. de Humboldt n'a cessé de rappeler qu'il fallait étudier les effets solaires pour se rendre compte des phénomènes végétaux ; l'Académie des Sciences en a fait l'objet de ses recommandations aux voyageurs.

Quoique l'observation de la chaleur des couches de la terre n'ait guère eu pour but jusqu'ici que la solution d'un problème de géologie, cependant elle a rendu aussi quelques services à l'agriculture en nous apprenant la température de la couche supérieure de la terre dans plusieurs localités intéressantes ; mais ces efforts ont été jusqu'ici partiels, ont eu peu de résultats, et nous manquons encore des faits qui pourraient servir à fonder une théorie exacte des effets de la chaleur sur les végétaux. Nous ne pouvons offrir ici que des tentatives.

Mais, avant d'aller plus loin, il faut rappeler que l'air ne jouit pas d'une diathermansie parfaite, et quoiqu'il nous paraisse quelquefois transparent, il retient une partie des rayons transmis par le soleil ; cette quantité de rayons interceptée est en rapport avec l'épaisseur de la couche d'air traversée, c'est-à-dire plus grande quand le soleil est près de l'horizon, plus petite quand il se trouve près du zénith.

M. Pouillet a décrit les moyens de mesurer cette absorption des rayons solaires par son pyrhéliomètre[1], et c'est l'instrument le plus exact ; on obtient aussi de bons résultats au moyen de l'actinomètre d'Herschel ; l'héliothermomètre décrit par M. Kamtz[2] est plus facile à observer et donne aussi des résultats très approchés. L'héliothermomètre consiste en une boîte dont l'intérieur est tapissé de corps noirs mauvais conducteurs, et fermée d'un côté par des lames de verre transparent. On y place un thermomètre à boule noircie, et l'on oriente l'appareil de manière à ce que le soleil frappe perpendiculairement sur la face couverte de verres. On tient l'instrument à l'abri des rayons solaires par un écran, et on observe pendant une minute la quantité dont le thermomètre varie sous l'impression seule de l'air ; supposons qu'il ait monté de 0°,3. On enlève l'écran, et l'instrument reçoit l'impression du soleil pendant une minute, durant laquelle

(1) *Comptes-rendus de l'Académie des Sciences.*
(2) *Voir* la page 148 de la traduction.

il monte par exemple de $1°,5$; on replace l'écran, et dans une troisième minute il monte de $0°,1$. Ainsi, sous l'influence du milieu ambiant, il a monté dans la première minute de $0°,3$, dans la troisième de $0°,1$; ou dans ces deux minutes de $\frac{0,3+0,1}{2} = 0,2$. Ainsi le soleil a fait monter le thermomètre dans la deuxième minute de $1°,5 - 0,2 = 1°,3$. Pour éviter les erreurs d'observation, on observe pendant onze minutes ; le thermomètre est exposé à la lumière solaire dans les 2e, 4e, 6e, 8e et 10e minutes ; puis on prend la moyenne des cinq observations. Il résulte des expériences de Pouillet et de Kamtz que le soleil étant au zénith, sur 100 rayons émanés du soleil, il en parvient de 70 à 80 à la terre, c'est-à-dire qu'environ le quart est absorbé ou réfléchi par l'atmosphère ; quand le soleil a une inclinaison de 40° à 30°, les deux tiers seulement des rayons arrivent à la terre. Kamtz a trouvé en Allemagne que le soleil au zénith devait faire monter le thermomètre de $3°,2$ en une minute ; M. Pouillet a trouvé $4°,5$ environ, à Paris ; nous avons nous-mêmes expérimenté à Orange avec le pyrhéliomètre de ce physicien, et la moyenne des observations nous a donné à la fin de juillet $4°,8$. Le calorique rayonnant, reçu par les corps opaques, pénètre dans leur intérieur, et il en sort par rayonnement pour les mettre en équilibre de chaleur avec l'atmosphère et les corps environnants, mais plus lentement qu'il n'y est entré. Ainsi, l'on voit lescailloux de silex chauffés par le soleil conserver encore de la chaleur longtemps après son coucher. La déperdition est d'autant plus rapide que la différence de température du corps chauffé et des corps environnants est plus grande. Pendant l'action du soleil il arrive un moment où les accroissements de chaleur se balancent avec la déperdition ; ce point d'équilibre ou de plus grand échauffement du corps par la source que lui transmet le calorique est ce qu'il nous importe surtout de connaître, puisque c'est la somme totale de ces acquisitions qui agit sur le corps échauffé. Le détail suivant d'une expérience faite au pyrhéliomètre le 31 juillet 1842, rendra manifeste la marche des progrès de cette accumulation et du degré auquel elle peut parvenir.

L'air étant à la température de 21°,8 à midi, heure à laquelle commença l'expérience, voici la série des observations faites pendant 57 minutes, temps après lequel le thermomètre cessa de monter et resta stationnaire :

	Température de la boule.	Différence.		Température de la boule.	Différence.
Chaleur initiale.	21,8		Après 29	43,3	0,5
Après 1 minute.	22,9	1,1	30	43,8	0,5
2.	23,8	0,9	31	44,2	0,4
3.	24,8	1,0	32	44,8	0,6
4.	25,7	0,9	33	45,0	0,2
5.	27,0	1,3	34	45,3	0,4
6.	28,0	1,0	35	45,7	0,4
7.	28,9	0,9	36	46,1	0,3
8.	29,8	0,9	37	46,4	0,3
9.	30,7	0,9	38	46,7	0,4
10.	31,5	0,8	39	46,9	0,1
11.	32,4	0,9	40	47,0	0,6
12.	33,2	0,8	41	47,6	0,3
13.	33,8	0,6	42	47,9	0,3
14.	34,5	0,7	43	48,2	0,2
15.	35,3	0,8	44	48,4	0,1
16.	35,9	0,6	45	48,5	0,1
17.	36,5	0,6	46	48,6	0,2
18.	37,2	0,7	47	48,8	0,2
19.	37,8	0,6	48	49,0	0,3
20.	38,5	0,7	49	49,3	0,4
21.	39,2	0,7	50	49,7	0,1
22.	39,9	0,7	51	49,8	0,1
23.	40,2	0,6	52	49,9	0,2
24.	40,8	0,6	53	50,1	0,2
25.	41,4	0,6	54	50,3	0,1
26.	42,0	0,6	55	50,4	0,0
27.	42,4	0,4	56	50,4	0,0
28.	42,8	0,4	57	50,4	

Ainsi, en 57 minutes l'eau contenue dans la plaque métallique du pyrhéliomètre était parvenue à l'état stationnaire, et restituait à l'air autant qu'elle recevait de soleil. Ce point d'é-quilibre était précisément celui auquel était parvenu la surface de la terre qui recouvrait la boule d'un thermomètre. Le soleil lui avait communiqué une chaleur qui surpassait de 28,6 celle de l'atmosphère; c'est aussi, approximativement, celle que recevait le tronc des arbres et tous les organes des plantes. Il semble que la terre aurait dû s'échauffer moins que la plaque qui recevait les rayons perpendiculaires du soleil, tandis qu'ils étaient inclinés à sa surface; l'égalité de température qui n'é-tait qu'accidentelle dans ce cas, tenait à la nature différente des corps, sans doute la plaque argentée réfléchissait la chaleur plus que la terre elle-même.

Nous aurons donc un certain degré de confiance dans les observations que nous venons de rapporter d'un thermomètre placé au soleil sous un millimètre de terre pour nous indiquer le degré de chaleur dont profitent les plantes. Ces observations auront plus d'un genre d'utilité, car elles nous indiqueront aussi, comme nous le verrons par la suite, le degré de nébu-losité des climats. Le thermomètre que nous placerons à la sur-face du sol, recouvert d'un millimètre de sable, sera très utile pour nous indiquer la température de la couche supérieure de la terre, mais il ne nous instruirait pas d'une manière aussi précise de la quantité de lumière qui accompagne les rayons calorifiques, si on ne le mettait à l'abri de la pluie et de la ro-sée, parce que, plongé dans une couche qui recevrait la pluie et la rosée, il serait soumis aux effets frigorifiques de l'évapo-ration, et resterait plus bas ou plus haut selon que la terre se-rait plus ou moins humectée.

Nous pourrons juger maintenant des modifications apportées au climat par la chaleur solaire. Nous avons, pour cela, trois séries d'observations : nos observations durant 7 ans à Orange et 5 ans à Paris, et l'observation faite en 1786 à Peissenberg.

Voici les résultats obtenus à 2 heures après midi, le thermomètre placé cette fois contre un mur au sud [1] :

	PARIS, à 2 heures (1838-42).			PEISSENBERG, 1786.			ORANGE (1836-42).		
	Température de l'air.	Chaleur au soleil.	Différence Chaleur solaire.	Température de l'air.	Chaleur au soleil.	Différence Chaleur solaire.	Température de l'air.	Chaleur au soleil.	Différ. Chaleur solaire.
Janvier. . .	4,0	8,5	4,5	+ 1,30	11,03	9,73	6,7	19,5	12,6
Février. . .	6,8	11,8	5,0	— 1,40	5,40	6,80	10,1	19,4	9,3
Mars	10,5	18,6	8,1	+ 2,16	9,96	7,80	14,1	29,6	15,5
Avril	15,2	23,8	8,6	9,94	18,50	8,56	16,9	32,5	15,6
Mai.	18,6	27,5	8,9	11,45	19,30	7,85	23,0	34,9	11,9
Juin.	21,8	25,8	4,0	16,30	28,74	12,44	27,9	40,9	13,0
Juillet. . . .	23,4	29,4	6,0	14,50	21,72	7,22	31,0	44,4	13,4
Août	23,6	34,1	10,5	14,66	22,05	7,43	30,2	44,8	14,6
Septembre.	20,1	27,4	7,3	11,55	18,78	7,23	24,3	39,9	15,6
Octobre. . .	15,2	20,2	5,0	5,72	12,32	6,60	20,0	33,6	13,6
Novembre .	9,4	11,4	2,0	0,45	4,58	3,93	12,5	24,4	11,9
Décembre .	5,8	7,4	1,6	— 0,47	4,35	4,82	8,5	21,0	12,5
	14,5	20,1	5,6	7,17	14,69	7,52	18,8	32,1	13,3

Ainsi, les plantes reçoivent, dans ces trois climats, à Paris, un supplément de 5⁰,6 de chaleur solaire en sus de la chaleur atmosphérique ; à Peissenberg, 7⁰,12 ; à Orange, 13⁰,3 à 2 heures après midi ; probablement un ou deux degrés de plus à midi. Mais, pour juger de l'effet réel sur la végétation, il faut trouver la chaleur moyenne de la journée, en joignant à la température de l'air celle que le soleil communique aux corps opaques. Pour y parvenir, nous admettons que la surface de ces corps, jusqu'à une certaine profondeur, soit ramenée par le rayonnement nocturne à la température de l'air, nous aurons donc la température moyenne approximative ; en prenant la demi-somme du minimum de température et de la température maximum au soleil, nous avons alors :

(1) Il y a toujours une petite différence entre le thermomètre dans cette position et celui qui est placé dans la terre ; elle vient du degré différent d'inclinaison du soleil et de la réverbération du mur, mais elle est peu considérable.

| | PARIS. | | | PEISSENBERG. | | | ORANGE. | |
	Minimum[1].	Température au soleil.	Moyenne.	Minimum[2].	Température au soleil.	Moyenne.	Minimum.	Température au soleil.	Moyenne.
Janvier. . .	+1,1	8,5	4,8	— 1,18	11,03	6,92	0,5	19,3	9,4
Février. . .	2,4	11,8	7,1	— 4,19	5,40	0,60	1,2	19,4	10,3
Mars	3,3	18,6	10,9	— 1,55	9,96	4,25	3,8	29,6	16,7
Avril	7,8	23,8	15,8	+ 5,15	18,30	11,72	6,2	32,5	19,3
Mai	9,9	27,5	18,7	8,32	18,30	13,81	9,7	34,9	22,3
Juin	12,9	25,8	19,3	13,01	28,74	20,86	13,5	40,9	27,2
Juillet. . . .	15,2	29,4	22,3	11,95	21,72	16,83	15,8	44,4	30,1
Août	14,5	34,1	22,8	11,20	22,03	16,62	15,3	44,8	30,0
Septembre.	11,5	27,4	19,4	8,20	18,78	13,49	12,3	39,9	26,1
Octobre . .	8,8	20,2	14,5	2,24	12,32	7,38	8,6	33,6	21,1
Novembre .	4,2	11,4	7,8	— 1,09	4,38	1,64	4,8	24,4	14,6
Décembre .	2,6	7,4	5,0	— 1,69	4,33	1,33	1,7	21,0	11,3
Moyenne.	7,85	20,1	14,0	4,21	14,69	9,45	7,8	22,1	19,9

Ces résultats sont très remarquables. Nous voyons d'abord ce que la chaleur solaire ajoute à la température que reçoivent les plantes. Ainsi, la moyenne annuelle de chaleur atmosphérique est :

A Paris, de. . 10°8 la chaleur solaire de 14,0 Augmentation 3,2
Peissenberg.. 5,65 — 9,45 — 3,80
Orange. . . . 13,1 — 19,9 — 6,8

C'est une influence énorme; les plantes jouissant du soleil pendant le jour sont transportées à Paris à une latitude de près de 3 degrés plus méridionale que si elles étaient constamment à l'ombre, celles de Peissenberg à près de 4 degrés, celles d'Orange à près de 7 degrés; mais la comparaison ne serait pas exacte, car il faudrait prendre surtout la température de la saison végétative, en nous bornant à celle du printemps; nous trouvons :

	Température moyenne à l'ombre.	au soleil.	Différence.
A Paris.	10°6	14,8	4,2
Peissenberg.. .	8,20	19,32	11,12
Orange.	12,0	19,4	7,4

On voit ici l'influence de la latitude et du temps clair des

(1) Ces températures sont prises sur 7 ans, de 1791 à 1797, dans les observations de Cotte.

(2) Ce sont les *minima* de l'année même (1786).

montagnes de la Bavière, qui donne, à **Peissenberg**, une chaleur solaire du printemps plus grande que celle de la Provence, et entre Orange et Paris celle de la latitude et du ciel
plus serein du midi; mais c'est surtout en été et en automne
que les différences se prononcent, alors les montagnes rentrent
dans l'ombre, et le climat des bords de la Méditerranée promet
tous ses bienfaits aux lieux qui, suppléant à la sécheresse par
les bienfaits de l'irrigation, peuvent profiter de ce beau soleil.

Nous ne pousserons pas plus loin ces considérations, elles
suffisent pour faire comprendre l'importance des observations
de la chaleur solaire, et l'inutilité des efforts que l'on fera pour
établir solidement les limites des climats agricoles, tant qu'on
ne sera pas en possession de cet élément.

Les effets de la chaleur solaire sur le sol, quand le thermomètre est abandonné aux effets de la pluie, de la rosée et de
l'évaporation, sont différents de ce qu'ils sont sur les plantes,
surtout à cause de l'évaporation qui refroidit naturellement les
couches supérieures de terrain. Ainsi, à Orange, nous avons
obtenu les résultats suivants de 17 ans d'observations; nous les
mettons en regard avec la chaleur solaire sèche :

	Chaleur de la terre à 2 heures.	Chaleur de la terre sèche.	Différence.
Janvier.	7,8	19,3	11,5
Février.	12,8	19,4	6,6
Mars	18,6	29,6	11,0
Avril.	24,0	32,5	8,5
Mai.	29,2	34,9	5,7
Juin.	37,8	40,9	3,1
Juillet.	42,5	44,4	1,9
Août	39,5	44,8	5,3
Septembre. . . .	30,0	39,9	9,9
Octobre.	22,2	33,6	11,4
Novembre.	13,3	24,4	11,1
Décembre.	8,5	21,0	12,5
	23,8	32,1	8,3

Ainsi la couche supérieure de la terre est habituellement

à deux heures du soir de 8⁰,3 inférieure en température aux tiges verticales des plantes et aux murs verticaux qui leur servent d'abri ; cette différence augmente dans les saisons humides, elle se réduit presque à rien dans les temps secs. N'influerait-elle pas sur le mouvement de la séve, et pour que ce mouvement eût lieu, ne serait-il pas nécessaire que les tiges et les racines éprouvassent des températures diverses ; l'humidité est-elle pour tout dans le phénomène de la végétation, et dans les bienfaits de l'irrigation ne faut-il compter pour rien la température des tiges plus élevée que celle des racines ?

Section VI. — *Distribution de la chaleur selon les altitudes.*

Nous ne devons pas négliger d'indiquer la loi selon laquelle la chaleur décroît à mesure qu'on s'élève au-dessus du niveau de la mer. On sait que cette élévation prend le nom d'*altitude*. Elle indiquera aux habitants des montagnes jusqu'à quel point ils peuvent s'approprier les cultures et les procédés agricoles des habitants des plaines qu'ils dominent.

Ces rapports n'existent qu'entre les températures de l'air et non entre les températures solaires qui agissent sur les corps opaques ; en effet, le soleil agit autrement sur la pente inclinée des montagnes que sur les surfaces horizontales, la réverbération et le rayonnement y sont tout autres ; enfin l'air des montagnes est beaucoup plus sec, moins brumeux, plus transparent ; le brouillard règne souvent à leur base tandis que les parties élevées sont illuminées d'un brillant soleil ; ici donc, comme quand il s'agit de comparer deux climats en plaine, c'est à l'observation directe qu'il faut recourir pour évaluer la chaleur solaire, le calcul ne pourrait y parvenir.

Depuis **M. de Saussure** père, on a fait d'assez nombreuses observations sur le décroissement de chaleur selon l'altitude des lieux. **M. Kamtz** en a déduit les deux tables suivantes in-

diquant la différence de niveau qui correspond à un abaissement thermométrique de 1° dans la température moyenne
pour les différents mois de l'année.

	Genève et Saint-Bernard.	Allemagne méridionale et Italie septentrionale.
	mètres.	mètres.
Janvier..........	270,53	257,27
Février..........	222,58	193,44
Mars............	182,43	159,63
Avril...........	176,00	160,60
Mai............	178,14	157,87
Juin...........	176,19	148,32
Juillet..........	181,07	148,71
Août...........	196,25	145,95
Septembre.......	196,85	161,96
Octobre.........	195,88	177,76
Novembre.......	241,88	195,49
Décembre.......	217,90	233,49
Année.....	202,12	172,68

On voit par ces deux tableaux que la disposition des lieux,
et certaines influences difficiles à déterminer, amènent des
différences sensibles dans la décroissance de la chaleur; ainsi
le plateau central de la Suisse rayonne vers les cimes
qui le regardent la chaleur qu'il reçoit du soleil, tandis
que les cimes qui s'élèvent vers les plaines d'une manière
abrupte comme celles qui regardent l'Italie et l'Allemagne méridionale ne sont pas soumises à une influence aussi directe.
C'est ainsi que la décroissance moyenne pour le mont Ventoux,
cime isolée de la chaîne des Alpes, n'est que de 144 mètres,
selon M. Martins, c'est-à-dire que la chaleur y décroît plus
rapidement encore que sur les cimes du Saint-Gothard. Il y a
donc dans le relief du pays une raison qui fait varier la décroissance et ne permet pas d'assigner une formule générale, sans
avertir qu'elle doit être modifiée selon les lieux.

Quand on aura donc à évaluer la décroissance pour un lieu
quelconque, on l'appréciera d'après celle des lieux qui par leur

II. 6

situation topographique et leur latitude se rapprochent le plus de celui dont on veut connaître la température.

M. B. Vals, directeur de l'observatoire de Marseille, a donné une formule basée sur le décroissement de Genève au Saint-Bernard qui peut aussi, avec quelques modifications, représenter les autres décroissements[1]. Si nous appelons D le décroissement de température pour 1000^m, t, la température de la plaine, t', celle de l'espace éthéré supposé — 52; on a $D = \dfrac{t - t'}{11}$ de 1000 mètres jusqu'à 1500 mètres; $D = \dfrac{t - t'}{11} \times \dfrac{10}{11}$ de 1000 mètres jusqu'à 2500 mètres. Nous nous arrêterons là. Pour les décroissements de l'Asie[2] nous aurions $D = \dfrac{t - t'}{4}$ jusqu'à 1500 mètres, $D = \dfrac{t - t'}{7,7}$ jusqu'à 2500 mètres; $D = \dfrac{t - t'}{8}$ jusqu'à 3500 mètres.

Appliquons la première de ces formules à chercher la température du Saint-Bernard dont l'altitude est de 2491 mètres, en partant de celle de Genève dont l'altitude est de 407^m; l'élévation du Saint-Bernard au-dessus de Genève est de 2084 mètres; la température moyenne de Genève est de $9^o,81$, nous aurions $D = \dfrac{9,81 + 52}{11} \times \dfrac{10}{11} = 5,1$ par 1000 mètres ou pour 2084 mètres $D = 10,62$, d'où soustrayant 9,81, il nous reste 0,72 pour la température moyenne annuelle du Saint-Bernard. On trouverait de même, mais seulement par approximation, la température des jours et des nuits.

Nous pourrions établir par ce moyen l'échelle de décroissance de température d'un lieu, pour juger jusqu'à quelle hauteur certaines cultures peuvent y être admises. Ainsi, pour

(1) *Bibliothèque universelle de Genève*, t. XLIV.
(2) Humboldt, *Asie*, t. III, p. 215.

Paris, puisqu'on a D=6,4 et que la température moyenne de son mois le plus chaud est 18°,7, nous aurons :

A 0 de hauteur. 18,70   A 400 mètres. 16,14
A 100 mètres. 18,06   A 500. 15,50
A 200. 17,42   A 1,000. 12,30
A 300. 16,78   A 1,500. 9,10

La plupart de nos arbres se développent à la température de +10. On voit qu'à l'altitude de 1500 un grand nombre d'entre eux n'aurait qu'une très faible existence dans ce climat, et qu'à 1000 mètres déjà le mûrier ne pourrait pousser ses bourgeons, à 100 mètres la culture de la vigne ne serait plus praticable.

SECTION VII. — *Répartition de la chaleur dans l'année. Effets de la température des saisons sur les végétaux.*

La température moyenne la plus basse de l'atmosphère n'a pas lieu le jour du solstice d'hiver, ni la plus élevée le jour du solstice d'été, parce qu'elle résulte non-seulement des effets des rayons solaires quoiqu'ils soient, à ces deux époques, à leur minimum et à leur maximum, mais encore du rayonnement de la terre qui, au solstice d'hiver, n'a pas encore perdu tout le calorique accumulé pendant les longs jours de l'été, et au solstice d'été, n'a pas encore récupéré tout celui qu'elle avait rayonné pendant les longues nuits de l'hiver. Les époques du minimum et maximum sont en général vers le 15 janvier et le 15 juillet ; mais ces époques avancent ou reculent selon les situations topographiques et aussi selon les séries d'années. A Orange, les observations de vingt-sept ans nous donnent le minimum de température moyenne le 5 janvier, et le maximum le 15 juillet. A Paris, les observations de M. Bouvard, consignées dans les *Mémoires de l'Académie*, t. VII, donnent le minimum au 25 janvier, et le maximum le 15 juillet. La température moyenne du jour atteint la température moyenne de l'année en Europe, prise en général, les 24 avril et 21 octobre. Mais dans l'intervalle qui sépare le maximum et le minimum, la température ne s'accroît ni ne décroît par une marche uniforme.

Après l'équinoxe de printemps, la longueur des jours l'emporte sur celle des nuits, et le soleil, s'élevant davantage vers le zénith, la chaleur augmente rapidement par ces deux effets combinés; de même qu'elle ne décroît rapidement qu'après l'équinoxe d'automne.

Ces irrégularités générales ne sont pas les seules; il y en a d'autres qui dépendent de la situation topographique des lieux. Ainsi, en Europe, on remarque un retour de froid vers le milieu de février. On a voulu attribuer ce refroidissement très marqué du 10 au 13 février, de même que celui du 8 au 13 mai, à l'opposition d'astéroïdes entre le soleil et la terre[1]. Cette opinion ne paraît pas soutenable; mais Brandes fait observer que, le 10 février, le soleil se lève par le 84° de latitude sur les mers qui sont au nord-est de la Russie, ce qui pourrait occasionner un courant d'air froid qui arrête l'accroissement de la température de tout le centre et le midi de l'Europe.

Du 28 mars au 3 avril règnent souvent, dans le midi de la France, des vents appelés *vacarious*, qui refroidissent l'atmosphère; d'autres vents froids se manifestent vers le milieu d'avril. A Paris, c'est à des causes semblables que l'on doit attribuer la marche stationnaire de la température du 25 mars au 15 avril. Selon la situation des lieux, on retrouvera dans les différents pays de pareils temps d'arrêt à diverses époques.

Dans le midi de la France, la chaleur moyenne atteint deux fois son maximum en juillet et en août; à Paris, ces deux maximum paraissent avoir lieu au commencement et à la fin de juillet. La diminution rapide de la chaleur commence à la fin

(1) *Annales de chimie*, 1840. mai. p. 320.

d'août, et la courbe de descente est beaucoup plus régulière que celle d'ascension.

La température ne suit pas toutes les années la même marche; les moyennes, à l'aide desquelles on distingue ce qui appartient aux traits les plus généraux et les plus constants du climat de ce qui n'est qu'accidentel, ne sont elles-mêmes que le résultat de la combinaison de tous ces accidents. Ceux-ci déterminent le caractère particulier de chaque année et de chaque saison, et ont une influence directe sur la végétation. Nous dirons plus loin ce que nous pensons de ces influences, quand nous aurons parcouru la série de tous les phénomènes qui concourent à caractériser les saisons. Nous nous bornerons pour le moment à celles de la température sur les progrès de la végétation.

Qui n'a pas observé que la floraison des plantes, la fructification est plus ou moins avancée selon que la chaleur de la saison a été plus ou moins forte? De là à conclure que chaque végétal exige une certaine somme de degrés de chaleur pour mûrir, il n'y a qu'un pas. Dès le commencement du siècle dernier Réaumur avait conçu cette idée. « Il serait peut-être curieux, dit-il[1], de continuer des comparaisons de cette espèce (celles de la chaleur des années et des époques de maturité), de les pousser même plus loin, de comparer la somme des degrés de chaleur d'une année avec la somme entière des degrés de plusieurs autres années; de faire des comparaisons de la somme des degrés de chaleur qui agissent pendant une même année dans les pays les plus chauds avec la somme des degrés de chaleur qui agissent dans les pays froids et tempérés; de comparer entre elles les sommes de chaleur des mêmes mois en différents pays. » C'est ce qu'ont fait M. de Humboldt et Mahlman en publiant les tables de température moyenne, si ce n'est par mois, au moins par saisons météorologiques.

(1) *Mémoires de l'Académie des Sciences*, 1735, p. 559.

Réaumur continue : « On fait des récoltes des mêmes grains dans des climats fort différents ; on verrait avec plaisir la comparaison de la somme de degrés de chaleur des mois pendant lesquels les blés prennent la plus grande partie de leur accroissement, et parviennent à une parfaite maturité dans les pays chauds, comme en Espagne, en Afrique, etc. ; dans les pays tempérés, comme en France, etc., et dans les pays froids, comme ceux du Nord. »

Ce passage est le germe des travaux que l'on a exécutés depuis Adanson jusqu'à M. Boussingault pour déterminer la quantité de chaleur totale nécessaire à la maturation des différentes plantes introduites dans la culture.

Un fait très frappant peut, dès le début, nous porter à douter que la température moyenne de l'air soit la seule condition nécessaire, et qu'elle puisse se traduire en une loi générale ; c'est que la moisson se fait à Upsal en même temps que dans le midi de l'Angleterre. Or, la température de l'été est à Londres de 17,1, et à Upsal de 15,1 ; laissant de côté ce qui donnerait trop d'avantages à l'argumentation, et ne prenant pour comparaison que l'été, saison dans laquelle s'accomplit la maturité du blé, on voit qu'elle se fait à Londres sous l'influence d'un été qui donne une somme de 1573 degrés, et à Upsal seulement de 1389.

Mais si nous ajoutons que dans les étés du Nord le ciel est plus clair, que les jours sont plus longs qu'à Londres avec son ciel brumeux et sous une latitude qui lui donne des jours bien moins longs, on comprendra que la chaleur solaire joue ici un rôle qu'il ne faut pas méconnaître.

M. Boussingault admet que le blé exige 2000 degrés de chaleur moyenne, du renouvellement de sa végétation au printemps jusqu'à sa maturité. Le blé commence à végéter d'une manière sensible quand la température moyenne atteint —6° : cette température est atteinte à Orange le 1ᵉʳ mars, à Paris le

20 mars, à Upsal le 20 avril ; la récolte a lieu, année moyenne, à Orange le 25 juin, à Paris le 1er août, à Upsal le 20 août. Pendant ces périodes, la chaleur moyenne a donné à Orange 1601°,3, à Paris 1943°,7, à Upsal 1546°.—Ces chiffres exacts confirment ce qu'un premier aperçu nous avait appris ; c'est l'action de la chaleur solaire. A Upsal, elle est continue pendant l'été à nuits très courtes, et à peine si l'obliquité des rayons solaires peut contrebalancer la continuité de cette action ; le froment y mûrit avec une quantité de chaleur moyenne très peu différente de celle d'Orange ; à Paris, le ciel plus brumeux entraîne une plus longue durée de temps qui produit une plus grande somme de chaleur moyenne. En effet, si nous considérons maintenant la température moyenne solaire pour Orange et Paris, les deux lieux pour lesquels nous avons des termes de comparaison, nous trouvons :

PARIS.		ORANGE.	
10 jours de mars . . .	109	Mars	517,7
Avril	474	Avril . . '	579
Mai	579,7	Mai	691,3
Juin	579	25 jours de juin	680
Juillet	691		
	2432,7		2468,0

On voit que l'égalité se rétablit, et que c'est en effet la chaleur solaire moyenne qu'il faut employer pour connaître l'influence de la chaleur sur la végétation.

Ce principe n'est exact que si l'on compare entre eux des lieux qui ne sont pas à des latitudes très différentes. Mais, dans le Nord, près du cercle polaire, il se passe des phénomènes qui doivent nous rendre très circonspects sur sa généralisation et nous amènent à le modifier profondément. A Lyngen, près le cap Nord à 70 degrés environ de latitude boréale, on a des récoltes de blé abondantes dans les lieux abrités des vents de mer. Cependant la neige n'y disparaît que le 10 juin ; mais alors,

6*

pendant un mois, l'on a un jour continuel non interrompu par
la nuit. La moisson se fait à la fin d'août ; le froment a poussé,
fleuri et fructifié en 72 jours, pendant lesquels la chaleur atmosphérique est ainsi qu'il suit :

10 jours de juin. . . . .   101°
Juillet.   313
Août.   261
                                                         ─────
                                                          675
La chaleur solaire à midi est de 19°10 ; à minuit,
    6,47, ou en moyenne, 12,78   907
                                                         ─────
                                                         1582

Ainsi le blé mùrit à Lyngen avec 1582° de chaleur totale,
886° de moins qu'à Orange. Mais il faut remarquer que, d'a-
près les expériences de Meyer (*Act. de la soc. d'hort. de Berlin*
1828, *et Linnæa* 1829), l'accroissement des plantes ne cesse
pas durant la nuit ; seulement cet accroissement n'est que la
moitié de celui du jour, et il est tout-à-fait étiolé, sans fixation
de carbone et sans progrès vers la fructification, qui ne peut
avoir lieu en l'absence de la lumière. Pour comparer les effets solaires de chacun des deux pays, il faut donc soustraire
du chiffre d'Orange toute la chaleur nocturne. Pour y parvenir, nous retranchons dans le tableau ci-dessus, page 87,
ce qui appartient à la chaleur solaire. Cherchons les températures nocturnes, d'après les tableaux des températures
horaires, nous aurons pour :

Mars, 12 heures de nuit   248
Avril, 11 heures   198
Mai, 9 heures.   226
25 jours de juin, 6 heures.   144
                                               ─────
                                                816

Retranchant 816 de 2468, il reste 1652, c'est-à-dire,
aussi approximativement que l'on peut l'obtenir, faute d'ob-

servations assez exactes des chaleurs solaires de jour et des températures horaires de nuit, la même influence calorifique aidée de la lumière qu'à Lyngen. Cette expérience faite dans des lieux éloignés de 27 degrés de latitude nous permet donc d'établir le principe que, pour amener le blé à maturité, il faut qu'il reçoive 1582° au moins de chaleur totale, solaire et atmosphérique, sous l'impression de la lumière solaire. Ainsi, l'on déterminera à l'avenir si un lieu est propre à la culture du froment, en connaissant la chaleur moyenne obtenue pendant les heures de la journée par la surface du sol au soleil, depuis l'époque où la température moyenne de l'air atteint $+ 6°$ au printemps, jusqu'à celle où elle descend à $— 8°$ après l'été : c'est à ce dernier point que la maturité cesse de pouvoir s'accomplir. En additionnant les températures diurnes pendant ce laps de temps, si l'on n'obtient pas la somme de près de 1600 degrés, on sera assuré que le froment n'aurait pas le temps d'y fructifier. Ce n'est que quand deux pays sont placés sous des latitudes peu éloignées qu'on peut se borner à les comparer seulement par leur température du jour, à moins que d'autres circonstances ne viennent compenser les différences locales.

MM. Edwards et Colin avaient annoncé que le froment ne pouvait pas fructifier, mais continuait à monter en herbe quand il était soumis à une température atmosphérique de plus de 22°. Ce fait, qu'on appuyait sur l'expérience de semis faits au mois de juin et qui n'avaient pas produit de graines dans l'année, est formellement contredit par l'expérience en grand. M. Codazzi a vu dans la vallée d'Aragua, dans l'Etat de Venezuela, le froment venir à maturité sous une température constante de 23 à 24 degrés[1]. En Provence, on voit souvent des grains égrenés, lors de la moisson, pousser en terre, et monter en épi à la fin d'août ; alors en effet la plante a reçu :

(1) *Compte rendu de l'Académie des Sciences,* t. XII, p. 478.

En juillet . . . .   861°8
En août . . . .   753°3
                              ─────────
                              1614°1

en ne comptant que la chaleur observée au soleil, défalcation faite de la chaleur nocturne, et la température moyenne de l'air a été en juillet 22,5, en août 21,9. Mais si l'on sème épais et que l'on maintienne le terrain frais par des irrigations, en un mot, que l'on fasse ce qu'il faut pour que l'humidité soit excédante, on n'aura que des tiges et des feuilles, comme le remarque M. Boussingault à propos des travaux de M. Codazzi. Nous examinerons plus loin cette influence de l'humidité sur les différentes périodes de la végétation.

La culture du maïs confirmerait au besoin tout ce que nous venons de dire sur l'influence de la chaleur solaire. Le maïs mûrit mal à Paris, et il mûrit en Alsace; la différence des températures de l'air n'explique pas cet effet dont la chaleur solaire rend très bien compte, parce que le climat d'Alsace est beaucoup moins nébuleux que celui de Paris. Semé à Orange au commencement d'avril et récolté au mois de septembre, il reçoit en totalité 4108 degrés de chaleur de jour et de nuit, tandis que le blé mûrit avec 2460 à 2500. En 1836, année où M. Boussingault a vu fructifier le maïs, en Alsace, du 1er juin au 1er octobre, ce grain semé à Paris en mai fut mûr le 1er novembre, après avoir reçu 4000 degrés de chaleur. Schwerz affirme que de l'autre côté du Rhin, le maïs met cinq mois pour parvenir à maturité; en 1836, on l'obtint en 122 jours en Alsace:

La récolte de la pomme de terre, qui se fait à Orange après avoir reçu 1,800 degrés de chaleur atmosphérique (de mars à juillet, ou de juillet à octobre), en exige 2800 en Alsace et 2900 à Santa-Fé de Bogota, selon M. Boussingault. Mais c'est une plante qui ne peut servir à établir une loi, parce qu'outre qu'elle présente des espèces beaucoup plus précoces les unes que les autres, ce n'est pas la maturité du fruit que l'on recherche, mais la production des tubercules, c'est-à-dire l'accroissement de racines qui suivent d'autres lois que la fructification.

Section VIII. — *Rapports entre la marche des saisons et celle de la végétation.*

La distribution de la chaleur qui se fait entre les jours, les mois et les saisons, est aussi accompagnée de quelques phénomènes naturels qu'il ne faut pas perdre de vue, c'est le développement de la végétation spontanée et les mouvements des animaux qui ont si longtemps tenu lieu de calendrier aux peuples non civilisés. Chaque organisation végétale ou animale obéit à des influences météorologiques qui se traduisent par des actes de sa vie ; veille et sommeil, floraison, puberté, fructification, maternité, desséchement et mort. Mais ces influences ne sont pas égales pour chaque espèce ; tel végétal exige proportionnellement plus de chaleur pour se charger de feuilles, pour épanouir ses fleurs, pour nouer et mûrir ses fruits, qu'il n'en faut à un autre végétal ; celui-ci se contente de chaleur et de lumière diffuse, cet autre veut la lumière directe, et probablement préfère la prédominance de certains rayons colorés.

L'étude de ces phénomènes offre le spectacle le plus attachant et le plus instructif : aussi avons-nous depuis longtemps des calendriers de Flore et des calendriers Géorgiques. Il y a peu de temps, l'académie de Bruxelles a recommandé à l'observation des botanistes les époques de la foliation, de la floraison, de la fructification et de la défoliation d'un assez grand nombre de plantes vivaces, dans le but de déterminer les rapports de la végétation et de la température. Elle désire que ces plantes soient observées dans un même lieu, sous les mêmes influences météorologiques, c'est-à-dire dans des jardins, pour éviter les différences notables qu'introduisent les stations des plantes observées dans la nature. Les observations recueillies par Schübler, en différents lieux et sous des circonstances fort diverses, présentent, en effet, des anomalies qui ne permettraient pas d'en faire la base d'un travail sérieux.

Ce physicien zélé qui a étudié successivement les points les plus curieux et les plus pratiques de la science cherchant à déterminer les rapports des saisons, admettait que par les latitudes moyennes de l'Europe et d'Amérique, les époques d'inflorescence retardaient de quatre jours par degré de latitude. Ainsi, les naturalistes qui avaient observé la floraison de la même plante, l'avaient trouvé en retard sur Parme :

A Munich, de. . . .	6 jours.	A Hambourg, de . .	33 jours.
Tubingue.	13	Greisswald.	36
Berlin.	25	Christiania.	52

Mais dans les hautes latitudes la végétation était beaucoup moins retardée ; la différence n'était plus que de trois, quatre jours entre Hambourg et Christiania, alors se faisait sentir l'influence de la longueur des jours.

Quant aux effets de l'altitude, nous avons une série d'expériences faites en Saxe en 1833 et 1834 par Schübler, à 117—410 et 933 mètres d'élévation ; il en résulte qu'une différence d'altitude de 33 mètres cause dans ce pays les retards ci-après, dans les époques végétales des plantes :

	Floraison.	Récolte.
Froment.	2,2 jours.	2,2 jours.
Seigle.	1,3	2,2
Avoine.	2,0	1,4
Orge.	2,2	2,2
Pommes de terre. . . .	2,3	0,5

On conçoit que les mêmes différences ne se retrouveraient pas entre une plaine habituellement couverte de brouillards et

une montagne éclairée , ou entre une plaine et une montagne
également éclairées.

La même température n'arrive pas chaque année à la même
époque, la végétation ne suit donc pas la même progression
annuelle. On a observé la foliation d'un marronnier à Genève,
ses premières feuilles ont paru :

En 1818. . . . . le 16 mars.		En 1830.	29 mars.
1819.	1er avril.	1831.	31 mars.
1820.	6 avril.	1832.	4 avril.
1821.	10 avril.	1833.	10 avril.
1822.	17 mars.	1834.	23 mars.
1823.	4 avril.	1835.	7 avril.
1824.	20 avril.	1836.	26 mars.
1825.	6 avril.	1837.	20 avril.
1826.	29 mars.	1838.	8 avril.
1827.	9 avril.	1839.	6 avril.
1828.	4 avril.	1840.	14 avril.
1829.	6 avril.	1841.	25 mars.

Époque moyenne. . . . . 4 avril.

On voit ici le même arbre présenter trente-cinq jours de différence entre les époques de sa foliation, c'est plus que l'intervalle qu'il y a entre la foliation du chêne de Naples à
Upsal.

Tous les individus d'une même espèce n'ont pas une égale
sensibilité pour la chaleur, chacun d'eux a son tempérament
propre. On remarque aux Tuileries des marronniers qui
prennent leurs feuilles plusieurs jours avant les autres ; à Genève, on en connaît un qui les devance de plus de quinze jours.
Il est donc très difficile de fixer des époques moyennes de végétation pour beaucoup de plantes ; cependant on a pu remarquer que ces époques sont très rapprochées entre les plantes soumises à la grande culture, comme entre celles qui
sont indigènes. Livrées aux influences du climat, il a fait justice depuis longtemps des individus trop hâtifs ou trop retar-
dataires, et n'a respecté que ceux qui s'accordaient le mieux

avec lui. C'est donc ces plantes surtout qu'il fallait observer pour pouvoir mettre en rapport les phases de la végétation avec les températures.

Pour y parvenir et pour contrôler nos propres observations, nous nous sommes servis de celles d'Adanson, Lamarck, Cotte, Marshal, Schübler, Mathieu de Dombasle, d'Hombres-Firmas; de plusieurs statistiques locales, des notes qui accompagnent souvent les tableaux météorologiques ; c'est par la comparaison de tous ces éléments que nous sommes arrivés aux tableaux qui vont suivre et qui ne sont applicables qu'aux températures moyennes de l'occident de l'Europe ; car, dès que nous serions en présence d'autres conditions météorologiques, dès que, par exemple, nous aurions à comparer deux climats, l'un habituellement nébuleux, peu rayonnant la nuit, recevant peu de lumière le jour, et l'autre ordinairement clair et offrant des circonstances opposées, ou l'un à longs jours d'été, comparé à celui où ils seraient plus courts, etc., nous trouverions des différences qui nous prouveraient de nouveau qu'un tel calendrier ne sera applicable à l'ensemble des phénomènes de végétaux, que quand on pourra y faire entrer la considération des effets de la chaleur solaire et de la lumière. Nous avons dû nous borner ici à signaler l'époque météorologique de la foliation, de la floraison, et de la maturation d'un petit nombre de végétaux qui se trouvent partout et qui peuvent servir ainsi à fixer les rapports de la végétation naturelle avec les époques des cultures.

FOLIATION.

	Température moyenne du jour.
Chèvrefeuille des bois (*Lonicera periclymenum*)	+3,0
Groseillier épineux (*Ribes uva crispa*)	5,0
Lilas	5,0
Groseillier ordinaire (*Ribes rubra*)	6,0
Saule marceau (*Salix capræa*)	6,0
Marronnier d'Inde (*Æsculus hyppocastum*)	7,5

	Température moyenne par jour.
Pommier (*Malus communis*), cerisier (*Cerasus communis*).	+8,0
Figuier (*Ficus carica*)	8,0
Mûrier couvert de bourgeons, noyer	9,8
Pousse de la luzerne	10,0
Pousse de la vigne	10,5
Aulne.	12,0
Chêne, mûrier développant des feuilles.	12,7
Acacia (*Robinia pseudo-acacia*).	13,5

FLORAISON.

Noisetier (*Corylus avellana*), cyprès.	3,0
Ajonc (*Ulex europœus*), buis (*Buxus semper virens*), peuplier blanc (*Populus alba*).	4,0
Saule marceau, chèvrefeuille.	5,0
Pêcher.	5,4
Amandier, abricotier.	6,0
Ormeau.	7,5
Poirier, pommier, poirier épineux, cerisier, colza.	8,0
Lilas, fraisier.	9,5
Genêt à balai (*Genista scoparia*)..	10,0
Fèves.	11,5
Marronnier d'Inde..	12,0
Aubépine (*Mespilus oxyacantha*)	12,5
Sainfoin (*Heydisarum communis*).	12,7
Acacia (*Robinia*).	14,0
Seigle	14,2
Paliure (*Rhamus paliurus*)	15,0
Avoine.	16,0
Froment, orge	16,3
Châtaignier.	17,5
Vigne.	18,4
Maïs, chanvre, olivier.	19,0

MATURATION.

§ I. *Chaleur croissante.*

Fruits de l'ormeau..	12,0
Pois verts.	14,2
Premières cerises, fèves de marais.	16,0
Première coupe de sainfoin	17,0
Groseilles, framboises, fraises, cerises	17,8
Cerisier griotte, abricotier, prunier, orge, avoine.	18,0
Seigle.	19,0

	Température moyenne par jour.
Pêcher, moisson de blé.	20,0
Premières figues, prunes de reine-Claude.	21,0
Premiers raisins dits de la Madeleine. melons en pleine terre	22,5
Chanvre.	22,6

§ II. Chaleur décroissante.

(Fruits ayant reçu une suffisante quantité de chaleur croissante.)

Marrons d'Inde.	18,2
Maïs, pommes de terre.	17,0
Noix et châtaignes	16,2
Grenades.	15,0
Safran	13,0
Olives.	10,0

Nota. On conçoit qu'ici les fruits qui exigent la plus longue prolongation de chaleur, mûrissent les derniers et sont récoltés avec la moindre température.

CHAPITRE IV.

De la lumière.

Les rayons solaires ne produisent pas seulement de la chaleur, mais encore de la lumière, soit qu'on les considère comme un mélange de deux fluides différents, soit qu'on regarde la faculté d'être sensible à l'organe de la vue comme une modification du fluide calorifique, les effets de ces deux ordres de rayons n'en sont pas moins très différents et très marqués. Les semences germent au moyen de la chaleur obscure; l'humidité et l'obscurité chaude d'une cave sont les circonstances les plus favorables à la germination; la plupart des graines lèvent mieux quand elles sont recouvertes de terre; on peut en excepter celles qui germent dans leur enveloppe, comme celles du trèfle farouche, qui sont ainsi préservées naturellement de l'accès de la lumière; on sème aussi plusieurs autres graines à l'ombre de plantes déjà grandes, comme le trèfle dans le blé, et quoique ces plantes les préservent en partie de l'action de la lumière, il est encore préférable de les enterrer par un hersage.

Mais quand les semences ont germé, que les plantules sortent de terre, alors la lumière leur est nécessaire. Si elles en sont privées, elles *s'étiolent*, c'est-à-dire qu'elles poussent des tiges longues, effilées, blanches, terminées par de très petites feuilles d'un vert pâle. En comparant la croissance de pois venus dans l'obscurité à d'autres qui avaient été placés au grand jour, on a trouvé, après trente-six jours de végétation, que ceux qui avaient cru à l'obscurité avaient $0^m,730$ de longueur et ceux qui avaient cru à la lumière $0^m,189$ seulement, c'est-à-dire qu'ils étaient dans le rapport environ de 3 à 1. Arrivée à cette longueur, la plante privée de jour cessa de végéter et mourut; elle n'avait que trois petites feuilles jaunâtres, mal développées, quatre ou cinq fois plus petites que dans l'état naturel, séparées par des intervalles de $0^m,162$ et $0^m,189$. La plante qui avait cru à la lumière avait alors cinq feuilles vertes et consistantes séparées l'une de l'autre par des intervalles presque égaux de $0^m,033$ [1]. L'allongement des tiges privées de lumière explique l'étiolement des plantes que l'on enterre dans les jardins pour se procurer des ortolages plus tendres et plus blancs, et l'élévation des arbres plantés au centre des massifs, dont la taille surpasse celle des arbres placés sur leurs bords; et enfin l'allongement des branches et des rameaux dans les contrées nébuleuses. L'exemple que nous venons de citer caractériserait parfaitement ce que l'on doit entendre par *étiolement*, si l'on y avait joint le poids des végétaux à l'état frais et à l'état sec. Nous avons cherché à nous procurer cette donnée importante. Ayant choisi trois mûriers de la même variété, l'un exposé de toutes parts aux rayons du soleil, l'autre ne le recevant que le matin et en étant privé à

[1] Meese, *Journal de physique*, t. VII, p. 115.

une heure après midi par l'interposition de murs élevés, le troisième entièrement à l'ombre et ne recevant que de la lumière
diffuse ; leurs feuilles dépouillées de leurs pétioles et dessé-
chées ont donné sur 100 de matières fraîches :

Le premier.	0,45 de matière solide.	
Le second.	0,36	—
Le troisième	0,27	—

Ainsi l'allongement du végétal qui croît à l'ombre n'a lieu
qu'au moyen de l'extension des membranes des cellules, sans
qu'il y ait assimilation de carbone, formation de fibre ligneuse ;
cette assimilation est d'autant plus grande que la lumière qui
frappe la plante est plus forte et plus continue.

En l'absence de la lumière il n'y a pas de fructification, et
pour cela il ne faut pas même que la privation de lumière soit
complète, la lumière diffuse ne suffit pas pour le plus grand
nombre des plantes, et celles qui entrent dans nos cultures ne
mûrissent pas de semences sans la lumière directe du soleil, et
en mûrissent d'autant moins qu'elles en sont plus longtemps
privées.

Nous savons que les plantes exhalent de l'oxygène et s'assimilent du carbone à la lumière ; mais, par une action inverse,
c'est du carbone qu'elles exhalent à l'obscurité. Il y a, dans ce
dernier cas, non-seulement suspension d'accroissement et de
formation de nouveaux organes solides, mais encore rétrogra-
dation dans cette formation. Une tige de cardon ou de laitue,
déjà verte et solide, blanchit et se ramollit quand elle est en-
terrée. Ainsi, pendant l'été des hautes latitudes, avec de longs
jours et même avec des jours de plusieurs mois, tous les instants
sont mis à profit, et c'est ce qui explique la rapidité de la végétation de ces climats, et la possibilité d'y faire fructifier des
plantes qui, avec des jours plus courts et une température plus
élevée, exigent un temps plus long.

Toutes les plantes n'ont pas besoin d'une égale quantité de

lumière pour accomplir le cycle de leur végétation, de même que toutes n'ont pas besoin d'une égale chaleur. M. Dutrochet a remarqué que si l'on met à végéter dans l'eau des mercuriales et des morelles, les premières, sous l'influence de la lumière, aspirent plus fortement l'eau que les secondes; tandis qu'au contraire à l'obscurité, les morelles aspirent plus d'eau que les mercuriales. La même opposition existe entre le chénopode et l'ortie [1].

On ne pourrait pas objecter contre ces faits la réussite des céréales qui, dans les régions nébuleuses de l'Irlande et de l'ouest de l'Europe, donnent des produits quelquefois plus grands que dans les parties méridionales du continent; car la comparaison ne serait exacte que si toutes les autres conditions avaient été égales; l'humidité du sol manque trop souvent pendant la végétation aux plantes cultivées dans le midi, et quand on voudrait comparer les récoltes venues de part et d'autre dans des sols également humides, il faudrait encore recourir à la balance et non à la mesure pour les apprécier et faire aussi la part de leurs qualités; car les froments du midi possèdent plus de gluten que ceux du nord et assimilent par conséquent plus d'azote. En général les produits végétaux contiennent une plus forte dose de ce gaz dans les pays où la lumière est la plus forte. Les autres combinaisons qui ont lieu pendant la fructification s'y font aussi d'une manière plus parfaite, et le goût des fruits y est plus développé et plus sucré. Les produits hydrogénés sont ceux surtout qui croissent de préférence dans les zones les plus éclairées. Les huiles, les alcools, les essences n'ont plus la même qualité sous un climat nébuleux, quand même il se trouverait sous la zone tropicale. Le caféier transporté aux Antilles n'a plus le parfum de celui du Golfe Arabique.

On pourrait se demander aussi si dans toutes les dispositions de l'atmosphère il arrive à nous une égale quantité de rayons

(1) *Comptes-rendus de l'Académie des Sciences,* t. IV, p. 451.

lumineux semblablement modifiés, une égale proportion de
rayons ayant les qualités chimiques, calorifiques, lumineuses,
que l'on trouve dans le spectre sous d'autres dispositions; par
exemple, si cette proportion est la même avec un ciel clair, avec
un ciel légèrement vaporeux ou couvert de nuages blancs,
gris, bleuâtres, etc. ; quand l'atmosphère est sèche ou quand
elle est humide. Cette recherche, si elle pouvait être faite, serait de la plus haute importance pour l'établissement des climats
agricoles; car on a déjà indiqué que certaines plantes (la chi-
corée, par exemple), croissant derrière des verres colorés, s'allongent plus sous l'influence des rayons bleus et violets, tandis
que d'autres plantes, le pavot, par exemple, éprouvent le
même effet du rayon rouge[1].

Il y a donc ici un grand travail à faire pour apprendre les
conditions de lumière les plus favorables aux plantes, et il
pourra nous dévoiler bien des faits qui, aujourd'hui, nous semblent mystérieux.

Si nous avions un moyen sûr d'observer les rayons lumineux
séparément des rayons calorifiques, ces problèmes pourraient
être résolus, mais on n'a pas encore trouvé de photomètre comparable, et ce n'est que par des comparaisons et des tâtonne-
ments que l'on a pu se faire quelque idée des quantités de lumière transmise, observée et réfléchie, et des couleurs qui
manquaient dans certain cas au spectre solaire.

La quantité de lumière transmise par le soleil dépend surtout
de la température plus ou moins grande de l'air, et celle-ci est
troublée par la vapeur d'eau qu'elle tient en un état plus ou
moins parfait de dissolution. L'air n'étant pas ainsi complète-
ment transparent, une partie des rayons lumineux se trouvent
arrêtés en le traversant, et lui communiquent une coloration
blanche, ou bleue, ou rougeâtre, selon les circonstances. Plus

_____

(1) *Journal de physique*, 1815, p. 243. *Comptes-rendus de l'Académie des Sciences*, t. XVI, p. 747 et 1120.

l'air est pur et plus le ciel est noir pendant la nuit, et plus les étoiles sont visibles. Dans le Sennaar, pays éminemment sec, Bruce voyait la planète Vénus en plein jour.

C'est donc en observant la température de l'air que les uns ont essayé de juger de la quantité de lumière reçue par la terre. De Saussure plaçait à côté les unes des autres plusieurs surfaces blanches sur lesquelles il marquait des cercles noirs de différents diamètres; puis, mesurant la distance où chacun de ces cercles devenait invisible, il jugeait que l'air était parfaitement transparent, si ces distances étaient dans le même rapport que les diamètres; mais si le rapport était plus petit, si, par exemple, les diamètres étant comme 1 : 12, les distances se trouvaient être comme 1 : 11, il en concluait qu'un douzième des rayons lumineux était absorbé par l'atmosphère [1]. Bianchi s'assure de la diaphanéité de l'air en observant chaque jour l'étoile polaire avec une bonne lunette de $1^m,62$ de foyer; il regarde l'air comme très humide s'il ne la voit pas nettement; de nuit il observe la même étoile, et s'il ne distingue pas bien son étoile double, il porte le même jugement [2]. Nous avons aussi fait quelques essais au moyen d'une lunette dans laquelle nous observons, par le côté de l'objectif, un point éloigné, nous allongeons la lunette jusqu'au moment où nous cessons de l'apercevoir; nous observons ensuite un autre objet de même grandeur et de même forme, placé à une distance moitié moins grande, et nous cherchons à juger, par la quantité dont il faut allonger la lunette, de la diaphanéité de l'air. Nos expériences ne sont pas encore assez avancées pour que nous puissions en dire davantage.

Quant à la prédominance dans la lumière atmosphérique de certaines couleurs du prisme, nous n'avons que des indications très vagues. Si l'atmosphère est très pure, peu chargée de va-

(1) *Mémoires de l'Académie de Turin*, t. IV.
(2) *Mémoires de la Société italienne*, t. XX, p. 625.

peurs, le ciel paraît noir ou au moins bleu indigo, parce que l'air ne réfléchit alors aucun des rayons en particulier, et laisse passer la lumière blanche. La couleur bleue du ciel tient à la réflexion de cette couleur par les particules aériennes, qui laissent passer les rayons rouges. Plus la couche d'air est épaisse, plus les rayons bleus disparaissent, et alors la lumière paraît entière- ment rougeâtre; c'est ce qui arrive, en effet, près de l'horizon, au lever et au coucher du soleil, surtout quand la vapeur aqueuse, quoique abondante, est dans un état de dissolution presque parfaite; si la vapeur est moins bien dissoute, l'air ab- sorbe la plus grande partie des rayons, et le ciel prend une couleur blanchâtre. Cette couleur annonce souvent un vent su- périeur humide, et peut coexister avec une assez grande séche- resse à la surface de la terre.

C'est cette observation qui avait suggéré à de Saussure l'invention de son cyanomètre. C'était un cercle divisé en 53 segments, portant chacun une nuance de bleu, depuis le bleu cobalt le plus foncé jusqu'au bleu presque blanc. Chacune d'elles était numérotée. On cherchait la nuance qui ressemblait le plus au bleu de ciel, et son numéro indiquait le rang que le bleu de ciel avait dans l'échelle chromatique. Cet instrument n'était comparable qu'autant qu'il était copié sur un modèle, et la destruction des couleurs par la lumière le faisait beaucoup varier avec le temps. Aussi a-t-il été de peu d'usage.

Enfin Kämtz propose un nouveau procédé qui n'a pas encore été mis à l'épreuve. Il fixe un prisme de flint-glass à l'extrémité d'un tube de 3 à 4 décimètres de longueur. Il fait tomber la lumière sur le prisme par une ouverture étroite, il reçoit le spectre sur l'objectif d'une lunette astronomique, et, au moyen d'une vis micrométrique, il mesure la largeur du prisme et celle de chaque couleur. Par une méthode ana- logue, Hassenfratz trouvait qu'en été, à midi, le spectre avait 185 parties de largeur, et en hiver, au coucher du soleil,

70 parties seulement. Alors tous les rayons de l'extrémité violette marquaient, et on ne trouvait plus que les rayons rouges, orangés et verts ; ainsi les rayons bleus étaient absorbés.

Mais en attendant que ces méthodes aient été perfectionnées, et nous donnent des vues nouvelles à l'égard de l'influence de la lumière sur la végétation, et quoiqu'on ne connaisse pas les lois qui règlent les rapports de la lumière et de la chaleur, admettant provisoirement comme exacte leur proportionnalité, nous nous servirons du thermomètre exposé au soleil, comme de l'instrument le moins fautif, pour nous indiquer la quantité de lumière transmise. Nous avons parlé, dans le chapitre précédent, de la manière de l'observer. Quand nous aurons des observations de la chaleur solaire faites à plusieurs époques de la journée, et dans des localités différentes, nous serons en possession de nouveaux éléments très précieux pour la théorie de l'agriculture, qui pourront devenir utiles à sa pratique.

CHAPITRE V.

De l'eau atmosphérique.

Section Ire. — *Quantité de vapeur contenue dans l'air.*

L'eau à l'état fluide ou à l'état de glace, mise en présence d'un espace limité, s'y réduit en vapeur et le sature proportionnellement à la température de cette enceinte, si elle est vide d'air et de gaz. Ce passage de l'eau à l'état aériforme prend le nom d'évaporation. Dans le vide, l'évaporation s'opère avec une rapidité que l'on a comparée à celle d'un boulet de canon. Si l'on comprime l'espace qui a été saturé de vapeur aqueuse, une partie de la vapeur repasse à l'état liquide ; si on agrandit l'espace, il devient susceptible de recevoir de nouvelle vapeur.

Si l'espace est déjà rempli d'air sec, celui-ci oppose une résistance à la formation de la vapeur, l'évaporation se fait lentement; cette lenteur augmente à mesure que l'évaporation continue, parce que la première couche d'air étant saturée, et la couche qui lui est supérieure s'opposant à la pénétration de la vapeur, l'eau se trouve en contact avec la couche inférieure qui n'admet plus de nouvelle vapeur, jusqu'à ce qu'elle ait transmis une partie de celle qui la sature à la couche supérieure d'air sec; mais si un courant d'air non saturé vient renouveler sans cesse la couche d'air inférieure, l'évaporation marche avec plus de rapidité. Nous devions rappeler ces principes parce qu'ils expliquent la présence de l'eau dans l'atmosphère, la rapidité de l'évaporation dans un air sec, sa rapidité accélérée sous l'influence des vents, sa lenteur dans un air déjà humide et calme; et enfin parce que l'évaporation est un des phénomènes les plus importants pour la végétation, puisque celle qui se fait à la surface des feuilles et qui prend le nom d'*exhalation,* est le principal mobile du mouvement de la séve.

Dans le vide comme dans l'air, d'après la loi de Mariotte, et à égalité de température, la même masse de gaz ou de vapeurs acquiert des volumes qui sont en raison inverse des pressions; sous la pression d'une atmosphère, le baromètre étant à $0^{mill.}$,76 et à 0 de température, un litre de vapeur d'eau pèse 1^{gr},299 or, on sait que le litre d'eau pèse 2 kil.; le rapport de poids de l'eau à la vapeur est donc de 2000000 : 1299, ou environ comme 20000 à 13.

Les molécules de vapeur sont élastiques et réagissent les unes sur les autres et sur l'air environnant, de manière à se maintenir à une distance proportionnée à la température. Chaque degré de thermomètre dilate la vapeur de la 267e partie de son volume à zéro. Cette élasticité est démontrée par la pression que la vapeur exerce sur la colonne barométrique, et en mesurant l'ascension du mercure, on a pu peser l'augmentation de pres-.sion, la *tension* de la vapeur. Mais on est loin d'être arrivé jusqu'ici à des résultats bien certains. Les différentes tables de tension que nous possédons, calculées sur des expériences imparfaites, ont besoin d'être refondues. Le résultat des belles expériences de M. Regnault nous procurera bientôt des tables construites d'après des expériences directes; en attendant, on pourra se servir de celles de M. Gay-Lussac, imprimées dans le cours de physique de M. Biot; ou de celles d'August que l'on trouvera dans le cours de M. Kämtz. D'après ces dernières tables, 1 mètre cube d'air à zéro pourrait contenir $5^{gr},66$ de vapeur, et à 20°, la quantité de $18^{gr},77$ [1].

La quantité de vapeur qui peut être mêlée à l'air étant en rapport avec la température, et les liquides absorbant, pour passer à l'état de vapeur, une quantité considérable de chaleur qu'ils prennent aux corps environnants, il s'ensuit que l'air, en contact avec une masse d'eau, se refroidit progressivement à mesure de l'évaporation de cette eau, jusqu'au point où, étant saturé, l'évaporation cesse. Le degré thermométrique qui indique ce point s'appelle *point de rosée*. Mais ce n'est pas seulement l'air qui se refroidit; tous les corps mis en contact avec l'eau qui se vaporise lui cèdent aussi leur chaleur. Ainsi, une boule de thermomètre, entourée d'une mousseline mouillée, prendra la température de l'air environnant, puisqu'elle a aussi, en même temps que l'air, perdu le calorique qui servait à faire passer l'eau à l'état de vapeur.

Nous avons vu que la table d'August, citée plus haut, nous indique la tension de la vapeur pour chaque température, et, par conséquent, la quantité absolue de vapeur d'eau contenue dans l'air. Si, d'un autre côté, nous observons avec soin

(1) *Voir* p. 70. *Voir* aussi la table, p. 73, dans la *Météorologie* de Kamtz, traduite en français par Martins.

la température de l'atmosphère hors de l'influence de cette
évaporation, avec un thermomètre à boule sèche, nous con-
naîtrons, par la même table, la quantité de vapeur qui serait nécessaire pour saturer l'air à cette température. Ainsi,
supposons que le thermomètre mouillé nous donne 12°, la température ambiante étant de 25°, nous voyons par la table que
la tension de la vapeur à 12° est 10,24; qu'à 25° elle est
22,74. Si nous cherchons la quantité de vapeur contenue dans
l'air au moment de l'observation, nous avons la proportion

$$22{,}74 : 10{,}24 :: 100 : x = \frac{10{,}24 \times 100}{22{,}74} = 45{,}03.$$ L'air

contient donc, au moment de l'observation, 45,03 pour cent de
la quantité de vapeur qu'il contiendrait à l'état de saturation.
Ce degré d'humidité correspond au 66e degré de l'hygromètre
de Saussure dans les tables que l'on trouve dans Biot et dans
Kämtz.

Pour obtenir la tension de l'air en millimètres dans tout état
thermométrique et barométrique, on se servira provisoirement,
et jusqu'à ce que les travaux de M. Regnault nous aient fourni
des données exactes, de la formule suivante : appelons e la tension de la vapeur contenue dans l'air à la température t; e' la
tension de la vapeur à la température t' du thermomètre humide; b la hauteur barométrique en millimètres :

$$e = e' - 0{,}000804 \, (t - t') \, b.$$
Supposons que t soit égal à 28°, e sera égal à 28,96.
$\qquad\qquad t'$ à $\qquad\quad$ 22°, e' à $\qquad\quad$ 20,51.

Le baromètre étant à 755 millim., nous aurons :

$$e = \frac{20{,}61}{e'} - 0{,}000804 \, (28 - 22) \times 0{,}755 = 9^m{,}29.$$

Ainsi, au moyen de la double observation d'un thermomètre
sec et d'un thermomètre mouillé, on obtient facilement : 1° la
quantité de vapeur contenue dans l'air; 2° le degré auquel

cette quantité répond sur l'hygromètre de Saussure; 3⁰ la tension de la vapeur pour une température ambiante et une pression barométrique données.

L'observation se fait aussi au moyen d'un seul thermomètre dont la boule est enveloppée de mousseline, et parfaitement sèche; on en prend la température à l'ombre; puis on mouille la mousseline, et l'on fait tourner vivement le thermomètre attaché sur une règle un peu longue, on note l'abaissement de la température produit par l'évaporation.

Le résultat des observations a prouvé que l'humidité est à son maximum au lever du soleil, au moment le plus froid de la journée; qu'elle s'affaiblit avec l'augmentation de la température qui permet à l'air de dissoudre une plus grande quantité de vapeur.

Quant à la quantité de vapeur contenue dans l'air, elle est à son minimum au lever du soleil, et l'évaporation devenant plus active, elle atteint son maximum après midi en hiver, mais avant midi en été; mais de même que la température s'abaisse plus lentement, de même aussi la quantité de vapeur est toujours un peu plus grande le soir que le matin [1].

SECTION II. — *De l'évaporation.*

L'évaporation est un phénomène dont les effets sont si marqués, non-seulement sur la végétation, mais encore sur la nature de climat et sur une foule d'opérations agricoles, qu'il serait du plus grand intérêt de pouvoir la calculer d'avance au moyen des autres données météorologiques. Ainsi, dans la construction des bassins et des réservoirs, nous aurions souvent besoin de connaître la perte que l'évaporation leur fera subir, pour proportionner leurs dimensions aux résultats que nous

(1) *Voir*, dans Kamtz, p. 80 et suiv., les détails de ces variations d'humidité et de saturation selon les lieux.

voulons obtenir. Si, par exemple, nous avons calculé que le printemps nous donnera 18 décimètres de pluie, sachant qu'il nous en enlèvera 60 par l'évaporation, nous saurons qu'il faut la recevoir dans un bassin de telle dimension que sa surface soit de beaucoup inférieure au quart de la surface sur laquelle la pluie est reçue, car, sans cela, on arriverait à l'été avec un réservoir à sec. Il est nécessaire aussi, dans bien des cas, de prévoir l'époque où les étangs, les marais seront desséchés, et où l'on pourra y entrer pour certains travaux et certaines récoltes; dans ces circonstances, comme dans une foule d'autres, on s'adresse à la météorologie pour lui demander ses enseignements. La météorologie théorique n'a rendu jusqu'à présent que des réponses équivoques, parce qu'elle n'a expérimenté qu'en lieux clos et sous des influences qui ne sont pas celles que présente la nature.

Voyons cependant ce que l'on peut attendre de ces recherches. Dalton avait trouvé que sur un vase d'un décimètre carré, dans un lieu fermé, l'évaporation pouvait être représentée par cette formule : $e = \dfrac{4^{g.},2688\,(f-f')}{B}$, en appelant e l'évaporation, $f-f'$ la différence de tension des thermomètres secs et mouillés, et B la pression barométrique [1]; ou en réduisant les grammes en millimètres : $e = \dfrac{0,0042688 \times (f-f')}{B}$. Ainsi, dans l'exemple donné dans l'article précédent, la différence des tensions des thermomètres secs et mouillés étant $28^{\text{mill.}},96 - 20^{\text{mill.}},51 = 8^{\text{mill.}},45$, nous aurions : $\dfrac{0,0042688 \times 0,00845}{0,760}$ en supposant le baromètre à $0^{\text{m}},760$, ce qui nous donne, par minute, une évaporation de $0^{\text{m}},000004721$ ou $0_{\text{mill.}},004721$.

Si la formule était immédiatement applicable, nous pourrions donc calculer l'évaporation possible, sans recourir à l'observa-

(1) Biot, *Traité de physique*, art. *évaporation*.

tion directe, dès que nous aurions les différents éléments de calcul; mais nous ne pouvons y trouver que ce que l'on y a mis, et on y fait abstraction du mouvement de l'air et d'autres circonstances encore mal appréciées qui nous ont paru agir fortement sur l'évaporation.

Avant de chercher à nous en rendre compte en comparant la formule avec les résultats de l'observation directe, nous avons dû jeter un coup d'œil sur les moyens d'observation.

En comparant l'évaporation qui a lieu en plein air, dans des vases de différentes surfaces, de différentes matières, Cotte fut effrayé en reconnaissant qu'elle était d'autant plus forte que le vase était plus petit, et qu'à égalité de surface la substance dont le vase était formé avait aussi sa part d'influence. En vain Lambert avait prouvé expérimentalement la fausseté des principes de Muschenbroëck, qui voulait que les cubes des quantités évaporées fussent entre eux comme les hauteurs de l'eau dans les vases; il montra que la profondeur de l'eau était sans influence, et que l'évaporation était proportionnelle aux surfaces évaporantes [1]; néanmoins les anomalies dont nous venons de parler avaient frappé de discrédit les observations etnométriques. En répétant les expériences de Cotte, il nous a été facile de trouver la cause de ces anomalies : 1º au soleil, l'eau du vase le plus petit s'échauffait davantage que celle du plus grand, et d'autant plus que la matière du vase était plus conductrice de la chaleur; 2º le vent, en formant des vagues à la surface de l'eau, baignait les bords du vase et augmentait ainsi la surface d'évaporation, non pas en proportion de sa superficie, mais de son périmètre. Ces deux causes d'erreur ont disparu en substituant à la température du thermomètre sec, observée dans l'air, une moyenne entre la température de l'air et celle de l'eau évaporante, ce qui conduit à avoir un thermomètre dont la boule est plongée dans cette eau; en garan-

(1) *Mémoires de l'Académie de Berlin*, 1769.

tissant les bords du vase de l'action directe du soleil ; enfin en
enduisant ses bords intérieurs d'une matière grasse qui ne permet pas à l'eau projetée par les vagues de s'y attacher. Dès
lors les observations faites dans des vases de surface et de profondeur diverses deviennent concordantes.

Mais il reste une objection bien forte contre les observations
atmidométriques. Quand le vent souffle avec impétuosité, et
dans une direction plongeante, il ne se borne pas à enlever
la couche de vapeur qui se forme à la surface de l'eau ; mais
frappant perpendiculairement sur la crête des vagues, il la
brise et enlève aussi des gouttes d'eau en nature. Nous avons
constaté et mesuré ce fait très variable au moyen d'un cadre
couvert d'un papier de tenture gris-tendre, sur lequel marquaient les gouttes d'eau, placé horizontalement près du vase
évaporatoire, dans une direction opposée au vent. Nous avons
pu voir que l'effet se complique à la fois de la force et de l'inclinaison du vent, selon des lois qui ne pouvaient être évaluées
par des calculs, mais devaient être directement observées.

Ainsi, notre atmidomètre, devenu comparable, se compose
d'un vase de cuivre étamé de 10 décimètres carrés, de 50 centimètres de profondeur, dont les bords extérieurs sont entourés
d'un bourrelet de laine. Vers l'un des angles se trouve une
pointe mobile par le moyen d'une vis que l'on descend jusqu'à
ce qu'elle soit en contact avec la surface de l'eau. Un thermomètre est attaché au bord intérieur du vase dont la boule
plonge dans la couche supérieure du liquide. Le vase est placé
au centre d'un cadre en bois de 1 mètre de côté, garni de canevas sur lequel on colle, après chaque observation qui a
fourni des taches, un nouveau papier de tenture gris-tendre,
tel que les moindres taches d'eau y laissent leur empreinte
après la dessiccation. Ce cadre, percé à son centre d'un trou
carré de la dimension du vase évaporatoire, affleure les bords
de ce vase. Quand on veut constater la quantité d'eau réelle-

ment évaporée, on abaisse la pointe qui est restée en dehors de l'eau, jusqu'à ce qu'elle affleure de nouveau sa surface. Une échelle graduée indique, en fraction de millimètres, l'abaissement de l'eau. On observe s'il y a des taches sur le cadre; on les compte par ordre de grandeur. Une expérience préliminaire ayant appris la quantité d'eau que comportent les taches de différentes grandeurs, on obtient ainsi fort exactement la quantité d'eau enlevée en nature par le vent, et on la soustrait de la quantité d'eau évaporée.

Nous nous sommes un peu étendu sur la manière d'observer l'évaporation en raison de la grande importance que nous attachons à ce phénomène dans la météorologie agricole. Plus tard, quand nous aurons de bonnes séries d'observations de ce genre, nous ne doutons pas que l'on n'y trouve la solution d'une grande partie des problèmes que présentent les climats, car l'évaporation est aussi une synthèse qui combine les effets de la chaleur, de l'humidité de l'air et de son agitation. Nous dirons maintenant quels ont été les premiers résultats obtenus d'une méthode régulière employée dans l'observation.

En faisant abstraction de la quantité d'eau enlevée, et ne considérant que celle réellement évaporée, il y a une relation exacte entre la vitesse du vent et la quantité dont l'évaporation réelle excède l'évaporation théorique donnée par la formule, 1° toutes les fois que le ciel est clair; 2° immédiatement après la pluie; 3° quand le ciel est couvert uniformément d'un voile léger. Ainsi, appelons e l'évaporation réelle, e' l'évaporation théorique, v la vitesse du vent en mètres par seconde, x le coefficient qui indique l'effet du vent sur l'évaporation par chaque mètre de vitesse, nous avons $e = e' + e' \times vx$. Dans les cas cités ci-dessus, nous admettons provisoirement, d'après le résultat de nos expériences, que le coefficient $x = 0,19$. Ainsi, dans l'exemple précédent, l'évaporation théorique e' a été trouvée de $0^{\text{mill.}},00472$ par minute; si le vent avait 10 mètres de vitesse par seconde, nous aurions $e = 0^{\text{mill.}},00472 + 0^{\text{mill.}},00472 \times 10 \times 0,19 = 0^{\text{mill.}},01369$ par minute, et pour un jour $19^{\text{mill.}},714$.

Au contraire, quand le ciel se couvre de grosses nues épaisses, souvent orageuses (cumuli), nous ne trouvons plus de rapports réguliers entre la vitesse du vent et la marche de l'évaporation ; celle-ci augmente dans une si grande proportion, que nous avons trouvé jusqu'à 2,90, pour le coefficient x de la vitesse du vent ; moyennement 1,31, et jamais moins de 0,30. Il y a, dans ce cas, une cause d'extrême accélération de l'évaporation, et cela est d'autant plus remarquable que ce genre de nuages est le précurseur de la pluie, et qu'il favorise en même temps l'accroissement de la vapeur aérienne.

On a expliqué cette évaporation excessive par la forte électricité que présentait généralement ce genre de nuage. Boze[1], Nollet[2], Beccaria[3], Guénaud de Montbelliard[4], avaient remarqué les effets de l'électricité sur l'évaporation ; Nollet en particulier avait trouvé qu'un vase électrisé avait perdu 53 grammes par l'évaporation, tandis qu'un autre vase non électrisé, et de même dimension, n'avait perdu que 16 grammes. M. Peltier, reprenant ces recherches, a montré la grande accélération de l'évaporation, quand on met le liquide en présence de corps électrisés[5]. On sent que l'on ne pourrait appliquer cette théorie aux faits dont nous venons de parler, qu'autant que l'observation prouverait un accord constant entre les accroissements d'évaporation et le degré de tension électrique des nuages au moment où le phénomène a lieu. Ces observations correspondantes n'existent pas encore.

Nous pensons qu'on pourrait aussi expliquer ce fait par

(1) *Académie des Sciences*, 1745.
(2) *Recherches sur les phénomènes électriques.*
(3) *Électricité artificielle.*
(4) *Journal de physique*, 1777.
(5) *Recherches sur les trombes*, p. 72 et suiv.

l'énorme évaporation qui doit avoir lieu à la surface supérieure de ces masses de nuages opaques frappés par le soleil. Le mouvement ascensionnel de la vapeur doit se communiquer de haut en bas, et affecter de proche en proche toutes les couches d'air, jusqu'à celle qui repose sur la terre. Quoi qu'il en soit, l'évaporation est un phénomène trop essentiel en agriculture pour être laissé dans l'oubli auquel le condamnent la plupart des traités de météorologie. Nous croyons qu'il peut être observé avec quelque exactitude, et qu'il ne sera peut-être pas impossible plus tard d'en calculer la valeur en combinant plusieurs autres données. C'est un travail encore neuf qui s'offre aux physiciens qui voudront fournir des matériaux à la pratique.

Section III. — *Evaporation de la terre.*

Quand la surface de la terre est mouillée, soit par la pluie, soit par une inondation, l'eau pénètre dans son intérieur par l'effet de sa gravité, elle imbibe de proche en proche ses particules, et s'introduit dans les pores des substances qui la composent. Les couches supérieures commencent par se saturer, puis l'excédant de l'eau descend dans la couche immédiatement inférieure qui se sature aussi, et ainsi de suite, jusqu'à ce que toute l'eau soit absorbée. A ce premier effet, qui est rapide, succède un nouvel ordre de choses; la couche inférieure, restée sèche, reprend une partie de l'eau de la couche qui lui est supérieure et qui est saturée, pour se mettre en équilibre d'humidité avec elle, et cette répartition lente s'étend de bas en haut, jusqu'à ce que l'équilibre soit parfaitement établi.

Mais pendant que ceci se passe dans l'intérieur des terres, l'air qui repose à sa surface, et qui est imparfaitement saturé, tend aussi à reprendre à la couche supérieure une partie de son humidité; il y a évaporation. Cette couche se dessèche donc rapidement, reprend à la couche inférieure l'eau qu'elle a plus qu'elle, et qui est reprise à son tour par l'atmosphère. C'est ainsi que le terrain se dessèche par le haut et par le bas à la fois, et la rapidité de l'évaporation fixe la limite inférieure où s'arrête l'humidité, de manière que dans les terrains secs, qui ne communiquent pas avec un réservoir d'eau inférieur, ce ne sont ni les couches profondes, ni les couches supérieures qui contiennent le plus d'humidité, mais les couches intermédiaires.

Ayant observé pendant plusieurs jours le rapport de l'évaporation d'une surface d'eau et d'une surface de terre complétement imbibée au mois d'août, et par une température de 23 à 24°, voici les résultats obtenus :

	Évaporation de l'eau. millim.	Évaporation de la terre. millim.
1er jour	15,0	4,1
2e	13,7	2,5
3e	11,5	1,8
4e	12,0	1,3
5e	11,7	1,3
6e	11,0	1,2
7e	9,4	1,3

On voit avec quelle rapidité marche l'évaporation au début : le premier jour, quand la terre est complétement imbibée, elle est de plus du quart de l'évaporation d'une surface aqueuse ; elle diminue constamment ; après sept jours, elle n'est plus que le septième. Bientôt la terre se desséchant, elle devient presque inappréciable. Dès le deuxième jour, avec cette température, la couche supérieure est sèche à la profondeur de 2 à 3 millimètres ; au bout de huit jours, les plantes qui ne s'enfoncent pas à plus d'un décimètre commencent à souffrir, et réclament des arrosements.

Hales avait déjà tenté quelques observations sur l'évaporation de la terre, et il en avait conclu qu'elle était, dans le climat où il observait, dans le rapport de 3 à 10, avec celle d'une surface aqueuse ; mais c'est à M. Maurice de Genève, que l'on doit la première série de recherches un peu suivies ; et encore crut-il devoir l'abandonner au bout de deux ans ; c'est aussi sa méthode que nous avons employée à Orange pendant deux autres années. M. Maurice croyait qu'elle le conduirait à un résultat certain sur l'état de sécheresse ou d'humidité de la terre ; mais cela ne serait vrai que pour des terres séparées des couches profondes par une couche imperméable d'argile ou de rocher ; dans le cas contraire, il se fait dans l'intérieur du sol des distillations qui transmettent aux couches supérieures l'humidité vaporisée des couches inférieures ; en outre, comme nous l'avons dit en commençant, ces couches échangent leurs excédants d'humidité par communication. Ces divers phénomènes ne nous ayant jamais permis de trouver un accord entre l'eau reçue par la pluie, l'évaporation terrestre mesurée sur un cube de terre isolé, et la sécheresse des couches inférieures constatée directement, comme nous l'avons indiqué ailleurs [1], c'est au procédé suivant que nous avons cru devoir recourir dans tous les cas pour connaître l'état du terrain : en prenant chaque jour une couche de terre dans le même sol et à la même profondeur, en la soumettant à la dessiccation et à la pesée, nous connaissons ces alternatives beaucoup mieux que par des calculs fondés sur l'évaporation du sol, qui n'est qu'un des éléments d'un fait compliqué. Il ne sera pas inutile cependant de connaître les rapports des évaporations terrestres et aqueuses dans les différentes saisons de l'année. On sait que pour obtenir l'évaporation de la terre, M. Maurice se servait d'une espèce de romaine dont l'extrémité du levier faisait mouvoir une aiguille sur un cadran, divisé en 44 parties ; chacun de ces degrés répondait à un volume d'eau ayant $0^m,009$ de hauteur, et $42^m,10$ carrés de surface. Un vase de tôle vernie, de $0^m,33$ de profondeur,

(1) T. I, p. 166.

ayant la superficie indiquée et dont le fond était garni de petits trous, était rempli de terre, il pesait à l'état sec 19ᵏ,66 [1]. Les inconvénients divers que M. Maurice avait trouvés dans l'emploi de sa romaine toujours en action, nous déterminèrent à simplifier l'instrument. Nous prîmes également le vase rempli de terre, et enfoncé dans le sol jusque près de son ouverture ; nous le pesions chaque jour avec une romaine exacte. Voici nos résultats et les siens :

	GENÈVE (1796-97).				ORANGE (1821-22).			
	Évaporation de l'eau.	Évaporation de la terre.	Pluie.	Reste de l'eau météorique.	Évapor. de l'eau.	Évapor. de la terre.	Pluie.	Reste de l'eau météoriq.
Janvier. . . .	4,512	5,640	53,465	+ 47,823	57,2	12,5	46,1	+ 33,8
Février. . . .	4,963	27,296	111,663	+ 84,367	56,0	52,7	— 4,3	
Mars.	46,019	35,642	10,576	— 24,266	159,0	77,0	41,4	— 56,8
Avril.	136,252	23,235	9,249	— 13,986	186,7	49,0	57,6	— 8,6
Mai.	109,408	31,807	23,685	— 8,122	227,7	68,0	61,5	— 6,5
Juin.	116,175	66,096	97,226	+ 31,130	297,5	55,0	47,1	— 58,1
Juillet.	147,551	58,201	79,181	+ 20,980	578,5	21,7	28,1	+ 6,5
Août.	219,718	47,372	42,860	— 4,515	506,1	17,7	49,2	+ 32,5
Septembre.	163,548	33,381	40,851	+ 7,445	180,7	35,4	105,0	+ 69,6
Octobre. . . .	191,745	35,416	95,422	+ 60,006	181,2	76,0	101,5	+ 25,5
Novembre.	63,590	20,514	42,860	+ 22,545	105,5	45,2	82,6	+ 37,4
Décembre.	6,993	17,881	46,696	+ 28,809	115,4	36,0	49,5	+ 13,5
Total.	1210,254	402,286	643,515	+252,220	2281,5	579,5	721,9	+124,3

Ainsi, à Genève, l'évaporation de la terre enlevait les 0,61 de la pluie tombée, et elle était le tiers de l'évaporation de l'eau ; à Orange, l'évaporation de la terre était les 0,80 de la quantité de pluie, et un peu moins du tiers de l'évaporation de l'eau. Dans l'une et l'autre localité, la pluie laisse donc un excédant d'humidité dans la terre après avoir fourni à son évaporation, à Genève, les 0,386 de la totalité, à Orange, les 0,17 ou un peu plus du sixième. Cette différence vient de ce que les jours de pluie sont plus isolés les uns des autres à Orange, et qu'ainsi l'eau qui est tombée est immédiatement reprise par l'évaporation avant d'avoir le temps de parvenir dans la profondeur. Si l'on considère en outre que la température est plus élevée dans ce pays, on s'expliquera la différence.

(1) *Bibl. britann. de Genève*, sciences et arts, t. I.

Ce n'est pas seulement la température de l'air ambiant qui détermine la tension de la vapeur dans l'évaporation de la terre, mais bien celle de l'air qui repose sur la surface du sol qui réfléchit et absorbe les rayons du soleil ; or, nous avons vu à quel point la température de la terre varie selon la latitude, la nébulosité de l'air, la couleur et la consistance du sol. Ces considérations font assez prévoir qu'il n'est pas possible de donner des formules approximatives pour déterminer l'évaporation de la terre, comme nous l'avons fait pour celle d'une surface aqueuse, et qu'il ne reste que l'observation directe, ou la constatation fréquente de l'état d'humidité du sol, pour s'en rendre raison dans chaque lieu.

Section IV. — *De la rosée et de la gelée blanche.*

Nous avons expliqué plus haut ce que l'on entendait par le *point de rosée.* C'est celui où la température s'abaisse dans un air saturé, de manière à ce qu'une partie de la vapeur ne pouvant plus être dissoute, reprend la forme liquide. Un exemple achèvera de dissiper toutes les difficultés. L'air ayant une température de 25^0, la tension de la vapeur est à saturation de $23,090$; mais supposons que l'air ne soit pas saturé, et que nous trouvions une tension de 18 seulement, si la température baisse de 5^0 et tombe à 20^0, la tension de saturation à cette nouvelle température n'est plus que de $17,314$, il se précipite donc sur-le-champ un excédant représenté par la différence de tension de 18 à $17,314$.

Or, le rayonnement nocturne produit aisément un pareil abaissement de 5^0 dans la température, surtout sur les corps isolés, sans communication avec la terre, et qui ne peuvent pas y reprendre, à mesure de leur refroidissement, la chaleur qu'ils perdent par le rayonnement. C'est ainsi que les plantes, les parties vertes des végétaux surtout, se couvrent de rosée, quoique la surface de la terre ait encore une température trop élevée pour déterminer sa précipitation.

Si l'on interpose un obstacle entre le ciel et l'objet, un toit, par exemple, la rosée ne se produit pas. Les nuages préviennent aussi la chute de la rosée par leur interposition entre les espaces planétaires et la surface de la terre, outre qu'ils ont une température bien plus élevée que le firmament. En général, tout obstacle qui tend à dérober à un objet, la vue de la totalité ou d'une partie du ciel, tend aussi à prévenir ou modérer l'abaissement de sa température, et à le préserver de la rosée.

Si la température est assez froide pour que le rayonnement nocturne abaisse la température au-dessous de zéro du thermomètre, la vapeur d'eau se condense en glace, et l'on a de la gelée blanche au lieu de rosée. Les Indiens se procurent de la glace, en faisant un lit de paille peu tassée et y plaçant des jattes peu profondes remplies d'eau. Quand le ciel est très clair, le rayonnement suffit pour la faire congeler. Cet exemple montre à quel degré le rayonnement peut refroidir les corps isolés, car il suppose un abaissement d'au moins 17 degrés dans l'Inde. Dans nos climats, le thermomètre peut descendre de 8 degrés. On a donc encore le risque d'une gelée blanche quand, par un temps clair, le thermomètre à l'abri du rayonnement n'est qu'à 7 ou 8 degrés au-dessus de zéro. Mais, en général, c'est à des températures plus basses qu'elle se produit, et surtout quand la température de l'air est à 3 ou 4 degrés. Selon Garcillasso de Véga, les Indiens connaissaient bien ces effets du rayonnement nocturne, car ils faisaient des tas de fumier au bout de leurs champs, et y mettaient le feu quand la température était basse et le temps clair, pour produire au moyen de la fumée des nuages artificiels qui s'interposaient entre le ciel et les plantes.

On n'a pas une idée très précise de la quantité d'eau qui peut tomber sous forme de rosée; si l'on fait attention cependant qu'elle ne se produit que dans l'air très légèrement agité, et près du sol, qu'ainsi elle ne peut provenir que de la condensation d'une partie de la vapeur contenue dans une couche d'air assez peu épaisse, on jugera que cette quantité ne peut être très considérable. Ainsi, l'air de la nuit étant à 17 degrés comme dans l'Inde, il contiendrait environ 16 grammes d'eau par mètre cube; s'il descend à —2, il en contiendra encore 5. Il faudrait donc que toute l'humidité contenue jusqu'à 10 mètres de hauteur se précipitât pour obtenir seulement 1 millimètre de rosée; mais l'air reste encore fort humide après cette précipitation; ce qui prouve qu'il est loin d'être dépouillé de toute son humidité. Il reste tellement humide que, pendant la chute de la rosée, on voit l'hygromètre à 10 mètres de hauteur accuser encore une humidité extrême. Ces faits prouvent que ce n'est qu'une très faible couche d'eau qui se précipite sous la forme de rosée. Il était important de s'en assurer directement.

Flaugergues recueillait la rosée au moyen d'un plateau de fer-blanc peint à l'huile, isolé à 1 mètre du sol. Il avait apprécié par des expériences exactes la quantité d'eau qui restait attachée à la couleur; voici quels ont été ses résultats :

	Nombre de rosées.	Hauteur de la tranche d'eau déposée. millim.
Janvier..............	2	0,119
Février.............	3	0,168
Mars...............	4	0,133
Avril..............	4	0,189
Mai...............	17	0,723
Juin..............	16	0,744
Juillet............	10	0,356
Août..............	6	0,157
Septembre.........	13	0,474
Octobre...........	19	1,687
Novembre..........	17	0,973
Décembre..........	14	0,707
	125	6,430
Quantité moyenne par jour de rosée.		0,0514

Ainsi, à peu près $\frac{3}{100}$ de millimètre, voilà la quantité moyenne de rosée déposée dans le climat du midi de la France, et la plus forte ne parvient pas à $\frac{1}{100}$ de millimètre.

A Florence, Raddi en 1800 et 1801, puis Nacca en 1808 et 1809, observèrent la rosée. Elle tombait sur les toits métalliques de l'observatoire : le nombre moyen des rosées fut de 87 ; le résultat moyen annuel fut d'un peu plus de 6 millimètre ; M. Flaugergues avait trouvé 6$^{\text{mill.}}$,430[1].

Nous avons fait des observations analogues à Orange : nous recevions la rosée sur un cadre de verre de 1^{m},11 carrés de surface, placé à 0^{m},15 du sol. L'eau était recueillie au bas d'une gouttière, et mesurée dans un tube de verre divisé qui nous donnait aisément des centièmes de millimètres. Notre résultat, dont nous n'osons pas donner les détails à cause de fréquentes interruptions, était un peu plus fort que celui de Flaugergues, mais ne s'en écartait pas assez pour nous faire douter du sien. Nous tenons du général Bellonet qu'en 1840, quand on cherchait en Algérie à incendier les récoltes des Arabes, on ne pouvait y parvenir avant huit heures du matin, tellement les blés étaient mouillés par la rosée. Il n'est pas douteux que dans les pays où l'air est humide et l'atmosphère claire, les rosées ne soient beaucoup plus abondantes ; mais si l'on considère l'étendue des surfaces que présente une plante de blé en comparaison de son volume, on comprendra qu'il ne faille pas beaucoup d'eau pour la réduire à ne pouvoir pas prendre feu facilement ; une tige de blé verte pèse sans l'épi 1^{gr},95 ; quand elle est sèche, 0^{gr},45 ; en lui supposant un mètre de hauteur, elle présente une surface de 2^{m},700 carrés ; dépouillée seulement de la moitié de son humidité, elle brûlerait mal ; cette moitié serait de 0^{gr},225. Ainsi, la paille si difficile à enflammer pourrait n'avoir reçu par millimètre qu'une couche de $\dfrac{0^{\text{gr}},225}{2700}$ ou

(1) *Annali del observatorio di Firenze*, t. I.

0$^{mill.}$,007 ; c'est à peu près ce que nous avons trouvé d'après les observations de Flaugergues et les nôtres pour les fortes rosées du midi de la France.

Mais si cette quantité absolue est petite, on sent, en raison même de l'étendue des surfaces absorbantes, quel excellent effet doit exercer sur la végétation un météore capable, quand elle est altérée par une longue sécheresse, de lui restituer, en si peu de temps, une grande partie de son eau normale; relevée à moitié par le bienfait de la rosée, quoiqu'elle ne tarde pas à se courber de nouveau sous l'impression du soleil qui la dessèche, il n'est pas douteux qu'elle ne conserve encore dans ses organes intérieurs une partie de l'humidité qu'elle a absorbée. Ainsi, sans attribuer à la rosée des effets aussi grands que l'imaginent quelques personnes qui n'ont pas vécu dans les contrées méridionales ; sans prétendre qu'elle puisse suppléer aux pluies dans ces climats, nous admettons néanmoins que si elle ne peut ranimer les gazons flétris, elle concourt à prolonger l'existence des plantes dont les organes ont conservé dans la saison chaude la faculté d'absorber l'humidité, et qui ne l'ont pas reçue passivement, comme fait un chaume déjà desséché.

Le vent s'oppose au dépôt de la rosée comme de la gelée blanche, par la raison qu'en mêlant les différentes couches d'air, il ne permet pas à la température de celle qui est en contact avec le sol de descendre au-dessous de la température du reste de l'atmosphère.

Dans les lieux les mieux abrités des vents, la rosée est plus fréquente, et la gelée blanche sévit en raison de la sérénité de leur ciel.

Ainsi, nous avons à Orange et à Rome le nombre moyen suivant de ces deux météores :

	ORANGE. 1817-42.		ROME	
			à la campagne. 1782-90.	à la ville. 1819-24.
	rosée.	gelée blanche.	gelée blanche.	gelée blanche.
Janvier.	0,6	7,3	8,6	3,1
Février.	5,7	0,8	7,8	4,7
Mars	7,0	0,4	7,3	3,0
Avril	5,8	0,4	3,7	0,0
Mai.	8,2	0,06	2,7	0,0
Juin.	5,4	0,0	0,9	0,0
Juillet.	7,0	0,0	0,0	0,0
Août	8,0	0,0	0,1	0,0
Septembre	8,7	0,0	2,3	0,7
Octobre.	9,8	0,3	9,7	4,0
Novembre.	5,0	2,0	11,0	5,3
Décembre.	2,2	6,5	9,7	4,3
	73,4	17,76	63,8	25,1

Nous avons donné ces exemples pour que l'on pût bien discerner l'influence des lieux sur la production de ce phénomène. A Orange, pays où le vent du nord souffle souvent, et où la température moyenne est inférieure à celle de Rome, on n'a à la campagne que 17,76 jours de gelée blanche en moyenne. A Rome, dans l'intérieur de la ville, où la température est toujours plus élevée que hors des murs, par l'effet des nombreuses émanations calorifiques d'une population concentrée, on n'a observé que 25,1 gelées blanches, nombre plus grand cependant qu'à Orange, parce que l'atmosphère y est moins agitée; dans la campagne de Rome on en trouve 63,8, et la gelée blanche se montre jusque dans l'été, en juin et en août. Ces résultats doivent faire comprendre qu'il ne faut pas se fier aux faveurs des climats méridionaux; qu'en raison de leur beau ciel même et de la précocité de la végétation, les gelées printanières y sont quelquefois plus redoutables que dans des climats où les plantes se développent plus tard, quand la température moyenne s'est élevée au point de rendre difficiles un abaissement capable de produire de la gelée, et où le ciel plus brumeux s'oppose au rayonnement excessif du sol.

Section V. — *Formation des nuages.*

La vapeur d'eau n'est pas toujours transparente ; si on observe celle qui sort d'une bouilloire, placée entre soi et le jour, on voit que le brouillard qui s'en élève paraît formé d'une multitude de petites sphères qui se meuvent en tous sens. Ces sphères ont pris le nom de *vésicules*, et l'état de la vapeur, qui a cessé d'être translucide, s'appelle *état vésiculaire*. Les physiciens ne sont pas parfaitement d'accord sur la nature de ces vésicules. Les uns n'y voient que des gouttelettes d'eau soutenues par la résistance de l'air et par leur extrême ténuité ; d'autres, au contraire, admettent que la vapeur changeant d'état, forme des petites sphères enveloppées d'une mince couche d'eau et vides d'air, ou pleines seulement de vapeur d'eau ; mais comme dans l'un et dans l'autre cas, l'eau est toujours plus pesante que l'air, et qu'il faut expliquer la suspension de la vapeur vésiculaire dans l'atmosphère où elle forme les nuages, M. Fresnel a pensé que l'air libre et les fluides incolores laissaient passer le calorique sans s'échauffer sensiblement, tandis que les nuages, étant formés de corps moins transparents, dont l'intérieur est rempli d'air, cet air emprisonné se trouvait réchauffé par les rayons du soleil qui frappent sur la partie supérieure du nuage et qu'il devenait plus léger que l'air environnant. La pesanteur spécifique de l'air et de l'eau, formant le nuage, devenant ainsi moindre que celle de l'air dans lequel il flotte, il doit ainsi s'élever jusqu'à ce qu'il parvienne à une hauteur où il se trouvera en équilibre de pesanteur avec l'air.

M. Pellier[1] admet une autre cause qui agit concurremment avec celle-ci en modifiant son action, c'est l'état électrique du courant d'air tropical qui règne dans le haut de l'atmosphère, état contraire à celui du sol. Si la tension résineuse du courant

---

[1] *Des trombes.*

se trouve supérieure à la tension vitrée de la terre, le nuage placé dans l'espace intermédiaire est électrisé par influence, et attiré par l'électricité supérieure, il tend à s'éloigner du sol ; si au contraire la tension vitrée de la terre est supérieure, le nuage est repoussé vers le sol, et dans l'un et l'autre cas, jusqu'au point d'équilibre qui lui est assigné par le rapport d'énergie des deux électricités et par sa pesanteur spécifique.

Ces deux causes peuvent contribuer puissamment à modifier l'élévation des nuages, mais pour expliquer leur suspension dans l'air, il suffit sans doute de remarquer la légèreté extrême des vésicules et la résistance qu'offrirait l'air à leur chute. Kaemtz calcule que les vésicules ne tomberaient qu'avec une vitesse de 3 décimètres par seconde; or, les courants ascendants ont une vitesse plus considérable, surtout pendant le jour, époque où les nuages sont ordinairement plus élevés que pendant la nuit. Qui ne sait d'ailleurs que l'air transporte au loin des corps beaucoup plus pesants, les cendres des volcans, les sables, etc.? Rien ne doit donc moins étonner que la suspension de légères vésicules d'eau dans l'air[1].

Luke Howard[2] a proposé une classification des nuages d'après leurs formes et leurs apparences, qui a été généralement adoptée des météorologistes. Il est essentiel de la connaître pour ne pas être étranger à leur langue, et parce qu'elle sera d'un grand usage à ceux qui voudront faire de nouvelles observations.

Voici les noms qu'il a donnés aux nuages et la définition qu'il y a jointe.

1° *Cirrus*, nuage en fibres parallèles, ondoyantes ou divergentes, très fixe, susceptible de s'étendre dans toutes les directions. Comme c'est au milieu des cirrus que se forment les halos et les parhélies, et que ces phénomènes sont dus à la réfraction

(1) Kaemtz, p. 121.
(2) *The modifications of cloud.*

de la lumière par des particules de glace, M. Kaemtz en conclut qu'ils se composent de flocons de neige qui flottent à une grande hauteur. 2° *Cumulus* (*balle de coton*), monceaux convexes ou coniques, entassés quelquefois les uns au-dessus des autres, et s'élevant sur une base horizontale. 3° *Stratus*, couche très étendue, continue, horizontale, formant une espèce de voile qui couvre le ciel ou une partie du ciel. 4° *Cirro-stratus*, petites bandes de *stratus* séparées les unes des autres et ayant ainsi la forme des *cirrus*, mais étant plus épaisses que ceux-ci. Au zénith, ils ont l'apparence d'un grand nombre de nuages déliés qui coupent le ciel par tranches; à l'horizon, où l'on n'en voit que la projection, ils forment des bandes longues et étroites. 5° *Cirro-cumulus*, petites masses arrondies, bien terminées, en ordre serré et horizontal ; c'est ce qui produit ce que l'on nomme un *ciel pommelé*. 6° *Cumulo stratus*, c'est un *stratus* formé de la réunion d'un grand nombre de *cumulus*. 7° *Nimbus*, nuage à pluie, teinte uniforme grisâtre, au-dessus de laquelle entrent souvent d'autres couches de cumulus.

M. Pellier a ajouté à ces notions celles qu'il a tirées de ses nombreuses observations électriques, et qui lui ont prouvé que les nuages électrisés résineusement par rapport à la terre étaient toujours de couleur bleu-plombé sombre, même quand ils étaient éclairés par les rayons du soleil, tandis que ceux qui possédaient l'électricité vitrée étaient blancs ou argentés, dorés ou rougeâtres.

On a cherché à se rendre compte de la hauteur à laquelle se forment, se maintiennent ou s'élèvent les nuages. Dans le Cumberland, M. Asthweih n'en a pas vu se former au-dessous de 823 mètres, ni au-dessus de 960 mètres; à Berlin, Lambert en a observé à la hauteur de 2,700 mètres; à Pondichéry, Le Gentil en a vu à 3,400 mètres. Les nuages se forment fréquemment à Genève au-dessous de Salève, dont la hauteur n'excède guère 900 mètres. A ces observations isolées, nous devons joindre celles que M. **Kaemtz** a faites avec plus de soin : à Halle, il a mesuré la hauteur de nuages qui se trouvaient à 6,500 mètres d'élévation ; sur le Finsteraarhorn, il n'a jamais vu de *cirrus* au–dessus de la sommité de la montagne qui a 4,200 mètres. **M.** Pellier a trouvé dans les Pyrénées que le plan inférieur des nuages était élevé de 450 à 2,500 mètres, et le plan supérieur de 900 à 3,000 mètres. Il a trouvé des nuages de 450 à 850 mètres d'épaisseur.

Les nuages, comme les avant-coureurs et les réservoirs de la pluie, comme produisant les brouillards quand ils se forment à terre, exercent une grande influence directe sur les végétaux ; ils en ont encore une indirecte qui n'est pas moins importante : 1° en empêchant le rayonnement de la terre vers l'espace, et tendant ainsi à lui conserver sa chaleur acquise ; 2° en lui transmettant une partie de leur chaleur propre, acquise par l'action du soleil sur leur partie supérieure ; 3° interposés entre le soleil et la terre, ils empêchent la chaleur solaire de frapper celle-ci, et abaissent en conséquence la chaleur des jours. Les pays nébuleux ont donc nécessairement une température uniforme, qui varie peu d'un jour à l'autre, et du jour à la nuit. Il serait d'un grand intérêt de pouvoir exprimer par des chiffres la nébulosité des climats.

Il y a trois manières de faire cette recherche : 1° en observant la quantité de lumière qui parvient à la terre ; 2° en observant la chaleur solaire transmise au sol ; 3° en observant les nuages eux-mêmes. Nous avons parlé des deux premières méthodes en traitant de la lumière ; il nous reste à dire ce que l'on a fait pour la dernière.

Les indications vagues que l'on joint partout aux tableaux météorologiques ne peuvent donner une idée ni de l'étendue ni de l'épaisseur des nuages, et indiquent tout au plus leur forme. **M.** Cacciatore a cherché à faire un pas de plus et à tenir compte de leur masse. En évaluant de 0 à 10 les degrés d'épaisseur que peuvent présenter les nuages, depuis le simple voile (*cirro stratus*) jusqu'au nuage orageux (*nimbus*), qui amène une obscurité presque complète, il a pu construire une table graduée des épaisseurs. Pour juger de l'étendue, il suppose l'hémisphère céleste divisé en 100 parties égales ; il divise pour cela un cercle par dix rayons menés du centre à la circonférence, et par dix cercles concentriques renfermant des surfaces égales. On a ainsi des segments égaux compris entre les parties de cercle et les rayons qui les coupent. Si l'on n'a pas sous les yeux une telle représentation, on ne se fait pas une juste idée de grandeur exacte des parties situées près de la circonférence extérieure, parties minces et allongées, et de celles placées près du centre ; et l'on estime toujours trop bas les nuages qui sont près de l'horizon, et trop haut ceux qui sont au zénith. Le produit de l'étendue par l'épaisseur donne la masse. Ainsi, le tiers du ciel étant couvert de nuages de l'épaisseur du 4e degré, nous aurons $33 \times 0,4 = 13,2$.

Mais cette méthode même, qui l'emporte tant sur les mentions abrégées usitées jusqu'ici, ne nous donne encore qu'une idée incomplète de la quantité de lumière et de calorique solaire répandue dans l'atmosphère, car la masse des nuages a beau être considérable, si elle occupe une partie du ciel opposé au soleil, elle n'en tempère pas les rayons ; elle paraît même quelquefois en augmenter l'action.

Nous avons déjà essayé de comparer les masses des nuages aux effets calorifiques du soleil [1] ; nous pouvons le faire aujourd'hui avec une plus longue série d'observations.

(1) *Mémoires d'agriculture*, t. III, p. 296.

Tableau des moyennes mensuelles des nébulosités observées chaque jour à 2 heures, à Orange, pendant 4 ans (1839-1843).

	ÉTENDUE des nuages.	ÉPAISSEUR des nuages.	MASSE des nuages.	COMPLÉMENT indiquant le degré de clarté.	DIFFÉRENCE de la chaleur au soleil à la chaleur à l'ombre.	DEGRÉ de température solaire pour chaque degré de clarté.
Janvier . . .	45,2	0,334	15,137	84,863	9,0	0,106
Février . . .	53,7	0,335	19,067	80,933	11,9	0,147
Mars. . . .	39,1	0,279	10,908	89,092	16,8	0,188
Avril.	54,7	0,391	21,379	78,621	12,7	0,161
Mai	47,1	0,349	16,438	83,562	12,2	0,146
Juin.	27,8	0,285	7,923	92,077	13,0	0,141
Juillet	29,0	0,270	7,835	92,165	13,1	0,142
Août.	22,6	0,292	6,599	93,401	15,5	0,165
Septembre. .	49,1	0,381	18,707	81,293	13,5	0,166
Octobre . . .	44,8	0,333	14,918	85,082	16,9	0,187
Novembre. .	52,1	0,359	18,703	81,297	7,2	0,088
Décembre. .	51,2	0,372	19,046	80,954	7,2	0,099
Moyenne.	43,0	0,333	14,722	85,278	12,5	0,145

Quoiqu'il ne soit déduit que de quatre années d'observation, ce tableau nous paraît avoir un grand intérêt. La première colonne montre qu'en moyenne, dans l'ensemble de l'année, le ciel à Orange n'est pas à moitié couvert de nuages à deux heures après midi ; que les mois de l'année qui en présentent le plus, sont ceux de février, avril, novembre et décembre ; que les mois d'été au contraire (juin, juillet, août) ont à peine le quart de leur ciel couvert. La deuxième colonne nous indique que les nuages moyens de l'année ne sont que du 3e degré, c'est-à-dire peu épais ; c'est en avril, septembre et décembre qu'ils ont le plus d'épaisseur, approchant alors en moyenne du 4e degré. La troisième colonne nous montre enfin les mois qui ont la plus grande masse de nuages : ce sont avril, février, décembre, septembre et novembre. La quatrième colonne, qui se compose des compléments arithmétiques des nébulosités, indique les degrés de clarté du ciel pour tous les mois. On voit qu'il

ne s'en manque que de 0,15 en moyenne, pour que le ciel soit
complétement clair. Les mois pendant lesquels le ciel est le
moins nébuleux sont les trois mois d'été. La cinquième colonne indique la chaleur solaire observée à deux heures à l'abri
d'un mur, et qui résulte de la différence qui se trouve entre
les thermomètres observés à l'ombre et au soleil [1]. Enfin la
6e colonne contient les quotients de la 5e par la 4e, et montre ce
que chaque degré de clarté admet de degrés de chaleur solaire
pour chaque mois de l'année; nous y voyons que ce ne sont
pas les mois les moins nébuleux qui présentent l'atmosphère la
plus claire, la plus dégagée de vapeurs. Ainsi, le soleil pouvait
lancer plus librement ses rayons en mars et en octobre; tandis
qu'en novembre, décembre et janvier, ceux-ci traversaient une
atmosphère moins pure. Au moyen de ce tableau, on pourrait
trouver la chaleur solaire, en multipliant le complément de la
nébulosité par 0,145 pour l'année, dans le climat que nous considérons en ce moment; mais il ne représente qu'une certaine
moyenne dans laquelle sont confondus les jours clairs, les jours
couverts et les jours mixtes; ceux-ci sont de beaucoup les plus
nombreux. L'intensité calorifique des rayons solaires varie, non-
seulement avec la plus ou moins grande transparence de l'atmosphère, mais encore avec l'élévation plus ou moins considérable du soleil au-dessus de l'horizon. Ces rayons ont en effet à
traverser des couches d'épaisseur très différente selon que le soleil est à l'horizon ou au zénith. La quantité de chaleur arrivant
à la terre varie donc aussi selon les heures où l'atmosphère est
claire. C'est pourquoi il est curieux d'examiner ce qui se passe
aussi dans les jours entièrement clairs et entièrement couverts,
ainsi que nous l'avons fait dans le tableau suivant :

(1) C'est par erreur que, dans le Recueil de nos mémoires (t. III,
p. 187), on a dit que le tableau indiquait cette différence. On y
avait porté la chaleur solaire; c'est ce qui a amené d'autres résultats
qui sont nécessairement fautifs.

II.   9

	JOURS CLAIRS.			JOURS COUVERTS.			
	DEGRÉ de clarté.	CHALEUR solaire.	CHALEUR pour 1 de clarté.	MASSE des nuages.	DEGRÉ de clarté.	CHALEUR solaire.	CHALEUR pour 1 de clarté.
Janvier. . . .	100	16,7	0,167	40,0	60,0	1,60	0,071
Février. . . .	100	22,5	0,225	52,0	48,0	4,80	0,100
Mars.	100	22,0	0,220	43,0	57,0	2,00	0,035
Avril.	100	21,0	0,210	49,6	50,4	2,46	0,049
Mai.	100	16,3	0,163	46,5	53,5	3,22	0,060
Juin	100	16,5	0,165	45,0	55,0	3,92	0,072
Juillet	100	18,4	0,184	45,0	55,0	1,95	0,036
Août.	100	16,7	0,167	47,5	52,5	2,94	0,056
Septembre. .	100	21,0	0,210	57,9	42,1	2,04	0,048
Octobre . . .	100	20,7	0,207	57,4	42,6	1,66	0,039
Novembre. .	100	14,4	0,144	56,9	43,1	0,97	0,022
Décembre . .	100	13,9	0,139	58,9	41,1	1,66	0,040
Moyenne.	100	18,3	0,183	49,98	50,02	2,435	0,0487

Nous avons vu précédemment, d'après des expériences exactes, que l'atmosphère absorbe à peu près le quart des rayons calorifiques du soleil. La température moyenne de l'air étant, à Orange, et à deux heures, époque de l'observation ci-dessus, de 18°,3, on voit qu'elle représente exactement la quantité de chaleur solaire des jours clairs, d'où résulterait que la moindre chaleur reçue les jours couverts et les jours mixtes est compensée par le moindre rayonnement de ces jours-là, et qu'à deux heures, la température de l'air est le résultat de la seule chaleur solaire. Mais nous voyons aussi que cette température varie selon les saisons, et selon le plus ou moins de pureté de l'atmosphère ; elle est la plus grande possible au printemps et au commencement de l'automne, c'est-à-dire dans des saisons pluvieuses, où les jours clairs qui succèdent à la condensation des vapeurs atmosphériques paraissent être aussi les plus purs, ceux où le soleil rayonne avec le plus de force. Elle est la plus faible après ces pluies, à la fin du printemps, à la fin de l'automne et au commencement de l'hiver, en mai, juin, novembre, décembre et janvier ; c'est qu'alors l'air reste encore vaporeux même après la précipitation des pluies. Ainsi la nature fournit à la fois l'humidité et la chaleur aux plantes au printemps, à l'époque de leur premier jet, et abaisse la chaleur solaire en été quand déjà celle de l'atmosphère est devenue surabondante, et en hiver quand elle serait inutile. Quant aux jours couverts, chacun de leurs degrés de clarté, mesuré par le moyen imparfait que nous avons indiqué, ne fournit pas, en moyenne, le tiers de la chaleur solaire d'un jour clair. C'est qu'alors les rayons solaires n'ont pas seulement à traverser la vapeur dissoute dans l'air, mais la vapeur condensée en vésicules plus ou moins opaques qui en absorbent une bien plus grande quantité. Il paraît que, pour une couche de nuage qui paraît d'une égale épaisseur, la difficulté de la transmission des rayons solaires est la plus forte aux mois de novembre, de mars, de juillet et d'octobre, et la plus faible en février, juin et janvier. Nous ne donnons ici qu'un exemple local de l'usage que l'on pourrait faire de semblables observations, car l'on conçoit que ces résultats ne peuvent s'appliquer qu'au climat d'Orange, dans lequel ces observations ont été faites.

SECTION VI. — *Des brouillards.*

Nous assistons tous les jours à la formation des brouillards. Ceux qui habitent sur le bord des rivières et des étangs les voient s'élever, s'épaissir, se modelant exactement sur les contours de l'eau. Davy a montré que cette formation avait lieu par le mélange de deux couches d'air saturées de vapeur et ayant des températures inégales. Il arrive alors que la température de l'air est plus faible que celle qui convient pour dissoudre la vapeur qu'il contient. L'excès de vapeur doit alors se déposer, et passer de l'état invisible à l'état vésiculaire. Mais cette sorte de brouillards qui se produisent surtout sur les bords des cours d'eau, est bornée à un faible espace ; elle se dissipe quand le soleil vient échauffer sa face supérieure et occasionner de nouveau la dissolution des vésicules ; elle ne saurait donc expliquer le phénomène tout entier, tel que nous le voyons le plus communément. En effet, comment se rendre raison par la seule condensation de la vapeur, par le refroidissement de ces brouillards qui durent plusieurs jours sous l'influence de températures très variables, de + 1 à —6 par exemple, comme le brouillard de Londres en 1813 ? Comment expliquer qu'il y en ait qui ne se dissipent pas par les plus grandes chaleurs de l'été, comme celui qui régna pendant plusieurs mois en 1783 ? Dans ces diverses circonstances le brouillard ne devrait-il pas paraître, disparaître, s'épaissir ou se réduire ? Enfin, il y a des brouillards qui mouillent les corps environnants, et c'est le plus grand nombre ; mais il y a aussi des brouillards secs, dans lesquels l'hygromètre marche vers la sécheresse. Comment expliquer tous ces effets ? M. Peltier est, je pense, le premier qui l'ait essayé. Il admet deux plans électrisés négativement, en présence l'un de l'autre, la terre et un courant d'air supérieur partant de la région équinoxiale et se rendant aux pôles. L'action de ces deux plans l'un sur l'autre, selon leur isolement par la sécheresse de l'air interposé, selon leur degré relatif de tension électrique, et celle qu'ils exercent sur les vapeurs qui s'élèvent de la terre, et sur les masses de nuages interposées et amenées par les vents, produisent, selon lui, des brouillards électrisés, tantôt positivement par l'influence des deux plans négatifs, tantôt négativement par l'influence plus forte du courant supérieur, qui électrise positivement la surface supérieure de la masse de nuage, et négativement la surface inférieure[1].

Quelle que soit l'importance des distinctions qu'établit cet auteur entre ces différentes classes et ces différentes espèces de brouillards, nous pouvons, pour l'usage de l'agriculture, les ré-

(1) *Mémoires de l'Académie de Bruxelles.* t. XV. 2e partie.

duire à deux. Les brouillards humides et les brouillards secs. Ces derniers sont plutôt une brume, à travers laquelle on voit le soleil d'un rouge vif, qu'un véritable brouillard ; ces brouillards roussâtres accompagnent le *hermattan*, vent de l'intérieur de l'Afrique ; ils se sont répandus en 1783 sur la surface de l'Europe où ils ont duré plusieurs mois. Les brouillards secs, que l'on peut observer quelquefois, sont accompagnés d'une grande activité d'évaporation suivie de froid, et qui produit en peu d'heures la formation de masses de nuages et des pluies d'orages. Cette évaporation excessive s'empare de l'humidité des plantes, si ces brouillards surviennent à une époque voisine de la maturité ; l'on voit alors les blés jaunir et même blanchir, comme s'ils avaient mûri tout à coup ; et si le grain est encore plein de sucs laiteux, il devient *retrait,* et quelquefois se vide complétement, ne gardant que son écorce. C'est le phénomène que l'on appréhende si fort dans le midi, où on le désigne sous le nom de *ventaison des blés.* Duhamel attribue aux brouillards secs du printemps la maladie des blés appelée *la rouille*[1], qui n'est qu'un cryptogame parasite naissant sur les feuilles et les tiges. Selon lui, quand le printemps est humide, les plus beaux froments courent le risque d'être perdus par la rouille. Elle se manifeste ordinairement lorsque, pendant plusieurs jours secs, il n'y a pas eu de rosée, et que le matin, après le brouillard sec, le soleil vient à se montrer. Les parties du végétal auraient-elles été affaiblies, frappées de mort par l'action du froid accompagnant l'évaporation, et rendues ainsi propres à devenir le siége de la végétation de la rouille ? Voilà ce qu'il faut examiner. On sait combien cette maladie est fréquente et funeste en Italie, aux environs de Rome. Dans les temps les plus anciens, les Romains invoquaient le dieu *Rubigo* pour se le rendre favorable.

Les brouillards humides sont favorables à l'agriculture, tant

(1) *Éléments d'agriculture*, t. I, p. 189.

que les plantes ne sont pas voisines de leur maturité. Ils apportent avec eux, comme la rosée, de l'humidité et différentes substances en dissolution. L'odeur qu'ils répandent quelquefois annonce assez qu'ils ne sont pas formés d'eau pure. Il est très rare que celle que l'on recueille ne présente pas un résidu charbonneux lorsqu'on la traite par l'acide sulfurique, comme nous l'avons indiqué plus haut pour la rosée.

Section VII. — *De la pluie.*

Les météores que nous venons de décrire rafraîchissent les végétaux et le sol, mais leur effet n'est que momentané, et serait tout-à-fait insuffisant pour procurer aux plantes toute l'humidité qu'elles évaporent. Les rosées sont abondantes en Égypte, mais si le Nil, par ses débordements, ne venait pas suppléer à la petite quantité de pluie qui y tombe, la végétation ne tarderait pas à disparaître. On sait, en effet, que les années où le débordement est insuffisant, les parties de territoire non inondées sont vouées à la stérilité. Aussi, les cultivateurs de tout pays, soit qu'ils craignent l'excès de l'humidité, soit qu'ils désirent plus de fraîcheur pour leurs terres, font peu d'attention aux autres météores aqueux, mais attachent une grande importance à la pluie, à son abondance, à sa répartition entre les saisons de l'année.

Nous avons expliqué le mécanisme qui fait monter les vapeurs, qui les dissout dans l'air ou qui les groupe en vésicules et les soutient dans l'atmosphère. Deux causes peuvent les faire passer à l'état liquide : 1° le refroidissement de l'espace qu'elles occupent qui change son point de saturation ; 2° le rétrécissement de cet espace causé par une pression quelconque qui, en y renfermant une plus grande quantité de vapeur que celle qui est nécessaire pour le saturer, détermine la précipitation de la quantité surabondante.

Examinons ces deux cas ; et d'abord, quant à la précipitation causée par le refroidissement de l'air, nous savons que saturé de vapeur, l'air en contient des quantités différentes selon sa température. Ainsi, d'après les expériences d'August, il serait saturé par les quantités suivantes :

Température.	Poids de la vapeur, en grammes par mètre cube.	Différences.
0.	5,66	2,11
5.	7,77	2,80
10.	10,57	3,60
15.	14,17	4,60
20.	18,77	5,84
25.	24,61	7,32
30.	31,93	9,20
35.	41,13	

On voit par cette table que la quantité de vapeur capable de saturer un espace quelconque s'accroît dans une plus forte proportion que la température ; d'où il suit que toutes les fois que la température de l'espace saturé viendra à baisser par une cause quelconque, il y aura précipitation d'eau. Ainsi, la température d'un espace saturé passant rapidement de 35 à 30 degrés, il y aura immédiatement 9^{gr},20 qui se précipiteront sous forme d'eau ; si elle passait de 35° à 0°, nous aurions 35^{gr},47 d'eau qui tomberaient en pluie, par chaque mètre cube d'air ainsi modifié.

Sur la fin de sa carrière, Deluc, qui avait d'abord adopté le principe de la réfrigération comme cause de pluie, imagina un nouveau système, où, rejetant les faits chimiques de la décomposition de l'eau, il voulait la regarder comme le principe pondérable de tous les gaz, de ceux en particulier qui composent l'air. Pour étayer ce système, il disait que la vapeur contenue dans toute l'atmosphère ne serait jamais suffisante pour produire une simple ondée, encore moins une pluie longue et abondante ; qu'il fallait donc admettre un autre principe qui

pût les expliquer. Supposons que dans la saison de l'automne,
qui est celle des grandes pluies du midi, l'air fût saturé jusqu'à la hauteur de 3,000 mètres, qui est celle à laquelle s'élèvent les nuages, on aurait à terre une température de 14°, et
à 3,000 mètres celle de + 6° ; et par conséquent une température moyenne de cet espace de + 4°. L'air saturé contiendrait 7^{gr},32 par mètre cube, et pour 3,000 mètres 21^k,96 de
vapeur aqueuse. La précipitation de toute cette vapeur produirait, pour chaque mètre de terrain, non-seulement une forte
ondée, comme le prétendait Deluc, mais bien 0^m,21 de pluie,
ce qui est une chute d'eau fort abondante. Mais il est évident
d'abord que toute cette masse d'air n'est pas complétement
saturée, et ensuite que toute la vapeur qu'elle contient ne se
précipite pas ; les pluies seraient en effet peu abondantes si
l'on n'ajoutait à la vapeur contenue dans l'air celle qui y
afflue continuellement pendant les chutes de la pluie par les
courants d'air saturés. Il faut observer ensuite qu'un espace
saturé de vapeur possède en outre, sous forme de vapeur
vésiculaire, de l'eau déjà réduite qui s'ajoute à ce volume de
la vapeur quand les vésicules brisées cessent d'être suspendues
dans l'air.

Le changement de température de l'air saturé peut être
amené : 1° par le rayonnement du calorique des masses de
nuages sur des corps plus froids que lui ; 2° par le mélange
d'un air plus froid amené par les vents.

M. Fresnel a montré [1] que l'air interposé entre les vésicules
des nuages devait être plus chaud que la masse de l'air qui entoure les nuages, parce que le calorique traverse l'air et les
fluides incolores sans s'arrêter, mais élève la température des
corps peu diaphanes comme sont les vésicules, et par conséquent
l'air emprisonné dans les intervalles qui les séparent. Ainsi, le
soleil frappant la partie supérieure des nuages pendant le jour

(1) *Journal de physique*, 1822, t. II, p. 393.

échauffe toute la masse qui rayonne vers la terre cet excédant de chaleur. La perte de calorique des nuages occasionnée par ce rayonnement est plus ou moins forte selon que la surface du pays qu'ils parcourent est composée de terrains plus ou moins absorbants, qui réfléchissent plus ou moins le calorique rayonnant, selon qu'elle est plus élevée et plus froide ; la température des nuages peut descendre alors au point qu'une grande partie de leur vapeur se résout en eau et tombe sous forme de pluie. C'est ainsi qu'ils ne cessent de se refroidir en avançant sur le continent, soit qu'ils passent à des latitudes successivement plus élevées; soit que suivant le cours des vallées ils remontent graduellement vers les montagnes ou qu'ils traversent leurs chaînes; soit qu'ayant parcouru de grands espaces d'eau à température égale, à surface réfléchissante, ils rencontrent des continents à température variable et à surface absorbante ; soit qu'ils parviennent dans des pays dont les vents par leur direction abaissent la température. Dans tous ces cas où le refroidissement des nuages a lieu ou progressivement ou subitement, il arrive un point où l'eau, ne pouvant plus être tenue en solution, se précipite en pluie. Cette réfrigération des nuages quittant la position où ils ont trouvé les conditions nécessaires à leur formation et à leur suspension dans l'air, pour parcourir des surfaces où ces conditions deviennent de plus en plus faibles, est ce que nous avons nommé la *réfrigération progressive*.

La différence des effets que produit le rayonnement de l'air sur les vapeurs à l'état aériforme pour les faire passer à l'état de vapeurs vésiculaires, ou de ce dernier état pour le faire tomber en pluie, selon que le rayonnement a lieu de l'espace vers une surface aqueuse réfléchissante ou vers une surface terrestre absorbante, est attestée par une foule d'exemples. En parlant de l'île de Roques, M. de Humboldt dit que les nuages restent accumulés sur cette île et en font reconnaître la position,

et il ajoute : L'influence qu'exerce une petite masse de terre
sur la condensation des vapeurs suspendues à 1600 mètres de
hauteur est un phénomène bien extraordinaire, quoique familier aux marins [1]. Ailleurs, il remarque que la pluie était circonscrite par les limites des bancs sous-marins de la Vibora,
dont il put distinguer la forme par la masse des vapeurs dont
ils étaient couverts [2]. On sait que le détroit qui mène dans
le port de Plymouth est limité à l'est et à l'ouest par deux petits
caps modérément élevés et couverts de bois. J. Harvey a remarqué qu'un nuage dense et bien circonscrit, venant de
l'ouest, disparaissait en passant sur la mer, et se reformait en
atteignant le cap opposé [3]. John Davy avait observé que la
température de la mer se refroidissait à l'approche des côtes
et sur les bas fonds [4] ; et H. Davy l'expliquait en remarquant
que dans les océans sans fonds, les couches d'eau refroidies
tombent profondément sans influer sur la température de la
surface, tandis que si la mer est peu profonde, les couches refroidies s'accumulent, se rapprochent de la surface, et font
que les températures moyennes du jour et de la nuit restent
les mêmes [5].

Ce que produit la différence d'absorption de la chaleur entre les surfaces aqueuses et les surfaces terrestres, se remarque
aussi entre les surfaces cultivées et les surfaces stériles sablonneuses ou rocheuses ; les nuages se dissipent ou s'amincissent
en traversant ces dernières, ils se condensent et se déchargent
en pluie sur les terres couvertes de végétaux et plus absorbantes. Enfin, en passant des plaines échauffées aux froides
montagnes, les unes moins éloignées que les autres de l'équi-

(1) *Voyages*, in-8, t. XI, p. 129.
(2) *Ibid.*, p. 139.
(3) Edimb., *Journal of sciences*, 1829, p. 148.
(4) Sur la température de la mer entre les tropiques. *Journal of
sciences*, n. 3, et *Journal de physique*, 1817, t. II, p. 170.
(5) *Journal of sciences*, n. 6.

libre de température avec la vapeur ; les unes, sur lesquelles le rayonnement est par conséquent bien plus fort que sur les autres ; nous voyons les vapeurs transportées par les vents, invisibles sur les plaines, se former en nuages sur les montagnes, et les couronner de ces chapeaux que de loin on dirait immobiles, mais qui sont animés d'un vif mouvement, et qui se dissolvent de nouveau en vapeur invisible quand ils les ont dépassées. Enfin, l'étude des climats nous apprendra que, par l'effet de la réfrigération progressive, les vapeurs qui, en été, passent invisibles sur les côtes occidentales et méridionales de notre continent, contrées les plus échauffées, se déchargent, pendant cette saison, à mesure qu'elles avancent vers son intérieur plus froid. En automne, au contraire, les vapeurs trouvent sur ces mêmes côtes, une température qui les condense immédiatement et les précipite sous forme de pluie.

L'arrivée d'un air plus froid qui se mêle à un air chaud saturé ou presque saturé de vapeurs est aussi une cause très fréquente de pluie. On ne peut l'observer nulle part plus souvent que dans la vallée du Rhône. Il suffit en effet de remarquer que les vents secs et froids du nord, qui, après avoir soufflé quelques jours, amènent constamment un ciel serein, produisent la précipitation de vapeurs quand ils succèdent à des vents chauds et humides du sud. C'est au point qu'à Orange, il tombe $0^m,204$ de pluie par le vent du nord, contre $0^m,219$ par le vent du sud ; c'est-à-dire une quantité presque égale par le vent sec que par le vent humide.

Le second cas où la vapeur passe à l'état liquide est celui du resserrement de l'espace où est contenu l'air qui la tient en dissolution. Le fait physique n'est pas contesté. Qu'une masse d'air puisse souffrir la compression par l'effet du mouvement des vents latéraux, cela ne peut non plus être mis en doute. Mais il s'agit bien moins ici de la compression de l'air lui-même, que de celle des nuages flottants dans l'atmosphère, de celle de leurs vésicules entre elles. Or, il a suffi d'observer ce qui se passe quand des nuages rencontrent des chaînes de montagnes pour savoir que leur pesanteur spécifique ne leur permettant pas de s'élever, ils sont pressés par les nouveaux nuages qui arrivent apportés par les vents ; que la masse s'épaissit sans pouvoir dépasser le sommet, et qu'alors il tombe au pied de ces montagnes des pluies diluviales, la pression ayant surmonté la force de répulsion des vésicules entre elles et les ayant forcées à se rompre. Ainsi, 1o pluie causée par l'accumulation de la vapeur vésiculaire dans un espace plus resserré que celui qu'elle occupait.

On a pu remarquer aussi ce qui se passe à l'approche des orages ; deux nuages viennent à la rencontre l'un de l'autre, ou l'un poursuit l'autre qui est animé d'une vitesse moindre que la sienne. Il y a d'abord contraction des deux nuages sur eux-mêmes ; puis, quand ils sont en présence, ils ne se fondent en eau qu'après s'être mis en équilibre électrique par plusieurs coups de tonnerre. Alors les masses se mêlent et la pluie tombe abondamment. Il y a eu, dans cet espace plus resserré, accumulation des vésicules de vapeur causée par la répulsion électrique, et déchirement des vésicules par les décharges électriques, ou cessation de répulsion entre elles par l'équilibre survenu dans leurs électricités propres. Ainsi, 2o pluie causée par l'accumulation de vapeur déterminée par la rencontre de deux nuages.

On mesure la pluie qui tombe au moyen d'appareils très simples que l'on nomme *udomètres*. Un vase en cuivre étamé ou en fer-blanc verni, de 25 décimètres carrés de base, par exemple, assez profond pour que les rejaillissements des gouttes de pluie ne puissent pas en sortir, et susceptible de contenir toute l'eau que l'on suppose pouvoir tomber en un jour, est placé dans un lieu ouvert, et où il ne puisse recevoir un excédant d'eau, ni par les suintements des feuilles d'arbres, ni par les toits; il doit être en outre tellement situé que des obstacles ne puissent empêcher une pluie inclinée de tomber dans son ouverture. On verse chaque jour l'eau contenue dans le vase, dans un tube de 25 centimètres carrés de base et divisé dans sa hauteur. Chaque division couverte par l'eau dans ce tube répond à $\frac{1}{10}$ de la même hauteur dans le vase. On obtient ainsi facilement la mesure de $\frac{1}{10}$ de millimètre.

M. Flaugergues a fait établir à Toulon un udomètre qui indique en même temps la quantité d'eau tombée par chaque vent. On conçoit qu'il suffit pour cela d'un entonnoir tournant autour d'un axe par le moyen d'une girouette et dégorgeant l'eau qu'il reçoit, par un canal dont l'ouverture est toujours opposée à la direction du vent dans un récipient divisé en 8 parties, répondant aux 8 vents principaux.

SECTION VIII. — *De la neige.*

Quand la température qui détermine la précipitation de la vapeur descend au-dessous de zéro, chaque particule d'eau forme un petit flocon de glace, et il tombe de la neige au lieu de pluie. L'agglomération de ces flocons représente quelquefois des espèces de cristallisation en étoiles, en plumes, etc., qui ont été décrites par les météorologistes. M. Hubert Burnand a remarqué[1] que ces neiges figurées en paillettes étoilées à six rayons, auxquelles il donne le nom de *neiges polaires*, sont généralement peu serrées et produisent peu d'eau, tandis que la neige *ordinaire* dont les parcelles cristallisées sont isolées et ne présentent pas cette forme stellaire en fournissent beaucoup plus. Les jours de brouillards, il tombe aussi quelquefois une neige formée de particules très fines semblables à de la poussière, qui probablement ne se forme pas loin de la terre et que cet auteur appelle *neige élémentaire*. Elle fond ordinairement

(1) *Bibliothèque universelle*, t. XLIII, p. 355 et suiv.

pendant la nuit. La neige ordinaire tombe communément par des froids de—2° à + 2°; la neige élémentaire polaire ne tombe que par des froids de — 6° au moins.

On avait autrefois l'habitude d'estimer la quantité d'eau qui résulte de la neige en prenant le $\frac{1}{12}$ de la couche de neige tombée. Ainsi, 12 millimètres de neige étaient portés sur le tableau des observations pour 1 millimètre d'eau. Un examen plus approfondi a fait connaître qu'il y avait de très grandes différences entre le produit des neiges. A Milan, où il en tombe souvent beaucoup, et où les toits plats rendent la charge très dangereuse pour la solidité des maisons, la municipalité a fait faire des expériences d'où il résulte que la densité de la neige varie de $\frac{1}{4}$ à $\frac{1}{12}$ de celle de l'eau, et que la moyenne densité a été de 0,134, ou environ la septième partie de l'eau. En 1830, on a obtenu le résultat suivant[1], sur un mètre carré :

	Poids.	Hauteur.	Densité.
	kilogr.	cent.	par 1 d'eau.
Janvier.	38,5	53	0,073
Février.	34,5	32	0,108
Décembre..	7,0	4	0,175
	80,0	89 Densité moyenne.	0,090

M. Quételet, de son côté, a observé de la neige qui avait de 2,80 à 18,10 fois le volume de l'eau[2]. Ainsi le seul moyen exact de mesurer la quantité d'eau fournie par la neige, est de la recevoir dans un udomètre et de la faire fondre pour mesurer l'eau qui en résulte comme on mesure l'eau de pluie.

Quand les gouttes de pluie gèlent en tombant, on a ce qu'on appelle du *grésil*.

On avait cru longtemps que l'air contenu dans les pores de la neige était plus oxygéné que l'air ambiant. Hassenfratz avait fondé sur cette donnée l'explication des bons effets qu'elle a sur

---

(1) *Bibliotheca italiana*, t. LVI, p. 203.
(2) *Annuaire de l'Observatoire de Bruxelles*, 1834.

la végétation ; Carradori prouva par des expériences directes que la germination ne s'effectuait pas dans l'eau de neige privée de tout contact avec l'air [1] ; M. Bischoff avait trouvé que l'air de la neige contient moins d'oxygène que l'atmosphère ; mais M. Boussingault a montré [2] que c'était par une erreur d'analyse qu'on avait obtenu ce résultat et que cet air avait la même composition que l'air ambiant.

Nous compléterons ce que nous avons à dire sur les météores aqueux, en parlant de la grêle, après avoir traité de l'électricité atmosphérique.

SECTION IX. — *Des vents de pluie.*

Pour que l'air se charge d'une grande quantité de vapeurs aqueuses, il faut qu'il soit chaud et qu'il traverse des surfaces humides, ayant beaucoup d'évaporation. Ainsi, les vents arrivant de régions plus chaudes et parcourant de vastes espaces de mer ou de contrées marécageuses apporteront avec eux une grande masse de vapeur et approcheront de l'état de saturation. Tels sont les vents de sud-ouest sur les côtes occidentales de l'Europe. Si le vent chaud n'a traversé que des terrains secs, il n'aura pu amener de vapeur avec lui et ne produira qu'une chaleur sèche et pénible, tels sont les vents de sud-ouest en Égypte et en Arabie.

Les vents froids qui ont traversé des contrées humides contiennent aussi des vapeurs, mais seulement dans la proportion de leur température, et au contraire ils sont secs s'ils ont traversé des contrées sèches. Les vents du nord sont humides en Norvége, ils sont secs à Astrakan.

Pour qu'un vent humide devienne un vent pluvieux, il faut que, par la réfrigération, il perde son aptitude à conserver la vapeur, et qu'il se soit ainsi trouvé dans quelques-unes des cir-

(1) *Journal de physique,* 1801, t. II, p. 98.
(2) *Comptes-rendus,* t. XII, p. 317 et suiv.

constances que nous avons décrites plus haut ; pour qu'un vent sec soit un vent pluvieux, il faut qu'il rencontre un air plus chaud et saturé d'humidité, et n'ayant pas éprouvé encore d'autres circonstances réfrigérantes. Ainsi, en Provence le vent du sud-est est pluvieux parce qu'en traversant les montagnes des Alpes, il y a trouvé une cause de réfrigération ; dans la vallée de la Garonne le vent de O.-N.-O. est pluvieux, parce que, venant de la mer et suivant la direction de la vallée, il éprouve une réfrigération des courants d'air latéraux venant des Pyrénées. A Paris le vent de sud-ouest est pluvieux, parce que venant aussi de la mer, il a subi la réfrigération progressive en parcou-rant la surface terrestre qui s'étend des côtes dans l'intérieur. Voilà pour des vents chauds et humides.

Mais aussi, en Provence, le vent du nord est pluvieux, parce que le plus souvent les vents chauds et humides du sud, ayant plutôt gagné que perdu de leur chaleur en parcourant des plai-nes brûlantes, ne sont disposés à perdre la vapeur mêlée à l'air qu'autant qu'ils rencontrent une cause de réfrigération puis-sante, comme celle qui résulte du mélange de l'air froid du nord.

On pourra donc à l'avance connaître les vents pluvieux d'un pays en déterminant la position de ce pays par rapport aux grands amas d'eaux, et les causes de réfrigération spéciales à la con-trée. Les amas d'eau situés dans la direction des vents chauds par rapport à une localité sont des *réservoirs de vapeur ;* la ré-frigération est *interposée,* si elle est causée par une chaîne de montagnes ou par un plateau élevé, situé entre la localité et le réservoir de vapeur ; *progressive,* si elle résulte d'une vaste sur-face de pays à parcourir entre le lieu et le réservoir ; *latérale,* si la cause de la réfrigération est un pays froid, une chaîne de montagnes située sur les flancs de la route du vent humide et chaud ; *opposée* enfin, si le lieu est situé entre le réservoir des vapeurs et le point d'où part le vent froid qui vient se mêler au vent chaud et humide. Ainsi, la position relative du réservoir des vapeurs et du réfrigérant, telles sont les deux données qui expliquent la pluviosité des différents vents.

SECTION X. — *Diminution des pluies; influence des déboisements.*

Quelques observations récentes sont venues renouveler les craintes qu'inspire le déboisement des montagnes ; elles tendraient à confirmer l'opinion qu'il agit en diminuant la quantité d'eau que la terre reçoit de l'atmosphère : je veux parler des observations de Berghaus sur le volume des eaux de l'Oder et de l'Elbe. Cet auteur affirme que ce volume ne cesse de s'affaiblir d'après les observations faites de 1778 à 1835 sur l'Oder, et de 1728 à 1836 sur l'Elbe. Il établit que ces rivières cesseront bientôt d'être propres à la navigation, et que si la diminution suit les mêmes progrès qu'elle a faits depuis 1781, il faudra, dès 1860, changer entièrement la forme des bateaux usités sur l'Elbe et en construire qui aient beaucoup moins de tirant d'eau.

On a voulu d'abord attribuer ce fait au déboisement des montagnes, mais M. Mérian ayant observé de son côté que les hauteurs moyennes de dix en dix années du Rhin supérieur, qui au-dessus de Bâle est alimenté par d'immenses glaciers et traverse des pays où le déboisement s'est fait peu sentir, avaient éprouvé les mêmes réductions, il faut bien avoir recours à d'autres hypothèses.

On trouve le même appauvrissement dans les eaux du Volga. Au commencement du XVIIIe siècle les barques à sel destinées pour la Sibérie, pouvaient charger jusqu'à 300 milliers de kilogrammes; aujourd'hui elles ne sauraient en prendre plus de 180 [1]. Est-il possible d'attribuer un aussi grand effet aux défrichements des rives de ce fleuve qui rend la terre plus propre à absorber les eaux pluviales, et au déboisement de l'Ou-

(1) *Revue synthétique*, t. II, p. 385.

ral causé par le développement des usines métallurgiques? Si
l'on examine sur une carte le faible espace qu'occupent les
points cultivés et les forges en le comparant à l'immensité du
bassin qui alimente le Volga, on sera porté à rechercher des
causes plus générales de la diminution de ses eaux.

La quantité d'eau qui tombe sous forme de pluie irait-elle en
diminuant? A cet égard nous pouvons répondre pour des temps
beaucoup plus anciens que ceux où ont commencé à être observés les faits que nous venons de citer. On connaît la quantité
de pluie tombée à Paris depuis 1689, et nous trouvons les résultats moyens suivants [1] :

1689 à 1698..............	527 millimètres.
1699 à 1708..............	485
1709 à 1718..............	493
1719 à 1728..............	358
1729 à 1738..............	389
1739 à 1748..............	424
1749 à 1754..............	514
1773 à 1785..............	544
1805 à 1814..............	483
1815 à 1824..............	544
1825 à 1834..............	563
Moyenne générale.....	484

Ainsi, dans le bassin de Paris, les pluies, loin d'avoir diminué, sembleraient avoir un peu augmenté depuis 1689.

Césaris reconnaît le même accroissement de 1763 jusqu'à
nos jours pour la ville de Milan [2].

De 1764 à 1773............	935 millimètres.
1774 à 1783............	866
1784 à 1793............	992
1794 à 1803............	972
1804 à 1813............	1,033
1814 à 1824............	1,224

(1) *Annuaire du Bureau des longitudes*, 1824, p. 162, et *Connaissance des temps depuis 1824.*

(2) *Bibliotheca italiana*, t. LII, p. 386.

La plus grande quantité d'eau tomba à Milan, en 1814, où elle fut de 1596 mill.; la plus faible, en 1817, où elle ne fut que de 649 mill., la moyenne arithmétique de toutes ces années est de 1003. En traitant ces résultats par le calcul des probabilités, M. Césaris trouve que le degré d'erreur possible est d'un peu moins de 2 millimètres en plus ou en moins, et que l'hypothèse de l'augmentation est la plus probable.

A La Rochelle, M. Fleuriau de Bellevue trouve, pour les années de 1777 à 1834, une quantité moyenne de 638 mill., et de 1835 à 1840 celle de 734 mill. Ici encore augmentation de la quantité de pluie.

Dans le bassin du Rhône, il résulte des observations udométriques de Flaugergues, qu'il est tombé de 1778 à 1817,

De 1778 à 1787	842 millim.d'eau
1788 à 1897	899
1798 à 1807	926
1808 à 1817	1,033

Il y a donc encore ici tendance à l'accroissement.

La diminution de la quantité d'eau de pluie ne pouvant expliquer celle des fleuves, on a cherché si le nombre des jours de pluie n'aurait pas changé, car on sait que de grandes pluies tombant à la fois, fournissent plus d'eau aux rivières que la même quantité de pluie divisée en plusieurs jours séparés par des intervalles secs, parce que, dans ce dernier cas, la terre ayant le temps de se sécher à la surface, d'un jour de pluie à l'autre, s'imbibe d'une plus grande quantité d'eau. Paris nous donne les chiffres suivants :

De 1773 à 1785	140 jours de pluie.
1786 à 1795	152
1796 à 1805	124
1806 à 1815	134
1816 à 1825	153
1826 à 1835	148
Terme moyen.	142

Il n'y a pas là de changement remarquable. A Viviers nous trouvons :

1778 à 1787	83 jours de pluie.
1788 à 1797	94
1798 à 1807	106
1808 à 1817	108
Terme moyen.	98

Nous trouvons ici une disposition à l'accroissement progressif du nombre de jours de pluie, ce qui pourrait favoriser l'imbibition des terrains, mais dans une proportion qui n'explique pas les effets marqués que l'on a constatés sur les rivières. Pour s'en rendre compte, il nous semble qu'il faut seulement se rappeler les moyens par lesquels on constate l'état des rivières. On ne les jauge pas, on mesure l'élévation de leurs eaux. Mais l'eau débitée résulte à la fois de sa hauteur et de sa rapidité. Celle-ci augmente dans les crues, surtout si les eaux sont contenues entre des rives fixes; on commet donc une erreur énorme en jugeant l'eau écoulée sur la seule donnée de sa profondeur. Il peut arriver qu'il passe plus d'eau dans le lit, et cependant que son niveau moyen diminue; les crues peuvent être plus fréquentes et plus fortes que par le passé, quoique la rivière descende plus souvent à son étiage, et que son lit reste presque à sec une partie de l'année. Ce fait serait exprimé en météorologie par une augmentation des pluies d'été en proportion des pluies annuelles, car c'est dans l'été que la terre altérée absorbe le plus d'eau, et par conséquent qu'il en parvient le moins aux rivières. Nous n'avons pu faire ce travail que pour Milan seulement, et voici ce qui en résulte :

	Pluie de l'année.	Pluie de l'été.	Rapport de la pluie de l'été à la pluie annuelle = 1000.
De 1764 à 1773.	935	223	238
1774 à 1783.	866	223	261
1784 à 1793.	992	189	191
1794 à 1803.	971	205	211
1804 à 1813.	1,033	254	245
1814 à 1823.	1,224	310	253

On voit ici deux phases, une d'accroissement des pluies d'été finissant en 1783, le minimum tombe sur la période de 1784 à 1793, et depuis cette époque jusqu'en 1823 la quantité relative des pluies d'été de même que la quantité absolue, ne cesse pas d'augmenter. Ce fait météorologique pourrait rendre raison jusqu'à un certain point de l'appauvrissement des cours d'eau, si la quantité des pluies annuelles ne s'accroissait en même temps, et si d'ailleurs on pouvait le constater aussi sur une partie un peu étendue du continent européen.

On peut concevoir encore que le déboisement des montagnes, qui a eu lieu depuis un siècle sur une assez grande échelle dans un grand nombre de pays, a dû contribuer à rendre les crues des fleuves plus fortes et leur étiage plus fréquent. Sur les pentes boisées, l'eau tombe de feuille en feuille sur un terrain couvert de débris végétaux, s'y insinue lentement, l'imbibe complétement et n'en sort qu'en filets, tandis que sur les pentes dénudées elle court rapidement de haut en bas, se creuse des ravins où elle se rassemble, accroissant sa vitesse par sa masse. Ce sont des effets trop certains, mais ils n'ont généralement lieu que sur les montagnes secondaires, et l'observation faite à l'égard du Rhin prouve que les circonstances météorologiques sont pour la plus grande part dans cette réduction des eaux des rivières navigables, et que ce sont elles surtout qu'il faut interroger soigneusement en les comparant aux observations qui se font aux différents fluviomètres; nous sommes loin d'avoir encore toutes ces données.

Enfin, la culture plus parfaite et plus étendue des plaines et des vallons est une des causes qui doivent affaiblir le tribut que les affluents divers portent aux fleuves. Dans les lieux cultivés, la pluie pénètre aisément dans le sol et l'imbibe, tandis que dans ceux qui ne le sont pas elle court à la surface et pénètre peu profondément. En Amérique, M. Boussingault remarquait qu'avant les guerres de la révolution on se plaignait de la diminution des eaux, mais qu'après celles-ci l'abandon des cultures avait rendu leur ancien niveau aux lacs et aux rivières, partout où l'on avait interrompu la culture, tandis que les lacs, situés dans des bassins où la guerre n'avait pas éclaté et où la culture n'avait pas été abandonnée, avaient continué à être bas [1]. Cette expérience, faite sur une si grande échelle, ne permet pas de douter des effets d'une culture active pour affaiblir le volume des cours d'eau.

Enfin, les irrigations, plus généralement usitées, consomment une masse considérable d'eau dans les régions du midi. Nous connaissons dans ces pays des rivières qui, ayant conservé leur richesse habituelle à la partie supérieure de leur cours, ne peuvent parvenir à leur embouchure qui est à sec pendant tout l'été, excepté après les pluies d'orage. Mais cette cause est encore trop locale pour pouvoir influer sur le régime des grandes rivières, et surtout des rivières du nord de l'Europe.

Ainsi, n'admettant pas que l'on puisse tirer de l'état des rivières un argument en faveur de la diminution des pluies, trouvant que le résultat des observations directes, faites en un grand nombre de lieux, est contraire à cette opinion, nous pensons que leur quantité annuelle tient à des périodes encore inconnues, qui font succéder l'un à l'autre le règne de certains vents plus ou moins pluvieux. Un avenir éloigné, après lequel on sera en possession d'une assez longue suite d'observations bien faites, pourra seul nous montrer s'il y a quelque régularité dans le retour de ces périodes.

SECTION XI. — *Effets des pluies sur la végétation.*

C'est par la pluie que la terre est pourvue généralement de l'humidité nécessaire à la végétation. Son abondance, sa répartition entre les différentes saisons de l'année, ses rapports avec

(1) *Annales de physique*, février 1837, t. LXIV, p. 119.

l'humidité naturelle du sol, avec ses propriétés physiques, avec la température de l'atmosphère et l'évaporation, sont autant de données qui compliquent l'étude de ses effets. Ce qui contribue encore à la rendre difficile, c'est que, comme la pluie est accompagnée de nuages qui interceptent la lumière solaire, on confond trop souvent les effets de cette extinction de lumière, de cette interception du calorique émané des rayons de soleil, avec les effets de la pluie, tandis que souvent les effets attribués à sa fréquence ne sont dus qu'aux phénomènes accessoires qui l'accompagnent. Tâchons d'analyser ces différentes parties de la question.

Pour que la terre se trouvât toujours dans un état convenable d'humidité, il faudrait qu'elle ne retînt jamais moins de 0,10 d'eau à 30 centimètres de profondeur pendant les chaleurs de l'été, et jamais plus de 0,23 dans la saison des pluies. Pour atteindre ce but, il n'est pas indifférent qu'une quantité donnée d'eau tombe en un seul ou en plusieurs jours. Supposons, en effet, un pays où il tombera par mois un décimètre d'eau ; il pourra, sans contredit, passer pour très humide si ce décimètre est réparti sur un grand nombre de jours ; mais il serait très sec s'il tombait en un seul jour, suivi de vingt-neuf jours de sécheresse. Voulant nous rendre compte de la profondeur à laquelle parvient la pluie, nous avons d'abord constaté que l'humidité *sensible* de la pluie tombant sur un terrain sec, argilo-calcaire en jachère (carb. de chaux, 43, argile, 33, silice, 20), pénètre en un jour à une profondeur égale à 6 fois la hauteur de la couche d'eau tombée. Ainsi, une pluie de 10 millimètres pénètre à 60 millimètres de profondeur et ce n'est que par une lente imbibition et d'une manière insensible qu'elle fournit de l'humidité aux couches plus profondes. Cependant cette transmission a lieu, car dans les terrains même dont le sous-sol est imperméable, ces couches profondes conservent dans les temps de sécheresse une humidité plus grande que la surface.

Quand de nouvelles pluies surviennent avant que la terre soit complétement sèche, elles pénètrent plus profondément et ajoutent à la profondeur déjà obtenue; la terre s'imbibe alors. C'est ainsi qu'après l'hiver elle tient en réserve un fonds d'humidité pour les temps secs qui doivent suivre.

Mais quelle serait la quantité de pluie qui entretiendrait la terre dans cet état d'humidité moyenne? Quelle serait la distribution des pluies la plus favorable à l'agriculture? Telles étaient les questions qui se présentaient. Le dépouillement d'une longue série d'observations, où le but pratique agricole n'était jamais oublié, nous permet de les éclaircir. Pendant les mois où l'évaporation de l'eau n'est pas égale à la quantité de pluie tombée, tous les terrains qui, à saturation, retiennent plus de 0,40 d'eau sont humides. Ils deviennent secs quand l'évaporation surpasse deux fois l'eau de pluie. Ainsi, pour apprécier la bonne distribution des pluies, il faut connaître à la fois leur quantité et l'évaporation.

La pluie est d'autant moins bien répartie que les mois secs sont ceux qui précèdent les semences et ceux qui accompagnent la fructification. Si les mois de printemps sont secs, la récolte de blé souffre, cette plante ne talle pas et monte sur un seul pied; quand ils sont tous humides, il jaunit, donne peu de grains et les grains sont dépourvus de gluten. Les pays où l'humidité domine dans tous les mois, sont plus propres aux fourrages et aux récoltes racines. Ceux où ils sont constamment secs ne sont propres à l'agriculture qu'autant qu'on peut suppléer à la pluie par le moyen des irrigations.

La quantité de pluie qui tombe à la fois mérite aussi d'être prise en considération. Les fortes pluies tassent la terre et l'eau ne pouvant alors pénétrer entièrement dans les terrains qui ne sont pas inclinés, elle coule à leur surface et sans leur profiter; elles nuisent aux récoltes qu'elles couchent; en automne elles dérangent les cultures. D'un autre côté, les pluies d'été trop légères ne pénètrent pas le sol et disparaissent promptement par l'effet de l'évaporation. Ces rapports ont une influence marquée ; ainsi, les pluies à Paris et à Orange sont ainsi réparties d'après la quantité fournie par chaque jour de pluie.

	Hiver.	Printemps.	Été.	Automne.
	mill.	mill.	mill.	mill.
Orange......	7,2	6,4	9,7	9,3
Paris.......	2,8	4,4	4,4	2,9

A Orange, le printemps est la saison où les pluies sont les moins abondantes ; à Paris, c'est l'automne et l'hiver. A Orange, l'été et l'automne présentent les plus fortes pluies ; à Paris, le printemps et l'été. Il est facile de prévoir par là que les cultures doivent se faire plus facilement à Paris, que les plantes y sont peu sujettes à être courbées par les orages, tandis qu'à Orange, les pluies ont plus d'impétuosité, et doivent causer de plus grands désordres à la surface des terres et parmi les récoltes.

Outre l'évaporation, la nature du sol, sa profondeur et son inclinaison modifient beaucoup la quantité d'eau de pluie qu'il exige pour rester à l'état de fraîcheur convenable et n'être ni trop sec, ni trop humide. On voit en tous lieux des parties sablonneuses de territoire qui peuvent se cultiver en tous temps, et sur lesquelles on peut récolter des plantes qui craignent l'humidité ; tandis qu'à côté se trouvent des terrains humides, et où ne peuvent croître que des pâturages, et *vice versâ*. Dans le nord, ce n'est que sur les coteaux inclinés que l'on peut cultiver la vigne, et elle domine quelquefois des terres de même nature, mais qui ne lui sont pas propres, parce qu'ils sont habituellement humides.

Nous avons déjà eu un exemple de ce besoin variable d'eau selon la nature des terrains. Dans les pays du midi, on estime (t. Ier, p. 417) qu'il suffit d'arroser tous les quinze jours les terrains qui ne contiennent pas plus de 0,20 de sable pendant

. l'été ; tous les huit à dix jours s'ils en contiennent 0,40 ; tous les cinq jours s'ils en possèdent 0,60 ; enfin, tous les trois jours s'ils en ont 0,80. Ces nombres, sans doute, devraient être modifiés proportionnellement à l'évaporation des autres climats, mais ils indiquent assez que la quantité de pluie qui est suffisante pour une nature de sol cesse de l'être pour une autre qui contient plus de sable.

Fournir au terrain une quantité de pluie tellement distribuée, qu'il reste le plus longtemps possible dans l'état approchant de 0,23 d'humidité à $0^m,30$ de profondeur pendant les travaux et la végétation herbacée, et qu'il soit plus rapproché de 0,10 d'humidité pendant la maturation des fruits et des semences ; telle est la règle qui peut faire apprécier dans chaque lieu la bonne ou la mauvaise répartition des pluies. Elle réunit dans une seule formule tous les éléments dont se compose l'état le plus favorable de la terre sous le rapport de l'humidité ; savoir : la quantité de pluie, celle de l'évaporation, la nature et la situation du terrain ; elle échappe à toutes les erreurs que l'appréciation de chacun de ces éléments et de ces rapports pourrait faire naître.

CHAPITRE VI.

Ce que l'on doit entendre par un climat humide.

Maintenant que nous avons parcouru la série entière des météores aqueux, pensons-nous pouvoir saisir parfaitement ce qui constitue ce climat humide ? Chacun juge sans hésiter, s'il se trouve dans un climat pareil, soit que, comme Arthur Young, voyageant en Irlande, il ne puisse parvenir à sécher ses gants et ses hardes, soit que le vert clair de la végétation, la beauté des herbages, le témoignent au sens de sa vue ; mais quand il s'agit de définir cet état du climat, de traduire notre intuition en chiffres, nous manquons de moyens exacts d'appréciation. Ainsi nous ne les trouvons pas dans la quantité de pluie qui tombe dans ces lieux relativement à celle qui tombe dans les autres; car nos contrées du midi, dont on connaît la sécheresse, reçoivent beaucoup plus de pluie que les contrées les plus humides du nord. Consulterons-nous l'hygromètre? Ici se présente une autre difficulté qui naît du mode d'observation. Ainsi l'hygromètre de Saussure nous présente les moyennes suivantes pour différents pays :

Genève.	82°9 qui donne d'humidité relative,		
	selon Gay-Lussac. . . .		66,24
Saint-Bernard . .	82,3	— —	65,90
Marseille.	79,0	— —	59,76
Bruxelles.	76,9	— —	56,60
Paris.	76,3	— —	55,60
Hambourg	72,0	— —	49,80

Qui oserait affirmer que cet ordre soit en effet celui de l'humidité relative de ces différents lieux? On pourra dire, il est vrai, que les moyennes hygrométriques peuvent être fortement influencées par l'humidité de la nuit plus grande dans les pays méridionaux. Si nous prenons seulement les moyennes des maximums, nous trouvons :

Strasbourg.	80°63
Saint-Bernard.	80,50
Marseille.	76,5
Genève.	73,4
Bruxelles	72,9
Paris.	70,3

Cet ordre n'est pas encore celui de l'humidité relative des climats, car si l'humidité de Marseille, qui est située au bord de la mer, ne représente pas celle de l'intérieur de la Provence, Genève est aussi située au bord d'un lac, et sa végétation fait foi que son climat est plus humide que celui de Marseille. On

ne peut douter cependant que l'hygromètre ou le psychromètre n'accuse la véritable humidité de l'air, toute l'erreur
vient de la manière dont on l'observe. On a souvent remarqué
les différences considérables que présente le thermomètre selon
la position où il est placé. Selon qu'il est près du sol, à une
certaine hauteur, au nord, au midi, le thermomètre donne
des indications très discordantes. La température de l'air
n'est la même, ni dans ses différentes tranches, ni dans ses différentes couches, mais ces différences sont encore bien plus
considérables pour l'hygromètre. Observez cet instrument au
nord d'un bâtiment, puis transportez-le au midi, et vous aurez
des degrés très dissemblables. L'herbe reste mouillée au nord,
tandis qu'elle sèche au midi. La chaleur solaire qui échauffe
l'air augmente aussi sa capacité de saturation pour l'humidité.
Les anomalies que l'on trouve dans les observations hygrométriques ne proviennent que de ce que l'on n'est pas encore
d'accord sur la position à donner à l'hygromètre pour l'observer. Qu'on le place dans un lieu isolé, à l'abri des rayons directs du soleil, mais entouré de l'air qui en reçoit l'influence,
comme nous avons conseillé de le faire pour le thermomètre ;
que l'on se garde de ces expositions au nord où l'humidité
nocturne persiste si longtemps, de même que la température
nocturne, et l'on aura les moyens d'apprécier le degré de sécheresse et d'humidité d'un climat. L'erreur qui résulte d'un
mauvais emplacement doit affecter principalement les observations de Marseille, où l'hygromètre est placé en plein nord
d'un bâtiment élevé. Ayant transporté notre hygromètre au
nord et au midi de notre maison d'habitation, à Orange, le 17
juillet, à 2 heures, nous avons trouvé au nord 75°, au midi
60° seulement.

Mais l'hygromètre lui-même ne donnera encore que des
indices insuffisants de l'humidité d'un climat. Supposons en
effet qu'il signale dans un lieu une moyenne de 85°, dans l'au-

tre de 80° seulement, s'ensuivra-t-il que le premier sera le plus humide? Nullement. La vitesse des courants d'air peut modifier complétement leur situation. Pour s'en convaincre, que dans une chambre fermée on prenne deux morceaux d'étoffe imbibés d'eau, que l'on soumette l'un d'eux à l'action d'un soufflet de forge, que l'autre reste dans un air tranquille; le premier sera promptement séché, tandis que l'autre aura conservé presque toute son eau; cependant c'est le même air, également humide, qui a agi sur tous les deux; seulement le vent a passé sur l'un avec une certaine vitesse qui mettait plus d'air saturé en contact avec sa surface, tandis qu'il passait moins d'air sur le second. Ainsi, s'il règne des vents violents dans le lieu où l'hygromètre marque 85°, la surface des corps pourra se trouver dans un état plus sec, que dans celui où il ne marque que 80°.

C'est donc l'évaporation qui est la véritable mesure de la sécheresse et de l'humidité d'un climat, parce qu'elle réunit et combine en un seul résultat les effets de la chaleur, de la nébulosité, des vents, et ceux de la production plus ou moins grande de la vapeur par les surfaces de terre ou d'eau qui environnent le lieu de l'observation. On peut dire en général que, sous le rapport de leur sécheresse, deux climats sont entre eux comme la quantité d'eau évaporée. Soit qu'on compare les évaporations de l'année pour juger l'ensemble des deux climats, soit qu'on les compare saison par saison ou mois par mois, ces portions de temps présentent toujours entre elles un caractère hygrométrique relatif à l'évaporation. Tout nous ramène donc à conseiller de l'observer attentivement et en suivant les méthodes régulières et comparables que nous avons indiquées. Ce n'est qu'au moyen des données qui en résulteront que l'on pourra parvenir à connaître un jour cet élément si important des relations agricoles existant entre les différentes régions.

Les climats secs et les climats humides ont les uns et les autres leurs avantages et leurs inconvénients pour la végéta-

tion. Dans un climat sec, l'évaporation est très abondante, et
tant que le sol fournit de l'eau à la plante, la circulation de la
séve est rapide, des matériaux nombreux sont apportés à ses
organes ; et si le liquide absorbé par les racines est riche en
principes nutritifs, la croissance du végétal est considérable,
le développement de ses parties est complet. C'est ce qui explique le grand effet des irrigations et la végétation luxuriante
que présentent les climats secs, quand les eaux d'arrosage sont
chargées de principes fertilisants, ou secondées par l'emploi des
engrais. On réalise alors tous les bons effets des deux genres
de climats.

Cependant les climats secs sont funestes à la végétation dès
que l'humidité de la terre vient à manquer ; la plante meurt
alors d'inanition. Il ne suffira donc pas de dire qu'un pays jouit
d'un climat sec, pour se représenter une riche culture, comme
celle de l'Égypte sortant de l'inondation, ou de la Lombardie
couverte de canaux d'arrosage ; on ne doit pas non plus se le
figurer aride, comme le désert de Sahara. A côté de la sécheresse ou de l'humidité de l'air, il y a à considérer la sécheresse
ou l'humidité de la terre, et ce n'est qu'en rapprochant ces
deux facteurs que l'on pourra prononcer sur la végétation.
Mais si l'état hygrométrique de l'air est une propriété qui nécessairement, par le défaut de limites, s'étend à d'assez vastes
étendues, il n'en est pas de même de celui du sol qui ne dépend
pas seulement de l'abondance ou de la disette de pluie, mais
surtout de l'état géologique et topographique des terrains, de
l'inclinaison de leurs couches, de leur altitude, etc. Ces circonstances n'agissent ordinairement que dans des espaces li-
mités ; ainsi le sol pourra être argileux, peu profond, dominé
par des hauteurs dont les pentes s'écouleront sur sa surface et
ayant peu d'inclinaison, et il sera humide, tandis que l'air sera
sous des influences sèches. Il faut donc toujours distinguer
dans ce que l'on dit de la végétation d'un lieu, ce qui appar-

tient à une propriété générale tenant à l'atmosphère, et ce qui appartient aux qualités de son sol, qui créent des exceptions dans la physionomie générale d'une région agricole sèche.

Quant aux climats humides, la nature, en les pourvoyant d'une riche végétation de racines et d'herbages, a semblé les destiner plus spécialement à devenir le siège des exploitations pastorales. Mais encore ici les qualités du sol impriment de nombreuses modifications aux effets du climat. Si le sol est moyennement sec, on y voit prospérer certaines cultures importantes qui affectionnent cet état moyen ; telles sont en général les céréales. Il y a donc une foule d'intermédiaires qui servent de transition d'un climat à l'autre, par la combinaison ou l'opposition des qualités du sol et de l'air, par la répartition de ces qualités entre les diverses saisons. Il ne nous est pas donné encore de définir l'influence de ces éléments divers d'une manière certaine ; les observations nous manquent pour le faire ; mais on comprend tout l'intérêt qu'offriraient de telles déterminations, et le caractère positif qu'elles donneront à la science agricole quand on pourra y parvenir.

CHAPITRE VII.

De l'électricité atmosphérique; de la grêle.

Les belles recherches des physiciens ont associé, après bien des efforts, dans une seule et même théorie, la propriété qu'a la résine frottée d'attirer les corps légers, la foudre qui frappe à grand bruit nos édifices, les mouvements de la fibre animale mise en contact avec deux métaux, l'attraction et la répulsion produites par les décompositions chimiques, les actions qu'exercent l'aimant, la direction et l'inclinaison de l'aiguille aimantée. Nous sommes bien près de l'époque où il sera démontré pour tous que le fluide électrique, diversement coercé, est la cause unique de tous ces phénomènes.

Nous supposons que la théorie de l'électricité est présente à l'esprit de tous nos lecteurs, et nous abstenant de répéter ce qu'ils trouveront dans tous les cours de physique, nous nous bornerons à leur rappeler que l'on représente tous ces phénomènes par une hypothèse qui consiste à admettre l'existence de deux états de l'électricité ou celle de deux fluides différents, se détruisant l'un l'autre dans un corps non électrisé; l'un, produit par le frottement des corps résineux avec la laine, que l'on a appelée électricité résineuse; l'autre, produit par le frottement du verre, que l'on a nommée vitrée. Ces deux appellations manquaient d'exactitude, car on peut faire naître sur le verre et la résine de l'électricité de nature contraire à celle que développe la laine. Il suffit pour cela de changer l'état moléculaire du corps frottant. On appelle donc maintenant *positive* l'électricité *vitrée*, et *négative* l'électricité *résineuse*. Ces deux noms nouveaux sont d'autant plus justes que les deux fluides électriques se détruisent pour former le fluide neutre qu'on suppose exister en quantité indéfinie dans tous les corps.

Si un conducteur est chargé d'électricité positive et qu'on lui présente un corps léger électrisé négativement, celui-ci est attiré par le conducteur, qui repousse les corps qui possèdent la même électricité que lui. Si à ce conducteur on oppose un autre conducteur non électrisé et isolé, la moitié du nouveau conducteur la plus rapprochée prend une électricité opposée, la moitié la plus éloignée prend une électricité de même nom (*fig*. 2); ainsi, le conducteur A étant chargé d'électricité posi-

Fig. 2.

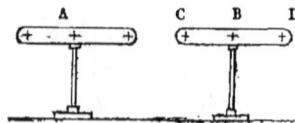

tive, et le conducteur B ne possédant que son électricité neutre, à peine seront-ils opposés bout à bout et sans se toucher
qu'il se fera une répartition de l'électricité neutre de B telle,
que la portion CB sera électrisée négativement et attirera les
corps légers chargés d'électricité positive ; la partie BD sera
électrisée positivement et les repoussera, et il y aura indifférence électrique au milieu B du conducteur. C'est ce que l'on
appelle électricité par *influence*. Ces principes sont la base de
tous les phénomènes qui se passent dans l'atmosphère, et nous
avons dû les rappeler brièvement.

Dans l'état normal, le globe est pourvu d'électricité négative,
et l'espace d'électricité positive. Si, par un temps clair, on a
un électromètre en équilibre terminé par une boule, et qu'on
fasse communiquer son sommet avec la platine, on obtient une
divergence positive des feuilles d'or en l'élevant, une divergence négative en l'abaissant. Quand on le replace au point
de départ, les feuilles cessent de se repousser [1]. On se rappel-
lera que l'on constate la nature de l'électricité en approchant de
la boule un bâton de résine électrisée par le frottement de la
laine, qui fait converger les feuilles d'or électrisées positivement
et diverger celles qui sont électrisées négativement. Ainsi, l'é-
lectricité positive est d'autant plus forte que l'on s'élève davantage dans l'atmosphère ; les couches supérieures sont électrisées
positivement relativement aux couches inférieures.

M. Becquerel a cherché à expliquer cette distribution par
celle de la chaleur. Quand on plonge une barre de fer par un
bout dans un milieu plus chaud que l'air environnant, la chaleur se communique le long de la barre, et il se produit de
même des effets électriques. Le côté de la barre le plus chaud
devient négatif relativement au moins échauffé. Or, la partie
supérieure de l'atmosphère étant plus froide que la surface du
sol, on doit avoir de l'électricité négative à terre, et de l'électri-

(1) Peltier, *Annales de chimie*, 3e série, t. IV.

cité toujours plus positive à mesure que l'on s'élève dans l'air, dans tous les cas où la distribution de la chaleur atmosphérique n'est pas intervertie [1].

Cette répartition progressive de la chaleur et de l'électricité n'existe pas toujours dans les couches de l'atmosphère ; et si l'on consulte les électromètres, on s'aperçoit d'abord que les signes électriques, très faibles au lever du soleil, augmentent jusqu'à 6 ou 7 heures du matin en été, jusqu'à 10 heures ou midi en hiver ; ils décroissent ensuite, et à 2 heures de l'après-midi ils ont atteint le minimum d'où ils étaient partis au lever du soleil. Cette marche est inverse de celle que suit l'humidité de l'air, car il y a augmentation progressive de la quantité de vapeur d'eau depuis le matin jusqu'à l'après-midi [2]. Cela a fait penser à M. Peltier que l'eau réduite en vapeur entraîne avec elle l'électricité négative du globe, qu'ainsi plus l'atmosphère est chargée d'électricité négative dans l'après-midi, plus sa tension agit du haut en bas contre la tension électrique du globe pour en atténuer les effets ; or, les électromètres ne donnent que la différence des tensions qui agissent sur les feuilles d'or, car ils ne bougeraient pas s'ils étaient placés au milieu d'une charge d'électricité uniforme, les signes d'électricité qu'ils donnent doivent diminuer à mesure que les différences s'affaiblissent [3].

Quand la vapeur se transforme en vapeur vésiculaire et en nuages, on a des nuages résineux qui exercent sur la terre une action répulsive ; l'électricité cesse d'être disséminée dans un grand espace, elle est réunie à la surface des vésicules, d'abord comme corps isolés les uns des autres, et ensuite à la surface du nuage, celle-ci coërçant l'électricité des vésicules par son action répulsive et les empêchant de se disperser. Mais alors la tension du nuage électrique peut devenir si forte qu'elle l'em-

(1) *Annales de chimie*, t. XLI, p. 371.
(2) Kaemtz, p. 81, 82, 83.
(3) *Annales de chimie*, t. IV, 3ᵉ série.

porte sur celle de la terre, et que les électromètres donnent des signes d'électricité d'autant plus résineuse qu'on les élève davantage. Dans ce cas la surface supérieure du nuage sera plus chargée d'électricité négative que la partie inférieure par l'influence de la terre, qui amène dans le nuage une répartition de ses deux électricités semblable à celle que nous avons observée dans le conducteur placé en présence d'un autre conducteur électrisé; et si l'évaporation de sa surface supérieure amène la formation d'autres nuages, ils seront électrisés négativement par rapport aux nuages inférieurs. Nous aurons donc alors deux couches de nuages, électrisés en sens contraire. Nous avons dit, en parlant des nuages, comment, au moyen de leur coloration, on reconnaissait leur électricité. La présence de nuages électrisés positivement, qui augmente considérablement les indications des électromètres, accroît aussi beaucoup l'évaporation. C'est ainsi que s'expliquent les grandes différences que nous avons trouvées dans l'évaporation des temps nuageux, comparativement à celle des temps sereins où l'électricité positive est moins condensée. Igenhousz a observé que, sous l'influence d'un temps couvert, quand le soleil ne paraissait qu'au travers de nuages presque transparents, les plantes émettaient plus d'oxygène que quand il brillait de tout son éclat. Pendant le fameux brouillard de 1783, qui couvrit l'Europe et dura près de quatre mois, le soleil resta toujours voilé, et jamais les récoltes ne furent meilleures. L'électricité positive était très forte, et il y eut beaucoup d'orages et de tonnerre. Les salines d'Hyères cristallisèrent leur sel quinze jours plus tôt qu'à l'ordinaire, ce qui prouve que ces phénomènes étaient accompagnés d'une grande évaporation [1]. Nous avons déjà vu, en parlant des brouillards, que sous l'influence des brouillards secs, positifs, l'évaporation, aidée de la chaleur, peut

(1) *Exp. sur la végétation*, par Igenhousz, t. II, p. 53, et *Journal de physique*, 1784, p. 8 et suiv.

devenir assez forte vers le temps de la maturité des blés, pour
qu'aidée du rayonnement électrique des pointes que présentent
les épis et les poils, le grain se dessèche et devienne *retrait*.
On croit avoir remarqué que pendant le sirocco, vent du sud-
est si incommode en Italie, l'électricité atmosphérique a une
tension positive considérable. Ce vent est sec, gêne la respiration, relâche les forces, il est quelquefois accompagné de *strati;*
d'autres fois, le ciel sans nuage est offusqué, on éprouve une
sensation de chaleur considérable, et cependant la température
n'est pas plus élevée que d'autres jours où il ne souffle pas et
où l'on n'éprouve pas ces incommodités. A Palerme, où il dure
environ 60 heures, il n'est pas impétueux et n'affecte pas sensiblement le baromètre. Il laisse tomber de l'air une poussière
qui couvre les feuilles des arbres et les surfaces planes [1].

Pour expliquer tous ces effets électriques, M. Peltier admet,
outre l'électricité négative de la terre, l'existence d'un courant supérieur de vapeur, qui n'est autre que le grand courant
d'air qui s'élève des régions tropicales et se rend aux régions
polaires. Ce courant entraîne avec lui de la vapeur qui a em-
prunté à la terre son électricité négative, et l'on conçoit alors
que dans les saisons et dans les temps où sa tension électrique
devient supérieure à celle de la terre, il peut coërcer par influence l'électricité positive près du globe, et rendre celui-ci relativement positif. C'est le combat de ces deux forces qui, selon
cet auteur, modifie sans cesse l'état électrique de l'atmosphère,
et rend compte de tous les phénomènes qui s'y passent.

Les nuages chargés d'une électricité différente ou d'une tension électrique inégale, soit entre eux, soit avec la terre, sont
la cause des orages. On les voit grossir avec rapidité, et ce que
nous avons dit de la grande évaporation que provoque le
défaut d'équilibre entre l'électricité terrestre et celle des cou-

(1) *Intorno allo seirocco di Palermo*, 1833; *Effemeridi scientifiche
di Sicilia*, t. VIII.

ches supérieures de l'air peut faire comprendre comment tout à coup un petit nuage peut s'élever sur un golfe, sur un lac, sur les marais, et s'étendre démesurément, portant dans ses flancs une tension électrique d'autant plus grande qu'elle est coërcée par l'influence des électricités contraires de la couche d'air supérieure et de la terre. L'évaporation du plan supérieur des nuages forme alors le plus souvent une nouvelle couche de nuages superposée aux amas de couches inférieures. L'influence électrique du nuage cause aux êtres animés ce malaise que nous avons décrit en parlant du sirocco. L'orage, ainsi formé sur un point, grossit en marchant poussé par les vents, et s'étend rapidement à de vastes surfaces de pays.

Quand les nuages orageux, isolés entre eux et de la terre par une atmosphère peu conductrice, s'en rapprochent assez pour que l'échange des électricités puisse se faire par le moyen d'une étincelle, il y a ce que l'on appelle un *éclair*, qui est suivi d'un bruit plus ou moins déchirant, plus ou moins prolongé, que l'on nomme le *tonnerre*. Ces phénomènes ont été décrits complétement par M. Arago, dans l'*Annuaire du bureau des longitudes* pour 1838, et nous ne pouvons que renvoyer nos lecteurs à ses intéressantes notices.

On connaît les effets de la foudre, soit qu'elle frappe les récoltes, les édifices, ou les hommes et les animaux qui se trouvent sur son passage; on sait aussi que le meilleur moyen de s'en garantir consiste à élever des paratonnerres bien construits sur les lieux élevés. Leur pointe offre au fluide électrique un moyen paisible de s'écouler du nuage à la terre et de la terre au nuage, et en les épuisant de leur excès, elle prévient la chute du tonnerre[1]; on ne peut assez s'étonner de l'indifférence presque générale que l'on porte à un danger réel. Doit-elle être attribuée à la rareté des exemples de dégâts causés par

---

(1) Voir dans les *Annales de chimie* les instructions sur la construction des paratonnerres publiées par MM. Arago et Gay-Lussac.

la foudre? Considère-t-on, en général, le prix d'un paratonnerre comme une prime trop forte pour s'assurer contre de tels risques? Serait-il vrai, comme nous l'avons souvent entendu dire, que les bâtiments ruraux, généralement peu élevés, soient préservés, plus encore que les édifices des villes, par les arbres qui les dominent et les entourent? Redoute-t-on davantage le danger rendu plus fréquent par la mauvaise construction d'un paratonnerre, que l'on ne se confie à la sécurité amenée par un bon appareil? Toutes ces raisons ne nous semblent pas suffisantes pour se priver de cette sécurité, qu'il est facile de rendre complète en suivant à la lettre et sans en négliger aucune les instructions que nous avons citées. Aujourd'hui, ce n'est qu'auprès de nos grandes villes que l'on voit les châteaux armés de paratonnerres, tandis que les édifices ruraux qui les environnent en sont dépourvus; plus loin on semble ignorer jusqu'au nom de l'invention de Franklin. Nous croyons que des appareils très sûrs et très simples, d'un prix peu élevé et cependant présentant toutes les conditions indiquées comme nécessaires, devraient à l'avenir préserver de la foudre toutes les fermes qui renferment de si grands amas de matières combustibles, et où un accident peut détruire en un jour la fortune des fermiers et compromettre celle des propriétaires; que si les assurances contre les incendies peuvent rassurer contre ce danger, la vie des hommes et des bestiaux, qui est elle-même si fortement compromise, est trop précieuse pour que l'on ne cherche pas à la garantir par une précaution aussi simple.

Si l'on supposait toute l'électricité du nuage rassemblée à sa périphérie, on s'expliquerait mal la succession d'éclairs et de tonnerre qui dure quelquefois pendant longtemps, il semblerait qu'après la première décharge l'équilibre électrique devrait être rétablie, et c'est en effet ce qui a lieu entre deux corps solides différemment électrisés, que l'on rapproche entre eux. M. Peltier sauve cette difficulté en admettant qu'outre l'électricité générale coërcée à la surface du nuage, chaque vésicule de vapeur garde son électricité propre ; qu'à chaque coup de tonnerre une partie de cette électricité se répartit de nouveau entre les différentes vésicules et la périphérie générale, ce qui permet une nouvelle étincelle, et que ce n'est ainsi que successivement et non tout d'un coup, que le nuage se trouve avoir perdu toute électricité sensible.

Les orages sont souvent accompagnés de grêle. On a donné de nombreuses explications de ce météore ; avant de les parcourir, il est bon de rappeler les principales circonstances qui l'accompagnent. Le ciel est rapidement parcouru par des masses de nuages noirs-plombés agités quelquefois par des mouvements contraires et d'où partent les éclairs et la foudre ; dans l'intérieur des nuages [1], l'observateur attentif voit les grêlons animés d'un mouvement circulaire et tourbillonnant; ceux-ci ont des formes variées, mais ils sont uniformément formés de couches concentriques de glace plus ou moins transparente ; leur centre renferme un noyau blanc poreux, semblable à de la neige; leur volume est aussi très variable ; ordinairement inférieur à celui d'une noisette, on les a vus arriver jusqu'au poids d'un quart de kilogramme ; quoiqu'ils tombent d'une grande hauteur, ils ne sont pas animés d'une vitesse qui leur soit proportionnée, et ils n'arrivent pas à terre avec une impulsion qui leur permette de s'enfoncer dans le sol, comme devraient le faire des corps pesants qui auraient acquis la force d'accélération que suppose une telle chute ; enfin, le passage des nuages à grêle est souvent accompagné d'un bruit semblable à celui d'une foule de petits corps qui se heurteraient ensemble. Toute bonne explication de la grêle devra rendre compte de ces circonstances.

M. Olmstedt se borne à concevoir la congélation de la vapeur aqueuse d'une masse d'air chaud et humide, brusquement mêlée à un air excessivement froid dans les hautes régions de

(1) M. Lecoq.

l'atmosphère [1]. A la rencontre de deux vents, l'un chaud et humide, l'autre froid, la vapeur aqueuse du premier sera congelée, et les grêlons ainsi formés commenceront à descendre en condensant autour d'eux une couche de glace d'une épaisseur proportionnée à l'intensité de froid du hoyau originel, à l'espace qu'ils ont à parcourir et à l'humidité des couches inférieures de l'atmosphère. Selon cet auteur, la rencontre des vents explique la noirceur des nuages par la rapidité de la condensation des vapeurs, et les phénomènes électriques par la distribution instantanée de leur électricité à leur surface. Il appuie aussi son explication sur ce que les orages de grêle n'ont jamais lieu ni dans les régions boréales, ni dans la zone torride, puisque c'est de la rencontre de deux courants d'air qui n'ont pas encore perdu la température de leur point de départ, l'un au sud et l'autre au nord, que doit résulter la formation de la grêle. Mais cette dernière assertion est une erreur, car les journaux météorologiques de l'Inde nous apprennent que la grêle n'y est pas rare [2]. De plus, l'auteur ne tient pas compte de la chaleur que rayonnent souvent les nuages de grêle avant que les phénomènes électriques s'y soient déclarés; il n'explique pas les causes de la forme étoilée des grêlons, de leur longue suspension dans les airs, de leur choc entre eux, des mouvements tourbillonnants dont ils sont animés; il est évident aussi, qu'il fait jouer un trop petit rôle à l'électricité, qui accompagne si constamment et d'une manière si frappante tous les orages à grêle; mais il donne une solution satisfaisante, et qui d'ailleurs peut s'appliquer à toutes les hypothèses de la faible quantité du mouvement des glaçons pendant leur chute, en l'attribuant d'abord à leur faible pesanteur spécifique qui est un peu moindre que celle de l'eau, et ensuite à ce que la vapeur aqueuse qu'ils traversent, et à laquelle ils empruntent une partie de leur volume,

(1) *American Journal of Sciences*, t. XVIII, avril 1830.
(2) Turnbull. Christie. *Edinb. new phil. journ.*, janvier 1831.

est un corps en repos qu'ils doivent mettre en mouvement en lui cédant une partie de leur vitesse. M. Prevost ajoute [1] que cette vapeur aqueuse n'est pas même en repos, mais qu'elle a un mouvement ascensionnel, montant sans cesse comme plus chaude, vers les points où a lieu la congélation des grêlons.

L'explication de Volta a eu longtemps l'honneur d'être enseignée par les physiciens. Il pensait que le soleil, donnant sur la surface supérieure des nuages, y occasionnait une évaporation considérable, qu'alors il se formait une nouvelle couche de nuages au-dessus de la première, et dont l'électricité était contraire; le froid causé par l'évaporation amenait alors la formation de grêlons; ceux-ci, attirés par la surface inférieure du nuage supérieur, s'y chargeaient de son électricité, et étaient repoussés puis attirés par la surface supérieure du nuage inférieur; ce va-et-vient, ce ballottement des grêlons entre les deux nuages, semblable à l'expérience électrique de la danse des pantins, continuait jusqu'à ce que les grêlons, augmentant de volume, ne pussent plus être soutenus par l'attraction électrique, et qu'ils tombassent vers la terre.

Cette théorie supposait que la grêle ne pouvait tomber qu'en présence du soleil, puisque c'était lui qui déterminait la formation du nuage supérieur; Bellani lui opposa un orage du mois de juillet 1806, qui commença avant le lever du soleil, lançant une prodigieuse quantité de grêle. Il aurait donc fallu que les grêlons eussent oscillé entre les deux nuages pendant 12 heures, et que pendant ce long espace de temps l'équilibre électrique n'eût pas été rétabli entre eux, par ce transport constant de l'électricité de l'un à l'autre, opéré par le mouvement des grêlons.

M. Arago demande aussi [2] comment les grêlons obéissant à l'attraction électrique, les vésicules du nuage inférieur ne s'en

(1) *Bib. universelle*, t. XLV, p. 60.
(2) *Annuaire du Bureau des longitudes*, 1838, p. 199.

détachent pas pour se réunir au nuage supérieur. On objectait encore que le soleil ne pouvait accroître l'évaporation du nuage sans élever sa température; mais M. Perivoschthikoff a répondu à cette difficulté en montrant, par une série d'expériences, qu'une prompte évaporation produit le refroidissement de la masse d'eau évaporante, même sous l'action immédiate du soleil; tandis qu'une évaporation lente permet à la masse de se réchauffer, malgré le froid produit à sa surface [1].

M. Peltier [2] a cherché à éviter ces objections en se rattachant plus fortement aux phénomènes électriques si évidents, qui accompagnent la production de la grêle, et en tenant compte de l'observation de M. Lecocq, qui s'est trouvé un moment au milieu d'un nuage de grêle dont il a vu tourbillonner les grêlons en tous sens [3]. Il suppose des nuages diversement électrisés, qui, non-seulement se surmontent, mais qui viennent à la rencontre les uns des autres. Une partie de leur électricité est réunie à leur périphérie, mais les parties vésiculaires ont conservé chacune une atmosphère électrique qui leur est propre. Des décharges ont lieu entre les nuages, il s'ensuit de l'évaporation et une production de froid; par conséquent formation instantanée de petites particules de neige, qui, pourvues de la même électricité que les vésicules dont elles émanent, se repoussent vivement entre elles dans l'espace que la disparition des vésicules a laissé libre; de ces actions réciproques et mêlées naît le mouvement giratoire de tourbillonnement qui anime les particules, et pendant lequel se réunissent et se congèlent à leur surface de nouvelles couches de vapeur; à chaque coup de tonnerre cette même condensation aqueuse s'effectuant augmente le volume des grêlons, dont la pesanteur finit par l'em-

---

(1) *Bulletin de la Société impériale des naturalistes de Moscou*, t. I, p. 127.
(2) Peltier, *Des trombes*, p. 109.
(3) *Annales de chimie*, t. LXI, p. 202, et *Bibl. univ.*, 2e série, t. III, p. 217.

porter sur la force qui les met en mouvement, et alors ils tombent à terre.

On sait les ravages que produit la grêle, non-seulement quand les grêlons acquièrent un poids qui s'élève jusqu'à 500 grammes, mais même à un poids bien plus considérable, s'il est vrai que la grêle du 15 juin 1829, qui enfonçait les toits des maisons à Cazorta, en Espagne, était formée de grêlons de 2 kilogrammes, mais encore quand, sous un plus petit volume, sans menacer la vie des hommes et des animaux, elle hache et brise les feuilles, les renverse, et meurtrit les branches des végétaux. On a cherché à en conjurer le danger en soutirant l'électricité des nuages, par la multiplication à la surface de toute une contrée de perches armées de fils conducteurs. Nous avons vu toute la côte du lac Léman, dans le canton de Vaud, armée de semblables paragrêles; mais n'ayant pas rempli leur but, une chute abondante de grêle étant venu avertir de l'insuffisance du préservatif, ils ne tardèrent pas à être enlevés. Peut-être serait-on plus heureux si l'on parvenait à lancer des ballons métalliques armés de pointes vers les nuages électrisés, selon l'idée de M. Arago. Les pointes déchargeraient le nuage de son électricité, principale cause de la grêle qui dès lors ne pourrait plus se former.

Si l'on ne peut combattre le danger, on peut au moins en diviser les risques, en formant des compagnies d'assurances mutuelles contre la grêle. Si les associations qui se sont formées dans ce but n'ont pas eu tout le succès désirable, il ne faut en accuser que leur défaut de généralité qui ne permet pas de répartir les risques sur un assez grand nombre de souscripteurs, et sur ce que l'on n'avait pas apprécié suffisamment la différence des risques qui ont lieu entre les diverses localités.

CHAPITRE VIII.

De la pesanteur de l'air.

L'air pèse sur la terre avec une force qui est mesurée par le baromètre. Nos lecteurs connaissent déjà la manière de se servir de cet instrument [1].

Il a été un des moyens les plus puissants d'étudier la constitution de l'atmosphère; la perfection apportée dans sa construction, dans les méthodes d'observation, dans les corrections qu'il exige, lui a donné un degré de précision mathématique que sont loin d'avoir les autres instruments météorologiques, et qu'il ne partage jusqu'ici qu'avec le thermomètre placé dans de certaines conditions. Aussi, les observations du baromètre forment-elles le fonds de nos connaissances sur les climats; d'ailleurs le dédain des physiciens pour toutes les recherches qui ne pouvaient offrir encore que des résultats approximatifs, même quand ces résultats auraient suffi pour la pratique, s'ils n'apportaient pas des éléments irréprochables à la physique du globe, a condamné à l'oubli une masse précieuse d'observations accumulées depuis un siècle, qui, selon eux, doivent être regardées comme non avenues. Ces observations, en effet, ne pourront pas servir en météorologie pure à constituer des lois et à établir des formules; mais le degré d'approximation pouvant être assigné le plus souvent, elles deviennent un auxiliaire suffisant pour résoudre les problèmes de climatologie. Aujourd'hui, sans doute, il n'est plus permis d'observer le baromètre d'une manière imparfaite; nous ne conseillerons pas à ceux qui auront

---

(1) Kaemtz, p. 238 et suiv., pour voir tous les résultats de l'observation du baromètre, et Ramond, *Mémoire sur le baromètre et sur la manière de s'en servir.*

la constance de noter leurs observations, de se servir de mauvais instruments et de mauvaises méthodes; nous avons voulu
seulement dire qu'il était encore possible de lire une foule de
phénomènes dans les anciennes annotations, parce que, si elles
n'offrent pas des résultats absolus, elles en présentent de
relatifs, qui suffisent dans bien des cas.

Les effets de la pesanteur de l'air sur la végétation sont peu
marqués. Il est au moins bien difficile de les démêler de ceux
produits par la température. La plupart de nos plantes cultivées s'élèvent sur les montagnes à des limites d'altitude qui
semblent fixées par la température qu'elles y trouvent; le blé,
l'olivier, réussissent sur les plateaux du Mexique et ceux de l'A-
mérique du sud, comme dans nos plaines de la zone tempérée.
Il est vrai que les plantes alpines ne se cultivent pas avec autant
de facilité quand on les transporte près du niveau de la mer;
mais c'est que la saison à redouter sur les hauteurs pour les
plantes de la plaine est aussi celle du sommeil de la végétation,
tandis que c'est pendant leur végétation que l'été apporte les
chaleurs fatales aux plantes alpines; or, nos moyens sont bien
faibles pour procurer à ces plantes une fraîche température,
sans les priver d'air et de lumière. Cette cause peut agir beaucoup plus que celle de la pression atmosphérique; nous ne
connaissons au moins aucune expérience dans laquelle on ait
cherché à les séparer et à assigner à chacune le degré d'importance qui lui appartient.

Mais si les effets directs de la pesanteur de l'air sur l'agriculture nous semblent peu considérables, nous reconnaîtrons que
le baromètre est un des meilleurs indicateurs de ce qui se passe
dans les hautes régions de l'air, des changements qui s'y préparent et c'est en météorognosie que nous traiterons de ses
principaux usages sous ce point de vue essentiel pour nous.

Le baromètre nous servira encore à déterminer l'altitude des
lieux que nous visiterons, à juger ainsi de sa température re-

lativement aux lieux environnants où elle est connue, et par
suite, de la possibilité d'y établir telle ou telle culture. Pour y
parvenir, il faut avoir deux observations de baromètre et de
thermomètre, une à la station inférieure, et l'autre à la station
supérieure, faites aux mêmes jours et aux mêmes heures ; il
faut autant que possible chercher un jour où le baromètre soit
près de sa hauteur moyenne et l'air calme, et s'environner de
toutes les précautions recommandées par Ramond. On calcule
ensuite ces observations par la formule de Laplace, ou au
moyen des tables d'Oltamans insérées dans l'*Annuaire du Bu-*
reau des longitudes.

En comparant entre elles les observations d'une grande partie de l'Europe, on s'aperçoit que les mouvements du baromètre s'étendent à une grande distance, et si l'on trace des
courbes qui représentent sa marche diurne dans les différents
lieux, on les trouve sinon parallèles, au moins semblables dans
toute l'Europe occidentale ; en marchant vers l'Orient, de Pétersbourg en Sibérie, les mouvements retardent de plus en
plus, tout en restant dans le même sens. Le maximum d'élévation observé à Pétersbourg ne se fera sentir que 2 ou 3 jours
après à Catherinebourg et à Barnaoul. On peut donc, quand
on veut calculer l'altitude d'un lieu, se servir des observations
de lieux qui en sont distants de 10 et de 20 myriamètres, sans
commettre d'erreur bien sensible.

CHAPITRE IX.

De l'air en mouvement ; des vents.

Quand un corps s'échauffe, il se dilate, il occupe plus d'espace et perd de sa pesanteur spécifique, et si ce corps est fluide
et mobile comme l'air, il tend à s'élever et est remplacé par

l'air voisin moins échauffé, de sorte qu'il y a un appel continuel de l'air froid pour venir remplir le vide que laisse l'air
échauffé. Cet effet est rendu très sensible par l'expérience de
Clare. On place un petit vase plein d'eau chaude au milieu
d'un grand vase d'eau froide. Si l'on présente sur les bords du
grand vase une chandelle éteinte encore fumante, on voit la
fumée se diriger vers le vase d'eau chaude; si on la place au-
dessus du vase d'eau chaude, la fumée monte verticalement.
C'était le même phénomène qu'indiquait Franklin, en se plaçant à la porte de communication de deux appartements con-
tigus et diversement échauffés; la flamme de la bougie qu'il
portait, placée sur le seuil, allait de l'appartement froid dans
l'appartement chaud; placée au haut de la porte, de l'appartement chaud dans l'appartement froid; au milieu de la hauteur,
elle restait sans mouvement. Le fourneau d'appel de M. d'Ar-
cet n'est pas autre chose que cette expérience: échauffer un
point pour que l'air qui s'y trouve s'élève et soit remplacé par
l'air plus froid environnant, et par la continuité de l'échauffement établir un véritable courant d'air.

D'après ce qui précède, si la terre était une surface aqueuse
uniforme, un océan universel, la partie la plus échauffée étant
celle qui est entre les tropiques, il y aurait un courant d'air ascendant s'élevant de la surface et se dirigeant vers le pôle; ce
courant arrivé à la hauteur où il se trouverait en équilibre stati-
que, se dirigerait vers le pôle, et au contraire un courant rasant
le sol et venant du pôle se dirigerait constamment vers l'équateur pour remplacer le courant ascensionnel.

Appelons le premier courant *tropical*, le second courant
polaire, et suivons successivement le vent polaire dans sa
course. En se dirigeant vers l'équateur, il arrive à des latitudes où le mouvement de rotation de la terre est de plus en
plus fort; les corps qu'il rencontre le frappent donc avec l'excès
de leur vitesse, dans un sens opposé au mouvement de la terre;

il semble qu'il souffle un vent d'est. Ainsi un alisé général de l'est à l'ouest, tel est l'effet que produirait le vent polaire, allant du nord au midi avec une vitesse acquise de l'ouest à l'est toujours moins grande que celle des lieux où il parvient. C'est Halley qui, le premier, a donné cette théorie des vents alisés[1].

Mais la terre n'est pas une surface homogène et uniforme, elle est formée de terres et de mers, de montagnes et de plaines qui sont très diversement échauffées. Si nous nous bornons à considérer l'hémisphère septentrional, nous trouverons que son point le plus froid se trouve au nord de l'Amérique et non pas au pôle; c'est donc le vent du nord-ouest, et non pas celui du nord, qui se dirigera vers l'équateur. Mais en même temps la surface de l'Océan étant moins échauffée que le continent de l'Europe, il y aura aussi un courant de l'ouest à l'est, entre l'Atlantique et le continent. Ce courant ne changeant pas de latitude conservera la vitesse de rotation de la terre; celui du nord-ouest perdra de la sienne en allant vers l'est, d'autant plus qu'il s'approchera de l'équateur. Ces deux courants en se mêlant produiront un vent d'ouest–nord–ouest dans le nord de l'Europe, qui deviendra nord-ouest sur les côtes de Gascogne; nord-nord-ouest en Portugal; puis nord et nord-nord-est en avançant vers le midi[2]. Voilà l'état constant et normal des vents sur les côtes d'Europe. Il semblerait dès lors qu'il ne pourrait y avoir de vents de sud, si ce n'est vers le nord de l'hémisphère, ni de vents d'ouest dans le voisinage du tropique; mais voici ce qui se passe. Dans son ascension, le courant tropical sud-ouest se maintient à une hauteur qui est déterminée par sa pesanteur spécifique; il descend de plus en plus, selon les circonstances qui tendent à le refroidir; il finit par se trouver dans les couches occupées par le courant atlantique nord-ouest et ouest; alors appelé comme lui par l'échauffement des terres voisines, il prend une direc-

(1) *Fragments philosophiques*, t. XVI, p. 151.
(2) Lacoudraye Lartigue, p. 83 et suiv.

tion sud-ouest, et c'est ce qui arrive le plus souvent; si ce n'est quand les terres polaires étant fortement refroidies, le vent tropical conserve une légèreté spécifique plus grande et laisse les vents de nord-ouest, même de nord-est, en possession de la portion inférieure de l'atmosphère. Nous développerons cette idée générale dans la *Climatologie* en l'appliquant à la surface terrestre, non plus homogène comme nous venons de la supposer, mais pourvue de tous les accidents de composition et d'altitude.

Outre ces effets étendus à une grande surface de pays, chaque point du globe subit aussi des influences locales; parce que chacun d'eux a son réfrigérant et son foyer calorifique particuliers outre le réfrigérant et le foyer généraux. Ils produisent les vents appelés *topiques;* au nombre desquels on doit compter les brises de terre et de mer. M. Fournet a observé attentivement les brises des vallées. Le soir, les cimes se refroidissent et il y a un courant d'air descendant; le jour l'échauffement des pentes inclinées, la réverbération des parois des vallées appelle l'air de la plaine [1]; sur les bords de la mer, le rayonnement nocturne rend la côte plus froide que l'eau, il y a brise venue de terre le matin; vers le milieu du jour, c'est la mer, qui absorbe moins de calorique, qui est plus froide que la terre, et la brise va de la mer à la terre.

L'existence des courants supérieurs est souvent rendue très sensible aux yeux par la marche des nuages en sens contraire des vents qui règnent à la surface de la terre; mais quand le ciel est serein, on pourrait douter de leur existence si des expériences réitérées ne la confirmaient. Les voyageurs nous ont appris que le vent d'ouest règne sur le pic de Ténériffe, pendant que sur la mer on est poussé par le vent d'est [2]; les cendres du volcan de Saint Vincent parviennent à la Barbade portées par le

---

(1) Fournet, *Ann. de la Société d'agric. de Lyon*, t. III, p. 1 et suiv.
(2) Humboldt, *Relation de ses voyages*, t. I, p. 132.

vent d'ouest, tandis que ces îles sont constamment séparées par
l'alisé de l'est ; les expériences aérostatiques nous montrent
constamment qu'après s'être suffisamment élevés, les ballons
trouvent un rumb de vent qui les pousse dans une autre direction que celle du vent de terre. Parmi ces expériences, il n'en
est pas de plus frappante que celle qui a eu lieu à Nîmes, en
1822, parce que M. Vaïz a eu soin de déterminer la route des
ballons par les mêmes procédés dont il se serait servi pour
suivre la marche d'une planète. Dans la première, le vent de
terre était ouest ; il régnait jusqu'à 1,200 mètres d'élévation ;
là, on rencontra le vent du nord ; la vitesse des deux courants
était à peu près la même ; dans la seconde, l'aérostat trouva près
de terre le vent du sud-ouest d'une vitesse de 27,000 mètres à
l'heure. jusqu'à la hauteur de 1,270 mètres ; alors il changea de
direction, il trouva le vent du nord, puis de nord-est jusqu'à
1,700 mètres ; de cette hauteur à celle de 2,400 mètres, le
vent fut de l'est, puis de nord-est jusqu'à 2,700 mètres ; à ce
point il retrouva les vents d'est jusqu'à 2,950 mètres qui fut le
point de sa plus grande hauteur. Au-dessus de 700 mètres, la
vitesse des différents courants avait été à peu près égale et de
12,000 mètres à l'heure ; mais en descendant, le vent du sud-
ouest, qui était passé au sud-est, avait augmenté ; à 700 mètres, sa vitesse était de 60,000 mètres à l'heure ; plus près de
terre de 33,000 mètres à l'heure [1]. Cette expérience nous
initie à la connaissance des courants atmosphériques, elle nous
montre la grande variété des courants aériens qui règnent à
différentes hauteurs dans l'épaisseur de l'atmosphère, et la manière dont se font les échanges d'air entre les différentes parties
du globe, selon que, plus ou moins échauffées, elles reçoivent
des contrées voisines qui se trouvent dans des conditions de
températures différentes, ou leur fournissent la quantité d'air
qui manque pour que l'équilibre ait lieu.

(1) *Académie du Gard*, 1833, p. 197 et suiv.

SECTION Ire. — *Moyens employés pour observer les vents.*

L'observation régulière des vents embrasse celle de leur direction et de leur vitesse.

La direction des vents de terre se reconnaît par une girouette placée sur un lieu élevé et non dominé. On prend le terme moyen entre les oscillations de la girouette, car pour peu que le vent soit violent, elle est sans cesse en mouvement.

Les vents supérieurs se reconnaissent à la marche des nuages, et à leur défaut aux mouvements du baromètre. S'il souffle un vent froid à la surface de la terre, et que le baromètre se maintienne haut, on jugera que la masse de l'air est occupée par un vent chaud *et vice versa*.

On a proposé différents moyens pour déterminer la vitesse du vent. Le meilleur consiste dans un moulinet, dont les ailes exposées au vent sont mises en mouvement avec une vitesse proportionnelle à la sienne. Ce moulinet est porté sur un bras perpendiculaire à la direction du vent, et étant pourvu d'un compteur il enregistre le nombre de tours des ailes. On détermine le rapport de la vitesse des ailes et de celle du vent en faisant parcourir à l'instrument, par un temps calme, une longueur déterminée avec une certaine vitesse. Les chemins de fer offrent maintenant une ressource admirable pour faire ces expériences. Dans le climat venteux de la vallée du Rhône, il faut que le compteur puisse indiquer au moins 630,000 tours en douze heures, pour pouvoir enregistrer le nombre de tours que peuvent faire les ailettes de l'instrument.

L'usage que l'on peut faire de la connaissance de la force inpulsive du vent, pour appliquer cette force à différentes machines, fait rechercher les moyens de déterminer les rapports de la vitesse à la force. Pour y parvenir, Borda a fait des expériences, mais il les a faites sur de trop petites surfaces pour qu'on puisse appliquer ses résultats à de grandes. Il en est du vent comme de l'eau qui, sous la même pression, donne des produits qui ne sont pas proportionnels à l'ouverture d'orifices de différentes grandeurs. Il se produit, derrière l'obstacle opposé au vent, des effets successifs de condensation et de dilatation; il y a à sa surface des effets de réflexion qui ne peuvent être donnés exactement que par l'observation directe, et un coefficient généralement applicable serait le résultat d'une suite d'expériences qui nous manquent, faites sur des échelles très différentes. Borda n'a observé que sur des surfaces de 59049, 26244 et 11664 millimètres carrés.

Si l'on appelle P la force du vent en kilogrammes par mètres carrés, V sa vitesse, S la surface en millimètres carrés et a le coefficient variable, les expériences peuvent être représentées par cette formule : $P = a \times SV^2$. Le coefficient a doit être augmenté à mesure de l'accroissement des surfaces. Ainsi M. Rouse ayant expérimenté sur 929,000 millimètres carrés, et ses expériences, selon Smeaton, étant exactes pour les petites vitesses de vent, si nous comparons ces résultats à ceux de Borda, nous trouverons pour la valeur du coefficient :

Quand la surface a	11664 millim. carrés	0,92
	26244	1,00
	59049	1,04
Et d'après l'expérience de Rouse	929000	1,20

Il serait bien important que ces expériences fussent reprises et étendues à des surfaces plus grandes. La formule de Fresnel pour le mouvement des fluides donne des résultats trop faibles.

SECTION II. — *Marche des vents.*

A la surface d'une mer ouverte les vents sont réguliers et soufflent d'une manière constante pendant toute leur durée. C'est ce que l'on éprouve sur les côtes pour les vents qui viennent de la mer, et ce qui rend si régulière la marche des moulins à vent qui élèvent l'eau des polders de la Flandre. Il n'en est pas de même des vents qui viennent de terre; ceux-ci soufflent par rafales, semblables à des vagues de la mer ; après des moments de repos, survient un accroissement progressif, puis une diminution d'intensité, jusqu'à ce qu'il y ait un nouveau repos, sinon total, au moins relatif, suivi d'une nouvelle bouffée. « Parfois, dit M. Rendu [1], l'instant de la plus grande force des ondes aériennes est celui où l'on commence à les ressentir, de là elles vont en décroissant. Toutes les ondes qui se succèdent dans ces temps donnés n'ont ni la même force, ni la même étendue, quoique le vent n'ait pas varié. Les intermittences ne sont pas égales ; la vitesse supérieure du vent est uniforme, mais la vitesse inférieure est tantôt moindre, tantôt plus grande. »

Pour expliquer ce mouvement ondulatoire du vent, ce physicien remarque d'abord qu'on ne saurait assimiler l'air à l'eau, puisque cette dernière est incompressible, tandis que l'air peut être comprimé, et qu'ainsi si l'on jette un rocher au milieu d'un canal, l'eau s'élèvera en amont, acquerra plus de vitesse des deux côtés de l'obstacle, mais coulera ensuite uniformément; tandis que si l'air parcourant un espace d'un mouvement uniforme rencontre un obstacle, il ne peut rétrograder pressé par l'air qui le suit; s'il veut s'élever, il éprouve la pression de la colonne d'air supérieure qui le retient ; sur les côtés, il rencontre d'autres colonnes d'air en mouvement ayant une impétuosité et une force de résistance égales à la sienne. Pour s'échapper, il faudra donc qu'il prenne une force de répulsion supérieure ; or, l'air comprimé de toutes parts prend un ressort proportionné à la compression; à l'instant où l'équilibre sera rompu, la colonne d'air retenue s'échappera avec impétuosité et formera une bouffée ; l'air s'écoulera jusqu'à ce que l'équilibre soit rétabli, et alors commencera l'intermittence

(1) *Mémoires de la Société académique de Savoie*, t. I, 1825.

qui ne tardera pas à être suivie d'une nouvelle bouffée.

Si l'on se trouve près de l'obstacle au moment où le vent s'échappe, on sentira que la plus grande force de l'onde est à l'instant de son débordement; mais à mesure que l'on s'éloignera du point de départ, la plus grande force se rapprochera du milieu, parce que la première couche qui était d'abord poussée avec le plus de violence, se met en équilibre avec le reste de l'atmosphère; mais elle ne le fait pas assez vite pour qu'auparavant il ne survienne d'autres couches qui augmentent sa pression. On voit quelquefois une onde passer à quelque distance de soi, tandis que l'air dans lequel on se trouve n'a pas changé de mouvement; c'est qu'alors on est en dehors de la colonne d'air qui a surmonté l'obstacle.

L'observation nous prouve que c'est toujours avant d'arriver à l'obstacle que les colonnes latérales échappent à son action; c'est qu'il se forme à son pied une accumulation d'air comprimé qui réagit sur le nouvel air arrivant. Ainsi, on a ordinairement le calme au pied immédiat de l'obstacle et jusqu'à une certaine distance proportionnée à sa hauteur et à sa largeur. Ainsi, on se tromperait en croyant que le vent vient frapper l'obstacle en y faisant un angle de réflexion égal à l'angle d'incidence; l'air s'échappe en glissant des deux côtés, et par en haut, en soulevant les couches supérieures. Si l'obstacle est perpendiculaire au vent, comme il est exprimé dans la *fig.* 3,

Fig. 3.

après l'avoir dépassé, il se recourbe presque à angle droit, parce qu'il ne trouve pas en arrière la même résistance qu'en avant ; l'abri y préservant l'air de toute pression. Si l'obstacle est oblique au vent (*fig.* 4), le tourbillon se prononce du côté

Fig. 4.

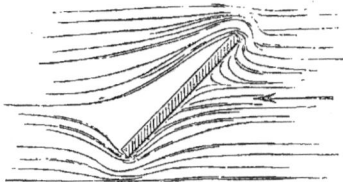

de l'angle le plus aigu, et après avoir dépassé l'obstacle il se jette en arrière de l'abri de manière à le raser de plus près. Il s'établit presque toujours un tourbillon violent dans les cours des fermes obliques à la direction des grands vents ; la meilleure disposition des bâtiments est, dans les pays où ils soufflent, d'être bien perpendiculaire à sa direction, alors l'espace qui est en avant est beaucoup mieux abrité.

Le vent perd de sa vitesse en franchissant l'obstacle (*fig.* 5),

Fig. 5.

A Direction du vent.
B Mur opposé au vent.
C Tas de sable accumulé au pied du mur.

D Point où le vent incliné touche le sol.
E Point où il parvient par réflexion.
F Second point où il frappe le sol.

et laisse tomber à son pied, du côté abrité, une partie des poussières qu'il entraînait ; ainsi l'amas de ces poussières ne se fait pas du côté du vent, mais du côté opposé ; c'est ce que l'on remarque en observant les murailles des pays exposés à des vents violents.

Les obstacles que rencontre le vent dans sa marche produisent encore un autre effet ; derrière l'abri, la couche d'air qui l'a franchie en dessus, trouvant moins de résistance dans le bas où l'air est en repos relatif et moins condensé, prend une direction inclinée ; il va frapper la terre à une certaine distance de l'obstacle ; arrêté par le sol, il se réfléchit, remonte à une moindre hauteur, puis replonge de nouveau, jusqu'à ce que perdant sa force impulsive et entraîné par la masse de l'air en mouvement, il prenne une direction parallèle au sol. Les points de terrain sur lesquels tombent habituellement ces angles de réflexion en sont fort tourmentés ; la terre en est enlevée, les plantes déchaussées et quelquefois déracinées. C'est en général derrière les abris et à une certaine distance que les vents causent le plus de désordre.

SECTION III. — *Caractère des vents.*

Quoique les vents puissent souffler de tous les points de l'horizon et affecter ainsi des angles de valeur différente par rapport à la méridienne, cependant on se borne généralement dans la pratique à désigner 16 ou 32, au plus, de ces directions. La rose des vents (*fig.* 6) indique leur disposition.

Fig. 6.

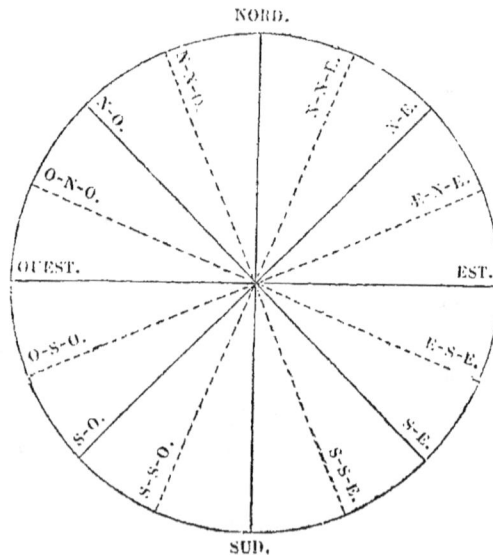

Le caractère de chaque vent n'est pas le même sur toute la surface du même hémisphère; le vent du nord n'est pas partout le vent le plus froid, le plus sec; le vent du sud n'est pas partout le plus chaud, le plus humide. Les vents se modifient dans chaque lieu, selon les espaces qu'ils ont parcourus avant d'y arriver. Si le vent traverse une région plus froide, il arrivera après en avoir pris la température; s'il passe au-dessus d'une vaste surface aqueuse, il s'y chargera d'humidité, etc. Ainsi les vents contribuent à changer le climat théorique du lieu, celui qu'il aurait s'il n'était exposé qu'aux effets solaires dans un air parfaitement calme; c'est ce que quelques exemples vont nous démontrer. A Paris, la température des vents, à 3 heures de l'après-midi, est la suivante :

	Année entière.	Hiver.	Printemps.	Eté.	Automne.
Nord.	15,2	3,6	13,7	27,2	14,8
Nord-Est.	14,7	1,2	14,9	28,1	14,3
Est.	23,1	2,5	17,8	30,0	16,1
Sud-Est	19,1	5,7	26,6	32,8	19,1
Sud	19,3	8,3	20,3	29,5	19,4
Sud-Ouest	18,6	10,8	18,2	26,6	15,6
Ouest.	17,0	8,8	16,8	26,0	16,8
Nord-Ouest . . .	15,5	6,0	14,6	25,8	15,7
Moyenne. .	17,85	5,76	17,10	28,25	16,98

Il faut d'abord remarquer que le caractère des vents change selon les saisons, parce que les espaces qu'ils parcourent présentent aussi des circonstances différentes. Ainsi le vent de sud-est traverse, en hiver, les plateaux de la Bourgogne couverts de neige, il est plus froid que le vent du sud; mais en été, ces plateaux présentent des surfaces découvertes et sèches qui absorbent beaucoup de chaleur, réchauffent le vent qui les traverse plus que ne peuvent le faire les plaines cultivées et humides des bords de la Loire.

Nous voyons ensuite que si tous les vents soufflaient un nombre égal de fois pendant l'année et pendant chaque saison de l'année, la température moyenne de Paris, à 3 heures, serait de 17°.85. Voyons ce qui arrive en ne comptant, pour évaluer la température, que le nombre réel de fois que chaque vent a soufflé et en lui attribuant sa température propre :

	HIVER.		PRINTEMPS.		ÉTÉ.		AUTOMNE.	
	Jours de vents.	Somme des températ.	Jours de vents.	Somme des températ.	Jours de vents.	Somme des températ.	Jours de vents.	Somme des températ.
Nord. . . .	8	28,8	14	191,8	12	326,4	9	133,2
Nord-Est. .	11	13,2	13	193,7	8	224,8	8	114,4
Est.	6	15,0	6	106,8	5	150,0	6	96,6
Sud-Est. .	7	39,9	6	123,6	3	98,4	7	133,7
Sud	20	166,0	14	284,2	10	295,0	19	368,6
Sud-Ouest.	16	160,0	15	273,0	18	478,8	18	352,8
Ouest . . .	15	132,0	16	268,8	23	598,0	16	268,8
Nord-Ouest	8	48,0	8	118,8	9	232,2	8	125,6
	91	602,9	92	1560,7	88	2403,6	91	1593,7

Temp. moy. du jour. 6,61   16,96   27,31   17,51

Temp. moyenne d'un nomb. de jours égal à celui des vents. . 5,76   17,10   28,25   16,98

Différence. +0,85   — 0,14   — 0,94   + 0,53

Total des différences.

Hiver . . . . + 0,85
Automne . . . . + 0,53
Printemps. . . . . — 0,14
Été . . . . — 0,94

+ 0,30
Différence moyenne.   0,07

Ainsi les vents à Paris, élevant la température de l'hiver et de l'automne, abaissent celle du printemps et de l'été, et la température moyenne de l'année, au lieu d'être, à 3 heures, de 17°,85, est en réalité de 17°,92, parce que les vents chauds y soufflent un plus grand nombre de fois que les vents froids.

Les vents, outre qu'ils ont une température propre, tendent encore à abaisser celle de la surface du sol en augmentant son évaporation. Aussi restent-ils froids tant qu'ils traversent des

pays humides, et, au contraire, dès que les contrées qu'ils traversent sont sèches et n'évaporent plus, les vents se chargent
du calorique qui rayonne du sol où il est réfléchi. Dans de
telles circonstances, des vents habituellement froids prennent
une grande chaleur.

Dans les plaines situées à l'ouest de notre continent, comprenant une grande partie de l'Europe, les vents marchent
généralement dans l'ordre suivant, relativement à leur température, en allant du plus froid au plus chaud : nord-est, nord,
nord-ouest, ouest, sud-ouest, sud, sud-est, est. Ainsi, partant
du nord-est qui vient du pôle du froid, si l'on fait le tour de
la rose des vents en allant par le nord et l'ouest et s'arrêtant
à l'est, on aura la progression de chaleur des différents vents.
Mais cette règle souffre de grandes exceptions locales, quand
il y a un réfrigérant énergique placé dans la direction d'un des
vents. Ainsi, en Provence, les vents d'est venant des Alpes
sont au nombre des vents froids; dans la Lombardie, il en est
de même des vents d'ouest.

Les vents affectent aussi le baromètre d'une manière différente, mais avec moins d'exception que pour ce qui regarde la
température. Les vents soufflant entre le nord et l'est tien-
'nent le baromètre haut, les vents du sud à l'ouest l'abaissent.
La pression des vents sur le baromètre suit en général la loi
de leurs températures; elle est plus forte pour les vents froids,
plus faible pour les vents chauds. Le baromètre étant un fidèle
indicateur de la température moyenne de la masse de l'atmosphère, les anomalies indiquent seulement que le vent qui
règne à terre ne s'étend pas bien haut, et que des vents d'un
caractère opposé dominent la masse de l'air. Ainsi, l'on a observé qu'à Vienne et à Bude, la pression était très faible avec
les vents d'est, et à Pétersbourg, avec les vents d'ouest; ne
faudrait-il pas vérifier quels sont les vents généraux qui règnent
en Europe, pendant que ces vents soufflent dans ce pays?

Cette comparaison pourrait faire connaître les circonstances locales qui y produisent des contre-courants aériens différents des courants qui se manifestent sur le reste de l'Europe.

SECTION IV. — *Détermination de la direction moyenne des vents.*

Si l'on détermine la ligne qui représente la direction moyenne des vents qui soufflent chaque année dans un pays, ou autrement dit la résultante de toutes ces directions, on saura le côté par lequel les plantes reçoivent les plus fréquentes secousses des vents, et la direction que l'on doit donner aux abris. On se sert pour cela de la formule de Lambert; appelant Φ l'angle que fait cette résultante avec la méridienne, en partant du nord et passant par l'est, on a

$$\text{Tang } \Phi = \frac{E - O + (NE + SE - SO - NO)\ \sin. 45°}{N - S + (NE + NO - SE - SO)\ \cos. 45°}.$$

Le sin. et le cos. $45° = 0,71$. Chaque initiale d'un des vents exprime le nombre de fois que le vent a soufflé. Pour Paris, de 1806 à 1826, les différents vents ont été observés le nombre de fois suivant :

Nord	45	Sud	63
Nord-Est	40	Sud-Ouest	67
Est	23	Ouest	70
Sud-Est	23	Nord-Ouest	34

Nous aurons donc

$$\text{Tang } \Phi = \frac{23 - 70 + (40 + 23 - 34 - 67)\ 0,71}{45 - 63 + (40 + 34 - 23 - 67)\ 0,71} = \frac{-73,98}{+49,36}$$

Soustrayant le logarithme du dénominateur de celui du numérateur

$$1,86911$$
$$1,69338$$

Il reste. . . . $0,17573$ qui est la tangente de $56°,17$.

Quand le numérateur et le dénominateur de la fraction sont positifs, l'angle se compte du nord à l'est; si l'un et l'autre sont négatifs, on part du sud en allant vers l'ouest, en ajoutant la valeur de l'angle à 180°; si le numérateur est négatif, on part du nord allant vers l'ouest et retranchant l'angle trouvé, de 360°; enfin, si le dénominateur seul est négatif, on part du sud allant vers l'est et retranchant l'angle de 180°. Dans l'exemple ci-dessus, le numérateur et le dénominateur étant négatifs, j'ajoute à 180° le nombre trouvé 56°,17, et j'ai 236°,17 pour la direction moyenne des vents pendant l'année, à Paris; c'est une direction entre le sud-ouest et l'ouest.

Connaissant ensuite la vitesse moyenne de chacun de ces vents, on aura la vitesse moyenne de la résultante, c'est-à-dire la vitesse du déplacement de la masse de l'atmosphère dans la direction de la résultante par cette formule :

$$V = \frac{E - O + (SE - NO + NE - SO) \cos. 45°.}{Sin. \Phi.}$$

Mais cette valeur qui sera très utile dans la suite, quand la vitesse des vents aura été plus longuement observée, l'est bien moins en agriculture que la somme de toutes les forces qui n'exige qu'une addition, surtout quand on veut se servir du vent comme moteur. Alors la plus petite vitesse nécessaire pour mettre en mouvement la machine que l'on veut employer étant connue, il faut retrancher de la somme tous les vents d'une vitesse inférieure, et divisant ensuite la somme qui reste par le nombre des observations conservées, on aura la vitesse moyenne et par conséquent la force qui agira habituellement sur la machine.

Dans les pays où l'on se sert du vent pour nettoyer et cribler le blé, il est surtout utile de bien connaître la vitesse qui est nécessaire et le nombre de jours où l'on obtient cette vitesse dans les mois de juillet et d'août qui sont ceux où se font ces opérations. Nous avons observé, dans le midi, qu'elles exigeaient un vent qui parcourût au moins 13 mètres par seconde dans les lieux découverts et un peu plus dans ceux qui le sont mal. Dans la vallée du Rhône, les mois de juillet et d'août offrent chacun une moyenne de 10 jours où souffle un vent de cette force. Il faut donc s'arranger pour pouvoir terminer en 20 jours, au plus, si l'on a commencé de bonne heure. Les jours de vent de juillet sont moins incertains, moins sujets à des matinées humides et à la pluie, que ceux du mois d'août; aussi le proverbe local annonce-t-il que celui qui foule son grain à la *Madelaine*, foule sans peine. Le vent entre pour beaucoup dans les considérations agricoles de ce pays, soit par les désordres qu'il cause en hiver, soit par l'aide qu'il apporte en été.

La direction moyenne des mois présente aussi des particularités utiles à recueillir. Ainsi nous avons :

	MILAN.	PARIS.	CARLSRUHE.
	Direction moyenne.	Direction moyenne.	Direction moyenne.
Janvier	295,23	269,50	150,0
Février	328,02	225,00	161,15
Mars.	68,51	270,02	149,02
Avril	82,12	315,00	153,00
Mai	87,05	231,10	155,18
Juin.	135,12	290,49	158,00
Juillet.	114,15	262,49	178,04
Août.	93,56	259,01	169,50
Septembre.	82,02	247,30	165,30
Octobre	69,39	210,58	154,50
Novembre.	356,42	238,03	163,00
Décembre	296,21	213,26	162,06
Direction moyenne.	70,18	236,17	145,27

A Milan, les directions des vents se correspondent dans les mois équidistants du solstice, janvier et décembre, mars et octobre, avril et septembre; vers les deux solstices, les directions sont opposées et forment les extrêmes. Les directions des vents parcourent environ la moitié de l'horizon (200 degrés);

65 appartiennent au cadran occidental, 135 à l'oriental; en mars et en octobre, quand la terre est à sa moyenne distance, la direction des vents est également moyenne. A Paris, la première moitié de l'année est plus au nord que la dernière; à Milan, les deux extrémités de l'année sont plus au nord que le milieu; à Carlsruhe, la première moitié incline plus vers le sud-est, la seconde vers le sud. Chacune de ces circonstances a son explication dans la situation relative des réfrigérants des lieux et indique leur puissance relative dans les différentes saisons.

De même que l'on a remarqué un changement régulier dans la direction de l'aiguille aimantée, de même aussi on a cru reconnaître un changement dans la direction moyenne des vents. Cette observation serait importante; on pourrait y découvrir de certaines périodes dans les saisons, dépendant du déplacement des points où se trouvent les maximums de froid et de chaud, dont les conséquences seraient très intéressantes à prévoir. Il en résulterait aussi, dans la pratique, que tôt ou tard les bâtiments et les clôtures les mieux abritées, par rapport aux vents, finiraient par lui donner prise.

A Milan, M. Césaris, ayant divisé en plusieurs périodes les années d'observations de son observatoire qui ont commencé en 1763, a trouvé que la direction moyenne des vents avait été :

De 1763 à 1792 81,10
1793 à 1815. 22,02
1816 à 1838. 5,43

Ainsi cette direction a marché continuellement de l'est au nord d'environ 1 degré par année moyenne.

M. Schow a trouvé qu'à Copenhague la direction moyenne avait tourné de l'ouest au sud, de 1765 à 1800.

En analysant les résultats de Cotte, nous trouvons que la direction moyenne des vents était, à Paris,

De 1763 à 1772. 229,81
1768 à 1797. 317,4

Ainsi, jusqu'à la fin du siècle dernier, la direction des vents a marché de l'ouest au nord, et les observations de M. Bouvard, insérées dans le VIIe volume des *Mémoires de l'Académie des Sciences*, nous donnent 248°,21'; de 1803 à 1817, la direction des vents aurait rétrogradé du nord à l'ouest.

Ces résultats font comprendre l'utilité dont peuvent être des observations réduites même à leur plus simple expression. Un recueil où l'on aurait seulement noté la direction des vents pendant une longue suite d'années, serait déjà un monument très précieux pour indiquer les changements qui peuvent être survenus dans le climat d'un pays et dans l'ensemble des climats du globe.

Section V. — *Des effets des vents sur la végétation.*

Les vents agissent comme force physique, par leur vitesse multipliée par leur masse; comme corps ayant une température propre et transportant une certaine dose d'humidité, et prenant ou donnant aux corps qu'ils rencontrent, pour se mettre en équilibre avec eux, ou de la chaleur ou de l'humidité.

Les vents modérés sont utiles à la végétation en agitant les plantes; les mouvements qu'ils leur impriment, l'espèce d'exercice qu'ils leur procurent, fortifient leurs fibres et paraissent agir favorablement sur eux. La fécondation des germes paraît plus complète pour les plantes qui ne sont pas entièrement abritées. On pourrait l'attribuer à ce que le vent favorise la dispersion du pollen. Une observation tendrait à nous faire croire qu'ils tendent aussi à enraciner plus fortement les plantes. Dans un même champ, nous avons remarqué que les racines des plantes de froment qui étaient couvertes par des abris, étaient moins nombreuses ou moins fortes que celles qui recevaient le vent; c'est surtout dans la direction de laquelle il vient que les racines s'étaient le plus étendues. Mais quand les vents sont forts et violents dans un pays, ils impriment aux branches une flexion qui finit par devenir habituelle. Toute la tête de l'arbre se trouve portée dans la direction opposée au vent, les rameaux s'allongent dans cette direction, ils sont retroussés dans la direction opposée ; enfin les racines aussi sont beaucoup plus fortes, plus étendues dans la direction du vent, afin de retenir en arrière, comme par des ancres, la masse de l'arbre portée en avant. On a remarqué, lors des ouragans, que les arbres des régions très venteuses résistaient à leurs efforts, tandis que dans les régions habituellement calmes, où ils sont moins fortement enracinés, ils étaient souvent renversés. Cela arrive surtout quand les vents surviennent après les pluies et que la terre est fort humide.

Les marins apprécient la vitesse du vent d'après les sensations qu'ils éprouvent, et leur ont donné différentes épithètes qui expriment cette vitesse ; ainsi ils nomment *vent frais* celui qui parcourt 10 mètres par seconde ; *grand frais* si sa vitesse s'élève à 15 mètres ; *très grand frais* à 20 mètres ; c'est une *tempête* de 25 à 30 mètres, et un *ouragan* si elle est de 35 à 45 mètres. Des vents qui ont cette impétuosité renversent les murs et les maisons peu solides. Dans la vallée du Rhône, qui est le lit d'un grand fleuve aérien coulant avec beaucoup de vitesse, les arbres résistent à des vents de 35 mètres ; tandis que nous avons vu, en traversant le département de l'Yonne, des rangées d'arbres couchées à terre, après des pluies, par un vent qui ne devait pas avoir plus de 20 mètres de vitesse.

Cette propriété qu'ont les vents de fortifier les fibres des plantes par le mouvement habituel qu'elles leur impriment, est défavorable dans certains cas. Ainsi le chanvre cultivé dans la vallée du Rhône a une filasse très grossière, tandis qu'aux

II. 13

abris des Alpes, dans la plaine de Grenoble et dans la vallée de
Graisivaudan, elle est beaucoup plus fine.

Les plantes à tige molle ne peuvent pas être cultivées non
plus dans les pays exposés au vent, ou ne peuvent l'être qu'à
des abris naturels ou artificiels ; ainsi les pois, par exemple,
exigent une position calme pour prospérer ; on peut en dire
autant des végétaux dont les graines se répandent facilement ;
le pavot, le sésame redoutent aussi les expositions venteuses.

Les grands vents qui ne parviennent pas à déraciner les végétaux qui ont cru sous leur influence, peuvent cependant causer de grands dommages aux récoltes qu'on en attend ; ainsi,
quand ils surviennent lors du premier développement des
feuilles et lorsqu'elles sont encore tendres, ils les coupent, les
arrachent, arrêtent la végétation, et si le produit de l'arbre se
fonde sur la récolte des feuilles, comme c'est le cas pour le
mûrier, ils le diminuent sensiblement. Il y a aussi certaines
positions où la constance seule de certains vents, en mettant
même à part leur violence, peut nuire à la végétation, c'est
quand des dunes, des terrains sablonneux se trouvent sous le
vent des arbres ; les grains de sable entraînés par les vents
liment peu à peu l'épiderme des feuilles et des branches, et détruisent ainsi les parties exposées à leur action. Aussi, dans les
lieux soumis à cette influence, ce n'est qu'au moyen d'abris artificiels que l'on peut parvenir à préserver les arbres, et le
rideau le plus exposé au vent est toujours plus ou moins dé-
garni. Enfin le transport de ces sables sur les terrains cultivés les
stérilise, et y établit un nouveau foyer de dévastation pour les
terrains situés plus avant. La marche des dunes de Bordeaux a
depuis longtemps fixé l'attention du gouvernement[1].

Les vents sont aussi une grande cause de la dissémination
des semences ailées des plantes. La culture la plus soigneuse a
peine à se garantir de la multiplication des chardons, quand

(1) Voir t. I, p. 246 et suiv.

tous ne concourent pas à la fois à leur destruction. Il
est aussi d'autres graines qui, après certains orages, garnissent spontanément les champs et qui sont apportées par les
vents.

A son point de départ, l'air ayant une température acquise
la transporte avec lui quand il se met en mouvement, et ce
n'est que peu à peu qu'il en change en traversant des pays qui
ont une température différente, en se mettant en équilibre
de température avec eux. Dans la vallée du Rhône, le vent
du nord abaisse la température normale de 7 degrés environ ;
après quelques jours de temps calme et clair pendant lesquels
la température s'est élevée, s'il survient au printemps un pareil abaissement de chaleur, toute la végétation se trouve souvent compromise, même quand il n'y a pas eu de gelée et que
les organes des plantes ont conservé leur vitalité il se produit un effet très remarquable, leur développement est arrêté, et ils restent rabougris. Nos cultivateurs expriment cet
état en disant que les plantes se sont *enrhumées*. Les bourgeons qui poussent plus tard prennent bien toute leur croissance, mais jamais les feuilles et les rameaux qui ont subi cet
arrêt de végétation ne se remettent complétement. Cet accident est surtout funeste aux prairies naturelles et artificielles
et aux feuilles du mûrier. Quant aux prairies, ce qu'il y a de
mieux à faire, c'est de presser leur coupe pour gagner du
temps au profit des coupes suivantes ; et pour les mûriers, il
faut attendre le développement de nouveaux bourgeons, retarder l'époque de l'éclosion des vers à soie, et sacrifier même
ceux qui sont nouvellement éclos, afin que la nouvelle feuille
puisse se développer avant l'époque de la grande consommation.

Les vents secs hâtent d'autant plus la dessiccation de la terre
qu'ils sont plus rapides. Après quelques jours de leur règne,
le sol se durcit, et cet état prolongé au printemps nuit beau-

coup à la croissance des plantes. Le blé reste bas et ne talle
pas ; les prairies fournissent peu de foin, s'il ne survient
un temps chaud qui permette de les arroser ; car si le vent
sec est en même temps froid, l'irrigation leur profiterait peu.
Les vents humides et chauds sont généralement favorables aux
plantes et surtout aux fourrages. Cependant on remarque que
sous leur influence la fécondation se fait mal, que la fructification est imparfaite et la maturité retardée.

Les vents secs et chauds causent une évaporation très rapide,
l'impression qu'ils font éprouver est encore plus forte, si,
comme le *simoun* d'Arabie, ils transportent avec eux du sable
échauffé par le soleil ardent du midi.

CHAPITRE X.

Influence des saisons sur la végétation.

Quoiqu'on n'ait jamais essayé de rechercher d'une manière
scientifique l'influence que les saisons, selon leurs divers caractères, exercent sur la végétation, on est généralement per-
suadé qu'il est possible de s'en rendre compte et de l'exprimer ; ainsi, dans le langage commun, on dit sans hésiter : les
blés ont manqué parce que le printemps a été trop pluvieux,
ou l'été trop froid, etc. Mais, en y regardant de plus près, on
s'aperçoit qu'il faudrait caractériser cette influence sur chaque
végétal en particulier, car tous reçoivent une influence différente des mêmes causes ; on est ensuite fort embarrassé pour assigner un caractère général à toute une saison, tel qu'il puisse
avoir agi pendant toute sa durée ; ainsi, le mois de mars aura
été sec et froid ; le mois d'avril sec et chaud ; le mois de mai
humide et froid ; quel caractère assignerons-nous à la saison ?
Prendra-t-on seulement en considération les moyennes de cha-

leur et d'humidité de trois mois? On pourrait commettre une grave erreur, surtout dans la saison du printemps, où l'augmentation considérable de chaleur en avril pourrait compenser ce qui manquerait au mois précédent et au mois suivant, et masquer ainsi des alternatives de température qui auraient eu de fâcheux effets; ainsi encore, d'abondantes pluies en mai feraient paraître humide un printemps dont la plus grande partie aurait été sèche.

Il ne faut pas méconnaître cependant que si les saisons peuvent souvent être qualifiées de variables, elles ont quelquefois un caractère marqué et persistant. Alors, elles exercent une influence décisive sur la végétation, et, en effet, si, profitant des observations que Duhamel joignait chaque année aux *Mémoires de l'Académie des Sciences,* nous y choisissons les années dont quelques saisons présentent un caractère bien tranché, nous y trouvons les résultats suivants, quant à la récolte de blé :

PRINTEMPS FROIDS ET HUMIDES.
1748, 1751, 1756.   Peu de grain et de paille.

PRINTEMPS FROIDS ET SECS.
1749, 1752, 1753, 1754, 1758, 1763, 1764.   Récolte généralement bonne, beau grain, peu de paille, quelques accidents de rouille.

PRINTEMPS SECS ET CHAUDS.
1750.   Mauvaise récolte.

PRINTEMPS SECS ET TEMPÉRÉS.
1762.   Très bonne récolte.

Si les froments d'hiver enracinés avant le printemps reçoivent une influence marquée du caractère de cette saison, il n'en est pas de même des autres plantes; de l'avoine, par exemple, semée au printemps, et des blés de mars. Leur réussite dépend en grande partie, non de l'ensemble de la saison, mais de l'état de l'atmosphère et du terrain au moment des

semailles et de leur bonne sortie de terre. Cependant les printemps constamment froids et humides leur sont très contraires,
mais les printemps froids et secs ne font souvent que les retarder, et si les pluies arrivent encore à temps, on peut avoir une
bonne récolte.

Les printemps froids et humides ne favorisent pas la croissance des foins, mais quelquefois l'herbe est épaisse et compense ce qui lui manque en hauteur. Si la terre a été bien humectée en hiver, les printemps chauds et secs leur conviennent
parfaitement ; mais c'est avec les printemps chauds et humides
que l'on obtient les meilleures récoltes d'herbes.

Les étés constamment pluvieux retardent la moisson (1843),
l'empêchent quelquefois (1816), font germer le blé dans les
gerbes et moisir les pailles. Les grains donnent de mauvaise
farine, et les animaux qui consomment les pailles sont sujets à
des épizooties.

Les étés froids et humides contrarient la maturité du raisin
et en rendent la récolte médiocre en qualité et en quantité.

Mais en voulant établir de telles généralités, nous trouvons
tant d'exceptions que nous sommes obligés d'avouer qu'elles
ne pourraient conduire à aucun résultat sérieux, à cause du
petit nombre d'années où les saisons entières revêtent un caractère aussi marqué. Ce qui est surtout important, c'est l'observation de l'état de la terre aux différentes époques de la végétation et celle des époques où surviennent les intempéries.
Ainsi, qu'un printemps sec suive un hiver abondant en neiges
et en pluie, la terre sera longtemps dans un état d'humidité
suffisant pour fournir aux besoins de la végétation ; au lieu donc
d'attribuer les effets produits sur les plantes à un printemps
sec, nous aurions une plus sûre indication dans la quantité
d'eau qui reste unie à la terre sept ou huit jours après chaque
pluie, comme nous l'avons enseigné dans l'agrologie. Au lieu
de rechercher la température moyenne de la saison, il nous

serait bien plus utile de signaler les gelées tardives et les retours de froid dans le mois de mai. Les évaporations excessives et accidentelles aux approches de la récolte, surtout si elles étaient accompagnées de brouillards secs, nous feraient mal augurer du résultat ; une floraison accompagnée de beau temps nous pronostiquerait une bonne récolte de seigle; si les autres circonstances étaient d'ailleurs favorables, tout l'épi de cette plante fleurissant à la fois, la pluie, pendant cette période de sa végétation, nous ferait craindre une mauvaise récolte; tandis que le froment fleurissant successivement, nous redouterions moins la pluie qui tomberait alors, si elle n'était pas continue. La température peu élevée retarde l'époque de la moisson des céréales ; mais comme la moisson se fait en été, la chaleur est presque toujours suffisante pour leur maturation dans les parties centrales de l'Europe. Il n'en est pas de même des plantes qui mûrissent plus tôt, ainsi la plupart des légumes ont besoin d'une fin de printemps chaude et sèche pour que les gousses puissent se former. Le succès de la vigne dépend à la fois d'un temps sec lors de sa floraison, et d'un temps chaud à l'époque qui précède la maturation ; il en est de même des arbres à fruits, et cette année (1843), par exemple, une belle récolte d'olives a donné, en Provence, moins d'huile que l'on ne devait s'y attendre, parce que la température de l'été a été insuffisante pour amener une maturité complète. Les autres fruits de l'arrière-saison ont également manqué de qualité.

Ces détails, que nous pourrions encore étendre, trouveront leur place lorsque nous traiterons de la culture de chaque plante, mais ils nous montrent suffisamment combien il régnerait de vague dans le rapprochement que l'on pourrait faire des résultats agronomiques et du caractère général des saisons. C'était au reste l'opinion de Duhamel lui-même, et nous ne pouvons mieux terminer qu'en citant une lettre de lui où il l'exprime d'une manière formelle[1]. Cotte avait essayé de faire le dépouillement des observations météorologiques et géorgiques de Duhamel, et d'en tirer des conclusions, non-seulement relatives au caractère des saisons, mais aussi à celui des années. Il adressa le modèle de son travail pour l'année 1748 à Macquer; et en lui annonçant qu'il l'avait poursuivi sur les 19 années suivantes, il disait en avoir déduit ces consé-quences : 1° l'humidité et le froid ne font tort au blé et au seigle qu'autant que l'humidité facilite la crue des mauvaises herbes; peut-être l'humidité jointe au froid ont-ils occasionné le charbon que l'on trouvait dans les épis de 1748; c'est ce qu'il se proposait d'examiner plus tard; 2° l'humidité jointe au froid ne fait pas de tort aux foins, parce que, si le froid les empêche de s'élever, l'humidité les fait taller, au lieu que l'humidité jointe à la chaleur peut les faire avorter (obser-vation plus que douteuse); 3° l'orge et les plantes légumineu-ses ne redoutent pas cette espèce de température; 4° elle ne paraît absolument contraire qu'aux avoines et à la vigne; 5° les arbres fruitiers n'en souffrent point; 6° cette tempéra-ture est nuisible aux chenilles et aux autres insectes, excepté aux hannetons, aux abeilles, aux cantharides, et en général aux insectes ailés qui paraissent mieux s'en accommoder que les autres, etc.

Macquer ayant communiqué cette lettre à Duhamel, reçut la réponse suivante : « ... Le projet de M. Cotte est sans doute bien médité, mais je doute qu'il puisse encore parvenir à éta-blir des règles générales à l'égard, par exemple, de la multi-plication des insectes. Il est certain que les années froides ne leur sont pas aussi favorables que les chaudes, mais j'ai vu une

(1) Elle est contenue dans un manuscrit laissé par Cotte à la Société royale et centrale d'agriculture, petit in-4°, relié en parchemin vert, intitulé : *Observations météorologiques, résultats de Duhamel*, CXI. *Voir* p. 197 et suiv.

immense quantité de chenilles de toute espèce résister deux années de suite à des gelées, à des petites ondées de neige, de grêle et de pluie froide, et la troisième année lorsqu'il y avait une prodigieuse quantité de chenilles, une pluie froide les fit périr subitement, et cela parce qu'elle survint dans le temps qu'elles changeaient de robe. Voilà qui fait une exception bien marquée à la règle générale.

« Par rapport aux grains, quoiqu'on puisse dire en général que les années humides sont favorables aux menus grains qu'on sème en mars, on voit, dans nos observations, des années sèches où la récolte des avoines a été bonne, parce que le peu de pluie qu'on a reçu est tombé dans des circonstances favorables, d'abord pour les faire lever, ensuite pour les faire croître, et enfin pour les faire épier ; des années plus humides n'ont pas été favorables à cette plante, parce que les pluies ne sont pas tombées dans les mêmes circonstances. Ce qui forme encore des exceptions à la règle générale, c'est la nature du terrain. Des pluies abondantes qui gâtent tout dans les terres fortes, font des merveilles dans les terres légères.

« De même, on peut dire en général que les années sèches sont favorables au froment ; cependant, il faut de l'eau dans les terres légères ; et dans les années où les froments étaient les plus beaux du monde, j'ai vu la moisson diminuer tout d'un coup d'un quart ou d'un tiers par des brouillards secs qui rouillaient les blés.

« Vous voyez, monsieur, par ce petit nombre d'exemples, combien il se trouve d'exceptions aux règles générales que l'on voudrait établir. Des années qui paraissaient promettre beaucoup ont été très tardives et n'ont pas permis au raisin de mûrir, par suite d'un orage accompagné de grêle qui a refroidi l'air et suspendu toute végétation pendant des temps quelquefois considérables et dans des circonstances où la chaleur aurait été le plus nécessaire. » etc.

Rien de plus raisonnable que l'opinion qu'émet Duhamel dans cette lettre, c'est sans doute moins la température absolue ou la quantité absolue d'eau tombée qui influe sur la végétation et la vie des insectes, que l'époque où se manifestent le froid, le chaud, la pluie, la sécheresse. Nous ne croyons donc pas que l'on puisse appliquer à tous les cas et à toutes les plantes des règles générales, parce qu'on ne peut ni leur donner les mêmes terrains, ni leur fixer une époque unique de développement, de floraison, de maturation ; mais je crois que l'on ne s'éloigne pas beaucoup de la vérité si l'on pose ce principe : les saisons les plus propices sont celles qui présentent une température élevée et une humidité suffisante et constante du terrain pendant le premier développement de la plante ; avec une augmentation progressive de chaleur et une diminution progressive d'humidité jusqu'à la maturité, sans jamais atteindre le point qui caractérise l'état de sécheresse du sol, c'est-à-dire, sans jamais descendre à la proportion de $0^m,10$ d'eau pour cent de terre à la profondeur de $0^m,33$, huit jours après la pluie. Moins la saison s'écarte de cet état normal, plus l'augmentation de chaleur et la diminution d'humidité suivent les progrès des plantes, et plus leurs récoltes sont assurées. On conçoit bien alors comment une saison peut être défavorable, soit par une interversion des proportions de chaleur et d'humidité, soit par une progression hâtive de l'une et de l'autre, et comment les plantes qui ont des époques différentes de développement ne peuvent pas toutes se trouver à la fois dans les circonstances les plus favorables. On comprend que l'expérience qui, à côté de la température annoncée par le thermomètre, détermine dans les différentes périodes de la végétation la quantité d'eau que renferme la terre a l'avantage de faire abstraction de la nature plus ou moins hygroscopique du sol, puisqu'elle donne directement sa proportion d'humidité.

On a suppléé longtemps à cette méthode par l'observation

de la hauteur des eaux de fontaine, des puits et des étangs. Dans ses notes météorologiques, Duhamel ne manquait jamais de tenir compte de cette circonstance. En Italie on y fait grande attention ; Costanzia cite un grand nombre de fontaines et de puits, dits *fontane di mal anno* (fontaines de mauvaise année), qui se sèchent ordinairement pendant plusieurs années, puis dans lesquelles l'eau s'accroît graduellement. On croit que les eaux basses annoncent des années abondantes, et que la crue précède les années de disette. Cet auteur cite des marchands de grain qui spéculaient heureusement sur les pronostics tirés de ces fontaines [1]. On assure aussi que l'administration des grains en Toscane réglait ses approvisionnements sur de semblables observations. La hauteur des eaux des fontaines et des puits annonce l'état de sécheresse des couches de terrain, et quand cette saturation s'étend jusqu'à la surface, elle doit être nuisible aux récoltes ; la sécheresse pourrait y nuire aussi à son tour. On conçoit cependant que sur les versants des Alpes et des Apennins l'humidité du printemps doit toujours être suffisante pour l'alimentation des plantes. Mais l'état d'humidité du sol est produit par des années antérieures de pluies abondantes, et ne peut avoir qu'un rapport indirect avec l'avenir. Ainsi, à Lyon, on a jaugé différentes sources qui naissent au pied du plateau de la Bresse, et l'on a trouvé que leur produit était réglé par la quantité de pluie tombée l'année précédente [2]. Le pronostic tiré de la hauteur de ces sources serait donc fondé sur la probabilité qu'une année de sécheresse succède à une année de grandes pluies. Il pourrait être souvent en défaut.

(1) *Opuscoli sotti*, t. XII, p. 45.
(2) Terme, *Des eaux potables*, p. 134.

DEUXIÈME PARTIE.

CLIMATOLOGIE.

Nous venons d'étudier séparément les divers phénomènes météorologiques dans leur rapport avec l'agriculture; nous devons maintenant chercher quelle est leur répartition à la surface du globe, c'est l'objet de la climatologie. Le climat d'un lieu, c'est l'ensemble des météores qui, par leurs proportions diverses et leur combinaison, impriment à ce lieu un caractère météorologique défini. Quoique l'on puisse affirmer qu'il n'existe peut-être pas deux points du globe qui, eu égard aux causes nombreuses susceptibles de modifier leur chaleur, leur lumière, leur humidité, etc., aient un climat parfaitement semblable, cependant si l'on réunit en groupes ceux qui se ressemblent le plus sous les rapports principaux, on trouvera des analogies puissantes qui l'emporteront de beaucoup sur les dissemblances; ces groupes nous les appellerons *régions météorologiques*. L'influence des météores sur la végétation étant évidente, si nous cherchons quel est le caractère de la végétation de chaque région météorologique, nous trouverons que chaque région est plus ou moins propre à certaines productions, et choisissant alors pour désigner son caractère la production principale qui s'adapte à la région, nous la désignerons par son nom et elle deviendra une *région agricole*.

La climatologie est une des parties les plus instructives et les plus pratiques de la science agricole, celle qui touche de

plus près aux intérêts réciproques des peuples, puisque c'est
de la diversité des climats que naît la variété des productions et
la nécessité des relations commerciales entre eux. Il y a eu un
temps où l'agriculteur pouvait penser que ses ancêtres avaient
fait choix des plantes les plus convenables à son climat, et qu'il
avait su admettre dans ses cultures toutes celles qui suffisaient
à ses besoins ; la communication rapide des idées, l'amélioration
du mouvement industriel ont dû lui prouver souvent que l'adop-
tion de certaines cultures n'avait eu d'autre motif que des difficultés de transports qui empêchaient de les obtenir par le
commerce à des conditions plus favorables que celles auxquelles
les vendait le sol lui-même ; que, d'un autre côté, il y avait des
conquêtes à faire sur d'autres pays, et qu'on pouvait s'approprier avec avantage des produits que l'on en tirait auparavant.
C'est à la météorologie qu'il a fallu surtout demander ces enseignements. Le mûrier, enlevé au monopole de l'Orient, puis
trouvant en Europe des limites que l'on tente si souvent de
franchir, est une preuve de ce qu'on peut obtenir de la connaissance des faits météorologiques bien étudiés. Combien
d'autres plantes peuvent encore ainsi changer la situation relative des peuples ! Ne voyons-nous pas le Midi déshérité du
commerce de l'huile par la prospérité des cultures des plantes
oléifères dans le Nord, et ne peut-il pas la reconquérir rapidement en associant à ses oliviers le madia et le sésame ? Et aujourd'hui, au milieu de la passion d'émigration et de coloni-
sation qui tourmente le monde, est-il bien prudent de faire
d'avance des plans de culture, d'importer la vigne à la nouvelle
Vevey, de chercher à cultiver la canne à sucre à Alger, sans
s'être assuré du climat qui peut convenir à ces végétaux, et de
ceux qu'ils trouveront dans la nouvelle patrie qu'on leur destine ? Jamais l'étude de la climatologie n'a eu plus d'importance
que de nos jours ; sans elle la pratique des assolements manque
de sa base la plus essentielle, puisque, ne connaissant qu'im-

parfaitement la distribution des saisons, nous ne pouvons comprendre, ni ce que les anciennes pratiques peuvent avoir de défectueux, ni choisir celles qui peuvent les remplacer convenablement.

La composition de l'atmosphère ne différant sur les divers points du globe que par ses éléments accidentels, ce serait par ceux-ci que nous devrions commencer notre étude, si nous ne manquions pas absolument de matériaux comparables ; ainsi, jusqu'à ce que la chimie ait rempli cette lacune importante, c'est à la répartition des propriétés physiques de l'atmosphère que nous devons nous borner.

CHAPITRE I".

Répartition du calorique à la surface de la terre.

SECTION Iʳᵉ. — *Répartition de la chaleur moyenne.*
Lignes isothermes.

Quoique la connaissance de la chaleur moyenne d'un lieu soit un élément peu important pour la culture, cependant comme c'est celui qui a été le mieux étudié et que d'ailleurs il représente le résultat des pertes et des gains faits par les couches intérieures de la terre, nous ne devons pas le passer sous le silence. M. de Humboldt a le premier imaginé de faire passer des lignes sur les différents points du globe qui avaient la même température moyenne, et il leur a donné le nom de lignes isothermes [1]. Cette heureuse pensée a conduit les physiciens à mieux étudier l'état des températures extrêmes, et elle a produit des travaux du plus grand intérêt pour la météorologie.

(1) *Mémoires de la société d'Arcueil*, et 3ᵉ vol. de l'ouvrage de M. de Humboldt sur l'Asie.

Si l'on trace sur une carte des lignes entre les points qui sont indiqués dans les tableaux de M. de Humboldt et dans ceux de Mahlmann[1], on verra que les courbes qui en résulteront ne suivront pas la direction des parallèles, comme cela devrait être sur un globe dont la surface serait homogène, mais qu'elles s'infléchissent vers le pôle et vers l'équateur. L'Europe est un des points où elles remontent le plus haut ; cette partie du monde a donc une température supérieure à celle des autres pays placés sous les mêmes parallèles. A l'extrémité orientale de l'Asie, il y a un autre point de maximum d'élévation des lignes isothermes vers le pôle. Les points les plus bas sont au centre de l'Amérique et de l'Asie. Ainsi, la ligne isotherme de + 10° passe par Erasmus Hall (États-Unis) (40° 37'), Paris (48° 50'), Manheim (49° 27') et Bude (47° 30') ; elle est donc remontée de 9 degrés du nord des États-Unis à Manheim ; et puis elle est redescendue de 2 degrés de Manheim en Hongrie. Ces inflexions doivent être principalement attribuées à la direction des vents. Celui de sud-ouest, qui est le plus fréquent en Europe, traverse un océan échauffé par sa latitude et par les courants d'une haute température qui partent du golfe du Mexique. Ces vents se refroidissent en arrivant dans l'intérieur du continent, où ils rencontrent d'ailleurs les vents polaires ; ceux-ci dominent sur le continent de l'Amérique du nord.

En traçant les lignes isothermes, il faut avoir soin de réduire toutes les températures au niveau de la mer. Alors Santa Fe de Bogota, qui n'a que 15° de température moyenne, mais qui se trouve à une altitude de 1,350 mètres, aurait au niveau de la mer une moyenne de 19° 07' ; et nous trouverions que cette ville, dont la latitude est de 4° 36', se trouve sur la même ligne isotherme que Funchal (32° 38') et Messine (38° 11').

(1) Ils sont reproduits dans le traité de Kaemtz, p. 176.

SECTION II. — *Ligne des hivers d'égale intensité (isochimène).*

Les lignes isothermes font un angle peu ouvert avec les parallèles, parce que la chaleur des étés sur les surfaces absorbantes des continents y compensent le froid des hivers. Il n'en est pas de même si nous considérons les hivers séparément des étés ; les lignes que nous tracerons entre les points où l'hiver a la même intensité, couperont les parallèles sur un angle très aigu, du nord-ouest au sud-est ; et donneront des hivers d'autant plus rigoureux que l'on avancera sous le même parallèle, de l'ouest à l'est, sur notre continent. Prenons par exemple la ligne des hivers présentant une température moyenne de — 1° à + 1°. Si on la trace sur la carte en réduisant les températures au niveau de la mer, on trouvera qu'elle passe par Uleaborg (Norwége) 60° 19' de latitude, Berlin (52° 31'), Bude (47° 30'), Sebastopol (Crimée) 44° 36', Pékin (Chine) 39° 54' ; descendant ainsi de près de 21 degrés, de la Norwége à la Chine.

Nous avons indiqué de préférence la ligne isochimène de — 1° à + 1°, parce que tous les pays qui sont situés à son nord sont sujets à éprouver des froids de — 25°. Elle est d'ailleurs caractéristique pour la végétation, en ce qu'elle est au nord la limite de la région du hêtre, que le mûrier ne la dépasse pas et que le châtaignier ne l'atteint jamais ; un froid de — 20° le fit périr dans les Cévennes, en 1709 ; ces deux derniers arbres ne parviennent même à cette limite que pour y vivre sans produire aucune utilité.

L'olivier ne dépasse pas la ligne isochimène de + 5.

Nous avons dit que la rigueur des hivers était caractérisée non-seulement par le degré, mais par la fréquence et la durée des gelées ; on trouve dans la table qui suit le nombre moyen de jours de gelée dans un grand nombre de lieux de l'Europe.

	Nombre de jours.	Température de l'hiver.
Saint-Gothard	208	— 0,8
Nijni-Taguilsk (Ourals).	186	—15,5
Saint-Pétersbourg	171	— 8,4
Spyderberg (Norwège).	163	— 3,8
Stockholm	145	— 3,6
Sagan (Silésie).	129	— 2,6
Tegernsée (Bavière)	123	— 1,9
Ratisbonne.	113	— 1,4
Munich.	109	— 0,4
Metz	101	
Prague.	99	— 0,4
Copenhague	95	— 0,4
Berlin.	95	— 0,8
Bade	90	+ 0,2
Wurzbourg.	83	+ 1,0
Manheim.	82	+ 1,5
Genève.	79	+ 1,2
Erfurth.	70	+ 0,6
Bruxelles.	69	+ 2,5
Carlsruhe.	64	+ 1,1
Paris.	58	+ 3,3
Orange.	54	+ 5,0
Middelbourg	52	+ 2,6
Padoue.	43	+ 6,0
Alais.	43	+ 6,0
La Rochelle.	40	+ 4,2
Rome.	11	+ 8,1
Marseille	9	+ 7,5

Il est facile de voir par ce tableau que l'intensité de la température hivernale n'est pas toujours en rapport avec le nombre de jours de gelée. Il y a certaines expositions qui sont soumises à des brises descendant des montagnes ; il en est d'autres où l'air est plus constamment pur ; dans les unes et dans les autres on peut avoir de fréquentes gelées qui cependant n'abaissent pas assez la température pour produire des moyennes d'hiver très fortes. Ainsi nous voyons qu'Orange, avec une température hivernale de + 5,0, a 54 jours de gelée, et que Middelbourg, avec une température de + 2,6, n'en a que

II.   14

52. Cela tient d'un côté à la pureté de l'air de la vallée du
Rhône, et de l'autre aux brouillards des côtes de l'Océan. Il y
a donc un fort rayonnement nocturne à Orange, tandis qu'il
est très faible à Middelbourg. Ces circonstances méritent toute
l'attention des cultivateurs, car elles influent beaucoup sur le
succès des récoltes et sur le choix des plantes à introduire dans
les assolements.

SECTION III. — *Lignes d'été d'égale chaleur (isothères).*

L'inégalité des jours, la direction des vents, l'état de la surface du sol, introduisent une grande complication dans la loi
qui règle les lignes d'égale température de l'été que l'on
appelle lignes isothères. Le long des côtes occidentales de
l'Europe les étés ont une température sensiblement égale,
puisqu'elle ne diminue que de deux degrés, de Mafra, près
de Lisbonne (+ 18), à Christiania en Norwège (+ 16). Si l'on
prenait les températures de l'air au niveau de la mer, la décroissance de chaleur des étés ne serait que de 0°,5 par degré
de latitude.

Si nous faisons une première tranche des étés de + 17° en
séparant, par une ligne tirée au pied des montagnes qui forment la vallée de l'Océan au couchant, les côtes de cette mer
du reste du continent; si, en partant de cette ligne qui va du
nord au sud, nous supposons des lignes qui lui soient parallèles et qui forment des tranches dirigées dans le sens des méridiens, nous trouverons que la chaleur de l'été augmente
dans chacune de ces tranches; ainsi, la température de l'été
est de 24 à 25 degrés à Marseille, à Palerme, à Trieste, à
Bologne; de 26 à 27 degrés, à Smyrne, à Catane, diminuant
aussi dans chaque tranche d'environ 0°,5 par degré de latitude en remontant vers le nord. Cette progression de chaleur
des étés de l'ouest à l'est s'arrête vers le milieu du continent

pour remonter ensuite de nouveau vers l'extrémité est de
l'Asie.

Ainsi, les lignes isothères semblent dépendre surtout de la
position des lieux à l'égard des réservoirs de vapeur et de la
direction des vents qui rendent l'atmosphère plus ou moins
transparente ou opaque, et permettent plus ou moins à la
terre d'être échauffée par le soleil. Les lignes isothères C D,
E F (*fig.* 7) qui sont presque parallèles aux méridiens, coupent à angle droit les lignes isothermes A B, et obliquement les
lignes isochimènes K H. Sous la même latitude A B on se trouvera

Fig. 7.

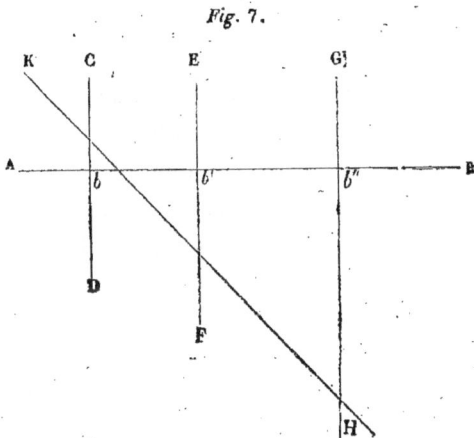

successivement en A *b* où l'on aura des hivers doux et des
étés tempérés ; dans la partie *b b'* où l'on aura des hivers
moins doux et des étés plus chauds ; dans la partie *b' b''* où l'on
aura de rudes hivers et des étés plus chauds encore. Ainsi, à
La Rochelle (lat. 46°,9′), hiver + 4°,7, été + 19°,2, différence 14°,5 ; à Paris (45°,11′), hiver + 2°,2, été + 22°,8,
différence 20°,6; à Bude (47°,30′), hiver — 0°,6, été + 21°,1,
différence 21°,7 ; à Nicolaïef (Crimée, lat. 46°,58′), hiver
— 3°,4, été 21°,8, différence 25°,2.

La réunion de la chaleur et de l'humidité étant la condition de la végétation, celle-ci étant d'autant plus riche et plus complète que leurs proportions sont mieux gardées, on ne peut établir aucune loi sur la répartition botanique et agricole des végétaux, fondée seulement sur la température des étés. Mais il n'est pas inutile de remarquer déjà que, quand la nature a fourni, ou que l'homme a su se procurer une humidité convenable, la richesse de la végétation a été en raison de la chaleur des étés. Ainsi, jadis la Mésopotamie était renommée par ses produits, aujourd'hui l'Egypte, malgré sa décadence, est encore un des pays les plus fertiles de la terre, la *huerta* de Valence, la Lombardie, les terrains arrosés du midi de la France sont célèbres par la beauté de leurs cultures; dans ces pays, l'humidité a pu se proportionner aux besoins des végétaux que l'on y cultivait. Si la proportion est telle que la plante y trouve toujours les matériaux d'une abondante exhalation, la plante monte en herbe, fructifie mal et difficilement; on cultive alors de préférence les fourrages. Si l'humidité manque dans les couches supérieures pendant une partie de l'été, le pays se couvre d'arbres et d'arbustes; enfin, si elle diminue progressivement, à mesure des progrès de la plante, mais sans s'annuler tout-à-fait, les plantes annuelles fructifient et mûrissent, et l'on s'adonne à leur culture. La chaleur peut donc augmenter beaucoup et assurer de plus en plus le succès des récoltes, c'est la proportion relative d'humidité qu'il faut maîtriser, selon les besoins de chaque plante. Nous dirons donc que, pour les succès de la culture, le climat est d'autant plus favorable que les étés sont plus chauds, l'humidité du sol étant d'ailleurs suffisante.

CHAPITRE II.

Répartition de la lumière et de la chaleur solaires; étés solaires.

Les jours nébuleux, ceux où le soleil est obscurci, se répartissent sur la surface du globe, selon deux conditions : le voisinage d'un réservoir d'eau, et la proximité d'un réfrigérant qui condense les vapeurs et les fait passer de l'état aériforme à l'état vésiculaire. Quand le réservoir des vapeurs est rapproché et qu'on est dans une région chaude, l'air est saturé d'humidité, et les moindres abaissements de température donnent des jours couverts ; si les vents soufflent dans une direction venant du réservoir de vapeur, il n'est pas nécessaire qu'il soit très rapproché pour que l'humidité soit extrême ; enfin si le réfrigérant est très puissant, comme quand on se trouve dans le voisinage d'une grande chaîne de montagnes, le ciel est souvent couvert par l'effet de l'abaissement de la température, quoique d'abord l'air soit éloigné du point de saturation.

Ceux qui ont étudié les tableaux météorologiques, tels que nous les possédons, savent la difficulté qu'on éprouve à y distinguer les jours véritablement couverts, de ceux où le soleil ne se montre que par faibles intervalles, et de ceux où des nuages isolés parcourant le ciel ne cachent la lumière que par moment et lui laissent toute son intensité après leur passage. Les observateurs font ordinairement trois classes de ces différents états du ciel : dans la 1re ils placent les jours absolument clairs ; dans la 2e les jours moyens, sans distinguer l'étendue des nuages et la région du ciel qu'ils occupent ; enfin dans la 3e les jours couverts. Nous avons cherché, et cela nous a coûté un grand travail, à faire le départ de ces divers éléments ; nous n'y sommes parvenus que pour quelques lieux.

Si les chiffres que nous avons obtenus n'ont pas une valeur absolue qui soit irréprochable, nous croyons au moins qu'ils représentent assez bien les rapports qui existent entre les né-bulosités des divers pays.

Les observations directes nous manquent pour faire connaî-tre la répartition de la nébulosité hors de l'Europe. Puisse la force avec laquelle nous insistons sur sa nécessité, décider les observateurs à ne plus la négliger! Cependant ce que nous avons dit sur l'évaporation et les vapeurs aqueuses peut nous faire prévoir que sous un même méridien ces vapeurs sont plus abondantes en approchant de l'équateur, mais qu'elles y sont mieux dissoutes, qu'elles sont plus rares vers le pôle, et que c'est sous les latitudes moyennes que leur abondance, jointe à leur dissolution moins complète, rend le ciel plus brumeux, et en lui faisant perdre de sa transparence, abaisse la tempé-rature solaire. Sous le même parallèle, en Europe, la nébulo-sité est d'autant plus grande que l'on se rapproche plus de l'ouest où se trouve le réservoir des vapeurs ; et d'autant plus faible que l'on avance dans l'intérieur des terres. Ainsi, la ligne d'égale chaleur solaire ne devrait pas s'éloigner beaucoup de la ligne isochimène. La direction des différents courants aé-riens, selon leur caractère de chaleur et d'humidité propre, devra apporter de nombreuses exceptions à cette loi ; de même que le voisinage des grands réfrigérants, les Alpes, les Pyré-nées, etc., qui condensent les vapeurs autour de leurs cimes et dans les vallées inférieures, quand elles ne sont pas balayées par les vents.

Pour qu'on puisse se rendre raison de la distribution de la lumière dans les différents lieux, nous les avons rangés sur trois colonnes, par ordre de latitude : la première comprend ceux qui sont situés sur les côtes occidentales des continents et des îles ; la seconde, les pays continentaux, et la troisième, les montagnes élevées.

CÔTES OCCIDENTALES.		PAYS CONTINENTAUX.		PAYS DE MONTAGNE.	
Latit.	Jours éclairés par le soleil.	Latit.	Jours éclairés par le soleil.	Latit.	Jours éclairés par le soleil.
59,56 S.-Pétersbourg .	106	59,0 Stockholm.	140		
59,50 Spyderberg. ...	236	56,0 Nijni-Taguilsk...	164		
55,40 Copenhague....	116	55,45 Moscou..	174		
53,0 Hambourg.	93	52,0 Berlin..........	134		
51,29 Middelbourg. ..	90	51,0 Sagan..........	125		
		50,58 Erfurth.	134		
		50,50 Prague..........	126		
		50,50 Bruxelles.	142		
		49,29 Manheim.......	107		
		49,1 Carlsruhe..	108		
		49,0 Ratisbonne.....	127		
		48,50 Paris.	179		
		48,46 Stuttgardt.	119		
		48,8 Munich.........	108		
		47,29 Bude.	156	47,6 Tegernsée......	84
		47,4 Bourges........	135	47,0 Peissenberg. ...	106
46,9 La Rochelle......	127	46,52 Genève........	80	46,52 Saint-Gothard..	115
		45,28 Milan	205		
		45,26 Padoue.	187		
		45,26 Vérone..	235		
		45,11 Grenoble.......	199		
		45,4 Turin..........	203		
		44,29 Bologne.	169		
		44,25 Bucharest......	184		
		44,7 Orange........	223		
		43,46 Florence.......	222		
		43,36 Toulouse.......	90		
		43,17 Marseille.	201		
38,56 Mafras.	127	41,54 Rome..........	193		
38,8 Palerme........	152	36,47 Alger.	225		

Si dans ce tableau nous faisons la part des circonstances locales, nous y remarquerons la décroissance du nombre de jours clairs en allant du nord au sud, jusque vers le midi de l'Allemagne; mais dès que nous avons passé les Alpes, nous arrivons dans une zone éclairée et qui le devient de plus en plus à mesure qu'on s'approche des bords de la Méditerranée. Les pays des côtes occidentales ont toujours moins de jours clairs que les continentaux placés au même degré de l'échelle des latitudes; il en est de même des hautes montagnes. Ainsi, une zone nébuleuse sur la côte occidentale, une autre zone nébuleuse partageant l'Europe du 47° au 52° de latitude, voilà ce qu'indique ce tableau et ce qui est confirmé par les voyageurs.

Ce partage de la lumière sera rendu encore plus sensible, si nous le considérons dans la saison d'été; nous aurons alors le tableau suivant :

Jours éclairés par le soleil dans la saison de l'été.

CÔTES OCCIDENTALES.	PAYS CONTINENTAUX.	PAYS DE MONTAGNES.
Pétersbourg... 32,0	Stockholm . . . 40,6	
Spyderberg. . . 67,1	Nijni-Taguilsk . 48,0	
Copenhague.. . 31,9	Moscou..... 56,8	
Hambourg . . . 20,0	Berlin..... 46,6	
Middelbourg . . 20,9	Sagan...... 33,8	
	Erfurth..... 37,5	
La Rochelle... 34,3	Prague..... 35,7	Tegernsée.... 16,7
Mafras 54,6	Bruxelles. . . . 37,4	Peissenberg... 17,9
Palerme..... 61,4	Manheim.... 28,9	S.-Gothard. . . 23.1
	Carlsruhe.... 37,0	
	Ratisbonne... 31,6	
	Paris..... 48,0	
	Stuttgardt.... 40,0	
	Munich.... 27,3	
	Bade..... 42,0	
	Genève.... 26,5	
	Milan..... 64,4	
	Padoue.... 57,3	
	Vérone.... 70,9	
	Grenoble... 60,5	
	Turin..... 61,7	
	Bologne..... 55,3	
	Bucharest.... 42,0	
	Orange. 60,0	
	Florence ... 70,9	
	Marseille ... 65,2	
	Rome..... 68,0	
	Alger...... 70,0	

Si nous prenons la moyenne des jours clairs de l'été dans ces différentes situations, nous trouvons pour les côtes occidentales 31,2; pour les pays continentaux du nord 39,3, et pour ceux du midi 61,4. Ces nombres indiquent assez la différence climatérique qui existe entre des lieux si différemment éclairés.

Mais la présence ou l'absence des nuages est loin de nous faire connaître la véritable transparence de l'air. Le soleil ne transmettra pas la même quantité de chaleur pendant toutes les journées que nous appellerons claires. Nous avons déjà vu que la chaleur solaire était plus forte dans les jours clairs à Orange pendant les mois de février, mars, avril, septembre et octobre, où elle atteint 22 degrés [1]; à Paris, pendant les mois de mars, avril, mai et août; à Peissenberg, pendant ceux de janvier, avril et juin [2]; de pareilles différences doivent se trouver entre les climats. Ainsi d'abord, les physiciens qui ont fait des observations de chaleur solaire sont loin d'avoir pu obtenir à coup sûr les maximums d'effet en choisissant un jour qu'ils regardaient comme un jour clair; ensuite la même différence qui existe entre les saisons doit exister entre les différentes régions. Voyons cependant ce qu'ont produit ces observations faites dans des jours que l'on croyait de même nature :

À Thinivellier (Islande), M. Lottin trouvait, le 21 juin 1836, qu'un thermomètre couvert d'un millimètre de terreau marquait 45° à 2 heures, l'air étant à 14°; la chaleur solaire augmentait donc de 31° la température de la surface de la terre. Un thermomètre appliqué contre un mur de basalte marquait 35°,1, et par conséquent dans cette position la chaleur solaire accumulée était de 21°,5.

Le 4 juillet, le P. Hell obtenait dans l'île de Wardhoë (mer Blanche), d'un thermomètre pendu à l'abri d'un mur, 30°,6, le thermomètre à l'ombre étant à 5°,6. Ainsi la chaleur solaire était de 25 degrés [3].

À Manheim, trois ans d'observations ne nous donnent pas une différence de plus de 6° entre la chaleur solaire et la chaleur atmosphérique [4].

(1) Page 130.
(2) Page 77.
(3) *Ephémérides de Vienne*, 1792.
(4) *Ephémérides de Manheim*.

A Prague, au nord, le 28 février 1785, à 11 heures, le thermomètre marquait

$$
\begin{array}{ll}
\text{Au soleil} \dots \dots \dots \dots & 18^{\circ}75 \\
\text{A l'ombre} \dots \dots \dots \dots & 5,38 \\
\hline
\text{Différence.} \dots & 13,37
\end{array}
$$

Les observations qu'a faites à Toulon, en février 1832[1],
M. Duhamel, sur un thermomètre exposé au soleil, à l'abri
du vent, pendant 15 minutes à midi, nous donnent, pour le
maximum de la différence, 17°,3.

Bell trouvait à Anapa en Circassie, en observant à midi, le
24 juillet 1837,

$$
\begin{array}{ll}
\text{Au soleil} \dots \dots \dots \dots & 46^{\circ}2 \\
\text{A l'ombre} \dots \dots \dots \dots & 18,6 \\
\hline
\text{Différence.} \dots & 27,6
\end{array}
$$

Et le 10 août,

$$
\begin{array}{ll}
\text{Au soleil} \dots \dots \dots \dots & 51^{\circ} \\
\text{A l'ombre} \dots \dots \dots \dots & 35,56 \\
\hline
\text{Différence.} \dots & 15,44 \ [2]
\end{array}
$$

Nous recevons en ce moment l'annuaire météorologique de
M. Kuppfer, pour 1841 ; nous y trouvons les observations des
radiations solaires faites à Pétersbourg, à 3 heures ; malheureusement elles n'ont lieu que les jours où le soleil est parfaitement clair, et on n'a pas pensé à rechercher aussi la chaleur
solaire qui traverse les nuages. Nous ne pouvons donc comparer cet état du ciel qu'avec ce qui se passe à Orange dans
les mêmes circonstances, et que nous avons rapporté à la
page 130. Nous mettons ici en regard les deux séries d'observations.

(1) *Annales des sciences pour le midi.*
(2) *Voyage en Circassie,* t. I, p. 204.

Moyennes solaires des jours clairs.

	ORANGE.	PÉTERSBOURG.
Janvier.	10,7	3,9
Février.	22,5	6,8
Mars.	22,0	10,0
Avril.	21,0	13,8
Mai.	16,3	11,4
Juin.	16,5	14,4
Juillet.	18,4	13,4
Août.	16,7	11,8
Septembre. . . .	21,0	16,1
Octobre.	20,7	13,1
Novembre. . . .	14,4	6,2
Décembre.	13,9	0
Moyenne annuelle. .	18,3	10,2

L'extinction des rayons solaires est proportionnelle à l'épaisseur de l'atmosphère qu'ils ont à traverser et à l'état des vapeurs que l'air renferme. Si nous supposons qu'à Orange, où l'épaisseur moyenne de la couche à traverser est de 2,4, l'extinction pour une couche d'air d'une épaisseur égale à 1 soit de 4°,6, le quart de la chaleur solaire de l'année, nous trouverons les résultats suivants pour les différents mois dans les deux pays:

	ORANGE (1826-43).			PÉTERSBOURG (1841).			Différence d'Orange à Pétersb.
	Épaisseur de la couche atmosphérique traversée.	Extinction de chaleur à 4,6 pour 1 atm.	Chaleur qu'aurait eue le soleil au zénith.	Épaisseur de la couche atmosphérique traversée.	Extinction de chaleur à 4,6 pour 1 atm.	Chaleur qu'aurait eue le soleil au zénith.	Chaleur zénithale.
15 janvier	4,1	18,9	29,6	»	»	»	»
15 février	2,8	12,9	35,4	5,2	23,9	30,7	4,7
15 mars..	2,0	9,2	29,2	3,1	14,3	24,3	4,9
15 avril. .	1,6	7,4	28,4	2,0	9,2	23,0	5,4
15 mai . .	1,4	6,4	22,7	1,6	7,4	18,8	3,9
15 juin .	1,4	6,4	22,9	1,5	6,9	21,3	1,9
15 juillet.	1,4	6,4	24,8	1,5	6,9	20,3	4,5
15 août. .	1,5	6,9	23,6	1,8	8,3	20,1	3,5
15 sept. .	1,8	8,3	29,3	2,5	11,5	27,6	1,7
15 octob.	2,4	11,0	31,7	4,0	18,4	31,5	0,2
15 nov. .	3,6	16,6	31,0	»	»	»	»
15 déc. .	4,5	20,7	34,6	»	pour 9 mois.		
	2,4	10,9	28,6	3,2	11,9	23,1	

Ce tableau est fort remarquable ; nous y voyons d'abord que le chiffre adopté pour l'extinction moyenne, dans l'expérience faite à Orange, celui de 4°,6, pour l'épaisseur d'une atmosphère, est trop faible pour Saint-Pétersbourg, car si l'air avait la même transparence en ce lieu qu'à Orange, la chaleur solaire, réduite au zénith, en ajoutant l'extinction normale à la chaleur observée, devrait être égale dans les deux lieux ; mais on a observé qu'elle est constamment moindre à Saint-Pétersbourg.

Ces résultats nous font présumer qu'il y aurait de la témérité à vouloir attribuer aux jours clairs de tous les pays et de toutes les saisons une degré égal de translucidité, et que des expériences directes peuvent seules nous apprendre la puissance solaire dans les différents climats. Cependant nous n'avons pu résister à l'envie de rechercher les résultats que produirait ce chiffre hypothétique appliqué au tableau que nous venons de donner des jours clairs des différents pays ; nous avons écarté les lieux situés sur de hautes montagnes, dont nous ne connaissons pas bien le pouvoir solaire, et que les observations de Peissenberg tendraient à élever beaucoup. Alors considérant que, d'après nos expériences rapportées plus haut, page 130, les jours clairs nous donnent 18°,3 de chaleur solaire ; que la moyenne des jours complétement clairs et nuageux sans être couverts, nous donne 12°,5 ; que celle des jours couverts est de 1°,3, nous avons pensé qu'en assignant en moyenne 15 degrés de chaleur solaire aux jours éclairés par le soleil (clairs moyens), nous aurions un tableau de la chaleur que le soleil ajoute durant l'été à la température atmosphérique de chaque contrée. Ce tableau manquerait d'exactitude pour un grand nombre de lieux, mais il établirait du moins par approximation une échelle de comparaison fort instructive : c'est ce qui nous engage à le mettre sous les yeux de nos lecteurs.

	Chaleur solaire de l'été.		Chaleur solaire de l'été.
Hambourg	393,6	Berlin	758,0
Middelbourg	408,5	Nijné Taguilsk	777,2
Munich	513,6	Mafra	867,6
Manheim	518,1	Bologne	877,2
Ratisbonne	555,1	Moscou	897,8
Copenhague	556,6	Padoue	904,6
Pétersbourg	558,0	Orange	941,6
La Rochelle	589,5	Grenoble	948,4
Prague	608,7	Palerme	960,8
Carlsruhe	626,5	Turin	964,9
Bruxelles	631,9	Milan	1001,9
Erfurth	633,3	Marseille	1012,9
Stuttgart	665,0	Rome	1051,2
Stockholm	675,8	Vérone	1090,9
Bade	695,0	Alger	1078,6
Bucharest	695,0	Florence	1090,9
Paris	777,2		

Ce tableau exprime bien le passage des pâturages éternellement verts des côtes de l'Océan et des belles récoltes fourragères du centre de l'Allemagne, à l'aridité des campagnes situées au midi des Alpes, lorsque pendant l'été, l'irrigation ne vient pas rendre aux champs l'humidité dissipée par la chaleur, et doubler ainsi les produits qu'on obtient naturellement au nord avec un soleil pâle.

CHAPITRE III.

De l'électricité atmosphérique.

En attendant qu'un nombre suffisant d'observations journalières nous apprennent l'équilibre électrique de l'atmosphère dans son état ordinaire, nous ne pouvons guère considérer aujourd'hui que les effets que le fluide électrique produit, lors des ruptures d'équilibre manifestées bruyamment dans les orages, puisqu'ici encore, comme pour beaucoup de météores, on n'a observé que les exceptions.

En étudiant l'histoire des orages dans les monuments que nous présente aujourd'hui la météorologie, nous avons pu en distinguer de deux espèces principales : 1º les uns se forment sur un point donné par une vive évaporation bornée à un espace circonscrit ; transportés ensuite par les vents, ils éclatent sur leur passage et finissent par s'épuiser sans s'étendre en tous sens. Ce sont des orages que l'on pourrait appeler *linéaires*. 2º dans l'autre espèce, les nuages électriques, d'abord circonscrits, s'étendent autour d'eux en tous sens et parviennent à couvrir de vastes surfaces, quelquefois toute l'étendue d'un continent et peut-être au-delà. Ce sont les orages *rayonnants*. Nous ne pouvons mieux dépeindre leur formation qu'en nous servant des paroles de Kaemtz[1]. L'auteur se trouvait sur le Faulhorn et après avoir parlé des préludes de l'orage, des nuages qui arrivaient poussés par le vent du sud-ouest, il ajoute : « A 7 heures, tout l'ensemble des nuages avait une apparence orageuse ; ils s'étendaient uniformément passant par mon zénith, jusqu'à la chaîne qui est entre la Jung-Frau et le Wetterhorn. Les éclairs commencèrent d'abord dans la vallée de Schwitz, et se propagèrent de proche en proche vers l'est. Bientôt il s'établit des éclairs permanents en cinq points de cette masse de nuages, qui s'étendait sans interruption du lac de Genève à Schwitz et Glaris. Sur le soir je vis aussi des éclairs en Allemagne et en France, mais ces derniers étaient trop éloignés pour que je pusse les observer convenablement. Il résulte à mes yeux des observations que je fis pendant plusieurs heures, que l'électricité qui paraissait aux divers points de cette masse de nuages était en communication intime. Pour environ un tiers des éclairs la marche du phénomène était la suivante : l'éclair partait d'abord dans le canton de Vaud et éclai-

(1) *Jahrbuch für chenud*. 1832. t. II. page 22.

rait fortement, comme à l'ordinaire, la couche inférieure; peu de secondes après, souvent presque immédiatement, on voyait briller, dans le voisinage de Rinderhorn, un second éclair à plusieurs traits rayonnants vers le bas; ensuite il s'en montrait un au-dessus de Berne qui ne faisait qu'éclairer fortement le nuage; puis un trait de feu paraissait par le bas, dans la direction de Lucerne, et il était suivi d'un autre dans la direction de Schwitz. »

Ce que l'auteur a observé par le hasard qui l'avait transporté sur ce bel observatoire dans le moment où l'orage éclata, se passe chaque année et à plusieurs reprises. Nous pourrions donner ici l'analyse d'un grand nombre d'années, mais nous nous contenterons d'une seule pour laquelle nous avons pu réunir le plus d'observations; c'est l'année 1785. Auprès de chaque jour des mois, nous mettons les noms de lieux où les phénomènes électriques, les éclairs et le tonnerre ont été observés.

ORAGES DE 1785.

FÉVRIER.

11. Padoue.

MARS.

22. Sagan.

AVRIL.

4. Saint-Ander (Bavière).
15. Moscou.
19. Berlin.
27. Milan.

MAI.

2. Orange.
7. Saint-Ander, Milan.
8. Saint-Ander, Peissenberg, Spyderberg, Moscou, Milan, Orange.
9. Tegernsée, Peissenberg, Bude, Orange.
10. Saint-Ander, Peissenberg, Orange.
15. Milan.
16. Paris.
17. Saint-Ander, Munich, Milan, Orange, Paris.
18. Saint-Ander, Bude.
19. Pétersbourg.
20. Genève.
22. Padoue, Moscou.
24. Padoue.
25. Manheim.
26. Ratisbonne, Sagan, Moscou, Milan.
27. Saint-Ander, Tegernsée, Peissenberg, Genève, Bude, Orange.
28. Padoue.
29. Bude.
31. Padoue.

JUIN.

1. Bruxelles, Middelbourg, Moscou.

3. Padoue, Middelbourg.
4. Bruxelles, Padoue.
5. Moscou.
6. Spyderberg.
7. Sagan, Spyderberg.
8. Tegernsée, Paris, Orange.
9. Padoue, Peisseinberg. Saint-Ander.
10. Moscou, Bude.
11. Moscou, Stockholm.
12. Berlin, Sagan, Stockholm.
13. Bude, Moscou, Padoue, Peissenberg.
15. Middelbourg.
16. Erfurth, Manheim, Munich, Ratisbonne, Genève, Milan, Orange.
18. Erfurth, Bude, Manheim, Padoue, Milan.
19. Moscou.
22. Berlin.
23. Bude.
24. Pétersbourg.
26. Prague, La Rochelle.
27. Moscou, La Rochelle.
28. Paris, Genève, Peissenberg.
29. Marseille, Genève, Bude, Peissenberg, Tegernsée, Saint-Ander.
30. Genève, Paris, Bruxelles, Middelbourg, Wurzbourg, Peissenberg, Munich, Ratisbonne, Moscou, Bude, Orange.

JUILLET.

1. Saint-Ander, Tegernsée, Peissenberg, Wurzbourg, Erfurth, Middelbourg, La Rochelle.
2. Ratisbonne, Erfurth, Sagan, Berlin, Bude.
3. Padoue, Erfurth, Berlin.
4. Erfurth.

5. Munich, Saint-Ander, Tegernsée, Peissenberg, Manheim, Erfurth, Middelbourg, Paris, Bruxelles, Genève, Milan, Padoue.
6. Padoue, Spyderberg, Milan.
8. Stockholm, Sagan, Milan, Rome.
11. Padoue.
13. Padoue, Milan, Orange, Marseille, Bude, Moscou.
14. Middelbourg, Sagan.
15. Munich, Saint-Ander, Tegernsée, Peissenberg, Middelbourg, Paris, Bruxelles, Moscou.
16. Berlin, Bude, Padoue, Milan.
17. Moscou.
18. Munich.
19. Peissenberg, Erfurth, Wurzbourg, Manheim, Middelbourg, Bruxelles, Paris, Sagan, Moscou.
20. Ratisbonne, Munich, Saint-Ander, Tegernsée, Peissenberg, Berlin, Genève, Marseille, Orange, Padoue.
21. Munich, Middelbourg, Berlin, Paris, Padoue, Milan, Marseille.
22. Stockholm, Moscou, Tegernsée, Peissenberg, Paris, La Rochelle, Genève, Milan.
23. Prague.
24. Pétersbourg.
26. Middelbourg, La Rochelle, Pétersbourg.
27. Munich, Saint-Ander, Peissenberg, Manheim, Wurzbourg, Erfurth.
28. Saint-Gothard, Peissenberg, Spyderberg, Bude, Sagan, Milan.
29. Bude.

AOUT.

1. Spyderberg, La Rochelle, Berlin.
2. Ratisbonne, Munich, Saint-Ander, Saint-Gothard, Tegernsée, Peissenberg, La Rochelle.
3. Munich, Saint-Ander, Middelbourg, Paris, La Rochelle, Manheim, Erfurth.
4. Saint-Gothard, Bruxelles, Paris, Middelbourg, Manheim, Wurzbourg, Erfurth, Prague, Sagan, Berlin.
5. Ratisbonne, Munich, Saint-Ander, Peissenberg, Middelbourg, Bruxelles, Wurzbourg, Berlin.
6. Munich, Saint-Ander, Peissenberg, Berlin, Padoue.
7. Munich, Saint-Ander, Peissenberg, Padoue, Orange.
8. Padoue.
9. Padoue, Milan, Berlin.
10. Ratisbonne, Manheim, Prague, Bude.
11. Stockholm.
12. Moscou.
13. Orange, Milan, Padoue, Saint-Gothard, Manheim, Berlin.
14. Padoue, Milan, Middelbourg, Sagan.
15. Moscou, Manheim.
17. Saint-Ander, Peissenberg, Middelbourg, Manheim.
18. Spyderberg.
19. Moscou.
20. Padoue.
21. Padoue, Genève.
22. Stockholm, Saint-Gothard.
23. Spyderberg, Sagan, Berlin.
24. Sagan.
25. Munich, Saint-Ander, Tegernsée, Saint-Gothard, Pétersbourg, Prague, Bruxelles, Paris, Genève.

26. Ratisbonne, Peissenberg, Bude, Padoue.
27. Saint-Gothard, Padoue.
29. Moscou.
31. Munich, Saint-Ander, Tegernsée, Peissenberg, Saint-Gothard.

SEPTEMBRE.

1. Bruxelles, Middelbourg, Manheim, Ratisbonne, Munich, Tegernsée, Peissenberg, Bude.
2. Sagan.
3. Bruxelles, Padoue.
4. Manheim.
8. Marseille, Middelbourg.
9. Manheim, Genève, Orange, Saint-Gothard, Padoue.
10. Berlin, Sagan, Erfurth, Munich, Saint-Ander, Tegernsée, Peissenberg, St.-Gothard, Padoue.
11. Erfurth, Paris, Orange.
12. Bude, Sagan, Milan.
14. Sagan, La Rochelle.
15. Marseille, La Rochelle.
16. Bruxelles, Erfurth, Berlin, Saint-Ander.
19. Sagan.
21. Genève, Saint-Gothard, Orange.
22. Middelbourg, Peissenberg, Padoue.
24. Paris.
25. Sagan, Erfurth, Middelbourg, Padoue.
26. Sagan, Berlin, Tegernsée.
27. Pétersbourg.
29. La Rochelle.
30. La Rochelle.

OCTOBRE.

1. La Rochelle, Orange.
2. La Rochelle, Orange.

3. Genève, Padoue.
4. La Rochelle, Paris.
5. Marseille.
6. La Rochelle.
7. Bruxelles, Marseille, Rome.
9. Rome, La Rochelle.
10. Rome, La Rochelle.
12. Bruxelles, Middelbourg.
13. Sagan, Berlin.
19. Rome.
25. Middelbourg.
27. Rome.

NOVEMBRE.

2. Ratisbonne, La Rochelle, Orange.
6. La Rochelle, Rome.
12. Rome.
28. Middelbourg, Rome.

DÉCEMBRE.

1. Rome.
4. La Rochelle.
13. La Rochelle.
18. Rome.

Nous avons cité (tome Ier, page 143) un passage d'un mémoire de M. Boussingault, où il affirme que sous la zone équinoxiale, pendant l'année entière, tous les jours et peut-être à tous les instants, il se fait dans l'atmosphère une série continuelle de décharges électriques. On conçoit que dans cette zone l'évaporation des différents réservoirs d'eau fournit un courant ascendant de vapeurs qui emportent avec elles des doses différentes d'électricité, et constituent un défaut habituel d'équilibre électrique dans l'atmosphère. C'est ce qui se passe aussi dans la zone tempérée pendant la saison chaude. A partir du commencement de mai, nous trouvons à peine un jour dans notre Europe occidentale qui ne soit signalé par des coups de tonnerre et des éclairs qui annoncent ce défaut d'équilibre électrique entre les diverses masses de vapeurs. C'est un échange continuel d'électricité entre les nuages, et entre ceux-ci et la terre. Les répulsions et les attractions de ces masses doivent avoir une grande influence sur l'état de l'atmosphère, et la rendre tout autre qu'elle ne serait si elle n'était soumise qu'à l'action de la pesanteur, du calorique et de l'humidité.

Il n'est pas moins curieux d'observer la marche que suivent ces orages dans leur formation. Si nous examinons le tableau ci-dessus, nous trouverons que les signes électriques se manifestent plusieurs jours de suite dans des lieux isolés et éloignés les uns des autres ; que leur sphère d'activité s'étend, et qu'enfin il arrive un moment où elle embrasse presque toute l'Eu-

rope. Plus tard, les signes électriques se localisent de nouveau, jusqu'à une nouvelle invasion générale, qui dans la saison
chaude a lieu environ tous les 7 à 8 jours. C'est à un de ces
grands spectacles qu'assistait Kaemtz sur le Faulhorn, le 13
août 1833 ; ce jour-là l'orage envahit toute l'Allemagne, au
nord des Alpes, et s'étendit jusqu'à Paris ; le lendemain, la
Lombardie y participa ; le midi de la France resta clair et sans
apparence électrique, ainsi que l'Italie au sud des Apennins.

Dans le tableau que nous avons donné plus haut, on a vu
que certains noms de lieux revenaient plus souvent que d'autres,
et qu'ainsi, dans leur formation et leur extension, les orages
affectaient de préférence certaines directions, soit que les vents
supérieurs qui transportent les nuées aient plus de facilité à les
suivre, soit que la disposition des montagnes les y attire ; voici
le nombre moyen de jours où se sont manifestées des nuées à
réactions électriques, éclairs ou tonnerres, dans différents lieux :

La Rochelle. 21,0	Paris..... 19,0	St-Gothard 18,0	Milan... 24,0	Stockholm.. 9,3
Middelbourg 21,3	Bruxelles.. 16,1	Genève... 19,0	Padouc. 41,9	Pétersbourg 12,4
Cuxhaven.. 11,5	Giengen... 21,9	Dijon.... 15,0	Rome.. 42,4	Abo...... 10,0
Hambourg.. 10,7	Manheim.. 20,8	Orange... 12,0	Janina.. 45,0	Moscou.... 23,4
Copenhague 2,0	Lunebourg. 20,2	Marseille. 9,3		Kasan..... 9,0
Bergen.... 5,8	Gottingue. 15,0			Nertschinsk. 3,1
Sondmör... 3,9	Stuttgart.. 20,6			Irkutsk.... 8,5
Spitzberg.. 7,7	Carlsruhe.. 25,0			
	Augsbourg. 22,3			
	Munich.... 22,7			
	Peissenberg 25,0			
	Tegernsée. 25,2			
	Ratisbonne. 16,9			
	Erfurt.... 14,1			
	Berlin.... 17,3			
	Sagan.... 29,3			
	Prague... 17,7			
	Bude..... 28,0			

Nous voyons dans ce tableau les côtes occidentales présenter
un nombre d'orages qui paraît décroître avec la latitude, sauf
les influences locales ; dans la seconde colonne qui contient
l'Europe centrale, le maximum des orages a lieu dans la vallée
de Danube et à Sagan qui est à la tête de celle de l'Oder ; c'est
cette partie de l'Europe, qui est déjà signalée comme la plus
nébuleuse, qui est aussi la plus orageuse, et cela doit être, puis-

que la présence des nuages est une condition de la formation
d'un orage ; c'est vers le sud-est de l'Europe que la fréquence
des orages augmente d'une manière bien marquée ; Padoue,
Rome et Janina ont une quantité d'orages double de celle du
reste de l'Europe ; au contraire, dans le nord-est, si l'on en
excepte Moscou, les orages sont peu nombreux.

Nous avons indiqué (t. Ier, p. 142) l'immense influence des
orages pour préparer, au sein de l'atmosphère, les composés
d'azote qui rendent à la terre la fécondité qu'elle a perdue. On
ne peut apprécier cet effet par la fréquence seule des orages ; il
faudrait aussi constater la quantité de pluie tombée pendant leur
durée, et les produits azotés qu'elles fournissent. Ces résultats
compliqueraient, mais rendraient bien intéressante la tâche des
météorologistes. Ils doivent se dire constamment que la science
est au berceau et qu'elle est appelée par la suite à résoudre les
questions les plus difficiles de la physique du globe et de l'économie rurale. C'est à eux que nous faisons appel ; ils seront
éminemment utiles à notre agriculture, s'ils veulent bien rechercher à l'avenir la quantité d'azote que renferment les eaux
des pluies orageuses. Il suffira d'aciduler l'eau de pluie avec
l'acide sulfurique, et d'évaporer ; l'on aura un résidu que l'on
dosera par les moyens indiqués (t. Ier, p. 49). Si l'on ne veut
pas faire plusieurs opérations, il suffira de tenir en réserve l'eau
après l'avoir acidulée, et de réunir à la fin de la saison toutes
les eaux de pluie, pour analyser leur résidu en une seule fois.
Si ces expériences étaient tentées sur un grand nombre de
points, on connaîtrait bientôt la répartition de la dose de fertilité que les orages produisent.

Les orages éclatent peu en hiver ; on commence à en voir
quelques-uns en mars, à Rome, à Padoue, à La Rochelle ; en
avril, ils s'étendent vers le centre de l'Allemagne ; en mai, ils
pénètrent vers Stockholm et Pétersbourg ; ils finissent en août
à Pétersbourg, en septembre au centre de l'Allemagne, en octobre sur les côtes de l'Océan, en décembre en Italie.

CHAPITRE IV.

Des vents.

SECTION Ire. — *Direction générale des vents.*

Les vents sont les grands modificateurs des climats; ils en changent la température, leur apportent la pluie ou la sécheresse. Le temps n'est pas encore venu où du dépouillement des journaux des voyageurs et des nombreuses observations faites sur un grand nombre de points, on pourra tirer des données assez exactes pour tracer leur marche sur la surface du globe. La discussion de ce que nous en possédons nous mènerait même beaucoup trop loin, et nous nous bornerons à examiner ce qui se passe autour de nous en Europe et dans les contrées voisines. Cette étude servira plus tard de jalon pour aller plus avant et pour démêler les causes des nombreuses anomalies que présente la distribution des vents.

Rappelons d'abord leur cause la plus générale. L'air échauffé se dilate, perd de sa pesanteur spécifique et s'élève. Il est remplacé par une égale quantité d'air plus froid qui afflue des points où n'agit pas le foyer de chaleur. A la surface de la terre, la région équinoxiale recevant perpendiculairement les rayons du soleil et acquérant une température supérieure à celle des régions tempérées et polaires, l'air de cette région a un mouvement ascendant qui produit un vide immédiatement rempli par un courant d'air venant des régions plus froides; et le courant chaud, après s'être élevé, se dirige vers celles-ci pour y remplacer l'air froid qui a été déplacé. Ainsi, deux courants, l'un froid, inférieur, des pôles vers l'équateur; un chaud, supérieur, de l'équateur aux pôles; telle est la plus simple expression de ce phénomène tel qu'il devrait se passer, si la surface de la terre était homogène et uniforme. Ceci posé, voyons ce qui arrivera avec la situation relative des terres et des continents telle qu'elle constitue notre hémisphère. Examinons ce qui se passe dans les deux triangles A et B (*fig.* 8) formés par des mé-

Fig. 8.

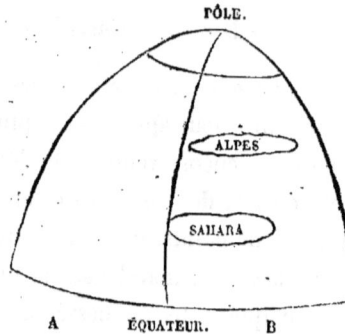

rídiens et l'équateur ; le premier comprend l'océan Atlantique, le second le nord de l'Afrique, la Méditerranée et l'Europe.

Dans ce dernier, le foyer principal de chaleur ne se trouve pas à l'équateur, mais il est formé par le vaste désert de sable, connu sous le nom de *Sahara* et de *désert de Libye*, espace deux fois aussi grand que la Méditerranée et qui s'étend du 15e au 30e degré de latitude nord ; il s'avance donc jusqu'au tiers de la distance de l'équateur au pôle. En présence de ce foyer se trouve un vaste réfrigérant composé de hautes cimes et de glaciers, les Pyrénées et les Alpes. Ce réfrigérant partage l'Europe de l'occident à l'orient, par une ligne oblique du 43e au 50e degré de latitude, et se prolonge sous différents noms à travers l'Asie, jusqu'à son extrémité orientale. Ainsi, en Italie, par exemple, ce réfrigérant n'est éloigné que de 15 degrés du foyer de chaleur, et de 15 autres degrés des régions polaires. Il y a donc ici appel énergique de l'air qui repose sur les Alpes et à leur pied, pour venir remplacer l'air qui s'élève du Sahara ; il y a au contraire indifférence, et par conséquent repos, de l'air entre les Alpes et les régions polaires, à cause de l'égalité de chaleur de ces deux parties du continent. Le courant partant des Alpes doit être d'autant plus rapide que les parallèles diminuent toujours de circonférence en approchant des pôles. La masse d'air fournie par un degré de latitude vers les pôles étant beaucoup moins grande que celle qui repose sur une même surface à l'équateur, il faudra que la première s'écoule avec beaucoup plus de vitesse pour remplacer la seconde. Ainsi donc on a 1° un courant inférieur venant du nord, animé d'une grande vitesse au départ, perdant de son impulsion à mesure qu'il avance et qu'il trouve un plus grand espace pour se développer; 2° un courant supérieur partant du midi, ayant une petite vitesse à son point de départ, mais se resserrant de plus en plus et acquérant plus de rapidité en avançant. Ce dernier courant se refroidit progressivement en allant vers le nord, et tend par conséquent à s'abaisser sans cesse. Aussi après avoir traversé les Alpes, arrivant au centre de l'Europe où il trouve un espace dont l'air est sans beaucoup de mouvement propre vers le midi, il descend et l'entraîne dans sa direction.

Quelle est alors cette direction? Elle est naturellement du sud au nord, mais en allant vers le pôle, le vent parcourt des latitudes où la vitesse de rotation du globe est toujours de moins en moins grande, il prend donc relativement à la terre une direction qui paraît être celle du sud à l'est; c'est un vent du sud-ouest. Ainsi, la vaste contrée qui s'étend des Alpes au Sahara, et où règnent les vents du nord, étant égale en surface au foyer de chaleur du désert, lui transmet continuellement son air qui est remplacé par l'air chaud d'Afrique qui, arrivé sur les Alpes, perd sa chaleur et s'abaisse partiellement à leur niveau, mais en partie aussi passe par-dessus et descend sur l'Europe dans la direction du sud-ouest. Il est évident que le vide qui se produit dans la région méditerranéenne ne serait pas comblé, si la région moyenne de l'Europe ne lui fournissait pas un fort contingent par une succession de vents du nord plus ou moins fréquents, selon les terrains, et si elle-même ne

recevait pas un supplément à sa masse d'air par une autre voie
que par celle de ce courant méridional qui s'écoule presque
entièrement vers l'est. Pour nous représenter ce qui se passe
à cet égard, il faut passer à l'examen de la première tranche,
celle qui se compose du triangle pris sur l'océan Atlantique.

Ici, le foyer est beaucoup plus séparé du réfrigérant; le
foyer est moins énergique, car il est situé sur une surface
aqueuse qui absorbe beaucoup de chaleur; le réfrigérant est
moins puissant, car les glaces polaires sont éloignées et moins
étendues sur ce point qu'en face du continent. Le vent du nord
part du pôle, règne sur les mers qui l'environnent (Rekiavick
a la direction de ses vents à 63°; c'est un vent de nord-est);
le vent du sud se refroidit plus rapidement et descend à la surface, vers le 28e degré de latitude, en moyenne, plus près ou
plus loin de l'équateur, selon la saison, au lieu du 48 au 50e
auquel il se fait sentir sur le continent. La rencontre de ces
deux courants constitue une région de vents variables, alternés
de calmes et de violents ouragans. En arrivant à la hauteur
des côtes de France, le courant se trouve sollicité à incliner
vers l'est pour fournir à l'écoulement qui se fait vers l'Afrique;
il y participe en donnant à la vallée de la Garonne des vents
de nord-ouest, qui sortent dans la Méditerranée vers Nar-
bonne; puis, ayant dépassé la ligne des Alpes, il trouve tout
le centre et le nord de l'Europe où règne déjà le sud-ouest du
courant partant du Sahara, et laissant derrière lui un grand
vide, soit par le contingent qu'il fournit à l'entretien de l'équilibre sur les Alpes, soit par sa direction qui ne s'étend pas aux
parties occidentales du continent; le courant sud de l'Atlantique se précipite donc aussi dans la direction de l'est, devient
sud-ouest et fait régner cette direction sur cette vaste contrée.

Telle est l'explication qu'il me semble que l'on peut donner
de la marche des vents sur la surface de l'Europe, elle est figurée
dans la carte ci-jointe (*fig.* 9). Le tableau suivant indique la di-

rection moyenne des vents dans tous les lieux par lesquels nous avons pu recueillir des observations. Ceux que nous avons calculés sont marqués d'un N; ceux marqués d'un K ont été calculés par Kaemtz et sont tirés du t. II de son *Cours*, p. 220.

Fig. 9.

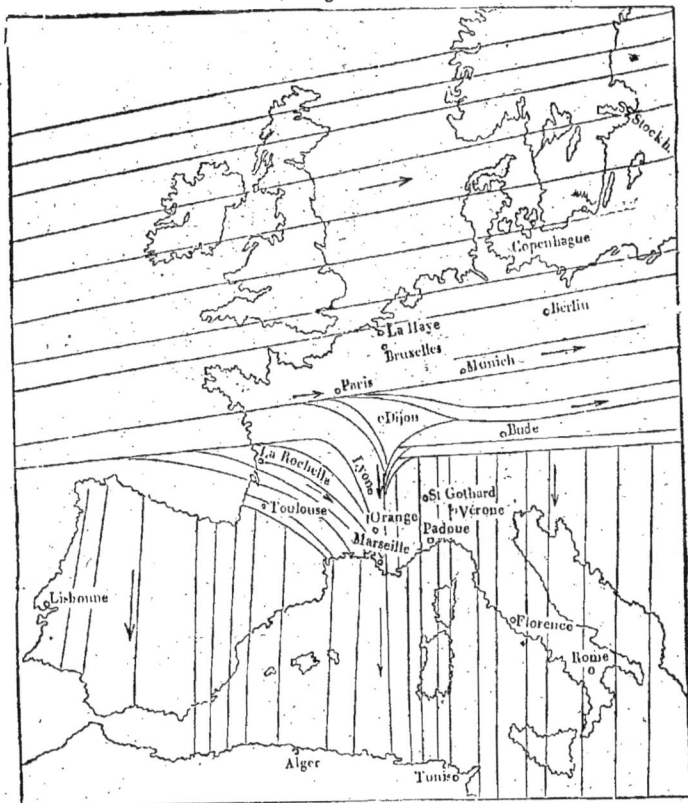

VENTS DU NORD.

Madère	K.	20°0′	Saint-Gothard	N.	74°10′
Alger	N.	327 17	Milan	N.	74 12
Tunis	N.	346 24	Vérone	N.	65 39
Le Caire	K.	9 33	Padoue	N.	0 46
Mafra	N.	8 23	Bologne	N.	85 47
Toulouse	K.	298 0	Rome	K.	279 0
Marseille	N.	307 40	Palerme	N.	283 5
Orange	N.	357 42	Ile de Mann		279 46
Grenoble	N.	326 2	Rekiavick	N.	63 38
Dijon	N.	66 2	Utrecht	K.	275 0

Middelbourg. . .	N.	295°0′	Tegernsée. . . .	K.	276°0′
Cork.	K.	275 0	Halle.	K.	274 0
Penzance.	K.	274 0	Bude.	N.	290 0
Manheim.	N.	311 44	Yakoutsk.	N.	313 13
Ratisbonne. . . .	N.	331 29	Zlatoust	N.	298 23
Ander	N.	270 29			

VENTS DU SUD.

Pékin.	N.	222°12′	Gottingue	K.	212°0′
Tobolsk.	K.	247 0	Halle.	K.	266 0
Barnaoul.	N.	215 25	Elberfeld.	K.	212 0
Catherinebourg. .	N.	250 45	Amsterdam. . . .	K.	241 0
Moscou.	N.	249 3	Gospart	K.	272 0
Pétersbourg . . .	N.	165 17	Manchester. . . .	K.	222 0
Uleaborg.	K.	181 0	New-Malton . . .	K.	262 0
Abo	K.	179 0	Lancaster	K.	215 0
Bergen.	K.	239 0	Kendal.	K.	249 0
Christiansoé. . .	K.	255 0	Keswick.	K.	223 0
Skagen.	K.	243 0	Londres	K.	257 0
Viborg.	K.	264 0	Bruxelles.	N.	258 5
Wexio.	K.	214 0	Paris.	N.	248 21
Wilna	K.	240 0	Denainvilliers . .	K.	210 0
Stockholm	N.	269 14	Clermont.	N.	237 19
Copenhague . . .	N.	265 21	Strasbourg. . . .	N.	236 18
Hambourg. . . .	N.	257 29	Carlsruhe (Eisenlhor)		244 1
Lunebourg. . . .	N.	218 31	Munich.	N.	245 19
Cuxhaven	N.	274 1	Ander	N.	270 29
Berlin	K.	248 0	Peissenberg . . .	N.	224 27
Sagan	N.	209 7	Bucharest	N.	130 2
Prague.	N.	198 14	Turin.	N.	184 5
Erfurt	K.	258 0	Florence.	N.	107 24
Voringen.	K.	264 0	Naples.	N.	248 45
Stuttgart.	K.	144 0			

La *fig.* 10 indique dans quelle portion de la circonférence se place chacune des directions indiquées.

Fig. 10.

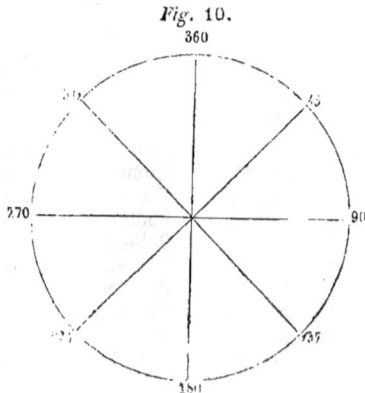

Si au moyen de ce tableau on veut bien indiquer sur la carte d'Europe la direction des vents au moyen de petites flèches placées auprès du nom de chaque lieu, on verra que les vents tout en affectant des déviations plus ou moins fortes, occasionnées par la disposition des lieux, les contre-courants, et surtout la puissance des réfrigérants voisins, suivent en général la marche que nous avons indiquée, et qu'ainsi l'Europe se trouve, à leur égard, divisée en deux zones, celle des vents méridionaux (sud-ouest), au nord, et celle des vents septentrionaux (nord-ouest, nord), au midi. La première zone est nébuleuse parce qu'elle reçoit les vents de l'Océan, mais elle est aussi sous une influence calorifique qui modère la rigueur de ses hivers, et les saisons y ont des températures moins différentes ; la seconde zone, lumineuse parce qu'elle reçoit les vents secs et froids du midi, est aussi pour cette raison moins chaude que ne le comporterait sa latitude, et il existe entre les températures de ses saisons des différences plus tranchées.

Nous devons cependant, au sujet des lieux qui bordent la Méditerranée, expliquer l'anomalie qui en range quelques-uns dans la colonne des vents du sud, quoique le véritable vent dominant y soit celui du nord. Cela tient au retour des brises de mer qui font cesser chaque jour pour quelques heures à Florence, à Naples, et même à Marseille, le vent général qui persiste à peu de distance des côtes. On conçoit alors que si les heures d'observations coïncident le matin et le soir avec le retour des brises, celles-ci emportent la balance, à moins que par des observations faites à d'autres heures ou à de plus courts intervalles on ne fasse disparaître cette cause d'erreur.

SECTION II. — *Distribution des vents selon les saisons.*

Le but spécial de cet ouvrage nous force à nous limiter à

un petit nombre d'exceptions qui donneront une idée suffisante
des modifications que les saisons font éprouver à la direction des
vents. Ainsi nous avons :

		Hiver.	Printemps.	Été.	Automne.
Pétersbourg	N.	158°37′	105°22′	223°14′	172°10′ [1]
Moscou	K.	236 0	297 0	312 0	261 0
Hambourg	N.	235 25	320 51	269 21	236 5
Prague	N.	238 0	254 0	270 0	251 0
Berlin	N.	213 0	253 0	277 0	230 0
Paris	N.	228 0	272 0	272 0	228 0
Orange	N.	354 24	358 53	351 17	358 9
Lyon	N.	6 2	355 6	353 4	309 56
Turin	N.	76 43	318 55	207 52	374 6
Naples	N.	359 9	212 38	212 12	248 7
Madère	K.	6 0	15 0	34 0	13 0

Il y a dans tous ces lieux une tendance des vents à se rapprocher de l'ouest pendant l'été, si l'on en excepte Madère,
où les vents tendent alors davantage à l'est. Mais aussi Madère est dans la région de l'alisé, et c'est ce même vent qui
devient le sud-ouest en Europe, après s'être réuni aux vents
du sud sur les côtes d'Amérique. Cette tendance est déjà marquée au printemps dans la plupart des lieux de la zone des
vents du sud-ouest, et même souvent dans celle des vents du
nord. En hiver et en automne, toutes les directions se rapprochent du sud dans la région des vents du sud, et du nord dans
celle des vents du nord ; c'est alors que ces deux zones présentent les plus grandes différences. Ces variations ont lieu plus
tôt ou plus tard dans chaque saison, selon la position topographique des lieux.

SECTION III. — *Direction des vents selon les heures de la
journée.*

En parlant des brises nous avons déjà fait sentir combien la

(1) Observ. de Kupffer, 1837, 38, 41.

situation des lieux dans la proximité de réfrigérants puissants avait d'influence sur la direction générale de leurs vents. Prenons par exemple Marseille, et les observations de M. Silvabelle de 1783 à 1790 ; on trouve 134° 3′ pour la direction des vents du matin, c'est celle des vents de mer qui envahissent alors la côte, à cause de son refroidissement nocturne comparé à celui de la masse aqueuse. On trouve pour le soir, 237° 27′, sous la même influence ; tandis que pour la journée où dominent les vents généraux, qui seuls ont soufflé à quelque distance de la côte et dans toute la Provence, on obtient une direction de 307° 40′, c'est-à-dire que les vents généraux y soufflent du nord, au lieu de souffler du sud-est et du sud-ouest comme on trouve pour le matin et le soir. Si cependant on fondait ensemble toutes les observations, on trouverait que Marseille présente une direction moyenne de 196° 7′, tandis que, suivant le sentiment général du pays et celui des marins, le vent dominant se rapproche du nord-nord-ouest. Et en effet, si l'on tenait compte de la force des vents en même temps que de leur direction, les légères brises du sud disparaîtraient tout-à-fait du tableau, effacées par la violence des vents du nord. Nous n'aurons donc véritablement la direction des vents d'une contrée que quand nous posséderons des tableaux de la force des vents, ou quand nous les observerons dans les lieux qui sont placés hors de l'influence des brises.

On trouverait à vérifier cette remarque dans un grand nombre de cas. Ainsi nous trouvons à Stockholm,

Pour 7 heures du matin . . . . 269° 48′
Pour 2 heures après midi. 274 56
Pour 9 heures du soir 230 54

A Manheim, l'effet est bien plus sensible :

A 7 heures du matin. . . . . 24° 5′
A 2 heures du soir. 254 52
A 9 heures du soir. 216 4

A Paris, au contraire, loin de l'influence des réfrigérants, nous avons :

Le matin. . . . .   230°11′
Le soir. 237 11

Les différences qui se manifestent dans la direction des vents, aux différentes époques de la journée, peuvent avoir une assez grande influence sur la végétation, en diminuant ou augmentant la fraîcheur des nuits. A Marseille, par exemple, les brises échauffent les matinées en hiver ; à Manheim, les vents du nord doivent les refroidir, de même qu'il arrive à l'ouverture de toutes les gorges de montagne. On sent combien l'observation de ces variétés locales devient importante quand on veut faire l'application de la météorologie à l'agriculture, et combien il est difficile de juger d'un climat sur des observations tronquées.

SECTION IV. — *Analyse des directions moyennes.*

Nous avons considéré jusqu'à présent les vents dans leur direction moyenne, c'est-à-dire dans la direction qu'ils auraient en se compensant les uns les autres, et réduisant toutes leurs directions différentes à une direction unique, qui est la résultante des forces qui agissent sur un corps placé dans le lieu de l'observation. Quoique le vent souffle surtout dans cette direction, cependant il affecte aussi presque toutes les directions de la rose des vents. En effet, outre les causes générales qui tiennent à l'existence des grands foyers et des grands réfrigérants géographiques, il y a aussi des causes plus particulières et plus locales. Ainsi des plaines nues et brûlées par le soleil existent dans certains endroits ; dans d'autres, on trouve des sinuosités élevées et susceptibles de se charger de neiges ; enfin dans ce grand mouvement de l'atmosphère, il y a des remous fréquents causés par des inégalités dans l'écoulement de l'air, dans la pression latérale qu'éprouvent ses colonnes, dans les brusques changements de température que subissent certains lieux par des chutes de pluies ou de neiges, par un ciel serein ou un ciel couvert, et qui n'ont pas lieu ou n'ont lieu qu'à des degrés différents sur toute la ligne qui participe aux mêmes influences générales. C'est ce qui cause les vents variables qui modifient plus ou moins les mois, les saisons, et qui, en rompant l'uniformité des courants constants, parviennent à agiter l'air dans les différentes directions.

Prenons pour exemple deux lieux choisis dans les deux zones, celle des vents du sud-ouest et celle des vents du nord, Paris et Orange; ils achèveront d'éclaircir ce qui se passe dans la distribution des vents.

A Paris, de 1806 à 1826, les vents ont soufflé le nombre de fois suivant, dans les différents rumbs de la rose des vents :

Nord.	45	Sud.	63
Nord-Est.	40	Sud-Ouest.	67
Est	23	Ouest	79
Sud-Est.	23	Nord-Ouest.	34

Si nous construisons une figure dans laquelle nous donne-

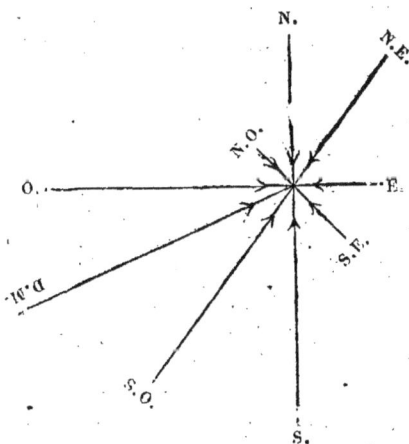

Fig. 11.

rons à chacune de ces directions une longueur proportionnée aux nombres ci-dessus, et à la direction moyenne celle du résultat du calcul de sa force, en supposant celle de tous les vents égale, elle nous représentera l'action générale des vents dans cette ville.

On discerne ici, au peu de longueur des flèches qui indiquent la direction des vents de la bande de l'est, combien ils sont peu fréquents en comparaison de ceux qui soufflent dans la bande opposée, et l'on peut apercevoir à l'œil que la direction moyenne se trouve fixée entre le sud-ouest et l'ouest. Les vents du sud à l'ouest sont ici les vents généraux, les autres ne sont que des vents accidentels amenés par plusieurs causes : 1° Une réfrigération considérable vers les pôles fait verser momentanément une plus grande masse d'air qui vient des régions du nord, repousse pour quelques jours les vents du sud, jusqu'à ce que l'accumulation de ces vents force l'obstacle, ou que les causes d'augmentation de froid aient cessé. Les vents d'est et de sud-est se manifestent quand la réfrigération supérieure s'est prononcée sur les Alpes ou sur les plateaux de la Bourgogne; et en effet, lors de l'arrivée de ces vents, on ne manque pas d'apprendre des chutes de neige ou de pluie sur ces hauteurs. Mais encore ici comme dans l'autre cas, cette perturbation momentanée dans la marche des vents ne tarde pas à céder à l'influence des vents généraux.

A Orange, nous avons les chiffres suivants pour les vents de l'année :

Nord.	208,6	Sud	68,0
Nord-Est.	3,9	Sud-Ouest.	7,9
Est.	11,7	Ouest	12,9
Sud-Est.	7,6	Sud-Ouest.	11,4

ce qui nous donne la figure ci-dessous.

A la vue de cette figure il est facile de comprendre que la direction moyenne des vents se trouve près du nord; de plus,

Fig. 12.

D.M. N.

que la vallée dans laquelle se trouve la ville d'Orange va du nord au sud, puisque les vents se dirigent presque uniquement dans cette direction. L'influence des montagnes des Alpes méridionales et des courants placés à l'est et au nord-ouest, ne peut l'emporter que rarement sur les influences générales qui déterminent les vents du nord ; et quand le vent du sud vient à régner par l'effet de l'abaissement du courant tropical, il affecte aussi la direction qui lui est tracée par es parois de la vallée.

Enfin, si l'on fait la somme de chacun des vents qui soufflent dans les lieux des deux régions pour lesquels nous avons des observations, on trouve :

	Pour les régions des vents du nord.	Pour les régions des vents du sud.
Nord.	62,6	31,9
Nord-Est	57,7	36,1
Est.	43,6	36,6
Sud-Est.	23,8	29,6
Sud	28,4	46,7
Sud-Ouest.	33,7	71,3
Ouest	55,4	86,3
Nord-Ouest. . . .	51,4	35,6

N.O. N.E.
O.   E.
S.O. S.E.

S.

Si nous construisons les figures de ces deux roses des vents, elles nous représentent à l'œil la marche des vents dans chacune de ces régions.

On voit dans la première (fig. 12) la prédominance des vents du nord et la direction moyenne (349°,19′) incliner légèrement du nord vers l'ouest, et indiquer par là l'action du pôle de froid placé au nord de l'Amérique, qui se combine avec celle des réfrigérants humides ; dans la seconde (fig. 13) la direction

II.   16

Fig. 13.

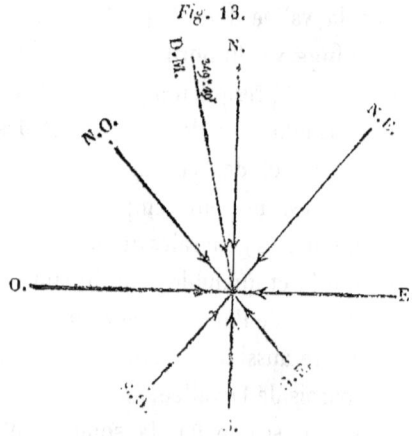

est entre le sud-ouest et l'ouest, plus rapprochée de ce dernier point (245°,32′), et est due à la rentrée du courant tropical en arrière du réfrigérant des Alpes pour remplir les vides de l'air qui part de ce réfrigérant pour se rendre à l'équateur. Dans l'une et dans l'autre, on remarque le peu de fréquence des vents de sud-est.

Fig. 14.

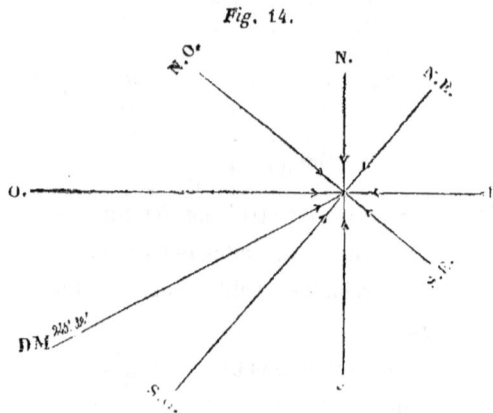

SECTION V. — *Force des vents.*

On a peine à croire que dans ce siècle où les recherches sur la physique du globe occupent tant de savants et où l'on a attaché tant d'importance à connaître la température moyenne de l'air, celle de l'intérieur de la terre, le poids de l'atmosphère, on n'ait pas encore cherché à obtenir, par des mesures exactes, la vitesse de ces courants d'air qui se déplacent d'une manière si régulière; à déterminer le lit de ces fleuves aériens qui parcourent la surface de nos continents. Nos grands observatoires sont encore dépourvus de tous moyens de constater la force des vents, et si ces vents ne servaient pas aux besoins des hommes, s'ils ne mettaient pas en mouvement nos vaisseaux et nos machines, on serait encore sans idée approximative de leur vitesse. Quelques observateurs ont cependant cherché à définir cette vitesse, en classant les vents en plusieurs degrés de violence, malheureusement leurs résultats ne sont pas comparables entre eux. On a des lambeaux d'expériences faites en plusieurs lieux, qu'il ne faut pas cependant négliger de faire connaître. Ainsi, M. Bueck, dans son livre sur le climat de Hambourg, nous apprend que les vents parcourent moyennement par seconde, à Cuxhaven, les espaces suivants :

	mètr.		mètr.
Nord	6,78	Sud.	5,78
Nord-Est.	6,78	Sud-Ouest	6,56
Est.	5,58	Ouest.	7,41
Sud-Est.	5,75	Nord-Ouest.	8,70

La direction moyenne des vents étant de l'ouest (274° 1'), on voit que la plus grande impulsion comme la plus soutenue vient du même point de l'horizon.

A Orange, les deux vents principaux, nord et sud, nous ont donné une vitesse moyenne, le nord de $6^m,35$, le sud de $1^m,22$. C'est encore ici le vent dominant qui a le plus de force.

En fait de mesures précises, nous sommes obligé de nous borner à ces deux indications.

Mais l'étude des observations contenues dans les *Ephémérides de Manheim* où la force des vents est indiquée par des degrés arbitraires, nous a cependant prouvé que leur plus

grande force moyenne est toujours dans le sens du vent dominant. Les ouragans ne viennent pas toujours dans cette direction. Ces coups de vents violents qui se font sentir subitement et durent peu, partent le plus souvent des réfrigérants
locaux ou d'une direction opposée à celle des vents généraux.
A Orange, où les vents généraux viennent du nord, le long de
la vallée du Rhône, nous avons des ouragans partant du nord-
est, de la chaîne des Alpes du Dauphiné et quelquefois du sud.
Il semblerait donc que, dans le premier cas, ils seraient le produit d'une violente et subite réfrigération causée par la chute
des neiges et de la pluie; dans le second cas, on ne pourrait les
expliquer que par un vide qui se serait formé dans le nord,
par l'écoulement trop abondant de la masse d'air vers le midi.

CHAPITRE V.

Distribution des pluies.

Dans les climats naturellement humides, où l'absence de la
pluie est le phénomène le plus remarquable, on ne peut concevoir l'importance que les hommes du midi attribuent à la
bonne répartition des pluies, à leur arrivée dans les saisons où
la terre est desséchée, parce que leur subsistance et leur vie
est liée à ce météore qui trompe si souvent leurs espérances.
Plus on avance vers les régions chaudes, et plus on voit croître
cette sollicitude des habitants. La sécheresse est encore pour
eux le plus grand des fléaux, comme au temps où Dieu en
frappait le peuple ingrat de la Judée :

> Les cieux par lui fermés et devenus d'airain,
> Et la terre trois ans sans pluie et sans rosée...

C'était le prodige dont le peuple juif gardait le terrible souvenir. Les liturgies catholiques renferment des prières spé-

ciales pour implorer la pluie, et le peuple en demande souvent la récitation accompagnée de cérémonies et de processions solennelles.

Aussi, rien ne caractérise plus un climat que le nombre, la quantité, la distribution de ses pluies entre les saisons. Il y a déjà longtemps que nous avons traité ce sujet dans un mémoire qui a été souvent cité par les météorologistes[1], et nous allons essayer, sans entrer dans des détails qui n'appartiennent pas à notre plan, de resserrer dans le cadre étroit qui nous est prescrit tout ce qu'il présente d'essentiel.

Dans les pays équinoxiaux, la saison des pluies est toujours celle où le soleil parcourt la portion du zodiaque qui est placée du même côté de la ligne, alors les vents soufflent du pôle hétéronyme; puis le soleil passant au côté opposé de l'équateur, les vents du pôle homonyme commencent à souffler et amènent la saison sèche. C'est ce qui constitue la bande équatoriale à pluies d'été. Sur une sphère homogène, cette bande se continuerait sans interruption vers le pôle, seulement les pluies des autres saisons deviendraient de plus en plus fréquentes, et en avançant vers le pôle on aurait enfin une bande à pluies continuelles.

Cette distribution s'explique très aisément au moyen des principes que nous avons déjà posés. En été, il y a, pour la bande équinoxiale que parcourt le soleil, plus grand échauffement, par conséquent appel d'air plus froid venant non-seulement du pôle homonyme mais aussi de la bande zodiacale hétéronyme voisine; cette rencontre d'air à différentes températures et inégalement chargée de vapeurs doit amener nécessairement leur condensation en pluie. En hiver, la bande équinoxiale ne reçoit ses vents que du côté du pôle, et à une température uniforme il n'y a pas cette production de pluie qui résulte du

---

(1) *Bibliothèque universelle de Genève*, sciences et arts, 1828.

mélange des vents à des températures diverses. Mais dès que
l'on arrive au point où les vents du sud se sont abaissés et constituent sur le continent les vents régnants, le mélange qui a
lieu toute l'année entre ces vents et ceux qui reposent sur le
sol, l'état thermométrique de ce sol plus froid que les vents
eux-mêmes, doivent amener la précipitation de l'eau ; cette
précipitation est d'autant plus abondante que les vents du sud
partent de contrées plus chaudes et plus humides, par conséquent elle est à son maximum en été. Cette distribution est
aussi celle de l'Amérique dont la figure allongée dans le sens
du méridien ne cause pas de perturbation locale sensible dans
la distribution générale des pluies. De l'équateur en avançant
vers le pôle, le maximum des pluies tombe en été ; mais les
pluies deviennent d'autant plus fréquentes dans les autres
saisons que l'on s'éloigne davantage de l'équateur.

Mais dans cette progression vers le pôle, nous arrivons enfin
à la zone où les vents polaires l'emportent sur les vents du sud.
C'est ce qui arrive déjà au nord des Iles Britanniques et en Islande, comme on peut le voir par les observations faites à
l'île de Mann, et à Rekiavick, c'est ce que l'on retrouve également au nord de la Sibérie ; alors le vent en se dirigeant vers
l'équateur passe graduellement dans des régions de plus en
plus chaudes, et la température de l'air s'éloignant toujours
plus de celle de la précipitation de l'humidité, nous rentrons
dans un climat sec, relativement aux régions tempérées. Cette
sécheresse est d'autant plus grande que l'on se trouve dans la
saison de l'été, pendant laquelle le soleil reste constamment sur
l'horizon et réchauffe l'air et le sol ; au contraire, pendant
l'hiver en l'absence de soleil, chaque vent méridional qui vient
à y souffler rencontrant une terre privée du soleil et glaciale,
y verse de la neige en abondance. Ainsi sur le méridien de
l'océan Atlantique, on a : 1° une zone à pluie d'été s'étendant
jusqu'au point où les vents du sud-ouest deviennent dominants ;

2° une zone à pluie en toute saison ; 3° une zone à pluie d'hiver en approchant du cercle polaire.

Il en est autrement sur le continent européen en raison de sa conformation. Ici nous avons aussi la bande équinoxiale des pluies d'été, mais ensuite du 15e au 30e degré de latitude, se trouvent les grands déserts de sable qui, par le rayonnement de leur calorique et l'échauffement excessif de la colonne d'air qui s'en élève, dissolvent toutes les vapeurs et éloignent considérablement l'atmosphère qui repose sur eux du terme de saturation. Ces déserts constituent une bande sans pluie qui, comme nous le verrons, se reproduit ailleurs dans les mêmes circonstances.

Entre cette bande sans pluie constituée par le foyer de chaleur africain et le premier réfrigérant consistant dans la chaîne de montagnes qui traverse l'Europe du sud-est au nord-ouest, que doit-il arriver? Quand les vents du nord y soufflent, comme cela arrive d'habitude, ces vents s'échauffent en avançant, s'éloignent toujours plus du terme de la saturation, et deviennent de plus en plus secs. Quand les vents du sud se présentent, ils n'arrivent pas tout à coup au point de saturation, et ne donnent que peu de pluie à la partie la plus méridionale du continent, surtout en été, où cette région est elle-même fort échauffée.

Seulement quand le vent du nord vient se mêler au vent du sud, le mélange des deux airs amène une condensation subite, mais passagère. La pluie doit donc être d'autant plus rare dans cette région que l'on se trouve dans une saison plus chaude, et le maximum des pluies doit y tomber en hiver. On a donc ici une bande à pluie d'hiver.

Mais quand on arrive dans la zone des vents du sud-ouest, alors on rentre dans les conditions générales que nous avons décrites plus haut, et le reste du continent reçoit en été le maximum de ses pluies et des pluies en toute saison, et enfin,

vers le cercle polaire, on retrouve la zone à pluie d'hiver déterminée par la prédominance des vents du nord. Ainsi sous le
méridien de l'Europe centrale, on trouve, à partir de l'équateur : 1° une bande équinoxiale à pluie d'été; 2° une bande
sans pluie; 3° une bande à pluie d'hiver (automne et hiver);
4° une bande à pluie en toute saison, mais à maximum de
pluie en été (printemps et été); 5° une bande polaire à pluie
d'hiver.

Voilà l'ordre qu'une exacte analyse a fait succéder à la
confusion que les anomalies nombreuses, produites par les
causes les plus compliquées, avait introduite dans les idées au
sujet de la distribution des pluies. En débrouillant ce prétendu
chaos, les faits se sont coordonnés, et on a reconnu la marche
régulière de cette nature de phénomènes qui ne sont pas dus au
hasard, mais qui suivent des lois dont ils ne s'écartent pas au-
delà de certaines limites.

Section Ire. — *Quantité totale de pluie annuelle.*

Quoique le nombre des observations régulières de pluie ne
soit pas encore très considérable, cependant on peut déjà y
démêler quelques-unes des lois qui les régissent, en les groupant
d'après leurs différents éléments cosmologiques et topographiques. Nous allons donc chercher : 1° l'influence de la latitude;
2° celle de l'élévation des lieux au-dessus de la mer; 3° celle
de leur situation relative par rapport aux vents et aux réfrigérants.

§ 1er. — Influence de la latitude.

Les localités placées selon l'ordre de leur latitude, en y joignant les quantités de pluies obtenues annuellement, nous
donnent les résultats suivants :

Latitude.	Lieux.	Quantité de pluie en millimètres.
5°5′	Christianborg (Guinée).	549,0
7 35	Kandy.	1864,9
8 29	Sierra-Leone.	2191,0
12 2	Grenade (île de).	2844,9
12 25	Seringapatnam.	601,6
18 35	Tivoli (Saint-Domingue). . . .	2733,8
18 56	Bombay.	2350,0
20 0	Sahara et Egypte.	»
22 1	Macao	1746,9
22 33	Calcutta	1928,6
22 54	Rio-Janeiro.	1505,0
23 9	La Havane.	2320,7
29 57	Nouvelle-Orléans.	1270,0
32 27	Madère.	757,0
32 46	Charlestown.	1210,9
36 47	Tunis.	1992,0
39 0	Marietta (Ohio).	1082,3
41 38	New-Bedfort (Etats-Unis). . .	1257,8
37 à 43°	Italie, au sud de l'Apennin. . .	930,0
43 à 47	Vallée du Rhône.	781,0
45 à 47	Italie, au nord de l'Apennin . .	1336,9
43 à 47	France septentrionale.	656,8
45 à 54	Allemagne.	678,0
50 à 56	Angleterre.	784,0
55 à 62	Scandinavie.	478,0
60	Bergen.	2250,0
55 à 60	Russie	403,9

On peut déjà conclure de ce tableau qu'en général, les pluies sont d'autant plus abondantes que la latitude est moins élevée. On voit en Asie, en Amérique, comme en Europe, les quantités d'eau diminuer à mesure que l'on s'élève vers les pôles, mais déjà les exceptions qui apparaissent font pressentir que cette influence est loin d'être la seule, et qu'elle se combine avec d'autres causes qui deviennent facilement prépondérantes. Ainsi, la sécheresse de Seringapatnam en comparaison des autres localités de l'Inde; les pluies considérables de l'Italie au nord des Apennins en les comparant à celles des mêmes latitudes et de latitudes inférieures; les pluies de l'Angleterre qui s'élèvent plus haut que celles de la France septen-

trionale même, enfin le chiffre extraordinaire de Bergen en
Scandinavie, qui rappelle la zone torride, doivent nous porter
à examiner les autres conditions qui modifient si puissamment
la loi des latitudes.

Mais le tableau suivant rendra encore plus palpable l'existence de ces causes modificatrices. Les côtes de l'ancien continent se prolongent du sud au nord, sous des méridiens peu différents; or elles nous présentent la quantité suivante de pluie :

5°5′	Christianborg (Guinée).	549,0
8 2	Sierra-Leone.	2191,0
32 37	Funchal (Madère)	757,0
38 42	Lisbonne.	608,1
44 50	Bordeaux.	650,0
46 9	La Rochelle.	652,2
47 13	Nantes	1292,0
51 29	Middelbourg	655,5
51 35	Breda.	646,6
51 55	Rotterdam	573,5
52 29	Zwanebourg.	660,6
0 0	Hambourg	597,0
55 n0	Copenhague	468,4
60 24	Bergen.	2250,4

Il y a encore évidemment ici des anomalies de situation,
mais si nous partons seulement de Lisbonne et que nous fas-
sions abstraction du terme de Bergen, nous verrons une tendance des pluies à s'accroître du sud au nord, jusqu'en Bretagne, et à décroître ensuite en allant vers le nord; tendance
modifiée par des causes locales qu'il faudra étudier en détail.

§ II. — Influence de l'altitude des lieux.

On avait observé depuis longtemps[1] que des udomètres placés à différentes hauteurs recueillaient des quantités inégales
de pluies; il s'en trouvait une quantité moins considérable

(1) Heberden, *Trans. philosoph.*, 1769, p. 359.

dans le réservoir le plus élevé. Ces différences pouvaient être évaluées de la sorte :

	Pour le plus élevé.	Pour le plus bas.
A Paris, 23 mètres de différence de hauteur donnent..............	1,0	1,13
A Copenhague, 32 mètres de différence.	1,0	1,27
A Manchester, 25 mètres........	1,0	1,60
A Yorck, 53 mètres...........	1,0	1,72
A Pavie, 14 mètres...........	1,0	1,011

D'un autre côté, on avait observé que, selon les saisons, les différences étaient les suivantes :

A Yorck. . .	Hiver........	1	1,80
	Printemps......	1	1,81
	Eté.........	1	1,52
	Automne.......	1	1,61
A Paris . . .	Hiver........	1	1,006
	Printemps......	1	1,004
	Eté.........	1	1,016
	Automne.......	1	1,015

Il était dès lors probable que la pluie en tombant précipitait et entraînait l'humidité contenue dans les couches inférieures de l'air ; mais s'ensuivait-il que la quantité de pluie devait diminuer à mesure qu'on s'élève sur les montagnes ? Nous n'avons d'observations de pluie que pour une seule hauteur un peu considérable, c'est celle du Saint-Bernard ; or, en les comparant aux observations qui concernent des pays placés à ses pieds, nous trouvons :

	millim.		millim.
A Milan.......	966,5		
Berne........	1138,7	Saint-Bernard . . .	1512,9
Genève.......	752,7		

Si l'on pouvait résoudre une telle question par un seul exemple, elle serait irrévocablement résolue ; mais est-il bien certain que des causes locales n'agissent pas au Saint-Bernard pour augmenter d'une manière particulière les neiges et les pluies dans ce défilé des Alpes ?

Un autre exemple nous montre combien il est hasardeux de

se confier à une seule comparaison de ce genre. A Catane, 8 années d'observations nous donnent $713^m,9$ de pluie, et à Nicolosi, situé sur la pente de l'Etna, à 746 mètres au-dessus de Catane, nous avons seulement $708^m,0$, d'après 28 années d'observations (1811-1839). On conçoit que le problème ne pourrait être résolu que par des résultats obtenus sur des cimes isolées, car si, comme dans les deux cas cités, on se place dans des défilés ou sur des pentes, la disposition des lieux peut changer toutes les conditions de la pluviosité.

Pour attaquer le problème par un autre côté, suivons différentes vallées du bas en haut, et voyons les résultats que nous obtiendrons.

VALLÉE DU RHÔNE.

Arles.	610,8
Orange.	738,1
Viviers.	905,4
Lyon.	776,6

SAÔNE.		RHÔNE.	
Villefranche.	868,9	Genève	753,7
Berzélaville	844,4	Lausanne	978,1
Dijon.	745,0	Vevey.	1183,0
Gray.	558,8		

DANUBE.		PÔ.		RHIN.	
Bude.	422,4	Venise.	835,3	Middelbourg.	655,5
Vienne.	491,7	Padoue.	860,0	Coblentz.	553,2
Ratisbonne.	570,1	Bologne.	535,7	Manheim.	571,8
Ulm.	680,9	Parme.	799,9	Haguenau.	677,0
Genkingen.	1541,2	Milan.	966,3	Strasbourg.	680,9
		Turin.	954,2	Zurich.	870,1
				Berne.	1138,7

La marche ascendante de la quantité de pluie s'accorde avec celle de l'altitude dans les vallées du Danube, du Rhin, du Pô; mais elle est interrompue dans celle du Rhône par le chiffre élevé de Viviers, ce qui s'explique facilement pour ceux qui connaissent la position de cette ville dans un vrai défilé où les nuages doivent souffrir une compression; Mâcon (*Berzéla-*

ville) paraît être le point maximum des pluies, elles vont en-suite en diminuant en remontant la vallée de la Saône; c'est aussi que l'on a dépassé alors la ligne des Alpes et que l'action du réfrigérant devient de moins en moins forte.

§ III. — Influence des circonstances locales sur la quantité de pluie.

En réunissant les lieux où tombent en Europe les plus for-tes pluies, celles qui dépassent un mètre, nous trouvons :

	millim.
Tolmezzo (Etats Vénitiens)	2421,9
Bergen	2250,4
Cercivento (Etats Vénitiens)	2000,4
Udine	1701,8
Chambéry	1653,5
Saint-Rambert (Ain)	1650,0[1]
Sacile (Etats Vénitiens)	1581,3
Genkingen (Forêt-Noire)	1541,2
Mont Saint-Bernard	1512,9
Ivrée	1470,0[2]
Marciat (Ain)	1450,0[3]
Saint-Jean-de-Bruel (Lozère)	1387,2
Camajore (Apennins)	1377,8
Kendal (Angleterre)	1363,7
Gênes	1345,9
S.-Etienne-de-Valfrancesque (Lozère)	1328,5
Conegliano (Etats Vénitiens)	1291,5
Bourg (Ain)	1250,0[4]
Brescia	1250,6
Pise	1244,2
Joyeuse (Ardèche)	1240,7
Douvres	1193,5
Tegernsée (Alpes Bavaroises)	1185,0
Aurillac	1140,0[5]
Berne	1138,7
Spilberg (Etats Vénitiens)	1117,0
Vicence	1106,0
Pontarlier	1105,1
Trieste	1067,6
Augsbourg	1019,3
Lancaster	1007,5

(1, 2, 3, 4) Puvis, *Irrigations*.   (5) Deribier de Chayssac.

Ce qui nous semble d'abord remarquable dans cette liste, c'est d'y voir un si grand nombre de lieux qui ont ce caractère topographique commun, d'être situés au pied d'une grande chaîne de montagnes opposées à la direction des vents qui viennent du réservoir des vapeurs. Tous les pays situés dans l'entonnoir qui forme la terre-ferme de Venise sont de ce nombre ; ce vaste golfe terrestre est un des lieux les plus pluvieux de l'Europe. Bergen, situé au pied du massif le plus considérable des Alpes scandinaviennes ; la plaine de Chambéry, située entre la direction du vent de sud-ouest et le mont Blanc ; Genkingen, au fond des gorges de la Forêt-Noire ; différentes localités du département de l'Ain, Bourg, Marciat, Saint-Rambert dont les pluies augmentent en quantité à mesure que ces villes se rapprochent du Jura, auquel elles sont adossées ; Saint-Jean de Bruel, Saint-Étienne de Valfrancesque, Joyeuse, au pied méridional des Cévennes ; Camajore, Gênes, Pise, dans la même position à l'égard des Apennins, et Brescia à l'égard des Alpes ; le Saint-Bernard entouré de toutes parts des glaciers des Hautes-Alpes, donnent un exemple de ce que peut la réfrigération locale.

Ainsi, on peut conclure de ce tableau que deux circonstances principales paraissent influer sur la quantité annuelle de pluie : 1° la situation d'un lieu dans une enceinte fermée du côté opposé aux vents humides que les nuages franchissent difficilement, et contre les parois de laquelle ils s'amoncellent ; 2° le trajet des vents humides à travers un pays haut et froid où se fait la réfrigération de la vapeur, et où ils sont obligés de suivre une gorge bordée de parois élevées.

Si après avoir ainsi scruté les lieux où la pluviosité est la plus forte nous voulions considérer ce qui se passe quand le vent pluvieux traverse une vaste surface plate, nous aurions le tableau suivant :

La Rochelle	655,3	Laon	669,1
Tours	565,5	Metz	719,6
Paris	568,5	Manheim	571,8
Auxerre	627,2	Berlin	522,7

On voit dans ce tableau, qu'après s'être déchargés immédiatement d'une partie de leur eau, les nuages se refroidissent progressivement, en donnant une quantité de pluie qui va en augmentant, jusqu'à un certain point où les nuages se trouvant épuisés, la quantité commence à diminuer. Le même fait se reproduit dans l'intérieur de la Russie, nous trouvons :

	millim.
Upsal	466
Saint-Pétersbourg	444
Zlatoust	405
Catherinenburg	361
Yakouskt	273

Si maintenant nous voulons connaître la distribution géographique des pluies, nous trouverons les moyennes suivantes :

	millim.
1° Angleterre à l'ouest	954
2° Angleterre à l'est	674
3° Côtes ouest de l'Europe	663
4° Italie au sud des Apennins et France méridionale.	874
5° Italie au nord des Apennins	1136
6° France septentrionale et Allemagne	650
7° Scandinavie	518
8° Russie	403

On voit ici que les fortes pluies ont lieu *au sud-ouest et au sud des grandes chaînes de montagnes, qu'elles diminuent d'intensité dans les pays de grandes plaines et d'autant plus que les lieux sont plus éloignés des réservoirs d'humidité.* Les reliefs de montagnes représentent donc réellement les points pluvieux sur une carte géographique ; ces points se trouvent sur leur face sud et sud-ouest.

SECTION II. — *Répartition des pluies selon les saisons.*

La répartition des pluies selon les saisons est un des éléments les plus importants par la détermination d'un climat agricole, car le climat sera d'autant plus favorable à la végétation que les pluies tomberont à l'époque de la grande végétation herbacée des plantes; qu'elles s'arrêteront à l'époque de leur maturation, et qu'elles reparaîtront de bonne heure après les récoltes pour favoriser de nouveaux semis; dans les climats froids, les neiges de l'hiver seront aussi une condition requise pour le bon succès de récoltes, puisqu'elles les préservent des froids violents et des dégels subits. Nous trouvons en Europe les pluies distribuées de la manière suivante :

	HIVER.	PRINTEMPS.	ÉTÉ.	AUTOMNE.
	millim.	millim.	millim.	millim.
1º Angleterre à l'ouest	239,6	171,0	221,6	283,3
2º Côtes de l'ouest de l'Europe	185,7	140,9	170,2	246,5
3º Angleterre à l'est	166,5	145,0	171,1	204,1
4º France méridionale, Italie au sud des Apennins . .	195,2	194,2	133,2	291,7
5º Italie au nord des Apennins	139,2	253,1	275,6	353,8
6º France septentrionale et Allemagne	126,5	148,0	229,7	171,2
7º Scandinavie	81,4	76,1	170,7	148,4
8º Russie	40,3	59,9	166,7	97,2

Ce qui nous frappe d'abord dans ce tableau, c'est le trait saillant que nous avons mis le premier en lumière dans notre mémoire sur les pluies [1]; la prédominance des pluies d'automne sur les pluies d'été, dans toutes les régions situées sur les bords de la Méditerranée et à l'ouest du continent, jusqu'à la hauteur de l'Angleterre; au nord et à l'ouest de cette bande le maximum des pluies tombe en été. Ainsi dans la bande des pays à pluies d'automne se trouve l'Angleterre entière, les

_____
(1) *Bibliothèque universelle de Genève*, 1828.

côtes de l'ouest du continent jusqu'en Normandie, la France méridionale, l'Italie, la Grèce, l'Asie-Mineure, la Syrie, l'Égypte, la Barbarie, Madère; la bande des pays à pluies d'été comprend la France septentrionale, l'Allemagne, les côtes de l'Océan à partir de la hauteur de l'Angleterre, l'interposition de cette île entre la direction des vents pluvieux et les Pays-Bas, les transformant en pays continentaux; en un mot tout ce qui se trouve au nord du plateau central de l'Europe prolongé des Alpes vers les monts Carpathes, laissant au midi la vallée du Danube, au-dessous de Vienne.

Si pour concentrer notre attention nous réunissons les chiffres des pays compris dans la bande des pluies d'automne et ceux de la bande à pluies d'été, en faisant abstraction de l'Italie au nord des Apennins qui présente un caractère spécial que nous devons examiner à part, nous aurons :

	Bande à pluies d'automne.	Bande à pluies d'été.
	millim.	millim.
Année.	789,7	506,3
Hiver.	196,8	82,7
Printemps.	162,8	94,7
Eté	174,0	189,0
Automne	256,1	139,9
Hiver et automne.	452,9	222,6
Printemps et été	331,8	283,7

Ainsi, 1° la quantité totale de pluie qui tombe sur les pays de la bande automnale est plus forte que celle qui tombe dans la bande estivale, dans le rapport de 100 à 64. Ce fait s'explique très bien si l'on observe que dans leur marche les vents pluvieux traversent la bande automnale avant d'atteindre la bande estivale, et que chargés alors de toute leur humidité, leur condensation, quand elle a lieu, doit produire une quantité d'eau beaucoup plus considérable que quand ils arrivent plus avant sur ce continent, déjà épuisés par la pluie qu'ils ont versée sur ses bords.

2° Nous avons dit que dans la marche régulière des saisons, en supposant la surface de la terre uniforme et homogène, les pluies devaient avoir lieu, comme dans la zone équinoxiale, pendant que le soleil parcourt la partie du zodiaque qui est du même côté de l'équateur, c'est-à-dire de l'équinoxe de printemps à l'équinoxe d'automne ; les pays à pluies d'été suivent cette loi ; tandis que dans la bande automnale, le maximum des pluies a lieu de l'équinoxe d'automne à l'équinoxe de printemps. Nous avons montré plus haut la cause de ce phénomène.

Il nous reste à expliquer ce qui se passe dans l'Italie, au nord des Apennins ; nous avons pour cette contrée les chiffres suivants :

Année	1021,7
Hiver.	139,2
Printemps	253,1
Été.	275,6
Automne.	353,8
Hiver et automne.	493,0
Printemps et été	528,7

Ici nous avons à la fois des pluies annuelles plus considérables et la prédominance des pluies d'automne sur celles de l'été, ce qui classe ce pays dans la bande automnale ; mais en même temps le maximum des pluies tombe du solstice de printemps au solstice d'automne comme dans la région estivale. L'abondance des pluies annuelles qui n'a lieu au reste que dans la partie de la Lombardie la plus rapprochée des Alpes, c'est-à-dire dans celle qui est située sur la rive gauche du Pô et non dans celle qui est sur la rive droite, tient à deux causes : la puissance du réfrigérant des Alpes et sa direction dans un sens perpendiculaire à la direction des vents déplacés.

Nous avons vu plus haut combien cette position au pied d'un rempart de montagnes, en y accumulant les vapeurs, contribue à y augmenter la quantité annuelle de pluie. La prédominance des pluies de printemps et d'été, sur celles d'hiver et d'automne, n'est causée que par la faiblesse des pluies de l'hiver, qui sont inférieures à celles de la bande automnale. Il est facile de comprendre que cela provient de l'interposition de l'Apennin entre la côte et la vallée du Pô. Cette chaîne se couvre de neiges en hiver, et procure une réfrigération immédiate aux vapeurs qui, arrivant de la Méditerranée, tombent en pluie sur la Toscane et en neige sur les montagnes. En traversant la vallée de la Lombardie, les vapeurs trouvent une atmosphère plus chaude et se dilatent; l'air devient moins saturé; il est ensuite condensé de nouveau par les Alpes où les neiges de l'hiver sont très abondantes, comme on pourra le voir par les chiffres qui accompagnent la localité du grand Saint-Bernard[1].

C'est à cause de l'épuisement des vapeurs amené par les réfrigérants des pays interposés, que l'on explique aussi la petite quantité de neige qui tombe en Russie; mais c'est un manteau qui une fois tombé reste sur la terre et la couvre pendant tout l'hiver. Les premières neiges persistent pendant toute la saison.

Section III. — *Répartition des pluies par mois.*

Plus nous particularisons ce qui concerne la distribution des pluies, et moins nous pouvons considérer comme exactes les moyennes prises dans les différentes régions. Deux causes contribuent à notre incertitude : 1° chaque localité ne nous présente pas cette longue série d'observations que nous trouvons à Milan, Paris, Londres et Copenhague; un météore aussi variable que la pluie exige une assez grande masse de termes pour pouvoir offrir une moyenne sur laquelle on

(1) Voir le tableau, p. 270.

puisse compter. Ainsi, à Orange, par exemple, nous avons une année qui n'a produit que 457^m,7 d'eau (1817); tandis qu'une autre (1829) en a produit 1108^m,3. Ce que nous disons pour la quantité annuelle est bien plus frappant encore pour la quantité mensuelle. 2° On n'a pas observé partout durant la même série d'années; or, nous avons vu que des séries différentes varient entre elles par leurs produits en pluies.

Il faut nécessairement avoir un grand nombre d'années d'observation pour que les moyennes déduites de l'expérience puissent présenter quelque degré de certitude. Ainsi, lorsqu'il arrive une pluie très abondante comme une *averse*, elle peut influer de manière à fausser toutes les conséquences qu'on est disposé à tirer; on cite, par exemple, l'averse qui tomba le 25 octobre 1822 dans les environs de Genève, et qui produisit 820 millimètres, c'est-à-dire autant de pluie qu'il en tombe à Paris en dix-huit mois. De tels faits doivent introduire une perturbation complète dans les moyennes, si le nombre des observations n'est pas suffisamment grand.

Plus on comprendra l'importance agricole du genre d'observations que nous conseillons, plus, il faut l'espérer, on les multipliera, et nos successeurs parviendront ainsi à obtenir des résultats exacts qui nous manquent. Il faut se contenter aujourd'hui d'approximations, et ne pas négliger l'instruction qu'elles nous offrent. Le tableau qui suit indique les approximations que nous obtenons de la combinaison de toutes les observations que nous avons pu rassembler.

Elles démontrent que la quantité de pluie est plus grande durant les saisons chaudes que durant les saisons froides, et que cette quantité augmente à mesure que la latitude diminue. Cependant il y a beaucoup de différences qui ne sont que le résultat de circonstances locales, souvent mal définies, mais qui n'en exercent pas moins une influence marquée.

	Décembre.	Janvier.	Février.	Mars.	Avril.	Mai.	Juin.	Juillet.	Août.	Septembre.	Octobre.	Novembre.	Année.
	mill.	mill.	mill.	mill.	mill.	mill.	mill.	mill.	mill.	mill.	mill.	mill.	mill.
1° Angleterre à l'ouest........	96,1	72,4	65,0	56,7	54,4	61,8	57,1	74,7	85,6	85,7	104,5	96,0	920,0
2° Côtes ouest de l'Europe.....	76,4	54,2	54,6	43,0	43,5	54,4	47,5	61,5	61,3	71,7	83,3	91,5	743,4
3° Angleterre à l'est..........	64,2	51,7	50,5	42,4	46,9	55,7	44,5	67,2	59,4	66,2	68,9	69,0	686,7
4° France méridionale, Italie au sud des Apennins.......	75,7	62,9	56,6	63,9	64,1	66,2	61,8	39,8	41,6	84,1	102,4	105,8	814,3
5° Italie au nord des Apennins..	101,8	85,9	51,5	74,9	85,1	93,1	98,8	88,4	88,4	98,4	124,1	131,3	1121,7
6° France septentrionale et Allemagne............	45,9	40,6	40,0	42,4	46,7	58,9	79,7	73,5	76,5	62,6	57,1	54,9	678,8
7° Scandinavie............	35,4	25,3	20,7	17,6	24,9	33,6	42,7	58,2	69,8	57,1	46,8	44,5	476,6
8° Russie.............	16,9	10,3	13,1	14,1	14,2	31,6	57,1	51,0	58,6	37,8	37,1	22,3	364,1
Bande à pluies automnales......	78,7	60,7	57,2	51,2	51,9	59,7	49,8	62,8	61,5	75,9	89,8	90,9	790,1
Bande à pluies d'été.........	32,7	25,4	24,6	28,0	28,6	41,4	59,8	60,9	68,3	52,5	47,0	40,6	509,8
Moyennes des pluies en Europe.	55,7	43,0	40,9	39,6	40,2	50,6	54,8	61,8	64,9	64,2	68,4	65,7	649,6

Dans les totaux des pluies de chaque bande nous n'avons pas fait entrer les pluies de l'Italie du nord, n'osant les attribuer définitivement ni à l'une ni à l'autre bande ; nous remarquerons d'ailleurs que nous possédons peu d'observations faites sur les Alpes et sur le plateau central de la France, lieux où les condensations de vapeur sont très abondantes. Mais si l'on fait attention que ces omissions doivent compenser le défaut d'égalité d'étendue des deux bandes, on trouvera peut-être que le chiffre total de 649^m,6 représente assez bien la quantité moyenne de pluie qui tombe en Europe ; cette quantité nous donne par hectare 6496 mètres cubes d'eau, dont un septième environ, d'après une estimation empirique, sert à l'entretien des cours d'eau ; ceux-ci reçoivent donc de chaque hectare 928 mètres cubes, ce qui est environ la quantité estimée nécessaire pour l'irrigation de cette surface et pour la maintenir toute l'année dans l'état de fraîcheur le plus convenable à la culture. Cette coïncidence est remarquable. Elle nous prouve que la nature nous a pourvu de tous les moyens d'avoir l'agriculture la plus prospère, et qu'il ne nous manque que la volonté pour remplir le but qu'elle semble nous indiquer.

Si on représente par deux courbes (*fig.* 15) les quantités de pluie des deux bandes :

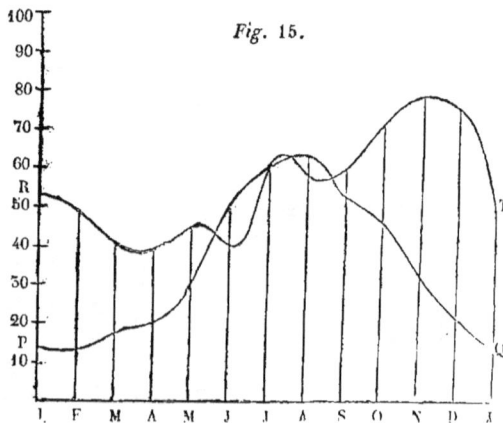

Fig. 15.

La marche des pluies de la bande des pays à pluies d'automne étant représenté par la courbe RT, et celle des pays à pluies d'été par la courbe PQ, on remarque que dans la bande des pays à pluies d'automne, le minimum des pluies tombe en juin, mais qu'il y a une tendance marquée à une plus forte quantité de pluies en mai, de telle sorte que la courbe s'infléchit pour passer du printemps à l'été. Cette circonstance est très favorable à la culture des céréales qui, si elles n'avaient pas les pluies de mai, trouveraient de trop bonne heure la terre desséchée. Dans quelques régions de cette bande (la France méridionale, par exemple) le mois de juin est en réalité le plus pluvieux, et les pluies de cette époque, défavorables aux céréales et aux fourrages, provoquent une plus grande extension des cultures arbustives. Le maximum des pluies a lieu en octobre ou novembre dans toute la bande. La courbe de la bande des pays à pluies d'été est beaucoup plus régulière, mais elle s'élève jusqu'au mois d'août, et dans les régions de cette bande où la pluviosité de l'été est la plus prononcée, on sent qu'elle est contraire à la bonne réussite des céréales et qu'on doit y éprouver souvent des intempéries à l'époque de la moisson, ce qui porte les habitants à préférer les récoltes fourragères.

Si nous voulons entrer dans un examen plus spécial des relations qui existent entre les pluies et les cultures, et en particulier la culture des céréales, nous dirons que le succès dépend en grande partie des pluies du printemps, arrivant dans le mois qui précède la floraison du blé, celui où la température atteint $+ 16^{\circ}$. Ce mois est celui d'avril pour la France méridionale et toute l'Italie supérieure, le mois de mars pour la Sicile, la fin de mars pour le royaume de Naples. Ce sera donc une discussion utile que celle où nous rechercherons les probabilités que chacun de ces pays a d'obtenir la pluie qui est nécessaire au succès de la culture du blé.

A Orange, 26 ans d'observations nous donnent :

mill.

Pour le mois d'avril le plus pluvieux. .   201,5
Pour le moins pluvieux.   5,4
                                           ——————
              Différence.   196,1

qui, divisée par 26, donne 7,5

Ainsi la moyenne générale qui est de 61,2 varie entre 53,7 et 68,7. Dans les deux cas, la moyenne est faible dans ce pays où l'évaporation de ce mois est de 200 mill. La différence de la moyenne au maximum est de 140, qui, divisée par l'écart moyen 7,5, donne 19; la différence au minimum est de 56, qui, divisée par 7,5, donne 7,5. Le nombre des années plus sèches que la moyenne sera de 19, et celui des années plus humides, de 7,5. Avril sera donc en général défavorable à la culture du blé dans les terres sèches. Les pluies de mai viennent au moment de la floraison, mais la floraison du froment étant successive, souffre bien moins que celle du seigle. Voyons ce qui arrivera en mai.

Le mois de mai le plus pluvieux donne   191,5
Le moins pluvieux.   7,0
                                         ——————
              Différence.   184,5

qui, divisée par 26, donnera un écart de 7,1

La moyenne du mois est de 69,0; la moyenne corrigée de 76,1 ou de 61,9; l'évaporation de 220 mill. Ainsi, encore en procédant comme ci-dessus, on a 17 années sur 26 où le mois de mai est remarquable par sa sécheresse. On sent combien ce pays doit éprouver de bienfaits de l'irrigation.

A Milan, le mois d'avril le plus pluvieux   193,9
Le moins pluvieux.   14,0
                                            ——————
              Différence.   179,9

qui, divisée par 55 ans, durée des observations, donne un quotient de 3,3

La moyenne est de 66,8. La différence du maximum à la moyenne est 125,1, qui, divisée par 3,3, donne 38. La différence du minimum à la moyenne est de 16. Il y aurait ici 38 années plus sèches, et 16 plus humides que la moyenne, mais

si l'évaporation n'excède pas celle de Turin, qui dans ce mois
ne s'élève pas à plus de 111 mill., nous verrons qu'il y a non-
seulement assez, mais même trop d'humidité habituelle dans
ce mois, car l'absorption de la terre, qui n'est que le tiers de
l'évaporation de l'eau, n'enlève que 37 mill. seulement, la moitié de la moyenne de la pluie. La récolte du blé doit donc être
ici habituellement plus abondante en paille qu'en grain.

Voilà une des causes qui, dans l'Italie au nord du Pô, font
préférer la culture des prairies, du riz et du maïs qui fructifie
plus tard, à celle du blé, et qui donnent l'avantage à la rive droite
du Pô, moins exposée aux pluies que la rive gauche.

Avant de quitter ce qui concerne les effets de cette distribution des pluies, il nous reste à parler des sécheresses des étés.
Les pluies d'été ont l'avantage de permettre des secondes semailles immédiatement après la moisson, mais la température
plus froide de la région où elles ont lieu, si l'on en excepte l'I-
talie supérieure, ne permet guère que celle des sarrasins et
des raves ; la chaleur manquerait aux plantes plus précieuses.
D'un autre côté, ces pluies ont le grand inconvénient de déranger les moissons, de les empêcher quelquefois quand elles
se prolongent, comme cela arriva en 1816, et cela a pensé arriver en 1843, de les rendre pénibles, dispendieuses. Dans la
région de la France septentrionale et de l'Allemagne, c'est le
mois d'août que nous devons surtout considérer ; mais comme
il s'agit plutôt ici du nombre des jours de pluie que de la quantité d'eau tombée, nous y reviendrons. Quant à la sécheresse des
étés, elle est un obstacle insurmontable à ce que les pays méridionaux profitent de la chaleur qui reste après la moisson, pour
obtenir des récoltes tardives, sans le secours de l'irrigation.

Le tableau suivant donne, pour un grand nombre de villes,
e chiffre mois par mois de la moyenne obtenue. Il sera utile
pour indiquer à chacun la pluviosité approximative de son
climat. Les tableaux précédents n'en sont que le résumé.

TABLEAU DE LA QUANTITÉ DE PLUIE

	Total de l'année.	Décembre	Janvier.	Février.	Mars.	Avril.	Mai.
						1° ANGLETERRE	
	mill.	mill.	mill.	mill.	mill.	mill.	mill.
Ile de Mann.........	986,9	128,2	65,3	63,2	65,4	65,4	38,2
Dublin..............	614,6	60,4	53,6	47,2	29,9	56,1	40,6
Penzance...........	994,3	132,8	90,6	74,8	80,9	41,0	71,0
Bristol.............	591,1	54,3	39,4	27,3	46,5	30,2	64,4
Liverpool..........	875,8	75,3	61,3	51,8	38,5	52,5	65,6
Manchester........	921,7	97,1	58,5	65,1	54,5	50,9	73,4
Lancaster..........	1007,5	100,3	87,8	75,9	44,5	55,2	62,4
Townley...........	892,6	76,0	58,2	45,1	68,9	66,1	56,1
Dumfries..........	947,2	79,8	78,5	72,0	54,9	51,2	65,2
Kendal............	1363,7	157,1	130,9	127,6	83,6	75,3	81,4
Moyenne....	920,0	96,1	72,4	65,0	56,7	54,4	61,8
						2° ANGLETERRE	
Glasgow............	545,5	50,3	40,6	44,2	30,0	24,7	41,7
Edinburgh..........	621,9	53,4	50,9	43,3	37,0	40,2	49,0
Chatteworth........	702,3	65,2	55,8	42,0	33,5	52,8	53,7
Barrowby..........	642,9	51,8	36,8	41,0	27,1	37,0	41,0
Branxholm.........	798,8	55,3	58,2	77,9	54,5	45,5	61,0
Kinfauss...........	637,8	63,5	55,6	41,0	35,0	46,2	73,7
Hackneyhill.........	616,3	53,8	28,9	50,7	35,0	53,1	63,2
Oxford.............	556,6	50,3	25,8	45,5	22,5	50,3	34,8
Londres............	623,9	56,5	43,7	40,1	46,7	44,7	50,7
Londres............	525,1	44,1	37,2	31,7	29,7	32,5	41,5
Epping.............	680,7	66,7	21,6	50,3	45,5	50,1	55,7
New-Malton........	766,9	83,2	57,4	45,3	48,3	60,9	74,4
Lyndon............	473,7	33,9	32,9	29,7	26,8	30,6	33,1
Selbourn (Southampt.).	914,8	76,4	90,6	69,9	75,2	45,5	63,9
Gosport...........	753,6	75,5	66,9	65,6	53,4	63,5	64,7
Douvres............	1193,5	149,3	123,9	88,9	78,4	75,7	86,3
Moyenne....	686,7	64,3	51,7	50,5	42,4	46,9	55,7
						3° CÔTE	
Lisbonne...........	608,1	94,3	59,0	54,0	40,5	93,7	43,0
Bordeaux..........	659,1	67,2	66,8	50,0	38,6	46,9	55,2
La Rochelle.........	656,0	68,0	56,0	51,0	39,0	42,0	51,0
Saint-Maurice-le-Girard	622,1	86,4	35,5	85,9	18,0	18,0	51,6
Poitiers............	580,8	60,0	48,9	37,8	44,6	40,5	48,6
Nantes.............	1292,0	159,0	74,0	132,0	90,0	76,0	116,0
Frauecker..........	751,4	65,1	49,6	54,8	30,6	25,1	54,1
Bruxelles..........	676,6	61,0	47,9	48,1	53,8	49,0	41,6
Sparendam.........	855,4	76,2	27,1	17,3	41,9	75,5	54,3
Rotterdam..........	672,5	74,5	74,6	57,8	59,3	52,3	54,1
Breda.............	616,6	68,7	42,9	41,5	32,0	30,0	57,9
Middelbourg........	665,5	36,9	69,1	44,6	41,9	25,1	50,2
Zwanebourg........	660,0	52,5	38,3	41,5	39,0	40,1	49,4
Delft..............	764,3	73,7	57,6	23,7	65,4	9,0	23,2
Hambourg..........	»	»	»	»	23,7	32,0	49,4
Moyenne....	774,4	76,9	54,2	51,6	53,0	45,5	54,4

QUI TOMBE EN EUROPE.

Juin.	Juillet.	Août.	Septembre	Octobre.	Novembre	OBSERVATIONS.
L'OUEST.						
mill.	mill.	mill.	mill.	mill.	mill.	
45,1	60,9	88,9	79,1	120,6	126,6	6 ans. *Edinb. journ. of sc.*, 1801.
29,9	53,3	60,7	49,8	65,5	67,8	*Acad. d'Irlande*, 1792-1801.
51,4	64,0	76,4	76,9	123,8	110,7	8 ans. Giddy, *Ann. of phil.*
32,7	77,1	27,0	22,0	83,6	86,6	4 ans. Cotte, *Mémoires*, II.
69,9	88,7	83,2	101,2	96,5	91,3	30 ans. Dobs. *Trans. phil.*, 1777.
63,5	93,7	93,1	83,2	99,4	85,2	33 ans. Dalton. *Ann. of phil.*, XV.
63,8	105,0	116,4	95,1	105,2	95,9	20 ans. Campb. *Ann. of ph.*, XV.
71,4	64,5	104,6	93,3	104,6	83,8	17 ans. *Collect. acad.*, VI.
75,5	82,5	81,2	100,7	105,0	80,6	16 ans. Caplaud. *Ann. of ph.*, XV.
67,8	116,9	125,9	124,8	140,9	131,5	31 ans. Kamtz, t. II.
57,1	74,7	85,6	85,7	104,5	96,0	
L'EST.						
35,9	58,6	65,1	48,0	58,1	48,3	18 ans. *Ann. of phil.*, XII.
42,6	61,7	65,1	58,1	54,5	66,1	*Edinb. journ. of sc.*
58,1	76,2	61,8	58,1	78,2	66,9	16 ans. *Ann. of phil.*, XV.
53,3	74,8	62,0	90,6	67,1	60,4	10 ans. *Phil. trans.*, 1782.
54,7	79,3	61,0	79,7	98,2	70,5	10 ans. *Edinb. trans.*
43,6	56,1	58,1	44,2	55,9	64,9	11 ans. *Ann. of phil.*
46,7	46,4	49,7	65,7	64,4	59,7	10 ans. *Ann. of phil.*
18,7	73,7	43,6	54,1	74,4	62,9	2 ans. *Edinb. journ. of sc.*, I.
43,6	56,5	48,5	56,5	71,5	64,9	16 ans. Howard, *Clim. of Lond.*
44,1	62,2	45,9	46,7	53,1	56,4	40 ans. *Trans. philos.*
51,6	47,6	55,9	70,6	80,4	85,0	5 ans. *Ann. of ph.*, nouv, sér., I.
54,3	55,9	70,3	60,2	79,2	77,5	9 ans. *Ann. of phil.*
47,1	52,0	46,2	42,4	44,0	44,7	56 ans. *Trans. phil.*, 1771.
29,5	99,2	97,7	110,9	72,8	83,2	Mém. of Manchester, V.
30,4	54,5	44,6	82,8	73,7	77,0	5 ans. *Ann. of philos.*
57,4	123,2	74,2	91,2	127,2	115,3	4 ans. *Mém. de Manch.*
44,5	67,2	59,4	66,2	68,9	69,0	
E L'OUEST.						
4,2	7,5	9,8	32,3	86,0	81,8	6 ans. Balbi, *Eff. stat.*
67,2	47,8	43,6	41,3	64,2	70,3	18 ans. Cotte, *Manuscrits.*
41,0	43,0	42,0	69,0	79,0	75,0	50 ans. *Comptes-rendus*, 1843.
57,2	27,1	38,8	43,8	93,4	86,4	10 ans. Cotte, *Manuscr.*
43,0	46,0	36,4	49,6	63,6	61,8	41 ans. *Obs. de Lamazière.*
77,0	83,0	106,0	123,0	109,0	146,6	7 ans. *Ann. des p. etc.*,1834, p.184
61,9	85,0	75,7	78,8	75,2	95,5	13 ans. Cotte, *Manuscr.*
65,6	53,8	53,9	60,5	71,6	69,9	6 ans (1833-38).
43,5	140,5	34,3	90,9	131,2	122,7	4 ans. Cotte, *Manuscr.*
35,4	24,7	27,4	63,1	90,9	96,3	14 ans. Cotte, *id.*
33,4	74,8	33,4	85,0	52,5	94,5	5 ans. Cotte.
57,8	52,8	106,0	87,6	74,8	61,4	4 ans. *Eph. Manh.*
58,6	68,3	81,2	75,5	78,4	42,8	44 ans. Cotte.
30,0	86,1	117,3	109,4	72,8	95,1	2 ans. Cotte, *Mém. manusc.*
50,0	58,9	81,5	34,5	75,2	121,7	2 et 3 ans. Buech, *Clim. d'Hamb.*
47,5	61,5	61,3	71,7	83,3	91,5	

	Total de l'année.	Décembre	Janvier.	Février.	Mars.	Avril.	Mai.
						4° FRANCE MÉRIDIONALE.		
	mill.	mill.	mill.	mill.	mill.	mill.	mill.
Espalais (Lot-et-Gar.)..	606,2	36,6	54,3	35,0	40,7	48,1	56,0
Toulouse............	642,3	46,5	47,0	41,1	52,5	53,4	63,8
Rieux...............	726,9	51,4	44,9	48,5	82,3	63,6	77,7
Béziers.............	438,5	54,0	49,4	28,4	40,2	38,3	37,9
Montpellier.........	822,6	110,5	76,6	45,5	61,8	60,2	61,7
Nîmes..............	642,4	49,1	44,4	49,6	47,1	50,1	56,6
Alais..............	991,0	81,1	86,9	61,4	61,3	84,3	90,2
Joyeuse............	1240,7	78,7	84,9	81,8	65,9	111,4	114,6
Aurillac...........	1150,1	77,5	87,4	76,4	72,8	65,6	130,5
Genève............	752,7	59,1	58,2	41,3	36,2	48,6	74,7
Villefranche.......	868,9	82,1	24,3	40,4	52,2	36,1	73,0
Dijon.............	617,8	45,1	47,9	31,9	39,5	40,9	83,0
Lyon..............	776,6	39,6	49,1	42,1	40,5	58,0	86,1
Grenoble..........	920,4	148,0	25,2	103,5	59,3	97,3	40,3
Bourg.............	1171,9	69,8	92,4	81,2	103,7	74,4	110,4
Viviers	905,4	55,6	67,0	46,1	52,0	68,2	79,4
Orange............	738,1	53,5	38,8	56,6	43,6	61,2	69,0
Saint-Saturnin.......	590,7	42,1	45,1	20,3	63,1	68,3	40,9
Manosque..........	774,0	74,7	46,5	35,0	81,5	76,1	64,0
Arles.............	610,8	79,1	32,1	47,1	70,4	29,5	36,7
Marseille..........	512,0	44,9	36,8	51,1	27,9	44,4	46,2
Toulon	476,8	29,4	54,3	27,3	33,8	40,8	40,6
Gênes.............	1346,9	94,3	101,0	132,7	85,4	115,8	110,2
Camajore, près Lucques.	1377,8	153,6	138,3	94,7	103,9	112,1	81,7
Pise..............	1244,2	85,8	110,2	70,6	63,5	106,7	73,5
Cascina, près Pise.....	929,4	107,9	75,4	78,1	52,2	49,2	94,4
Florence...........	914,8	112,6	65,2	66,8	78,4	79,8	67,1
Sienne.............	948,9	102,0	50,0	45,2	91,5	66,8	95,5
Rome..............	784,0	93,9	86,6	56,0	66,8	58,1	59,8
Naples............	738,8	76,4	79,9	70,9	79,2	60,4	44,3
Palerme............	602,4	82,3	78,5	63,1	70,0	41,6	27,5
Catane.............	713,9	97,2	92,9	57,4	104,6	57,6	22,8
Nicolosi............	708,0	95,2	116,2	67,5	124,1	57,8	17,5
Moyenne....	814,3	75,7	62,9	56,6	63,9	64,1	66,2
						5° ITALIE AU NORD		
Molfetta (Pouille).....	542,4	57,1	49,2	46,5	42,8	34,4	41,4
Altamura...........	612,8	51,6	63,2	47,6	56,8	58,4	87,5
Ariano.............	841,7	99,8	79,0	57,6	57,3	71,4	72,2
Bologne............	535,7	45,2	21,3	31,9	37,1	34,7	36,0
Chioggia...........	796,7	68,9	77,9	42,5	45,2	51,4	55,2
Venise.............	833,3	54,6	54,1	46,5	36,3	77,0	112,0
Padoue............	859,5	64,5	65,8	47,2	54,5	56,2	76,4
Bude	422,4	40,2	23,5	22,6	41,2	35,9	27,5
Trieste	1067,6	118,8	87,7	44,4	70,8	76,8	88,5
Udine	1701,8	142,0	115,8	82,5	117,7	143,4	116,4
Tolmezzo...........	2421,9	184,5	174,5	141,2	148,0	172,4	174,3
Cercivento..........	2004,4	146,1	119,1	86,9	76,5	160,4	149,3
Spilberg...........	1117,0	97,1	127,5	44,6	36,0	104,1	55,4
Val Dotadene........	1551,5	108,6	117,2	87,7	100,1	126,4	119,1

Juin.	Juillet.	Août.	Septembre	Octobre.	Novembre	OBSERVATIONS.
			ALIE AU SUD DES APENNINS.			
mill.	mill.	mill.	mill.	mill.	mill.	
56,4	38,0	46,4	77,6	49,5	67,6	11 ans. Remis par M. Martins.
77,1	41,4	35,5	69,5	58,4	56,1	7 ans. *Journ. des prop. toulous.*
90,2	65,3	36,2	70,8	37,0	59,0	8 ans. Cotte.
31,6	7,4	11,3	25,0	31,6	83,2	8 ans. Cotte, *Mémoires.*
50,0	22,0	33,4	73,2	140,5	87,2	26 ans. Poitevin, *Clim. de Montp.*
28,5	27,3	33,6	92,1	64,6	99,4	17 ans. Bauer et Valz.
45,4	52,2	44,0	132,4	140,4	111,4	35 ans. D'Hombres.
53,2	83,4	56,1	155,8	185,2	158,7	19 ans. Tardy.
83,8	88,3	107,5	135,1	93,9	131,3	*Bibl. britan. et universelle.*
52,9	79,7	71,5	70,8	79,4	70,3	17 ans. *Bibl. universelle.*
70,6	49,2	94,1	95,8	94,3	159,8	4 ans. Cotte.
50,9	59,9	30,9	62,7	58,6	65,5	9 ans. Cotte.
72,0	89,9	64,4	86,2	73,3	75,1	(1765-80) 16 a. Com. p. M. Bravais.
56,0	41,5	69,6	56,1	123,3	90,3	2 ans. Dr Charvet.
56,9	87,9	101,5	105,9	123,9	123,9	9 ans. Paris.
59,2	51,0	63,5	112,0	128,1	113,3	40 ans. Flaugergues.
42,3	27,8	40,5	112,5	104,8	87,5	27 ans. Nos observations.
72,1	23,2	12,3	38,4	70,8	99,1	10 ans. Cotte.
54,2	17,6	27,4	58,3	93,4	135,3	7 ans. Cotte, *Manuscrits.*
38,8	18,7	24,1	50,4	94,9	89,0	5 ans. Cotte, *Mémoires.*
8,9	10,1	26,1	51,5	85,2	68,9	20 ans. *Comm.* par M. Valz.
7,9	9,2	17,2	66,7	71,9	67,9	33 ans.
50,0	52,5	115,0	173,3	143,7	173,0	10 ans. Garibaldi et Grillo.
33,9	50,6	58,4	105,8	189,2	205,6	40 ans. Schow., *Clim. de l'Italie.*
58,7	47,9	47,1	146,4	171,8	262,0	12 ans. Schow; *ib.*
9,5	35,5	25,4	102,0	139,6	120,2	8 ans. Schow., *ib.*
52,6	42,5	40,3	90,4	111,3	107,9	19 ans. Schow., *ib.*
74,3	68,2	37,1	99,9	117,2	101,2	10 ans. Schow.
2,5	18,4	25,4	54,1	118,3	104,1	40 ans. Schow.
57,6	14,5	22,4	61,7	107,8	97,7	14 ans. Anneli et Schow.
7,8	7,0	8,6	62,6	77,0	66,0	31 ans. Schow.
8,3	3,3	4,3	51,0	130,0	84,5	8 ans. *Acad.*
0,5	0,4	4,3	50,3	94,5	69,7	27 ans. Les frères Gemellari.
41,8	39,8	41,6	84,1	402,4	105,8	
			APENNINS.			
59,2	20,8	44,6	58,7	61,7	56,0	13 ans. *Mem. della Soc. ital.,* XII.
51,6	18,6	33,0	39,8	56,5	48,2	8 ans. Schow., *Clim. de l'Italia.*
53,3	36,8	58,7	50,1	93,4	112,1	11 ans. *Mem. Soc. ital.,* XII.
53,9	32,5	43,0	55,9	71,6	42,8	18 ans. Schow., *Clim. de l'Italie.*
58,9	71,9	56,0	78,1	93,6	87,1	26 ans. Schow., l. c.
74,9	73,5	67,1	87,3	56,0	96,0	7 ans. Schow.
41,5	69,1	66,4	76,4	99,4	92,1	48 ans. Schow.
52,3	35,0	40,8	23,9	42,6	48,9	10 ans. *Eph. de Manh.*
50,8	95,0	78,4	125,6	98,2	108,6	12 ans. Schow.
54,8	169,7	127,5	153,7	192,7	155,0	16 ans. Schow.
98,7	218,2	172,1	204,5	273,9	349,6	22 ans. Schow.
95,2	208,0	158,7	165,6	231,7	276,9	17 ans. Schow.
50,1	41,4	101,4	134,8	194,1	141,0	6 ans. Schow.
48,3	142,0	97,4	130,4	179,7	194,6	21 ans. Schow.

	Total de l'année.	Décembre	Janvier.	Février.	Mars.	Avril.	Mai.

5° ITALIE AU NORD

	mill.	mill.	mill.	mill.	mill.	mill.	mill.
Sacile...............	1581,3	136,1	120,4	77,9	107,2	90,6	146,4
Conegliano.........	1291,5	102,8	88,5	73,5	93,9	70,8	116,1
Castel Franco........	976,9	84,4	72,7	54,1	105,6	70,6	59,0
Vicence............	1106,0	79,5	94,4	61,4	76,8	93,3	73,5
Vérone.............	950,1	68,1	57,3	46,8	49,2	70,0	93,1
Mantoue............	772,9	65,3	60,7	42,7	58,6	69,7	83,2
Brescia.............	1250,6	118,0	95,2	55,2	74,5	85,4	120,4
Bergame...........	999,1	120,0	59,2	50,9	90,4	34,2	91,7
Milan..............	966,5	79,5	72,2	53,8	57,1	78,1	94,7
Parme.............	799,9	66,2	71,1	60,0	59,0	44,6	80,3
Turin.............	954,2	53,2	64,8	22,1	59,2	115,6	112,6
Saint-Bernard.......	1512,9	141,5	140,1	173,2	163,2	142,8	73,0
Moyenne....	1121,7	101,8	85,9	51,5	74,9	85,1	93,1

6° FRANCE SEPTENTRIONALE

Lausanne...........	978,1	51,1	50,9	71,7	65,6	45,3	78,0
Orbe..............	862,9	55,9	39,5	67,5	38,1	56,5	56,7
Berne.............	1138,7	62,7	51,9	108,6	63,6	79,3	95,4
Lons-le-Saulnier......	1020,1	89,9	63,6	81,3	67,6	76,0	76,8
Pontarlier.........	1105,1	121,9	73,1	44,7	56,1	80,6	94,8
Berzé-la-Ville	844,4	62,8	47,6	54,1	53,6	65,4	88,0
Le Puy............	887,6	67,9	32,0	43,2	51,5	93,1	32,0
Paris.............	563,5	37,6	37,9	40,9	27,5	53,2	60,0
Denainvillers........	482,3	34,1	30,0	27,1	37,4	37,7	38,6
Montmorency........	697,2	69,9	26,1	14,8	36,5	68,5	49,0
Lille.............	748,9	42,9	51,7	43,2	50,7	44,4	36,4
Bergues-Saint-Vinox...	667,6	89,5	49,4	43,1	50,0	28,0	40,2
Cambrai...........	457,9	21,2	22,9	18,2	30,2	46,2	35,1
Maëstricht..........	636,5	51,2	46,8	50,4	60,7	30,8	65,4
Laon.............	669,1	51,4	52,2	53,6	50,0	45,1	45,1
Montdidier.........	579,6	47,4	49,9	36,1	47,4	44,2	40,9
Troyes.............	605,3	42,6	45,5	25,1	30,4	54,1	81,6
Châlons-sur-Marne....	403,1	29,6	33,4	18,0	29,7	27,4	35,7
Metz.............	748,8	56,8	56,8	45,6	44,1	73,7	75,2
Mulhouse..........	769,2	40,4	54,5	52,0	35,7	88,2	80,4
Strasbourg..........	680,9	41,2	36,8	31,0	43,9	42,3	65,9
Haguenau..........	677,0	32,4	56,7	37,9	45,8	47,4	51,7
Manheim...........	571,8	33,9	41,5	28,9	36,5	49,6	51,8
Coblentz	553,2	42,9	29,5	18,4	43,1	39,7	52,5
Carlsruhe	672,8	59,3	38,4	45,1	48,3	43,3	61,6
Stuttgart...........	642,4	49,0	30,4	50,0	35,2	36,8	55,4
Tubingue..........	646,6	37,7	32,7	24,3	37,2	34,1	67,2
Giengen...........	689,3	36,3	43,1	29,5	37,9	36,3	88,2
Wurzbourg.........	356,5	21,6	34,1	36,3	30,5	27,1	30,3
Gottingue..........	673,4	47,1	32,7	44,2	39,7	47,4	36,8
Erfurth............	336,2	16,0	14,2	30,2	15,0	23,2	33,1
Sagan.............	427,8	33,4	26,5	29,6	27,3	25,0	27,1
Prague.............	446,7	9,2	12,6	33,0	18,0	21,0	57,5
Augsbourg..........	1019,3	59,9	64,9	56,7	62,0	47,4	118,5

uin.	Juillet.	Août.	Septembre	Octobre.	Novembre	OBSERVATIONS.

5 APENNINS (*suite*).

mill.	mill.	mill.	mill.	mill.	mill.	
52,3	147,4	114,0	117,5	185,6	185,9	14 ans. Schow.
:6,4	97,4	101,7	96,6	153,4	150,4	14 ans. Schow.
15,2	56,0	81,2	74,1	108,3	126,1	8 ans. Schow.
19,1	78,1	74,1	106,0	132,1	127,7	17 ans. Schow.
17,7	99,0	74,2	103,3	110,2	81,2	36 ans. Schow.
2,7	67,5	70,0	- 58,6	67,5	86,4	7 ans. Schow.
19,6	72,2	106,1	92,3	177,2	154,7	11 ans. Schow.
8,9	83,6	183,5	86,9	119,1	110,5	3 ans. Schow.
0,6	74,6	77,9	83,1	109,9	105,0	68 ans. Cesaris, *Bibl. ital.*
2,4	37,6	46,3	79,2	119,9	93,3	13 ans. Schow.
9,4	94,4	70,6	68,4	90,4	83,1	15 ans. Schow.
5,6	108,0	106,3	134,0	126,4	118,8	14 ans (1813-31). *Bibl. univ.*
8,8	88,4	88,4	98,4	124,1	131,3	

SSE, ALLEMAGNE.

7,0	94,5	128,5	72,1	130,2	73,2	8 ans. *Soc. écon. de Berne.*
5,0	94,9	99,7	78,1	103,1	67,9	11 ans. *Id.*
9,9	104,4	154,4	77,1	126,0	65,6	7 ans. *Id.*
0,0	84,6	68,3	100,8	77,4	74,6	6 ans. Cotte, *Mémoires.*
9,3	126,3	99,2	104,8	91,5	92,8	9 ans. Cotte, *Id.*
5,1	75,1	89,3	73,4	73,4	86,6	19 ans. M. Benon des Charmes.
7,4	63,4	58,6	95,1	103,5	39,7	3 ans. Deribier.
1,4	59,1	51,4	50,5	37,1	46,9	63 ans. *Mém. de l'Acad.*
3,8	46,2	42,8	50,8	33,2	40,6	11 ans. Cotte.
8,3	47,8	71,8	71,0	75,5	51,0	15 ans. Cotte, *Mémoires.*
3,1	81,6	95,0	87,5	57,9	65,1	6 ans. Cotte, *Id.*
4,1	58,8	63,3	56,3	60,4	54,1	4 ans. Cotte.
5,1	61,1	43,6	43,6	47,8	42,9	7 ans. Cotte.
8,5	73,7	56,6	49,7	55,2	47,5	7 ans (1811-19). *N. Ac. de Brux.*
3,9	62,8	66,7	58,3	61,5	48,5	8 ans. Cotte.
3,9	65,7	63,2	59,1	47,6	44,2	8 ans. Cotte.
9,7	54,8	55,9	46,2	26,2	83,2	6 ans. Cotte.
4,9	32,6	22,5	49,8	21,4	38,1	5 ans. Cotte.
7,9	56,2	60,6	87,8	46,9	97,2	10 ans. Cotte.
5,6	48,5	84,3	47,8	62,1	88,7	6 ans. Cotte.
3,5	85,9	81,6	71,7	48,4	53,7	26 ans. Hern et Schneider.
2,2	29,7	86,1	81,6	48,5	88,6	6 ans. Cotte.
3,3	62,2	54,5	55,2	50,3	39,1	12 ans. *Eph. Manh.*
3,1	66,5	67,8	60,1	23,6	46,0	11 ans. *Stat. de Rhin-et-Moselle.*
3,1	80,6	63,5	57,7	53,6	58,3	4 ans. Eisenlhor, *Clim. de Carls.*
5,6	54,9	73,2	70,8	49,6	50,5	10 ans. Eisenlhor, *id.*
5,2	87,3	85,4	59,7	50,3	45,5	10 ans. Kaemtz.
5,3	76,6	87,7	56,5	48,3	57,6	7 ans. Kaemtz.
3,4	32,5	29,1	30,1	22,6	23,9	7 ans. *Eph. Manh.*
5,5	83,4	92,7	73,4	54,5	55,9	Kaemtz.
1,6	48,9	59,0	29,8	23,7	20,5	7 ans. *Eph. Manh.*
0,8	59,0	49,6	31,2	38,8	30,5	12 ans. *Id.*
2,2	35,4	95,4	37,2	39,1	47,1	4 ans. *Id.*
3,2	138,8	107,5	92,0	90,9	77,5	14 ans. Kaemtz.

	Total de l'année.	Décembre.	Janvier.	Février.	Mars.	Avril.
					6° FRANCE SEPTENTRIO	
	mill.	mill.	mill.	mill.	mill.	mill.
Ratisbonne..........	570,1	44,5	34,3	31,8	27,8	25,6
Saint-Ander..........	499,8	24,8	19,8	34,1	48,8	42,6
Peissenberg	559,8	25,0	22,5	24,9	21,4	28,2
Tegernsée	1185,0	51,4	60,3	81,9	65,6	63,5
Moyenne....	678,8	45,9	40,6	40,0	42,4	46,7
					7° SCANDI	
Rekiavick (Islande)....	752,4	79,2	76,2	69,6	74,8	47,1
Bergen..............	2250,4	213,1	197,2	186,7	184,3	115,2
Copenhague	468,4	40,2	24,1	25,1	18,2	23,6
Lund..............	489,7	36,1	24,5	27,6	20,7	29,7
Stockholm..........	489,4	36,3	23,6	9,9	9,0	10,1
Opsal..............	466,6	29,1	29,1	20,0	22,5	36,1
Moyenne, en retranchant les posit. insul. et excep. de Rekiavick et Bergen.	476,6	35,4	25,3	20,7	17,6	24,9
					8° I	
Pétersbourg..........	444,3	25,7	18,5	18,1	24,0	27,1
Catherincbourg.......	361,7	6,5	8,4	15,6	8,7	10,9
Zlatousts..........	412,5	5,2	6,7	12,5	14,8	12,3
Zakoustk..........	273,1	29,2	7,6	6,2	8,9	6,4
Moyenne....	364,1	16,9	10,3	13,1	14,1	14,2

Section IV. — *Nombre de jours de pluie.*

Nous avons fait sentir dans la première partie de la météorologie toute l'importance du nombre de jours entre lesquels se distribue la pluie qui tombe dans un lieu pour l'établissement de son climat. Un climat n'est pas sec parce qu'il y tombe fréquemment une petite quantité de pluie, au contraire, cette circonstance indique un ciel habituellement voilé et une faible évaporation; mais un pays reçût-il un décimètre d'eau en un seul jour, chaque mois de l'année, il sera très sec, car cette eau n'aura pu imprégner le sol, mais aura couru à sa surface pour grossir les torrents, et l'évaporation terrestre qui est si forte, sollicitée par un ciel pur, en aura bientôt fait disparaître le reste. Il nous faut donc étudier la répartition des

:in.	Juillet.	Août.	Septembre	Octobre.	Novembre	OBSERVATIONS.
ISSE, ALLEMAGNE (suite).						
mill.	mill.	mill.	mill.	mill.	mill.	
5,6	86,6	76,2	53,4	39,3	37,9	24 ans. Kaemtz.
2,8	79,2	81,4	23,7	21,9	29,9	12 ans. *Eph. Mank.*
2,0	96,5	78,4	44,6	37,4	22,6	12 ans. *Id.*
4,5	182,5	163,3	93,5	94,7	53,2	12 ans. *Id.*
9,7	73,5	76,5	62,6	57,1	54,9	
5,4	47,9	61,6	60,1	77,8	75,2	8 ans. *Voyage* de M. Gaimard.
5,4	132,9	214,0	277,6	235,0	268,5	10 ans. Kaemtz.
3,6	59,0	73,9	47,6	40,0	42,9	17 ans. Schow.
2,2	63,1	56,3	53,8	55,4	48,1	21 ans. Kaemtz.
0,0	58,1	101,0	77,9	50,5	47,8	8 ans. *Eph. Manh.*
5,2	52,5	49,0	49,2	41,5	39,3	*Savants étrangers*, IV.
,7	58,2	69,8	57,1	46,8	44,5	
,7	65,6	62,4	58,6	47,1	39,5	9 a., jusq. 1841. Kaemtz et Kupf.
,4	56,5	50,2	21,2	14,4	12,7	4 ans (1737-39). Kuppfer.
,4	77,9	70,9	59,9	24,6	19,4	4 ans. Kuppfer.
,9	24,1	50,8	11,4	62,2	17,8	1 an.
,1	51,0	58,6	37,8	37,1	22,3	

jours de pluie entre les différentes régions pour pouvoir leur faire l'application des principes que cet examen nous fera découvrir.

§ Ier. — Influence de la latitude sur le nombre de jours de pluie.

Si nous prenons en masse les observations que nous avons pu recueillir sur le nombre des jours de pluie, et que nous les disposions selon la latitude des lieux, nous trouverons :

Entre les Tropiques.	159,0
Région méditerranéenne.	91,2
Italie au nord des Apennins. . . .	104,2
Angleterre.	155,0
France septentrionale et Allemagne	144,9
Scandinavie.	133,2
Russie.	100,9

Si nous faisons abstraction de la région méditerranéenne et

II. 18

de l'Italie, nous voyons ici le nombre des jours de pluie aller en diminuant du sud au nord. En approchant du réfrigérant polaire, les nuages arrivent épuisés d'humidité. Il en est autrement dans la région méditerranéenne où les vents du sud arrivent chargés de vapeurs, pour être refoulés par le vent du nord partant du réfrigérant Alpin, et où les pluies doivent aller en augmentant en approchant de l'abri des Alpes.

§ II. — Influence de l'altitude.

Pour juger de l'influence de l'altitude sur la fréquence des pluies, nous disposerons les lieux dans chaque région, en partant de ceux qui sont les moins élevés au-dessus du niveau de la mer, et en remontant vers les sommités.

1° ITALIE DU SUD.

mètres.

0.	Catane	55,7
776.	Nicolosi	56,7

2° FRANCE MÉRIDIONALE.

0.	Marseille	60,0
22.	Orange	90,9
57.	Viviers	98,0
200.	Lyon	119,0
338.	Dijon	139,0
352.	Berzélaville	169,0
404.	Genève	103,0
2491.	Saint-Bernard	100,6

3° ITALIE DU NORD.

	Padoue	96,5
120.	Milan	93,5
271.	Turin	108,0
2075.	Saint-Gothard	161,1
2491.	Saint-Bernard	100,6

4° FRANCE SEPT., ALLEMAGNE.

mètres.

	Rotterdam	152,0
	Coblentz	86,8
	Manheim	149,0
	Strasbourg	163,6
195.	Colmar	164,0
	Carlsruhe	172,0

5° VALLÉE DU DANUBE.

	Bude	110,7
	Vienne	162,2
	Ratisbonne	116,3
	Munich	151,4
	Peissenberg	163,4
	Tegernsée	170,2

6°

	Berlin	140,0
	Erfurth	141,0
	Fagan	191,0

Ici, comme pour la quantité de pluie, le nombre des jours de pluies augmente en même temps que la hauteur, sauf quelques cas particuliers qui tiennent à la proximité de réfrigérants puissants sur lesquels se fait une condensation qui épuise les nuages. C'est ce qui a lieu pour Genève, pour le grand Saint-Bernard, et pour Coblentz. Aussi ne peut-on pas tenir compte de l'altitude seule dans ces appréciations, et les anomalies doivent nous avertir qu'il faut faire une large part aux circonstances locales.

§ III. — Influence des circonstances locales.

Pour déterminer l'influence des circonstances locales, il ne peut y avoir de meilleur moyen que de mettre en regard, pour chaque région, les lieux où les nombres de jours de pluie sont supérieurs ou inférieurs au nombre moyen de la région, et de discuter ce qui se passe dans ces différents lieux ; ainsi, nous avons :

1° ITALIE DU SUD, *nombre moyen* 87,1

Gênes.	132	Palerme	70
Camajore	123	Catane.	56
Florence.	114	Cagliari	67
Sienne.	103	Messine.	37
Rome.	113	Ajaccio.	45
Naples	112		
Bastia.	113		

On reconnaît d'abord ici l'influence générale de la latitude ; la réfrigération devient de plus en plus complète à mesure qu'on avance vers le nord ; mais de plus, nous verrons par la suite, en traitant des vents de pluie, que les vents les plus humides sont ici ceux du sud-est, et alors on s'explique le climat pluvieux de Gênes où ces vents n'arrivent qu'après avoir traversé le cap élevé, qui se termine à la Spezzia, et où ils se trouvent ensuite comme emprisonnés dans un amphithéâtre couronné par l'Apennin. On s'explique alors aussi les pluies fréquentes de Palerme où ces mêmes vents n'arrivent qu'après avoir traversé une portion peu élevée de la Sicile, en comparaison des pluies rares de Catane où ils n'ont souffert aucune réfri-

gération ; celles de Bastia, si fréquentes en comparaison de
celles d'Ajaccio où les vents ne parviennent qu'à travers de
hautes cimes très froides, où ils se déchargent de leur humidité.
Ainsi cette première série nous montre encore le pouvoir des
réfrigérants et déjà celui des enceintes fermées de montagnes.

2° FRANCE MÉRIDIONALE, *nombre moyen* 100

Alais.	115	Joyeuse.	98
Genève.	103	Villefranche	98
Dijon.	139	Mont-Dauphin.	90
Tournus.	107	Embrun	87
Lyon.	119	Viviers.	98
Vienne.	114	Orange.	90
Grenoble.	173	Marseille.	60
Gr.-Chartreuse.	155	Toulon.	44
Arles.	107		

Ici, tous les lieux qui reçoivent les vents humides directement et sans qu'ils aient traversé les réfrigérants ont encore
un petit nombre de jours de pluie ; mais dans tous les lieux situés derrière les réfrigérants, dans leur voisinage et dans les
gorges des vallées, le nombre des jours de pluie est considérable.

3° ITALIE SEPTENTRIONALE, *nombre moyen* 104

Bude	111	Bologne	96
Chioggia	109	Venise.	83
Brescia.	128	Padoue.	96
Turin.	108	Trieste.	47
Saint-Gothard.	161	Vérone.	97
		Milan.	93
		Saint-Bernard.	100

C'est encore ici le voisinage des réfrigérants qui paraît avoir
la plus grande influence. Chioggia comparé à Venise présente
une anomalie qui ferait suspecter les observations, si d'ailleurs, Padoue lui-même n'offrait pas une si grande différence
avec Venise. Nous soupçonnons plutôt d'inexactitude les observations de Trieste et celles de Venise. Trop souvent les observateurs négligent de noter les faibles chutes d'eau, quelques gouttes tombées dans la journée , tandis qu'ailleurs ils en tiennent

compte. Nous avons déjà parlé de ce qui concernait le Saint-Bernard.

4° FRANCE SEPTENTRIONALE, *nombre moyen* 144

Laon	164	Châlons-sur-Marne	103
Cusset	147	Montdidier	132
Maubeuge	155	Poitiers	106
Mayenne	146	Clermont	145
Paris	157	Chartres	134
Montmorency	147	Tours	106
Lille	169	Luçon	105
Metz	165	Montargis	131
Strasbourg	163	Troyes	120
Mulhouse	164	Rouen	140

Les circonstances locales sont ici tellement variées, tellement spéciales, qu'un soigneux examen des lieux pourrait seul nous éclairer, et qu'en supposant d'ailleurs l'exactitude de toutes les observations, il exigerait des détails trop considérables. On voit cependant en général que les lieux les plus pluvieux sont les plus avancés vers le nord ou dans l'intérieur du continent ; si l'on en excepte Châlons-sur-Marne et Troyes, Tours et Chartres, où la nature sèche du sol explique assez bien la dispersion des nuages à leur approche. Dans les lieux boisés ou abondamment pourvus d'eaux courantes, le nombre des jours de pluie augmente.

Nous bornons là ces recherches que nous pourrions étendre avec les mêmes résultats aux autres régions ; il s'ensuit évidemment que c'est à la puissance de la réfrigération, à la position des lieux par rapport aux réfrigérants et aux vents humides, que l'on doit le plus ou moins grand nombre de jours de pluie.

SECTION II. — *Répartition des jours de pluie selon les saisons.*

C'est principalement la répartition des jours de pluie selon les saisons qu'il nous faut considérer. Nous avons fait sentir suffisamment jusqu'ici que la végétation avait deux phases, celle de la croissance, celle de la maturation ; que dans les pays à une seule récolte annuelle de graines, il importait que la première époque fût accompagnée d'une humidité suffisante, suivie d'une sécheresse relative dans la seconde, et qu'ainsi, si le sol était naturellement humide, il fallait peu de pluies annuelles, tandis que, s'il était sec, il fallait des pluies suffisantes en hiver et au printemps, et de la sécheresse en été. Mais dans les pays à deux récoltes annuelles de graines, il faut des pluies au printemps, et des pluies à la fin de l'été et au commencement de l'automne. Dans les pays à pluie constante pendant toutes les saisons, les récoltes d'herbes, les récoltes fourragères sont celles qui offrent les meilleures chances. Cela posé, voyons quel est la distribution des pluies dans les différentes régions de l'Europe.

	Hiver.	Printemps.	Été.	Automne.
1° Angleterre à l'ouest.	43,1	37,6	33,9	44,9
2° Angleterre à l'est.	40,0	39,5	34,4	38,8
3° Côtes de l'Ouest.	34,4	34,4	32,9	38,0
4° Francé mérid., Italie du sud	25,4	25,2	15,2	25,4
5° Italie au nord des Apennins.	25,4	27,1	25,1	26,6
6° France sept. et Allemagne.	36,1	37,0	36,8	35,0
7° Scandinavie.	35,2	30,3	32,6	35,1
8° Russie	23,1	23,4	27,9	26,5

A la vue de ce tableau, qui ne croirait qu'il dessine en effet la véritable distribution des cultures en Europe ? La constance des pluies dans la 1re, 2°, 3°, 6° et 7° région ne semblerait-elle pas les indiquer comme des pays à pâturages, si les quantités de pluies étaient les mêmes dans tous ; d'un autre côté, avec la même supposition, la 4e ne serait-elle pas le pays par excellence des froments ? Et c'est en effet dans cette région que se trouvent les anciens greniers de l'Europe, la Sicile, l'Égypte, la Barbarie. Mais si nous supposons que les latitudes et les températures varient entre ces régions, et par conséquent l'évaporation et le besoin d'eau d'un autre côté, et que les quantités de pluie soient différentes aussi, nous comprendrons que ce tableau ne nous dit pas tout, et qu'il ne nous présente qu'une des faces de la question. Nous la verrons plus tard s'éclaircir encore.

SECTION III. — *Répartition des pluies selon les mois.*

Le tableau précédent ne nous a pas encore suffisamment instruit du climat agricole des lieux relativement à la répartition des pluies ; une saison est bien longue pour les cultivateurs ; et si les mois présentaient de grandes différences, si, par exemple, au printemps le mois de mars était le plus pluvieux, et que les mois d'avril et de mai fussent relativement secs ; si en été, juin et juillet étaient pluvieux et le mois d'août sec, qui ne doute que ces causes n'influassent profondément sur l'agriculture d'un pays ? Le moment auquel arrivent les pluies d'automne dans les régions méridionales est aussi décisif pour certaines cultures. Nous en citerons une entre autres, celle du coton herbacé. Sous l'empire, on l'essaya avec obstination dans le midi de la France ; il réussit parfaitement toutes les fois que les pluies arrivèrent tard en octobre ; mais il suffit de consulter le tableau que nous allons donner, pour voir qu'à Orange, par exemple, le mois de septembre est déjà assez pluvieux, puisqu'il donne une pluie tous les trois à quatre jours. Il fallut donc renoncer à ces essais. Au contraire, cette plante réussit bien en Sicile et à Alger où, avec une température plus chaude, les pluies ne surviennent qu'en octobre.

Le tableau de la pluviosité mensuelle de chaque région nous donnera donc des notions précieuses qu'il n'est pas permis de négliger pour tirer des conclusions certaines sur la nature des cultures propres à chaque pays. Nous soulignons tous les mois où le nombre des jours de pluie surpasse le nombre moyen.

	Novembre.	Octobre.	Septembre.	Août.	Juillet.	Juin.	Mai.	Avril.	Mars.	Février.	Janvier.	Décembre.	Mois moyen.
	jours.	jours.	jours.	jours.	jours.	jours.	jours.	jours.	jours.	jours.	jours.	jours.	jours.
1° Angleterre à l'ouest........	15,3	15,9	13,7	13,7	11,0	9,2	12,6	11,1	13,9	12,5	13,8	16,8	13,3
2° Angleterre à l'est...........	13,9	12,8	12,1	12,1	11,9	10,4	13,6	12,3	13,6	12,2	13,1	14,7	12,7
3° Côtes de l'ouest............	13,1	13,3	11,6	9,8	11,8	11,3	11,8	11,4	11,2	10,9	10,8	12,7	11,6
4° France méridionale, Italie sud.	9,9	8,4	7,1	5,0	5,1	5,1	8,4	8,2	8,6	7,3	8,7	9,4	7,6
5° Italie au nord.............	8,8	9,5	8,3	7,6	7,8	9,7	9,9	9,0	8,2	7,5	9,0	8,9	8,7
6° France septentr., Allemagne..	13,0	11,4	10,6	11,3	12,8	12,7	12,9	12,1	12,0	11,9	11,6	12,6	12,1
7° Scandinavie...............	12,3	11,7	11,1	12,1	11,4	9,1	10,0	8,1	12,2	11,3	11,8	12,1	11,1
8° Russie...................	9,4	8,8	8,3	8,5	9,2	10,2	9,2	7,1	7,1	7,4	7,3	8,4	8,4

Ainsi, 1º dans la 1ʳᵉ région, pluies constantes, excepté d'avril en juillet; la récolte du blé n'a lieu qu'en août avec de fréquents dérangements; mais le grain a eu le temps de mûrir par la sécheresse des mois précédents; l'humidité de la terre doit être grande, vu la durée des pluies; 2º dans l'Angleterre de l'est, l'hiver et le mois de mai ont les pluies les plus nombreuses; mais il pleut presque uniformément le reste de l'année; 3º il en est de même des côtes de l'ouest; ces deux contrées ayant des gazons toujours frais sont des pays à pâturages; 4º la 4ᵉ région avec des pluies toujours rares, a un été absolument sec. C'est un pays à céréales pour les localités pluvieuses, et à arbustes pour l'ensemble de la région; 5º dans l'Italie au nord des Apennins les pluies durent jusqu'en juin, et elles sont plus fréquentes en été et plus abondantes que dans la région précédente; c'est un climat propre à toutes les cultures; 6º dans la France septentrionale et l'Allemagne le blé mûrit avec les pluies; heureusement le mois d'août, où se fait la récolte, est un peu moins pluvieux. Le printemps fréquemment sec rend le climat moins propre que l'Angleterre et les côtes de l'ouest aux cultures fourragères. Cependant la presque égalité et le grand nombre de pluies mensuelles lui assurent des avantages précieux; 7º en Scandinavie le nombre moyen de pluies est moins élevé; la fin du printemps et le commencement de l'été sont secs, mais la fin de l'été, l'automne et l'hiver sont pluvieux; ce pays doit s'adonner à l'élève des bestiaux; 8º enfin le chiffre moyen de la Russie est bas; les neiges d'octobre, novembre et décembre préservent les céréales; les nombreuses, mais faibles ondées de l'été, sont accompagnées de chaleurs assez fortes; ainsi, ce pays à grains serait encore propre à l'élève des bestiaux, si la longueur des hivers ne la rendait onéreuse.

Le tableau suivant indiquera mieux les modifications locales de chaque région, et on trouvera des indications propres à chaque localité dans les chiffres des lieux voisins ou semblablement situés.

TABLEAU DU NOMBRE DE

	Total de l'année.	Décembre	Janvier.	Février.	Mars.	Avril.	Mai.
							1° ANGLETERRE
	jours.	jours.	jours.	jours.	jours.	jours.	jours.
Ile de Mann........	145,5	15,5	9,8	11,0	13,5	9,8	10,5
Penzance..........	164,2	18,2	16,0	14,9	13,3	10,8	13,0
Lancaster.........	167,2	16,8	15,5	11,5	13,8	12,8	14,3
Moyenne....	159,5	16,8	13,8	12,5	13,9	11,1	12,6
							2° ANGLETERRE
New-Malton........	135,2	13,1	11,4	8,1	14,0	11,0	12,1
Londres..........	174,7	16,5	14,6	15,5	13,9	14,8	14,3
Kinfauss..........	148,5	14,4	13,3	13,1	13,0	11,1	14,3
Moyenne....	152,7	14,7	13,1	12,2	13,6	12,3	13,6
							3° CÔTES DE L'OUEST
Dax..............	133,0	12,0	10,0	11,0	8,0	14,0	12,0
Bordeaux.........	146,0	13,0	12,0	13,0	12,0	12,0	12,0
La Rochelle........	146,0	14,0	14,0	11,0	12,0	11,0	12,0
Mézin............	147,0	12,0	10,0	8,0	12,0	17,0	13,0
Marens...........	147,0	16,0	12,0	14,0	14,0	14,0	11,0
Saint-Jean-d'Angely...	133,0	14,0	8,0	11,0	16,0	9,0	11,0
Saint-Maurice-le-Girard	134,0	13,0	10,0	11,0	12,0	10,0	12,0
Poitiers..........	106,0	10,0	9,0	8,0	10,0	8,0	10,0
Saint-Malo........	162,0	16,0	13,0	13,0	14,0	15,0	14,0
Oléron (ile d').......	112,0	12,0	8,0	9,0	9,0	8,0	12,0
Honfleur..........	137,0	12,0	11,0	13,0	3,0	11,0	11,0
Rouen...........	140,0	13,0	10,0	12,0	15,0	11,0	11,0
Abbeville..........	178,0	14,5	13,5	13,5	13,0	13,5	13,5
Arras............	97,0	7,0	8,0	8,0	8,0	8,0	6,0
Cambrai..........	112,0	10,0	7,0	9,0	8,0	9,0	9,0
Lille............	169,0	15,0	16,0	12,0	11,0	13,0	17,0
Dunkerque........	152,0	12,0	12,0	12,0	11,0	12,0	11,0
Bruxelles.........	169,9	14,4	16,8	13,6	16,9	13,6	13,2
Franecker........	172,4	14,7	10,5	11,3	10,1	13,0	18,5
Rotterdam........	152,7	17,5	15,1	14,4	14,4	13,4	10,9
Breda...........	158,0	17,0	9,0	12,0	9,0	11,0	10,0
Middelbourg........	133,2	7,0	9,7	8,7	8,1	9,7	9,7
Hambourg.........	113,9	8,1	4,8	7,1	7,5	7,7	11,7
Moyenne....	139,7	12,7	10,8	10,9	11,2	11,4	11,8
							4° FRANCE MÉRIDIONALE
Oléron (Béarn).......	127,0	13,0	10,0	10,0	13,0	12,0	12,0
Toulouse..........	111,1	9,4	10,4	7,5	9,2	9,0	9,0
Rieux............	132,0	12,0	10,0	11,0	14,0	11,0	14,0
Mont-Louis........	98,0	6,0	8,0	10,0	6,0	12,0	10,0
Perpignan..........	70,0	6,0	7,0	7,0	5,0	6,0	6,0
Montpellier........	81,7	9,1	7,7	6,2	7,4	8,0	8,0
Nimes............	150,3	4,6	5,2	3,6	4,8	5,2	3,4
Rhodez...........	102,0	8,0	11,0	6,0	9,0	12,0	9,0
Alais............	113,2	11,7	11,9	9,3	7,6	10,4	10,7

JOURS DE PLUIE ET NEIGE.

Juin.	Juillet.	Août.	Septembre	Octobre.	Novembre	OBSERVATIONS.

L'OUEST.

jours.	jours.	jours.	jours.	jours.	jours.	
7,0	9,0	14,7	13,5	15,7	15,5	6 ans. *Edinb. journ.*, V.
9,4	11,6	12,7	12,0	15,3	17,0	8 ans. *Ann. of. philosoph.*
11,2	12,3	13,7	15,5	16,8	13,5	20 ans. Dalton.
9,2	11,0	13,7	13,7	15,9	15,3	

L'EST.

8,9	8,9	10,7	11,4	11,2	14,4	9 ans. *Ann. of philosoph.*
12,2	14,4	14,9	13,1	15,5	15,0	Luke Howard.
10,0	12,5	10,7	11,9	11,7	11,5	11 ans. *Ann. of philosoph.*
10,4	11,9	12,1	12,1	12,8	13,9	

E L'EUROPE.

10,0	8,0	10,0	11,0	12,0	15,0	12 ans. Cotte.
14,0	11,0	9,0	11,0	13,0	14,0	18 ans. Cotte, *Manuscrits.*
12,0	12,0	9,0	12,0	13,0	14,0	10 ans. *Eph. Manh.*
14,0	12,0	10,0	12,0	12,0	15,0	10 ans. Cotte.
10,0	11,0	7,0	10,0	13,0	15,0	*Manuscr.*
15,0	10,0	8,0	11,0	11,0	9,0	4 ans. Fusée Aublet.
13,0	10,0	9,0	9,0	11,0	14,0	13 ans. Cotte, *Manuscr.*
10,0	9,0	6,0	8,0	9,0	9,0	15 ans. Cotte, *id.*
9,0	14,0	12,0	12,0	15,0	15,0	10 ans. Cotte.
7,0	11,0	6,0	6,0	14,0	10,0	3 ans. Fusée Aublet.
12,0	15,0	10,0	13,0	10,0	11,0	4 ans. Cotte, *Manuscr.*
12,0	14,0	6,0	12,0	12,0	12,0	11 ans. Cotte, *id.*
16,0	15,5	13,5	17,5	17,5	16,5	10 ans. *Mém. de la Soc. d'émul.*
7,0	7,0	8,0	10,0	10,0	10,0	16 ans. Cotte, *Manuscr.*
9,0	11,0	8,0	10,0	10,0	12,0	14 ans. Cotte.
11,0	15,0	12,0	12,0	16,0	19,0	6 ans. Cotte.
12,0	13,0	17,0	14,0	13,0	13,0	5 ans. Cotte.
12,8	13,5	12,7	13,0	14,8	14,6	13 ans. *Eph. Manh.* (*N. M. de l'A.*).
13,5	15,4	14,1	16,8	17,2	17,3	Cotte.
8,6	9,0	7,6	10,8	15,1	15,9	5 ans. Cotte.
14,0	13,0	9,0	17,0	27,0	10,0	13 ans. Cotte.
11,5	11,8	13,3	13,7	14,6	13,4	*Eph. Manh.*
11,1	13,5	13,5	9,3	9,2	10,4	Bueck, *Clim. d'Hamb.*
11,3	11,8	9,8	11,6	13,3	13,1	

ITALIE AU SUD DES APENNINS.

10,0	9,0	7,0	10,0	9,0	12,0	10 ans. Cotte, *Manuscr.*
9,9	7,6	6,5	7,6	10,8	9,4	*Journal des propriétaires ruraux.*
13,0	9,0	9,0	10,0	10,0	9,0	6 ans. Cotte.
10,0	5,0	7,0	6,0	7,0	10,0	6 ans. Cotte.
7,0	3,0	4,0	5,0	8,0	6,0	7 ans. Cotte.
5,5	4,0	4,6	6,5	7,5	7,2	26 ans. Poitevin.
2,4	2,7	3,6	4,6	5,6	4,6	17 ans. Baux et Valz.
7,0	5,0	7,0	6,0	9,0	13,0	4 ans. Cotte.
7,8	6,4	4,7	9,3	13,0	12,4	4 ans.

	Total de l'année.	Décembre	Janvier.	Février.	Mars.	Avril.	Mai.
	jours.	jours.	jours.	jours.	jours.	jours.	jours.

4° FRANCE MÉRIDIONALE,

	Total de l'année.	Décembre	Janvier.	Février.	Mars.	Avril.	Mai.
Joyeuse.............	98,0	9,4	8,3	7,7	7,0	8,5	10,6
Genève.............	103,2	9,4	8,1	6,0	7,4	7,7	10,5
Dijon	139,0	14,0	10,0	13,0	10,0	6,0	18,0
Tournus	107,0	13,7	9,0	9,0	11,0	9,0	7,0
Villefranche........	98,0	8,0	7,0	8,0	7,0	8,0	10,0
Lyon..............	119,0	10,0	9,7	4,7	6,0	11,0	16,0
Vienne.............	114,0	8,0	11,0	9,0	8,0	11,0	11,0
Grenoble...........	173,7	17,0	9,5	14,0	16,6	17,4	16,8
La Grande-Chartreuse.	155,0	14,0	11,0	13,0	19,0	13,0	13,0
Mont-Dauphin	90,0	10,0	7,0	8,0	8,0	7,0	6,0
Embrun............	87,5	5,0	7,7	5,7	4,7	5,0	12,7
Viviers	98,0	10,0	8,6	7,0	7,9	9,1	8,4
St.-Paul-Trois-Châteaux	77,0	9,0	7,0	6,0	10,0	5,0	5,0
Orange	90,9	7,2	6,8	7,0	5,8	9,0	9,8
Saint-Saturnin........	73,0	7,0	7,0	3,0	9,0	8,0	5,0
Arles..............	107,7	15,0	8,0	8,0	12,0	7,0	9,0
Marseille...........	60,0	7,0	6,0	5,0	6,0	6,0	5,0
Toulon	44,0	3,0	4,0	3,0	4,0	2,0	3,0
Gênes..............	132,0	11,0	12,0	10,0	11,0	12,0	14,0
Camajore...........	123,7	14,1	12,0	9,8	9,6	10,9	9,7
Cascina, près Pise.....	81,9	9,7	10,5	7,4	6,6	6,0	6,7
Florence	114,6	14,1	11,2	9,3	10,8	9,7	10,1
Sienne.............	103,8	12,2	7,4	7,2	10,1	9,5	8,8
Rome..............	113,8	13,4	11,8	9,0	12,0	10,5	9,3
Naples.............	112,2	12,4	8,0	11,3	12,7	13,5	11,2
Bastia	113,0	9,0	12,0	12,0	11,0	9,0	11,0
Ajaccio	45,2	3,6	6,6	3,0	3,6	5,3	4,0
Cagliari............	66,9	10,0	11,0	5,3	9,6	3,6	4,0
Messine............	37,0	7,0	7,0	4,0	6,0	2,0	1,0
Palerme............	70,3	10,2	8,5	9,3	7,5	6,4	3,7
Catane.............	55,7	8,2	7,6	5,0	7,8	3,7	2,6
Nicolosi............	56,7	6,9	8,3	5,4	8,0	5,1	2,7
Alger..............	51,7	8,0	7,8	7,0	6,8	5,7	1,6
Le Caire............	21,5	1,5	3,5	1,0	1,0	5,0	4,0
Moyenne....	91,2	9,4	8,7	7,3	8,6	8,2	8,4

5° ITALIE AU NORD

	Total de l'année.	Décembre	Janvier.	Février.	Mars.	Avril.	Mai.
Bude..............	111,7	9,9	9,2	9,9	11,3	9,8	8,9
Bologne............	96,8	9,1	8,9	7,0	8,5	7,9	8,2
Chioggia...........	109,7	8,0	11,3	10,3	7,3	8,0	12,0
Venise.............	83,5	7,2	5,5	5,2	5,2	7,3	9,3
Padoue............	96,5	8,2	7,5	6,5	6,7	8,3	9,6
Trieste	46,8	6,7	6,1	4,7	4,6	4,5	2,3
Vérone	97,5	7,0	7,4	5,6	7,0	9,8	11,0
Brescia............	128,1	11,3	11,2	11,2	11,0	11,7	10,2
Milan	93,0	7,4	5,0	5,5	7,0	8,5	10,5
Turin	108,0	9,0	7,0	7,0	8,0	11,0	13,0
Saint-Bernard.......	100,6	7,9	7,2	8,3	9,3	8,9	8,7
Saint-Gothard........	161,1	11,8	11,8	9,5	12,7	12,5	15,2
Moyenne....	104,2	8,9	9,0	7,5	8,2	9,0	9,9

Juin.	Juillet.	Août.	Septembre	Octobre.	Novembre	OBSERVATIONS.

ITALIE AU SUD DES APENNINS (*suite*).

Juin.	Juillet.	Août.	Septembre	Octobre.	Novembre	OBSERVATIONS.
jours.	jours.	jours.	jours.	jours.	jours.	
7,7	6,4	5,8	7,6	9,8	9,2	19 ans. Tardy.
8,3	9,7	7,7	8,7	9,8	9,9	17 ans. *Bibl. universelle.*
11,0	14,0	9,0	9,0	8,0	17,0	9 ans. Cotte.
8,0	7,0	6,0	9,0	8,0	11,0	8 ans. Cotte.
9,0	9,0	4,0	6,0	12,0	10,0	Cotte.
13,0	6,7	7,3	10,3	11,3	13,0	3 ans. *Ann. de la Société d'agr.*
12,0	8,0	7,0	8,0	11,0	10,0	6 ans. Cotte.
16,8	13,6	12,6	15,0	9,0	15,4	7 ans. Dr Charvet.
17,0	11,0	10,0	11,0	10,0	13,0	6 ans. Cotte.
9,0	6,0	7,0	6,0	6,0	10,0	5 ans. Cotte.
6,7	2,5	5,5	11,5	8,0	12,5	(1838-40). Dr Bertrand.
7,6	5,7	4,9	7,5	10,5	10,8	40 ans. Flaugergues.
4,0	5,0	4,0	7,0	6,0	9,0	8 ans. Cotte.
6,7	5,3	6,5	8,0	9,7	9,1	30 ans. Nos observations.
8,0	4,0	2,0	3,0	6,0	11,0	10 ans. Cotte, *Manuscrits.*
6,0	6,0	7,0	9,0	8,0	12,0	5 ans. Cotte, *Id.*
3,0	2,0	3,0	5,0	5,0	7,0	17 ans. Cotte, *Manuscrits.*
5,0	1,0	3,0	4,0	7,0	5,0	2 ans. Cotte.
8,0	7,0	8,0	13,0	11,0	15,0	10 ans. Garibaldi et Grillo.
9,5	6,2	6,6	8,7	12,1	14,5	Schow.
4,2	3,1	2,1	6,4	9,5	9,7	Schow.
7,6	4,8	4,7	10,3	10,7	11,3	33 ans. Schow.
8,8	5,2	3,4	7,2	11,0	13,0	5 ans ½. Schow.
7,2	3,9	4,3	7,4	12,7	12,5	Schow.
6,1	3,0	4,7	7,3	7,8	14,2	6 ans. Annali.
7,0	3,0	5,0	11,0	7,0	16,0	7 ans. Cotte.
2,3	0,3	1,3	3,0	5,6	6,6	3 ans. *Statistique de la Corse.*
4,3	1,6	0,3	5,3	6,3	5,6	3 ans. La Marmora.
0,0	1,0	1,0	1,0	2,0	3,0	6 ans. Cotte.
1,8	1,4	2,4	4,4	7,0	7,7	32 ans. Schow.
1,8	2,1	1,7	5,5	6,4	4,1	13 ans. *Acad. gioienia.*
1,4	0,3	1,3	4,5	7,5	5,3	29 ans. Les frères Gemellari.
0,5	0,7	0,7	2,2	5,2	5,5	8 ans. *Statistique officielle.*
0,0	0,0	0,0	1,0	3,0	1,5	2 ans. Jomard, *Comp.-rend.*, 1839.
5,1	5,1	5,0	7,1	8,4	9,9	

ILES APENNINS.

Juin.	Juillet.	Août.	Septembre	Octobre.	Novembre	OBSERVATIONS.
10,1	8,5	7,8	7,7	9,4	9,2	10 ans. *Eph. du Manh.*
8,4	6,0	6,7	6,7	11,1	8,3	18 ans. Schow.
11,3	8,3	8,6	8,6	10,3	5,7	3 ans. Schow.
8,8	6,6	5,7	6,5	9,0	7,2	5 ans. *Stastistique de Venise.*
10,2	7,9	6,4	6,8	8,9	9,5	39 ans. Schow.
1,5	2,0	1,3	2,2	4,6	6,3	15 ans. Schow.
10,9	9,6	7,6	8,3	10,3	10,0	21 ans. *Mém. de l'Ac. de Vérone.*
5,8	6,8	10,2	14,7	11,7	11,3	10 ans. *Commentari del Ateneo.*
9,5	7,6	7,6	7,8	7,9	8,7	26 ans. *Ephem.*
13,0	8,0	7,0	8,0	9,0	8,0	30 ans. *Acad.*
8,8	9,0	7,5	8,6	7,5	8,9	20 ans (1818-37). *Bibl. univ.*
17,3	14,8	15,2	13,6	14,3	12,4	11 ans. *Eph. Manh.*
9,7	7,8	7,6	8,3	9,5	8,8	

	Total de l'année.	Décembre	Janvier.	Février.	Mars.	Avril.	Mai.
						6° FRANCE SEPTENTRIONALE,	
	jours.	jours.	jours.	jours.	jours.	jours.	jours.
Berne	140,6	9,0	8,4	8,8	9,2	10,2	15,4
Besançon.	150,0	14,0	10,0	16,0	12,0	11,0	12,0
Lons-le-Saulnier.	130,0	13,0	10,0	12,0	14,0	11,0	9,0
Pontarlier	135,0	13,0	10,0	12,0	11,0	12,0	10,0
Berzé-la-Ville	169,8	14,6	14,0	14,0	14,6	13,8	15,3
Le Puy	81,0	13,0	4,0	4,0	4,0	9,0	9,0
Clermont-Ferrand.	145,0	11,0	8,0	6,0	16,0	15,0	16,5
Cusset	147,0	14,0	13,0	10,0	10,0	11,0	15,0
Mayenue.	146,0	13,0	13,0	12,0	11,0	16,0	17,0
Chinon	120,0	11,0	11,0	10,0	9,0	10,0	10,0
Tours.	106,8	7,8	6,5	11,0	10,2	8,8	6,2
Chartres	134,2	13,0	12,0	12,0	11,0	11,0	12,0
Denainvillers.	115,0	11,0	10,0	10,0	10,0	11,0	10,0
Paris	157,0	14,7	11,8	12,9	13,0	12,8	13,8
Montmorency	147,0	11,0	13,0	14,0	11,0	12,0	13,0
Lille	169,0	15,0	16,0	12,0	11,0	13,0	17,0
Cambrai	112,0	10,0	7,0	9,0	8,0	9,0	9,0
Maëstricht.	212,0	21,0	16,0	14,0	17,0	18,0	16,0
Maubeuge.	165,0	11,0	12,0	13,0	11,0	16,0	17,0
Laon	164,0	13,0	14,0	15,0	18,0	12,0	12,0
Montdidier	132,0	12,0	11,0	11,0	12,0	1,00	8,0
Troyes.	120,0	10,0	9,0	9,0	9,0	11,0	12,0
Châlons-sur-Marne. . . .	103,0	8,0	7,0	8,0	11,0	10,0	10,0
Rhetel	173,0	22,0	12,0	12,0	14,0	17,0	21,0
Metz	166,0	15,0	14,0	12,0	14,0	14,0	16,0
Nancy	145,0	13,0	13,0	12,0	11,0	10,0	13,0
Mulhouse.	164,0	11,0	13,0	11,0	10,0	19,0	16,0
Strasbourg.	163,6	13,2	12,0	11,4	12,8	12,2	13,4
Haguenau.	166,0	12,0	15,0	14,0	12,0	15,0	14,0
Manheim.	149,0	12,8	12,6	12,9	11,3	11,7	12,1
Coblentz	86,4	10,2	8,0	7,0	5,8	9,0	9,0
Carlsruhe	172,0	16,0	16,0	16,0	16,0	14,0	14,0
Stuttgart.	127,4	11,0	10,6	10,8	7,8	10,8	12,0
Wurzbourg.	128,5	10,3	12,9	12,0	11,9	10,5	10,5
Gottingue	180,0	14,5	11,5	14,8	16,0	13,7	12,8
Berlin	140,3	13,5	14,1	11,4	12,5	10,4	10,5
Erfurth.	141,1	9,9	10,1	11,0	11,9	8,8	10,6
Sagan	191,8	17,7	16,5	18,7	17,2	12,8	15,2
Prague.	132,9	9,7	10,5	12,0	11,4	11,8	10,9
Ratisbonne.	116,3	9,1	9,5	10,6	8,1	7,3	8,5
Munich.	151,4	12,0	13,0	13,2	15,1	12,1	11,1
Vienne	162,2	15,0	11,5	12,6	17,4	13,2	13,0
Saint-Ander.	149,2	10,7	11,7	13,5	11,3	11,2	13,2
Peissenberg	163,4	11,3	12,7	13,1	12,7	12,5	14,5
Tegernsée	170,2	10.6	12,7	14,1	11,0	14,0	14,6
Moyenne. . . .	144,9	12,6	11,6	11,9	12,0	12,1	12,9
						7° SCANDINAVIE	
Rekiavick	140,5	14,6	15,2	12,4	13,2	8,9	10,8
Copenhague	121,4	8,0	11,4	9,4	10,4	7,1	8,1

Juin.	Juillet.	Août.	Septembre	Octobre.	Novembre	OBSERVATIONS.
LLEMAGNE.						
jours.	jours.	jours.	jours.	jours.	jours.	
16,4	10,4	15,2	9,2	17,8	10,6	8 ans. *Soc. écon.*
13,0	13,0	12,0	10,0	11,0	16,0	11 ans. Cotte.
10,0	10,0	11,0	9,0	9,0	12,0	6 ans. Cotte, *Manuscrits.*
15,0	11,0	10,0	9,0	10,0	12,0	9 ans. Cotte.
13,5	11,2	10,5	11,8	12,5	14,0	19 ans. Benon de Charmes.
11,0	3,0	6,0	8,0	6,0	4,0	3 ans. Cotte.
11,5	13,5	9,5	13,5	9,0	13,5	Lecoq, *Notes manuscr.*
15,0	15,0	6,0	9,0	14,0	15,0	9 ans. Cotte, *Manuscrits.*
11,0	11,0	9,0	11,0	17,0	16,0	13 ans. Cotte, *Id.*
1,00	10,0	8,0	7,0	11,0	13,0	4 ans. Cotte, *Id.*
10,2	6,3	8,3	8,4	12,4	10,6	7 ans (1832-38). Delaunay.
9,0	12,0	7,0	9,0	12,0	14,0	4 ans. Cotte, *Manuscrits.*
10,0	9,0	9,0	7,0	8,0	10,0	31 ans. Duhamel.
14,9	14,3	10,5	11,9	12,7	13,9	83 ans. Messier et Bouvard.
14,0	13,0	10,0	11,0	13,0	12,0	40 a. *Soc. d'agr. de la Seine.*, VI.
11,0	15,0	12,0	12,0	16,0	19,0	6 ans. Cotte, *Manuscrits.*
9,0	11,0	8,0	10,0	10,0	12,0	14 ans. Cotte, *Id.*
18,0	19,0	21,0	16,0	16,0	20,0	(1818-33). Minckler, *Mém. de Br.*
11,0	11,0	9,0	11,0	17,0	16,0	5 ans. Cotte, *Manuscrits.*
13,0	15,0	14,0	14,0	12,0	12,0	8 ans. Cotte.
12,0	14,0	11,0	11,0	11,0	9,0	8 ans. Cotte, *Manuscrits.*
10,0	10,0	10,0	9,0	8,0	13,0	7 ans. Cotte, *Id.*
10,0	8,0	6,0	8,0	7,0	13,0	5 ans. Cotte, *Id.*
13,0	17,0	4,0	9,0	16,0	16,0	3 ans. Cotte, *Id.*
15,0	13,0	12,0	13,0	12,0	15,0	10 ans. Cotte, *Id.*
12,0	14,0	8,0	10,0	14,0	15,0	6 ans. Cotte, *Id.*
13,0	12,0	15,0	13,0	13,0	18,0	7 ans. Cotte, *Id.*
13,2	13,4	13,7	12,2	12,0	14,1	13 ans. Herrenschneider.
11,0	14,0	15,0	12,0	15,0	17,0	12 ans. Cotte, *Manuscrits.*
13,8	12,9	13,5	11,4	12,0	12,0	12 ans. *Eph. Manh.*
7,4	6,6	5,6	6,6	6,8	5,4	5 ans. *Statistique de la Roër.*
13,0	14,0	12,0	11,0	13,0	17,0	Eisenlhoer.
12,8	10,4	11,8	10,6	8,6	10,2	10 ans. Kaemtz.
12,1	11,1	11,1	9,0	8,2	9,9	10 ans. *Eph. Manh.*
15,5	18,5	18,5	14,2	15,2	14,8	Kaemtz.
11,6	12,4	10,1	10,8	9,8	13,2	17 ans.
10,9	13,4	12,1	10,6	11,4	10,4	12 ans. *Eph. Manh.*
15,0	17,8	17,5	14,2	14,3	14,7	12 ans. *Id.*
10,2	14,1	13,2	9,1	10,1	9,9	12 ans. *Id.*
10,8	13,5	12,1	8,8	9,8	8,2	10 ans. *Id.*
14,3	14,7	11,9	10,3	10,8	11,9	10 ans. *Id.*
13,7	14,3	12,2	12,2	11,8	15,3	5 ans. *Mém. d'agricult.*
15,9	15,8	14,2	10,2	10,8	10,7	12 ans. *Eph. Manh.*
17,9	16,8	15,9	11,9	12,1	12,0	12 ans. *Id.*
18,1	17,8	16,6	11,9	13,7	12,1	12 ans. *Id.*
12,7	12,8	11,3	10,6	11,7	13,0	
8,7	9,8	10,1	11,2	12,3	12,4	8 ans. *Voyage* de Gaimard.
8,0	12,3	15,3	11,3	11,4	8,7	17 ans. Schow.

	Total de l'année.	Décembre.	Janvier.	Février.	Mars.	Avril.	Mai.
							SCANDINAVI
	jours.	jours.	jours.	jours.	jours.	jours.	jours.
Stockholm...........	156,6	16,3	12,7	14,7	12,7	7,3	12,7
Abo...............	156,0	14,8	15,1	12,1	18,0	10,0	10,1
Vleaborg...........	96,0	7,0	4,7	7,9	6,8	7,4	8,5
Moyenne....,	133,2	12,1	11,8	11,3	12,2	8,1	10,0
							8° RUSSIE
Pétersbourg..........	164,0	13,2	12,5	12,7	11,7	11,3	13,6
Moscou..............	159,5	18,5	14,2	10,9	12,6	11,8	11,5
Kasan...............	90,3	9,8	7,0	8,0	7,5	7,2	8,0
Catherinebourg.......	105,8	7,7	9,7	8,6	7,0	7,7	9,3
Barnaoul............	107,1	9,6	5,3	6,6	6,6	8,6	10,6
Bogolouvosk.........	103,7	3,3	7,5	7,5	8,0	8,0	9,0
Zlatouste............	120,6	8,0	8,6	11,3	9,0	8,0	10,3
Lougan..............	78,4	10,0	10,6	6,3	4,3	3,6	8,3
Irkoutsk............	59,0	5,5	1,0	3,0	2,5	4,0	10,5
Iakoutsk............	62,0	4,5	1,5	3,0	4,0	4,5	8,5
Peking..............	65,3	1,7	2,3	2,8	5,0	3,3	9,9
Moyenne....	100,9	8,4	7,3	7,4	7,1	7,1	9,2

SECTION IV. — *Quantité d'eau tombée par jour de pluie.*

On tirera facilement des deux tableaux précédents la quantité
moyenne d'eau qui tombe par jour de pluie, et qui n'est autre
chose que le quotient de la quantité tombée, par le nombre de
jours entre lesquels elle est répartie. Ce nouvel élément n'indique pas l'état de sécheresse ou d'humidité du climat, car au
Caire, par exemple, il tombe très peu d'eau en un petit nombre de jours de pluie ; à Trieste, beaucoup d'eau dans un petit
nombre de jours, et l'une et l'autre localité peuvent passer
pour sèches. Mais s'il ne détermine pas la pluviosité d'un lieu,
il nous indique la nature de ses pluies, plus ou moins calmes
ou torrentielles, et cette connaissance est essentielle pour juger
des chances de crues rapides des torrents, de la nécessité de
leur opposer des obstacles, là où la somme des pluies se répartit entre un petit nombre de jours ; tandis qu'ailleurs où

in.	Juillet.	Août.	Septembre	Octobre.	Novembre	OBSERVATIONS.
te).						
rs.	jours.	jours.	jours.	jours.	jours.	
),3	13,7	14,3	13,3	13,3	15,3	8 ans.. *Eph. Manh.*
),0	12,7	12,4	9,1	13,2	16,6	Kaemtz.
),7	8,4	8,5	10,6	8,1	8,4	12 ans. Kaemtz.
),1	11,4	12,1	11,1	11,7	12,3	
i,3	14,1	13,2	14,2	16,1	17,1	10 ans. Euler. 2 ans. Kuppfer.
l,7	11,9	14,1	10,9	14,6	16,8	27 ans. Petevotschikoff.
),8	5,8	5,8	7,5	8,7	8,8	4 ans. Kaemtz.
?,3	8,3	8,3	8,3	9,6	9,0	3 ans. Kuppfer.
),6	8,3	11,3	10,3	9,3	10,0	3 ans. Kuppfer.
),3	11,6	9,6	9,0	9,6	10,3	3 ans. Kuppfer.
),6	11,3	10,0	10,6	8,3	11,6	3 ans. Kuppfer.
),6	5,6	4,3	3,6	4,5	8,6	3 ans. Kuppfer.
),0	7,0	4,0	4,0	3,0	5,5	2 ans. Kuppfer.
,5	6,0	5,5	6,5	9,0	3,5	2 ans. Kuppfer.
),1	10,9	7,9	5,9	4,0	1,5	6 ans des miss. 1 an de Kuppfer.
),2	9,2	8,5	8,3	8,8	9,4	

cette somme se partage sur un grand nombre de jours, on n'a que des ruisseaux paisibles, et des rivières toujours pleines, ne dépassant pas leurs bords. Voici les résultats que nous offrent les différentes régions pour les saisons de l'année.

	Moyenne par jour pour				
	l'année.	l'hiver.	le printemps.	l'été.	l'automne.
	mill.	mill.	mill.	mill.	mill.
1° Angleterre à l'ouest.	5,9	5,6	4,5	6,5	6,3
2° Angleterre à l'est.	4,5	4,2	3,6	5,0	5,2
3° Côtes de l'ouest.	5,4	5,4	4,1	5,1	6,4
4° France mérid., Italie du sud.	8,9	7,7	7,7	8,8	11,5
5° Italie du nord.	9,8	5,5	9,3	10,9	13,3
6° France septentr., Allemagne.	4,7	3,4	4,0	6,2	5,5
7° Scandinavie	3,6	2,3	2,5	5,2	4,2
8° Russie.	3,6	1,8	2,6	6,6	3,6

A la lecture de ce tableau, on ne s'étonnera plus des crues d'automne des torrents et des rivières de la France méridionale

II. 19

et de l'Italie; ni de la belle agriculture de l'Italie du nord, où des pluies aussi abondantes pénètrent profondément la terre en été; ni de l'égalité du climat des trois premières régions, sous le rapport des pluies comme sous tant d'autres. Nous y voyons aussi que les lieux où les jours de pluie de l'été versent le plus d'eau en comparaison des autres saisons, sont tous situés dans l'intérieur du continent, l'Italie septentrionale, la France, l'Allemagne et la Russie.

Mais si nous scrutions ce qui se passe dans quelques localités particulières, nous trouverions des chiffres bien plus frappants. Ainsi, en ne consultant que les chiffres moyens de l'année, nous avons :

	mill.			mill.
A Gênes.	10,2		A Joyeuse. . . .	12,6
A Milan..	10,5		A Toulon.. : . .	12,7
A Camajore . . .	11,1		A Trieste.. . . .	31,5

Ces nombres ne sont rien encore à coté du peu que nous savons sur les pluies majeures. Il faudrait avoir les observations originales, au lieu de simples résumés, pour pouvoir les énumérer dans les différents pays. M. Arago en cite différents exemples[1] : ainsi, à Bombay, on recueillait en un seul jour, en 1819, $162^{mm},4$ d'eau; à Cayenne, M. Roussin vit tomber, en 14 heures, $277^{mm},8$ d'eau, ce qui n'égale pas la pluie observée à Gênes en 1822, le 25 octobre, qui donna $812^{mm},1$ d'eau. Dans cette même ville, MM. Garibaldi et Grillo ont observé, le 22 août 1835, une pluie de $141^{mm},7$, et le 16 septembre 1838, une autre de $159^{mm},0$. Nos propres observations nous donnent, pour Orange :

	mill.
7 octobre 1820.	153,3
14 septembre 1839.. . .	145,4
4 octobre 1842.	128,0

Les inondations de l'Ardèche, en 1827, furent causées par

(1) *Annuaire du Bureau des longitudes*, 1824, p. 166.

des pluies qui donnèrent, les 8 et 9 octobre, à Joyeuse, 791^m,5
d'eau en 24 heures[1], ce qui, attendu l'exactitude de l'observateur, M. Tardy de Brossy, met hors de doute la quantité observée à Gênes.

Ce sont là de véritables trombes qui transportent sur un
point une quantité considérable de vapeurs ; c'est par un semblable effet que le village de Goncelin (Isère) fut entièrement
submergé, renversé par une pluie torrentielle qui s'engouffra
dans le vallon à l'entrée duquel il est situé ; celle qui ravagea
la ville de Saint-Étienne, en 1834, versa à Saint-Symphorien-
le-Château plus de 324^m,8 d'eau. C'est dans les régions où les
chiffres moyens signalent des quantités de pluies les plus fortes que se présentent ces phénomènes dangereux.

De pareils déluges, dans la région méridionale, sont très fâcheux pour l'agriculture, en ce qu'ils couchent et renversent
les plantes sur pied, qu'ils ravinent les terres, obligent à les
soutenir par des murs partout où elles présentent un peu de
pente ; mais ils le sont surtout pour les propriétés limitrophes
des rivières et des torrents dont ils rompent les digues, en
se frayant un passage à travers les terres, qu'ils couvrent de
pierres et de graviers et jamais de bon limon, si ce n'est dans
les parties les plus éloignées de leur point de départ. C'est à
ces pluies d'averse que l'on doit attribuer surtout la nudité des
montagnes de ces régions. Sans doute, il a été très imprudent
de les priver de bois et de gazon ; la transhumance des troupeaux qui ont transformé les forêts des Alpes en pâturages, et
surtout les défrichements ont accéléré la dévastation ; mais il
n'est pas douteux que, sous un climat dont les pluies seraient
plus régulières, le rocher n'eût pas été mis à nu, comme il l'a
été dans tous les pays anciennement habités de la région méditerranéenne. La main de l'homme parviendra-t-elle à réparer
le mal dont elle a été complice ? C'est là un grand problème

(1) *Bibliot. univers.*, t. XXXVII, p. 7 et 8.

qui doit être mieux étudié qu'il ne l'a été jusqu'ici, car l'étendue du mal est encore ignorée, l'on n'en a signalé que la nature, et quant au remède, il faudrait savoir à qui il est possible de demander les moyens de l'appliquer ; quelle main est assez forte pour l'obtenir et le diriger ; quelle institution, mise à l'abri des révolutions d'opinion et de politique, peut perpétuer le traitement qui devra durer des siècles, avant d'avoir rétabli nos montagnes dans l'état dont tant de siècles d'incurie les ont fait sortir.

Section V. — *Groupement des pluies.*

Si l'on considère l'effet de l'évaporation sur la terre, celui de l'imbibition, les facilités ou les obstacles que peut avoir l'écoulement dans un grand nombre de sols, on concevra que tous les éléments que nous venons d'énumérer sont encore insuffisants pour caractériser un climat, mais qu'un de ceux qu'il nous importe le plus de connaître, c'est le groupement des pluies, c'est-à-dire leur succession pendant plusieurs jours consécutifs, et les intervalles qui les séparent. Supposons en effet un pays qui reçoive 10 pluies de 3 millimètres (Berlin), dans le mois de la plus grande végétation, et un autre qui en reçoive 4 de 15 millimètres (Trieste) ; supposons que ces pluies soient également distribuées dans le mois, il pleuvrait à Berlin tous les trois jours, à Trieste tous les sept à huit jours ; tous les trois jours, à Berlin, les plantes se satureraient d'eau par leurs feuilles, leurs poils, leurs pores, leurs radicules, en un mot, par toute leur surface extérieure ; à Trieste, cette saturation n'aurait lieu que tous les sept jours. La terre, au moins, serait-elle imbibée assez fortement pour que, dans ce dernier lieu, l'absorption des racines pût suppléer à celle des feuilles ? Le serait-elle assez peu à Berlin pour qu'il y eût ainsi compensation ? Mais il faut observer qu'un retour de pluie tous les trois jours suppose un climat habituellement nébuleux, par conséquent, peu de chaleur solaire et peu d'évaporation terrestre; tandis que le climat où il ne pleut que tous les sept jours suppose un ciel ordinairement serein où l'évaporation est très forte.

Mais si, au lieu d'une pluie tous les sept jours, les 4 pluies du mois avaient lieu à Trieste en un seul groupe de 4 jours, suivi de 27 jours de sécheresse, les plantes souffriraient manifestement. Il est donc important, surtout pour les contrées où les pluies sont rares, de connaître les intervalles moyens qui séparent les pluies entre elles, et de déterminer les probabilités de régularité ou d'irrégularité de leur retour, car ce sont ces probabilités qui rendent l'agriculture régulière ou chanceuse, et qui doivent déterminer le choix de telles ou telles cultures spéciales. Il est donc fortement à désirer que l'on puisse, par un système d'observations mieux coordonné et plus régulier, obtenir sur chaque localité les renseignements nécessaires, afin que la science agricole cesse de se tenir dans un vague nuisible à ses progrès.

L'étude des intervalles moyens des pluies est encore à faire, et nous n'avons pour la tenter qu'un petit nombre de lieux dont nous possédions les observations complètes; car il ne suffit pas ici de résumés où l'on ne trouve souvent que ce qu'on ne cherche pas. Heureusement ces lieux sont placés de manière à donner une idée du groupement des pluies dans toute la partie occidentale de notre continent; pour former ces groupes, nous comptons dans chaque mois le nombre de pluies qui se suivent, le nombre de jours d'intervalle entre elles; nous additionnons séparément ces deux séries; nous divisons le total par le nombre des groupes, et nous avons ainsi le chiffre moyen du nombre de jours d'un groupe moyen, et celui de l'intervalle moyen. C'est de cette manière que nous avons trouvé les chiffres suivants :

	NICOLOSI (1811-39).		ORANGE (1814-39).		PARIS (1748-80).	
	Jours d'intervalle.	Jours de pluie consécut.	intervalle.	pluie.	intervalle.	pluie.
Janvier.. . .	5,3	2,2	5,7	1,7	3,4	2,0
Février. . .	6,1	1,5	4,9	1,7	3,6	2,5
Mars.. . . .	4,7	2,0	5,7	1,6	4,4	2,9
Avril.. . . .	9,2	1,9	3,0	2,0	3,5	2,8
Mai..	17,6	1,9	3,4	1,8	3,9	3,1
Juin.	25,7	1,0	4,9	1,6	4,2	3,5
Juillet. . . .	27,1	1,0	5,2	1,3	4,2	4,2
Août.. . . .	11,1	1,5	5,3	1,2	4,9	2,1
Septembre..	7,3	1,8	4,4	1,7	3,9	3,7
Octobre. . .	6,0	2,0	3,6	1,9	4,3	2,9
Novembre. .	6,3	1,6	4,1	1,7	3,3	2,9
Décembre..	5,0	1,8	4,6	1,6	3,7	3,2
Année. . . .	10,8	1,7	4,6	1,7	4,0	3,0

Ainsi l'on voit que les intervalles de pluie deviennent toujours plus grands en allant du nord au midi, et que le nombre des jours de pluies groupés ensemble diminue aussi dans le même ordre. On voit qu'en moyenne, on a à Nicolosi 1,7 jour de pluie, suivis de 10,8 jours de sécheresse ; à Orange 1,7 de pluie, suivis de 4,6 de sécheresse ; à Paris 3 jours de pluie, suivis de 4 jours de sécheresse. On remarque ensuite que les intervalles sont les moindres pour chaque localité, dans le mois où se développe la végétation : celui de mai à Nicolosi, d'avril à Orange et à Paris ; dans ces mois aussi le groupe des pluies est plus fort à Nicolosi et à Orange, mais à Paris, c'est en juillet que le groupe de pluies est le plus considérable.

Si, de l'examen de cet état moyen, nous voulions passer aux probabilités d'un état extrême, il nous faudrait connaître l'état de l'évaporation dans les trois lieux ; nous avons déjà dit combien les observations de ce genre que nous possédons présentent d'inexactitude, et, en particulier, que nous ignorons presque partout le chiffre de l'évaporation terrestre ; cependant, pour offrir un type de nos raisonnements, nous nous servirons des observations que nous avons, en supposant que l'évaporation terrestre soit le tiers de celle de l'eau.

Il tombe à Nicolosi, pendant le mois d'avril, $11^{mm},3$ d'eau, par jour de pluie ; les séries de pluie sont de $1,9$ jour, et donnent par conséquent $21^{mm},6$ d'eau. L'évaporation à Catane, près de Nicolosi, est de $1^{mm},4$ par jour, pendant ce même mois, et par conséquent de $13^{mm},4$ pour les $9,2$ jours qui séparent les pluies ; il reste donc habituellement alors $8^{mm},2$ d'eau dans le sol au profit des plantes ; et pour que la sécheresse fût complète, il faudrait, ou qu'il n'y eût eu qu'un seul jour de pluie, ou que l'intervalle des pluies fût de $14,4$ jours. Or, nous trouvons que l'une ou l'autre de ces combinaisons s'est présentée 24 fois sur 23 années. Ainsi, à peu près chaque année, on doit trouver dans ce pays et dans ce mois un intervalle plus ou moins long de jours pendant lesquels les plantes souffrent de la sécheresse. Il faut donc avoir recours à l'irrigation, ou bien rendre la culture des arbres prédominante.

A Orange, nous avons pendant le mois de mai :

	mill.
Par jour moyen de pluie.	7,0
Pour chaque série de pluie de $1^j,8$.	12,6
Evaporation terrestre pour chaque intervalle moyen de $3^j,4$ [1].	7,5
Reste d'eau en terre. . . .	5,1

Si la durée de la pluie moyenne n'est que de 1 jour, ou que l'intervalle soit de 6 jours, il y aura sécheresse en terre pour les plantes ; ces combinaisons se sont rencontrées 12 fois sur 17 ans, il y a donc une probabilité de **2** contre 3 environ, qu'il y aura un intervalle de quelques jours où, pendant le mois de mai, les plantes souffriront de la sécheresse, à Orange.

Relativement aux céréales, c'est le mois de juin qui, à Paris, offre la période de végétation qui se présente au mois de mai, à Orange.

(1) *Voir* le tableau de l'évaporation terrestre à Orange, p. 110.

Nous avons pendant ce mois une pluie moyenne par jour de 4$^{\text{mill.}}$,1, et pour chaque groupe de 3^{j},5, une quantité de. . . . . $^{\text{mill.}}$ 14,3

L'évaporation de l'eau est par jour, pendant ce mois, de 2$^{\text{mill.}}$,3 ; l'évaporation de la terre, de 0$^{\text{mill.}}$,8, et pour l'intervalle moyen de 4^{j},2. 3,3

Reste d'eau en terre. . . . . <u>11,0</u>

Pour qu'il y eut sécheresse, il faudrait qu'avec 1 seul jour de pluie l'intervalle fût de $\dfrac{4,1}{0,8} = 5$ jours ; avec deux jours de pluie, l'intervalle de 10 jours, ainsi de suite. Ces circonstances se sont présentées 11 fois en 32 ans ; il y a donc probabilité, seulement de 1 sur 3, qu'il y aura un intervalle de quelques jours où, pendant le mois de juin, les plantes souffriront de la sécheresse à Paris. Mais ce risque est déjà suffisant pour faire apprécier les avantages de l'irrigation dans cette contrée.

Si l'on faisait une semblable analyse pour un grand nombre de lieux, nous pourrions avoir une idée complète de l'état des cultures dans leurs rapports avec les climats ; surtout si, ne se bornant pas à la saison du printemps, on recherchait aussi les probabilités de la sécheresse au moment des récoltes, d'une humidité suffisante au moment des ensemencements, etc. Le pénible travail que nous venons de faire pour trois localités seulement peut donner une idée de ce qu'il importe d'obtenir en ce genre, si l'on veut établir définitivement les climats agricoles sur des bases rationnelles.

Section VI. — *Des vents de pluie.*

Nous avons vu dans la première partie les conditions qui constituent un vent pluvieux pour une localité donnée ; il ne sera peut-être pas inutile de voir l'application de ces principes en Europe ; nous plaçons donc ici les résultats de nos investigations à ce sujet. Nous remarquerons d'abord que le vent qui donne les pluies les plus fréquentes n'est pas toujours celui qui est le plus pluvieux ; je m'explique par un exemple. Il pleut à Orange 32 fois par le vent du nord, 25 fois par le vent du sud, 8 fois par le vent du sud-est ; mais le vent du nord souffle 209 jours de l'année, le vent du sud 68 jours, et le vent du sud-est 8 jours ; ainsi, bien que le nombre des jours de pluie soit le plus grand dans l'année pour les vents du nord, puis pour les vents du sud, et enfin, en dernière ligne, pour ceux de sud-est, il n'en est pas moins vrai que chaque fois que le vent du nord souffle, il n'y a que 0,15 de probabilité pour qu'il pleuve, tandis qu'il y a 0,36 par le vent du sud, et 1,00 par le vent de sud-est. Celui-ci est donc en réalité le vent le plus pluvieux de ce pays, puisque chaque fois qu'il paraît, on peut parier presque à coup sûr qu'il sera accompagné de pluie. La quantité de pluie qui tombe sous l'influence des différents vents est ordinairement la plus forte pour les vents qui ont la plus forte probabilité d'amener la pluie. Nous distinguerons donc dans les vents, considérés par rapport aux pluies, les probabilités que tel ou tel vent amènera la pluie, et celles que tel ou tel vent amènera telle quantité de pluie. Ce dernier terme n'a pu être obtenu partout, faute de pouvoir disposer d'observations complètes pour la plupart des lieux. Nous n'avons d'ailleurs fait ces calculs que pour un petit nombre de localités choisies dans les différentes régions ; mais on conçoit combien il serait avantageux que de semblables résultats fussent obtenus pour toutes les localités. Il faudrait pour cela que toutes les circonstances spéciales de chaque lieu fussent tout-à-fait définies. On pourrait alors régler presque avec certitude le travail agricole, et s'arranger pour que le mauvais temps fît faire aux cultivateurs le moins de pertes possible.

Dans le tableau suivant, la première ligne de chaque localité indique le nombre des pluies qui tombent chaque année, par chaque direction de vent ; la seconde, la probabilité qu'il

TABLEAU DES VENTS DE PLUIE.

Directions moyennes		Nord.	Nord-Est.	Est.	Sud-Est.	Sud.	Sud-Ouest.	Ouest.	Nord-Ouest.
	MAFRA.								
244°8'	Nombre de pluies par chaque vent....	6,7	5,0	3,9	15,4	17,9	28,5	25,2	24,3
207 9	Probabilité de pluie pour chaque vent.	0,07	0,08	0,12	0,67	0,77	0,82	0,57	0,49
	BRUXELLES.								
220 59	Nombre de pluies..	19,0	7,0	5,0	2,4	31,4	47,6	41,4	15,8
226 22	Probabilité de pluie.	0,56	0,17	0,20	0,26	0,61	0,62	0,58	0,20
	MIDDELBOURG.								
265 46	Nombre de pluies.	17,8	9,4	15,6	7,4	17,8	29,8	42,4	22,2
193 25	Probabilité de pluie.	0,39	0,52	0,20	0,40	0,50	0,68	0,48	0,54
	HAMBOURG.								
259 47	Nombre de pluies..	4,0	3,3	4,8	5,6	5,1	30,9	41,6	18,6
265 13	Probabilité de pluie.	0,31	0,08	0,11	0,14	0,30	0,43	0,47	0,38
	DIJON.								
148 5	Nombre de pluies.	14,5	6,5	26,5	24,0	65,0	2,5	5,5	1,5
141 30	Probabilité de pluie.	0,14	0,41	0,47	0,39	0,70	0,30	0,24	0,07
	ORANGE.								
9 58	Nombre de pluies.	32,0	2,4	6,4	7,6	24,9	3,1	6,5	4,5
130 50	Probabilité de pluie.	0,15	0,62	0,54	1,00	0,36	0,39	0,58	0,38
	FLORENCE.								
108 8	Nombre de pluies.	19,5	4,0	30,4	14,0	21,1	10,9	8,0	1,5
142 54	Probabilité de pluie.	0,25	0,26	0,59	0,25	0,43	0,29	0,21	0,18
	PALERME.								
275 58	Nombre de pluies..	6,0	2,9	8,7	0,7	3,1	8,0	55,9	6,9
305 21	Probabilité de pluie.	0,50	0,07	0,20	0,50	0,30	0,23	0,42	0,41
	BUDE.								
288 55	Nombre de pluies..	15,8	12,5	25,3	10,5	17,9	5,6	12,5	7,5
216 29	Probabilité de pluie.	0,35	0,19	0,27	0,41	0,54	0,29	0,38	0,50
	BOLOGNE.								
84 26	Nombre de pluies.	4,7	0,5	44,5	0,8	3,5	0,0	31,5	0,5
67 49	Probabilité de pluie.	0,25	0,25	0,21	0,21	0,50	0,0	0,50	0,20
	PADOUE.								
9 47	Nombre de pluies.	34,7	15,4	10,1	1,6	1,8	2,1	7,7	7,2
75 42	Probabilité de pluie.	0,29	0,47	0,20	0,08	0,8	0,11	0,18	0,17
	SAINT-GOTHARD.								
247 10	Nombre de pluies.	0,7	49,3	4,5	0,8	34,9	59,6	18,7	0,0
256 51	Probabilité de pluie.	0,50	0,27	0,55	0,58	0,57	0,65	0,77	0,0
	PARIS.								
229 26	Nombre de pluies.	5,7	5,8	2,5	6,7	24,5	57,0	37,8	12,7
234 33	Probabilité de pluie.	0,13	0,09	0,11	0,29	0,39	0,85	0,54	0,58
	BERLIN.								
255 44	Nombre de pluies.	4,0	9,9	13,3	13,5	9,3	41,0	37,6	31,0
290 12	Probabilité de pluie.	0,48	0,51	0,50	0,26	0,33	0,51	0,57	0,58
	MANHEIM.								
148 1	Nombre de pluies.	16,1	8,7	13,6	15,9	56,9	11,9	18,2	5,6
155 0	Probabilité de pluie.	0,25	0,40	0,46	0,67	0,61	0,60	0,24	0,16
	MUNICH.								
251 13	Nombre de pluies.	4,6	3,0	10,2	1,0	12,4	29,0	65,8	2,1
243 5	Probabilité de pluie	0,16	0,19	0,15	0,11	0,31	0,48	0,49	0,2?
	PRAGUE.								
270 10	Nombre de pluies.	11,6	2,5	2,7	3,0	10,9	13,9	55,1	15,8
306 29	Probabilité de pluie.	0,42	0,37	0,11	0,26	0,25	0,35	0,40	0,58
	SAGAN.								
225 5	Nombre de pluies.	13,5	14,8	11,1	10,9	43,3	50,4	52,1	17,2
257 41	Probabilité de pluie.	0,59	0,58	0,27	0,58	0,65	0,66	0,65	0,51
	COPENHAGUE.								
250 52	Nombre de pluies.	9,6	4,0	14,2	14,2	26,2	16,6	41,0	11,2
250 45	Probabilité de pluie.	0,25	0,20	0,51	0,17	0,51	0,58	0,45	0,25
	STOCKHOLM.								
121 45	Nombre de pluies.	26,6	12,6	21,6	12,6	29,4	12,2	15,2	6,8
105 27	Probabilité de pluie..	0,54	0,65	0,67	0,74	0,66	0,47	0,25	0,45
	PÉTERSBOURG.								
174 17	Nombre de pluies.	12,5	21,0	21,0	44,2	56,8	41,0	21,7	15,8
243 16	Probabilité de pluie..	1,00	0,46	0,82	0,71	0,84	1,00	0,45	0,79

tombera de la pluie, quand on voit régner un certain vent. Cette seconde ligne explique parfaitement, par exemple, pourquoi tout vrai parisien prend son parapluie, tout en voyant briller le soleil, si les girouettes indiquent le vent du sud-ouest; c'est que ce vent apporte de la pluie 85 fois sur 100. Les directions marquées dans la première colonne sont les directions moyennes d'où viennent les pluies, et les directions moyennes des vents les plus pluvieux.

CHAPITRE VI.

De la neige.

Dans les contrées méridionales, les agriculteurs se préoccupent surtout de la répartition des pluies; celle des neiges est d'une importance tout aussi grande au nord, et les hivers sans neige y sont une calamité égale à celle des printemps sans pluie au midi. Nous avons déjà indiqué les avantages de la protection que la neige offre, pendant l'hiver, à la végétation qu'elle recouvre; depuis l'impression de ces premières feuilles, nous avons eu connaissance des expériences importantes de M. Boussingault qui achèvent de dissiper tous les doutes.

« J'ai commencé en février 1841, nous dit cet auteur[1], quelques observations qui montrent que la neige se comporte comme un écran qui, en abritant le sol, le soustrait au refroidissement qu'il ne manquerait pas d'éprouver dans les nuits sereines, en rayonnant vers les cieux... La couche de neige avait 1 décimètre d'épaisseur; elle recouvrait depuis un mois un champ ensemencé en blé. Le soleil donnait en plein sur le champ couvert de neige, les jours où j'ai observé. » Voici les résultats qu'il a obtenus :

(1) *Économie rurale*, t. II, p. 684.

	Thermomètre sous la neige.	Sur la neige.	Dans l'air.
Le 11 février, 5 heures du soir. .	0° 0	1° 5	2° 5
Le 12 février, 7 heures du matin.	— 3 5	—12 0	— 3 0
— ι. 5 heures du soir. .	0 0	— 1 4	+ 3 0
Le 13 février, 7 heures du matin.	— 2 0	— 8 4	— 3 8
— 5 heures ½ du soir. .	0 0	— 1 0	+ 4 5
Le 14 février, 7 heures du matin.	0 0	0 0	+ 2 0

Ces expériences sont fort claires. Le matin, le thermomètre sous la neige est toujours beaucoup plus élevé que celui qui est au-dessus, et souvent que celui qui est exposé à l'air libre. Le jour, le thermomètre sous la neige revient à zéro par l'effet de la fusion de la glace ; tandis que celui qui est placé au-dessus, malgré l'effet direct du soleil, prend la température de l'eau qu'il touche. Il y a donc pour le thermomètre sous la neige de beaucoup moins grandes variations et une température habituellement plus élevée que pour celui de la surface supérieure. De pareilles expériences, tentées dans les régions du nord, confirmeraient probablement ces résultats.

Dans le midi de l'Europe la neige fond en tombant, ou du moins ne reste que peu de jours sur la terre ; elle doit donc être regardée comme une pluie froide tombant avec peu d'abondance, mais avec continuité, pendant tout le temps qui s'écoule jusqu'à la fonte totale ; pluie dont rien ne se perd, et qui pénètre entièrement dans la terre. Vient ensuite une contrée intermédiaire où la durée de la neige est plus longue, où quelquefois elle persiste presque tout l'hiver ; les récoltes n'y courent donc des chances bien fâcheuses qu'autant qu'une année sans neige est en même temps très froide. Les récoltes de cette région manquent quelquefois quand le ciel se maintient serein, faute d'une suffisante couverture de neige en hiver ; enfin, vient la région qui garde son costume blanc tout l'hiver. Elle s'annonce par les traîneaux qui attendent dans toutes les remises la saison où le pays entier se livre à ce plaisir si vif et si désiré. Ici on compte comme des années calamiteuses celles où la neige manque au rendez-vous, et celles où, après un dégel, elle ne vient pas de nouveau garantir les plantes des retours du froid.

Pour que l'on soit assuré du séjour constant des neiges hivernales, il faut à la fois un grand nombre de jours de neige et de jours de gelée. M. de Humboldt a très bien observé que, sur le revers nord de l'Himalaya, la neige est moins épaisse que sur le revers sud; parce qu'elle y est plus rare et moins abondante. D'un autre côté, des neiges considérables, tombées dans le midi de la France, y résistent rarement plus de trois jours à l'action du soleil; après ce terme on n'en trouve qu'à l'ombre et près des abris où les vents l'accumulent.

En examinant sur la carte la ligne où les neiges persistent pendant l'hiver, on voit qu'elle commence là où les mois présentent en moyenne plus de 5 chutes de neige et où les hivers ont plus de 80 jours de gelée. Ainsi, la France septentrionale et la Belgique jusqu'aux bords du Rhin (sauf les lieux élevés) sont dans la région de transition; à partir de la Franconie et du revers oriental de la forêt Noire, tous les pays au nord et à l'est sont habituellement couverts de neige en hiver, jusque dans les plaines de la Hongrie.

Le tableau suivant, en y joignant celui des jours de gelée que nous avons donné plus haut, fournira une idée approximative de cette distribution.

D'après ce tableau, le nombre des jours de neige croît depuis les bords de la Méditerranée, Marseille, Florence, Rome où elle est rare, jusqu'aux steppes de la Sibérie, et au sommet des Alpes où l'on trouve 66, 83, 116 jours de neige par an. Mais ce qu'il faut surtout remarquer, ce sont les époques des principales chutes de neige dans les différentes régions. Dans la Russie asiatique, à Yakoutsk, à 127° à l'est de Paris, c'est octobre qui est le mois le plus neigeux; à Barnaoul, à 81°, c'est novembre, ainsi qu'à Nijné Taguilsk, Zlatouste, Catheri-

TABLEAU DU NOMBRE

	Total de l'année.	Décembre.	Janvier.
Dublin	14,5	2,5	2,9
La Rochelle.	7,6	2,1	1,0
Bruxelles .	21,0	3,2	3,8
Middelbourg .	27,6	5,8	5,0
Hambourg (16 ans) .	18,1	4,1	4,6
Genève (21 ans, 1802-23).	9,6	2,6	3,4
Grenoble (6 ans) .	18,0	5,0	4,8
Orange (30 ans) .	4,9	0,5	1,4
Marseille . . .	2,6	0,6	0,4
Florence (9 ans).	1,3	0,1	0,4
Sienne (5 ans).	6,5	1,0	1,3
Rome (39 ans) .	1,9	0,2	0,7
Bologne (7 ans).	6,2	2,1	1,3
Padoue (9 ans) .	9,1	2,8	1,4
Venise (7 ans).	5,6	0,6	2,4
Trieste .	9,0	1,7	2,9
Vérone (24 ans).	6,1	1,6	2,2
Milan (16 ans).	9,8	2,1	3,8
Turin.	9,0	1,7	2,9
Bude (9 ans) .	24,6	5,0	5,4
Bucharest.	23,0	. . . . 16 pour
Saint-Gothard.	116,9	16,5	15,0
Berzéleville.	21,2	2,8	4,2
Paris (Cotte).	13,0	2,0	5,0
Metz.	30,0	7,0	6,0
Strasbourg (14 ans).	16,2	3,2	4,4
Manheim (12 ans).	24,8	5,1	5,6
Carlsruhe.	27,0	5,0	7,0
Wurzbourg.	30,1	6,1	6,1
Erfurth .	31,8	4,7	4,7
Berlin (1769-80).	32,3	5,0	9,0
Sagan.	50,9	12,0	9,4
Prague .	34,1	5,6	6,1
Vienne .	32,2	7,2	5,8
Ratisbonne .	28,3	4,8	6,0
Munich .	48,9	8,1	8,7
Saint-Ander.	49,2	7,3	7,3
Peissenberg.	58,7	8,2	9,3
Tegernsée.	70,7	8,6	8,9
Rekiavick (Islande) .	46,4	8,6	7,9
Spyderberg (Norvège).	31,3	4,8	6,0
Copenhague.	32,6	5,9	7,1
Stockholm.	68,0	13,8	13,6
Pétersbourg (11 ans) .	62,0	11,7	13,6
Moscou (19 ans).	71,5	14,2	13,2
Catherinebourg (2 ans).	62,5	6,5	10,0
Nijné Taguilsk (2 ans).	83,5	14,0	8,5
Barnaoul (2 ans).	66,5	12,0	5,5
Zlatouste (2 ans).	66,0	8,5	6,5
Yakoustk (2 ans) .	55,0	9,0	2,0
Péking.	8,0	1,3	2,0

DE JOURS DE NEIGE.

Février.	Mars.	Avril.	Mai.	Juin.	Juillet.	Août.	Septembre.	Octobre.	Novembre.
3,9	2,1	1,5	0,4	»	»	»	»	0,2	0,9
0,9	2,1	0,3	0,1	»	»	»	»	»	1,1
3,8	5,4	2,8	»	»	»	»	»	0,3	2,0
5,2	7,0	1,3	0,1	»	»	»	»	»	3,2
2,6	3,6	1,7	»	»	»	»	0,1	1,2	8,4
1,4	0,9	0,4	»	»	»	»	»	0,1	0,8
4,2	2,7	0,3	»	»	»	»	»	0,2	0,8
0,5	0,4	0,1	»	»	»	»	»	0,6	0,9
0,9	0,7	»	»	»	»	»	»	0,1	0,1
0,3	0,2	»	»	»	»	»	»	0,1	0,2
1,3	2,0	0,3	»	»	»	»	»	»	0,6
0,4	0,2	0,1	»	»	»	»	»	0,1	0,2
1,9	0,4	0,1	»	»	»	»	»	»	0,4
1,1	2,2	1,1	»	»	»	»	»	0,1	0,4
1,2	1,1	»	»	»	»	»	»	»	0,3
1,5	1,5	0,6	»	»	»	»	»	»	0,8
1,2	0,6	0,1	0,1	»	»	»	»	0,1	0,2
2,1	1,1	0,1	»	»	»	»	»	0,1	0,6
1,5	1,5	0,6	»	»	»	»	»	»	0,8
5,4	4,7	0,7	»	»	»	»	»	0,2	3,4
inq mois.			»	»	»	»	7 pour trois mois.		
14,7	17,7	12,6	12,8	2,9	3,0	4,3	4,4	8,8	14,2
3,2	3,4	1,4	1,0	»	»	»	0,4	2,0	2,8
2,0	1,0	»	»	»	»	»	»	2,0	1,0
6,0	5,0	1,0	»	»	»	»	»	1,0	4,0
3,5	2,2	0,9	»	»	»	»	»	0,1	1,9
5,3	5,3	0,6	»	»	»	»	»	»	2,9
6,0	4,0	2,0	»	»	»	»	»	»	3,0
6,7	6,0	1,1	»	»	»	»	»	»	4,1
5,6	9,0	2,4	0,1	»	»	»	»	0,3	5,0
6,2	5,0	2,0	»	»	»	»	»	0,1	5,0
12,2	11,6	3,8	0,2	»	»	»	0,1	1,2	8,4
9,8	4,0	2,6	0,4	»	»	»	»	0,4	5,2
4,8	5,0	2,6	0,8	»	»	»	»	1,0	5,0
6,1	4,8	1,9	0,2	»	»	»	»	0,2	4,3
9,9	8,4	4,7	1,2	0,1	»	»	0,2	1,5	6,1
9,8	9,7	5,8	1,5	0,1	0,2	0,1	0,3	1,5	5,6
0,0	11,3	6,6	1,6	0,1	»	»	0,4	3,3	8,4
11,2	11,5	7,8	2,6	1,1	0,5	0,9	1,0	8,6	8,0
8,0	7,3	4,1	1,5	0,1	»	0,1	0,5	3,0	5,3
7,5	3,7	1,2	2,8	»	»	0,2	0,2	1,2	3,7
6,4	8,0	1,7	0,4	»	»	»	0,1	0,3	2,7
13,6	12,8	4,4	2,2	»	»	»	»	1,3	6,3
11,7	11,4	5,9	2,2	0,1	0,1	»	0,4	4,9	10,1
0,2	9,2	3,0	0,6	»	»	»	1,2	7,0	12,9
1,5	9,0	6,5	4,5	»	»	»	4,0	3,0	7,5
6,5	9,0	6,0	2,0	»	»	0,5	9,0	13,0	16,0
9,5	9,0	5,5	2,0	»	»	»	4,0	3,0	14,0
1,5	9,0	5,5	2,0	»	»	»	3,5	5,5	14,0
2,0	4,0	4,0	4,0	11,0	»	1,0	3,0	13,0	2,0
2,8	1,3	»	»	»	»	»	»	»	0,6

nebourg ; à Moscou, janvier ; enfin, à Pétersbourg et dans le reste de la zone neigeuse de l'Europe, février présente le plus grand nombre de jours de neige ; sur le Saint-Gothard, cette époque n'arrive qu'en mars. Le rideau de neige semble s'étendre progressivement de l'orient à l'occident, c'est-à-dire des pays où l'hiver est plus froid à ceux où il est moins rude ; à mesure que la végétation est plus hâtive, la neige survient plus tôt pour la garantir des rigueurs de la température.

L'énorme zone de neige qui s'étend au nord-est du continent produit une forte évaporation et un accroissement de froid qui rend les vents d'est et de nord plus fréquents en hiver et au printemps ; l'évaporation, augmentant lorsque le soleil commence à frapper ces vastes amas de neige, en février et en mars, accroît aussi la réfrigération et amène les abaissements de température qui se font sentir dans ces deux mois. Il résulte de là des vents qui entraînent les nuages, donnent à l'air une plus grande pureté, et égalisent les températures diurnes et nocturnes, en évitant la succession de gelées et dégels. Ce n'est que plus tard, en avril et en mai, l'équilibre des couches d'air se trouvant rétabli et les vents du nord et de l'est étant moins fréquents, que les gelées nocturnes, suivies de dégels, deviennent d'autant plus redoutables que la végétation est alors plus avancée.

CHAPITRE VII.

De l'évaporation.

Après ce que nous avons dit, dans notre première partie, des méthodes d'observation appliquées à l'évaporation, on concevra que nous n'attachions pas une haute idée d'exactitude aux résultats obtenus jusqu'ici par les météorologistes. Il nous semble évident que, faute de tenir compte des pertes causées par les vents qui, enlevant l'eau en nature du vase évaporatoire, et la répandant sur ses bords, augmentent sans règle et sans mesure la surface évaporante, ces observations manquent des conditions qui les rendraient comparables entre elles. Cependant il ne faut pas pousser cette défiance à l'excès ; dans les mêmes régions, sous les mêmes influences de température et de vents, les chiffres d'évaporation qui nous ont été transmis sont trop semblables pour être entièrement trompeurs, et nos propres expériences nous apprendront bientôt à les rendre comparables à ceux des autres régions, par l'observation de la vitesse des vents. En effet, on a obtenu :

DANS LA ZONE MÉRIDIONALE.		DANS LE NORD.	
	mill.		mill.
Arles, une évaporation de	2562	Utrecht, une évaporation de	669
Rome.	2362	Montdidier.	662
Marseille	2300	Rotterdam	642
Orange.	1875	Paris.	587

Il n'existe entre ces résultats que des différences provenant de l'exposition spéciale de chaque lieu; c'est aussi pour cela que, observée par les mêmes temps et par les mêmes méthodes, l'évaporation donnait à Cotte :

	mill.
Pour Paris.	587
Pour Montmorency.	512
Pour Laon.	484

En considérant d'abord l'évaporation annuelle, région par région, pour le petit nombre de lieux dont nous avons les observations, on a :

	mill.		mill.
Côtes de l'ouest	685 [1]	Plateaux de la France.	869
France méridionale.	2229	Plaines de la France.	622
Italie du sud.	2035	Vallée du Danube.	667
Italie septentrionale.	1856	Scandinavie.	300

(1) Nous avons excepté de ce total le chiffre extraordinaire de Bordeaux (2043 mill.), parce que celui de La Rochelle n'étant que de 628 mill., nous avons des doutes soit sur la jauge, soit sur les moyens de réduction. Ce résultat est tiré des Manuscrits de Cotte déjà cités.

On voit par là, quoiqu'il n'y ait qu'un petit nombre d'observations, que l'évaporation a une tendance très marquée à diminuer du nord au midi, et d'orient en occident. La vallée du Rhône, qui donne passage à des vents secs et violents si con-

TABLEAU

	Total de l'année.	Décembre	Janvier.	Février.	Mars.	Avril.	Mai.
	mill.	mill.	mill.	mill.	mill.	mill.	mill.
Londres (9 ans).	754,7	28,4	21,1	41,6	56,5	61,5	98,8
Bordeaux.	2043,7	52,7	59,7	103,3	124,4	168,0	251,4
La Rochelle.	628,5	7,5	7,5	17,1	37,7	40,6	67,6
Poitiers.	807,8	14,0	16,5	26,5	48,7	76,7	98,5
Saint-Maurice-le-Girard (Poitou).	740,7	27,1	24,7	36,1	60,9	54,1	67,6
Lille.	887,0	20,7	15,8	31,6	20,3	91,3	126,6
Middelbourg.	328,2	3,5	18,0	20,5	13,5	16,7	55,2
Rotterdam.	623,4	27,1	7,2	11,7	25,1	54,3	74,3
Breda.	628,7	7,2	7,0	11,0	39,7	85,7	84,0
Sparendam.	855,9	27,1	13,5	27,1	61,9	98,8	97,9
Delft.	732,5	40,7	18,9	21,4	31,3	59,5	99,4
Rieux.	683,6	18,3	17,6	27,8	34,1	51,1	79,3
Toulouse.	649,0	15,8	19,0	33,7	31,4	46,4	65,7
Genève.	1210,1	7,0	4,5	5,0	46,0	136,2	109,4
Orange.	1875,8	65,5	45,3	81,5	161,4	199,4	219,8
Cavaillon.	2192,1	27,1	76,0	29,3	129,7	201,8	262,0
Arles.	2563,4	69,2	111,6	119,3	122,7	271,0	303,8
Marseille.	2289,2	92,5	68,7	89,0	158,2	209,7	280,1
Rome.	2462,0	83,0	83,0	97,0	140,0	178,0	228,0
Catane.	1602,4	80,5	80,5	76,7	116,8	132,3	175,5
Gênes.	2041,9	154,6	52,3	94,1	109,9	120,1	199,3
Vicence.	1856,8	34,3	36,5	56,8	94,7	176,9	260,1
Lons-le-Saulnier.	772,6	6,8	13,5	18,0	37,7	67,7	117,8
Pontarlier.	626,1	18,2	16,8	20,3	35,2	45,1	84,9
Troyes.	825,5	17,5	21,9	36,1	65,5	81,2	101,5
Montmorency.	590,0	14,1	17,0	21,4	40,8	50,1	70,1
Montdidier.	608,2	14,6	14,5	17,1	27,3	44,5	98,3
Laon.	525,5	20,3	17,4	18,5	21,3	41,3	76,2
Haguenau.	530,5	24,4	13,0	21,6	28,7	43,1	82,2
Gottingue.	479,8	10,6	18,9	15,8	23,6	43,1	74,6
Manheim.	534,6	7,3	10,0	14,9	22,5	45,9	72,5
Tegernsée.	666,9	22,3	15,4	13,7	37,4	50,0	79,8
Copenhague.	209,8	4,2	3,3	4,9	7,5	21,2	27,1
Stockholm.	391,8	5,0	5,0	5,0	8,0	15,0	64,2

tinus, a cependant une évaporation bien supérieure à celle de
l'Italie méridionale, où la température est beaucoup plus élevée. Les tableaux suivants renferment le détail des observations, lieu par lieu, et mois par mois.

D'ÉVAPORATION.

Juin.	Juillet.	Août.	Septembre	Octobre.	Novembre	OBSERVATIONS.
mill.	mill.	mill.	mill.	mill.	mill.	
87,6	104,4	100,6	78,0	46,2	30,0	9 ans. Luke Howart, *Cl. de Lond.*
258,5	338,3	287,5	193,4	134,0	72,5	Résultat douteux, qui aurait dû être probablement divisé par 3.
95,2	131,9	109,9	65,5	36,1	11,9	4 ans. *Eph. Manh.*
113,7	136,4	127,4	75,1	52,9	21,4	12 ans. Cotte, *Manuscrits.*
81,2	112,8	108,3	74,4	58,6	34,9	3 ans. Cotte.
127,4	133,5	105,9	105,2	70,4	31,7	6 ans. Cotte.
67,6	68,5	23,3	17,6	10,3	13,5	3 ans. *Eph. Manh.*
95,1	109,6	94,5	60,9	29,7	33,9	5 ans. Cotte, *Manuscrits.*
96,6	94,9	98,3	59,6	32,3	12,4	5 ans. Cotte.
109,4	140,8	105,8	79,9	53,1	40,6	4 ans. Cotte.
109,5	120,3	79,4	80,4	38,8	32,9	2 ans. Cotte.
87,1	113,9	113,7	75,8	43,2	21,7	8 ans. Cotte.
108,6	86,9	97,2	66,6	57,4	20,3	3 ans. Cotte.
116,2	147,5	219,7	163,5	191,7	63,4	2 ans. *Bibl. britann.*
337,9	370,5	314,8	167,6	125,5	86,6	16 ans. Nos observations.
371,0	429,8	310,2	164,5	144,3	46,4	2 ans. Cotte.
295,5	401,9	366,1	248,3	161,4	92,6	5 ans. Cotte.
285,3	338,3	288,7	216,6	153,8	108,3	2 ans. *Eph. de Manh.*
273,0	363,0	354,0	268,0	180,0	115,0	20 ans. Prony, *Marais Pontins.*
179,6	183,4	202,7	147,5	146,0	80,5	4 ans. *Acad. gioienia.*
127,7	267,6	261,2	287,0	209,0	159,1	1 an (1786). *Ephem. Manh.*
234,2	290,5	244,3	220,6	138,4	69,6	3 ans. *Ephem. Manh.*
131,1	132,6	124,8	77,3	36,1	9,2	2 ans. Cotte.
81,2	97,5	95,0	59,9	47,7	24,3	7 ans. Cotte.
113,8	126,6	98,1	81,2	44,0	36,1	5 ans. Cotte.
70,6	101,5	86,4	58,9	41,1	18,0	30 ans. Cotte.
103,9	103,5	90,6	54,6	22,5	16,8	7 ans. Cotte.
60,9	73,4	72,5	61,6	30,9	21,2	8 ans. Cotte.
81,5	67,9	54,3	51,6	36,1	21,1	12 ans. Cotte.
74,8	70,2	59,6	43,6	29,5	20,5	4 ans. Cotte.
83,5	90,4	85,9	62,6	25,8	14,3	12 ans. *Ephem. Manh.*
105,0	108,7	82,8	77,9	43,6	30,3	6 ans. *Ephem. Manh.*
36,5	36,5	39,5	27,8	14,4	6,9	3 ans. *Ephem. Manh.*
105,3	71,5	65,6	32,4	7,8	6,0	1 an. *Ephem. Manh.*

CHAPITRE VIII.

Tentatives d'établissement des climats agricoles.

Nous croyons qu'Arthur Young est le premier qui ait essayé de déterminer exactement les limites des climats agricoles. Dans son voyage en France, il établit pour ce pays quatre régions distinctes : celle du nord où l'on ne peut cultiver utilement ni la vigne, ni le maïs ; puis en descendant vers le midi vient celle où l'on peut encore cultiver la vigne, sans y voir mûrir le maïs ; à celle-ci en succède une autre où croissent la vigne et le maïs, mais qui n'admet pas l'olivier ; enfin la région des oliviers. Il a indiqué les limites de ces régions au moyen de trois lignes droites obliquant du sud-ouest au nord-est et parallèles entre elles. La première partant de Guérande et passant par Senlis et Coucy, porte cette inscription : *pas de vigne au nord de cette ligne ;* la seconde se dirige de l'embouchure de la Garonne sur Bourges et est distinguée par ces mots : *pas de maïs au nord de cette ligne ;* la troisième, enfin, partant de Carcassonne et passant par Montélimart, est intitulée : *pas d'olivier au nord de cette ligne.* La direction de ces lignes indique l'accord de la végétation avec la règle que nous a fait connaître l'examen météorologique : *les étés sont d'autant plus chauds, proportionnellement à la température de l'année, que les lieux sont plus éloignés des côtes ouest de l'Océan.*

La tentative d'Arthur Young n'a pas été surpassée depuis ; fondée sur l'observation intelligente des faits, elle reste généralement vraie. Mais il ne faudrait pas lui attribuer une valeur absolue ; ainsi les abris, les altitudes et mille autres circonstances transforment les lignes droites tracées par cet auteur, en lignes extrêmement sinueuses.

M. de Buch, après avoir étudié la distribution des plantes selon les altitudes dans l'archipel des Canaries, étude qui a depuis été complétée par MM. Webb et Berthelot[1], s'attache à indiquer la limite de la culture du blé, de l'orge, et celle des forêts de chêne, de pin, de bouleau[2]; M. de Humboldt, dans un ouvrage spécial où il résume les notions importantes recueillies durant ses voyages[3], compare la disposition des plantes sur les Andes et sur les Alpes de la Suisse et de la Scandinavie, et cherche à établir différentes règles pour assigner la limite des cultures des plantes dans les différentes régions. Il termine cet essai remarquable qui l'a conduit depuis à son beau travail sur les lignes isothermes, en fixant ainsi qu'il suit la limite météorologique des différentes cultures :

	Tempér. maximum de l'année.		Avec un ciel souvent nébuleux.
Cacao.	29° à	23°	
Indigo[4].	28	22	Descend avec un faible produit jusqu'à 16° à 14°,5
Bananier.	28	18	
Canne à sucre.	28	22	Se cultive avec un faible produit jusqu'à 19°,5
Café	27	18	
Coton arborescent..	28	20	Temp. d'hiv., 9° à 8°; été, 24° à 23°
Dattier.	23	21	Cultivé pour ses palmes à 17°,5
Citronnier	»	17	Minimum absolu, 7°,5
Olivier.	19	13	Hiver, 5°,5; été, 23° à 22°
Châtaignier.	»	9,3	
Vigne.	27	20	Avec un mois au moins à 10°
Céréales	25	15	Avec un mois de 10° à 12°
Orge.	»	11	Avec un mois de 9° à 8°,5

(1) *Histoire naturelle des îles Canaries.*
(2) *Voyage en Norwége et en Laponie.*
(3) *De distributione geographicâ plantarum.*
(4) Nous corrigeons quelques termes, et entre autres celui-ci, au moyen des observations de M. Boussingault contenues dans le 2e volume de son *Économie rurale*, p. 675.

Personne n'a mieux senti que l'auteur lui-même combien ces premiers aperçus étaient insuffisants, et les soins qu'il a mis, dans son dernier ouvrage sur l'Asie, à déterminer les conditions de la culture de la vigne, prouvent à quel point il est convaincu que les faits de température moyenne ne peuvent seuls constituer un climat agricole. Dans notre mémoire sur la culture des oliviers nous montrions déjà, dès 1822[1], que sous des températures égales cet arbre fructifiait ou ne fructifiait pas et qu'il exigeait encore d'autres conditions pour porter de pleines récoltes.

M. Schouw, dans sa géographie des plantes et dans l'atlas qui accompagne son ouvrage sur le climat de l'Italie, a tracé des limites géographiques pour les différentes espèces d'arbres et les différentes cultures. Ainsi, quant aux arbres, il reconnaît : 1° Que la limite des arbres verts (*quercus ilex, suber*) qui rase les côtes de la Biscaye, les Pyrénées, embrasse la plaine du Languedoc, celle d'Orange, pour venir prendre la côte des Apennins qu'elle quitte à Pietra-Santa, d'où elle va contourner le golfe Adriatique, suivant la ligne des montagnes de Dalmatie et se dirigeant vers l'orient en laissant la Grèce au midi. Tout ce qui est au sud de cette ligne est compris dans la région des arbres verts. Mais si sous cette dénomination l'auteur comprend l'olivier, l'oranger et le chêne-liège, il y aurait une distinction à faire, car l'oranger ne monte pas autant au nord que l'olivier, et l'olivier ne s'étend pas à l'ouest comme le liège.

2° Que la limite du châtaignier commence au nord à la presqu'île de Cotentin, d'où elle se dirige et finit en Lorraine d'une manière indécise. Au reste, les conditions véritables de la culture du châtaignier n'ont pas été encore assez étudiées.

3° Que la limite du hêtre s'arrête à la pointe sud de la Norwége dont elle n'embrasse qu'une faible partie, de là s'avan-

(1) *Bibl. univ.*, Agriculture, t. VII, et Collect. de nos mémoires, t. II.

çant vers l'est elle embrasse les côtes méridionales de la Suéde[1] ; que de l'autre côté de la Baltique, elle part des frontières de la Pologne et de la Lithuanie, s'inclinant au sud-est sous un angle assez aigu. Il semblerait d'après cette direction que cet arbre craint plus que d'autres la température froide des hivers.

4° Que le chêne, plus robuste, a sa limite au nord de Drontheim, reparaît vers la pointe de Finlande, d'où sa ligne s'étend vers la Sibérie, en gagnant légèrement vers le nord. Cet arbre serait donc limité, plutôt par le peu de durée des étés que par les rigueurs du froid de l'hiver.

5° Que le pin (*pinus, pinaster*) s'élève beaucoup plus vers le nord (jusqu'à 70° de latitude). Il se trouve sur toute la côte de Norwége jusqu'à Lœdingen. Il atteint de hautes latitudes en Sibérie, jusque près de l'embouchure de la Kolyma.

6° Que le bouleau est le dernier arbre que l'on trouve vers le nord de notre continent où il se montre jusqu'au cap Nord, mais alors sous de très petites dimensions.

M. Schouw trace ensuite de la manière suivante les limites des cultures : 1° la culture de l'oranger, partant de la côte ouest de la péninsule Ibérique, au nord de l'embouchure du Minho, coupe transversalement l'Espagne pour aboutir à la côte est, vers Barcelonne ; de là, traversant le golfe de Lyon, elle entame la France vers Toulon et Hyères, longe la côte jusqu'à Sarzane, traverse la Péninsule, tombe à la pointe de Raguse, embrasse la Grèce et va se perdre dans l'Orient.

2° La limite de l'olivier longe les côtes de Biscaye et vient se réunir en France à celle tracée par Arthur Young, de Carcassonne à Montélimart ; elle se prolonge ensuite sur deux lignes parallèles le long des Apennins, et le long des grandes Alpes ; celle-ci embrasse la Dalmatie et se dirige vers le nord de la Grèce.

(1) *Voyage de Buch en Norwége et en Laponie*, t. I, p. 52, et t. II, p. 316 et 329.

3° La limite du maïs suit en France la limite tracée par Arthur Young, se relève ensuite en Allemagne et s'étend vers l'orient en embrassant la Hongrie.

4° La limite de la vigne est parallèle à celle du maïs et se réunit à elle en Hongrie.

5° La limite des arbres fruitiers suit de près celle du chêne. On voit à Christiania des poires, des cerises et des abricots. Lessing observe que les poires provenant du *pyrus piraster,* Wild., à chair dure, se trouvent à Christiania, mais que celles qui viennent du *pyrus achras,* Wild., à chair molle, ne réussissent pas en Norwége.

6° Le froment s'étend en Norwége jusqu'au 70° degré de latitude [1]; il s'abaisse vers le golfe de Bothnie, puis se relève vers le nord-est en Sibérie. Dans les pays à neige le froment passe très bien l'hiver, et c'est la température solaire de l'été qu'il faut surtout rechercher pour assigner ses limites. Le seigle, mûrissant avec une somme moindre de chaleur, se cultive plus loin et plus haut que le froment. En Écosse, il est cultivé dans les hautes terres, tandis que le froment ne quitte pas les basses terres [2].

7° Enfin les limites de l'orge s'avancent encore plus vers le nord; il est cultivé en Scandinavie au-delà du cercle polaire, mais on n'a pas bien déterminé le point où il finit en Asie.

Tel est le résultat des travaux de Schouw. C'est la traduction sur la carte, des notions assez rares et assez imparfaites qu'un petit nombre de voyageurs nous ont transmises sur la géographie agricole. Les naturalistes occupés du soin de compléter leurs collections n'ont pas toujours pensé à indiquer les plantes cultivées, ou à indiquer leur fréquence. Pour eux, tous les êtres végétant ne sont qu'une unité; ils agissent comme le ferait celui qui recenserait les noms de famille d'un pays, sans

(1) De Buch, *Loco citato,* t. I, p. 431.
(2) Necker de Saussure, *Voyage aux Hybrides,* t. III, p. 594.

s'enquérir du nombre de ceux qui le portent; les résultats de cette enquête ne donneraient aucune idée précise de la population. L'amour du pittoresque a été aussi un ennemi des progrès de la géographie agricole. Les voyageurs, qui recherchent partout des sites, ont horreur de la culture, et passent vite quand les plantes cultivées forment le fond du tableau végétal. Nous convenons que de vastes plaines de blé ou de prairies, des coteaux couverts de vigne, n'ont ni cette variété de tons, ni cette opposition de formes qui frappent l'œil et arrêtent l'imagination; mais pour ceux qui ne bornent pas leur impression à des effets d'optique, ce spectacle n'éveille-t-il pas des pensées nombreuses sur l'état social des hommes qui les habitent? Robert a su trouver le sens pittoresque de ces plaines monotones en y plaçant ses groupes de moissonneurs et de vendangeurs; n'y figurent-ils pas aussi bien que les moines et les bandits dans des sites plus sauvages.

Quoi qu'il en soit, les récits d'un voyage ne donnent une idée exacte d'un pays qu'autant qu'ils peignent à la pensée toutes les impressions vulgaires ou poétiques que le voyageur a éprouvées. Nous jouirons avec lui de ses impressions poétiques; mais qu'il ne refuse pas de nous décrire quelquefois les choses positives, nous saurons glaner dans ses récits les faits que nous y cherchons trop souvent en vain.

Les lignes géographiques de culture que nous venons d'indiquer ont sans doute leur importance, mais elles ne donnent qu'une idée bien générale et bien vague de la distribution des plantes, car ce ne sont pas ces lignes elles-mêmes qui indiquent les véritables limites où s'arrêtent les plantes cultivées. A chaque instant, elles sont brisées par des accidents nombreux, les abris, les altitudes, qui font varier le climat. Prenons, par exemple, la ligne droite indiquée comme limite pour les oliviers, et tirée de Carcassonne à Montélimart, se prolongeant vers l'est à travers les Alpes. A peu de distance de son point de départ, elle rencontre le massif des Cévennes dont l'altitude ne comporte son existence qu'au fond de quelques vallées ; au delà de Montélimart viennent les Alpes, et si sa prolongation va retrouver les oliviers du lac de Côme et du lac de Guarda, elle laisse au sud les plaines de la Lombardie où l'olivier ne peut être cultivé utilement. Cet exemple suffit pour prouver la nécessité de caractériser plus complétement les régions culturales sous le rapport de la météorologie.

Mais il est d'autres conditions qu'il ne faut pas négliger. Ainsi, rien sans doute ne paraît plus favorable à la culture du froment que les vastes plaines au sud du Rio de la Plata ; toutes les conditions matérielles de succès y semblent réunies, et cependant le défaut de communications faciles y rend cette culture très peu profitable, le pâturage seul y est possible en ce moment, et le pâturage destiné seulement à la production des peaux des animaux, la chair manquant de consommateurs. D'un autre côté, la culture de la vigne s'étend certainement au nord, au delà de la ligne où le vin est un produit bon et économique relativement à ce qu'il coûte dans sa véritable région ; mais les frais de transport et les charges fiscales sont si considérables qu'ils parviennent à égaliser les conditions, et qu'il y a avantage à obtenir sur les lieux de la consommation une mauvaise boisson que l'on préfère à une boisson meilleure et plus chère. Il y a donc des circonstances naturelles qui agrandissent les régions culturales au-delà des limites assignées par les circonstances météorologiques. Nous allons essayer dans le chapitre suivant de donner des règles générales sur les limites de culture, nous les appliquerons ensuite à la formation des régions agricoles de l'Europe. Trop de renseignements nous manquent encore pour que nous puissions étendre cette première tentative aux cultures des autres parties du monde, mais le temps n'est pas éloigné, sans doute, où le zèle et l'attention des voyageurs nous permettront de combler cette lacune.

CHAPITRE IX.

Des différents genres de limites imposées à la culture.

Les cultures sont réparties sur la surface du globe selon certaines lois dont les unes sont inhérentes à la nature du climat et du sol ; celles-ci sont invariables. D'autres sont le produit des institutions humaines, des progrès de la civilisation, de la distribution de la population, et celles-ci peuvent changer de siècle en siècle. Nous reconnaissons, en effet, des limites : 1° météorologiques ; 2° économiques ; 3° statistiques ; 4° agricoles ; nous allons en traiter successivement.

Section Iʳᵉ. — *Limites météorologiques des cultures.*

Une limite météorologique est assignée à la culture d'une plante, à la possibilité de son existence et de sa production d'un côté de la limite et par son impossibilité par l'autre. Elle dépend de la rigueur des hivers, de la chaleur des étés, de l'état plus ou moins humide de la terre et de l'air. Ce sont les principales conditions, et elles sont dépendantes de beaucoup d'autres. Il y en a aussi qui sont spéciales à certaines plantes ; ainsi, le houblon exige un pays dont les vents n'aient pas habituellement beaucoup de violence, ou un abri contre ces vents, à cause de l'élévation de la plante et de sa fragilité ; le chanvre ne produit qu'une filasse grossière quand ses tiges sont incessamment agitées par des vents impétueux ; les arbres ne croissent pas volontiers sur les bords d'une mer à plages sablonneuses, dont les particules entraînées par les vents froissent les jeunes bourgeons, etc.

Quant aux limites météorologiques générales, elles s'établis-

sent : 1⁰ par la considération de la température de l'air en hiver ; 2⁰ par celle de la température du sol dans cette saison, et
à défaut d'observations de cette nature qui manquent presque
partout, on y suppléera, bien qu'imparfaitement, par la connaissance des neiges qui recouvrent habituellement le sol, et
celle du nombre de jours de gelée que présente le pays et de
l'épaisseur de la glace qui s'y forme ; 3⁰ par la température des
mois de végétation de la plante, et celle qu'éprouve le sol
frappé par le soleil ; 4⁰ par le rapport de la pluie tombée à
l'évaporation, rapport qui indique le degré d'humidité de l'air
et du sol. On supplée à cette dernière connaissance par la considération de l'état hygrométrique de l'air ; par celle de la fréquence et de la direction des vents ; par le chiffre du groupement des pluies et des intervalles qui les séparent ; par la
quantité d'eau que conserve la terre dans les différentes saisons.

Outre ces caractères généraux, il en est d'autres accessoires
qui pourront avoir une grande importance locale : tels sont les
vents et leur impétuosité, la fréquence des grêles et des orages,
celle des gelées blanches printanières ; l'irrégularité habituelle dans la marche des saisons : toutes ces causes peuvent
introduire, pour certaines cultures, des chances qui en rendent
les résultats nuls ou douteux.

C'est donc l'ensemble de toutes ces connaissances que nous
exigeons pour définir et limiter parfaitement une région agricole. Nous sommes loin de les posséder pour toutes les contrées,
même européennes. Les observations météorologiques ont été
faites jusqu'à présent sans esprit d'ensemble et dans un but trop
circonscrit. On se borne à déterminer la température moyenne
de l'air, la marche du baromètre, ses périodes diurnes ou mensuelles, la direction, la variation, l'intensité des courants ma-
gnétiques ; ce sont ces fragments de l'histoire météorologique
des lieux qu'il nous faut souvent mettre en œuvre, en en tirant
par induction les résultats qui s'y rattachent par des liens plus

ou moins légers. Espérons que l'étude consciencieuse que nous faisons aujourd'hui des conditions auxquelles se lie la culture donnera à tous les observateurs une juste émulation pour compléter cette histoire. La facilité de ces recherches, qui ne demandent qu'un peu d'attention et d'exactitude, l'intérêt qu'elles donnent à la nature qui nous entoure, l'utilité directe dont elles peuvent être pour les cultivateurs, exciteront ceux qui habitent la campagne à instituer une suite d'observations vraiment agricoles qui, sans les déranger en rien de leurs travaux, seront par eux un véritable amusement.

Les journaux d'agriculture si nombreux dans toute l'Europe rendraient un véritable service à l'agriculture comme à la physique, s'ils consacraient quelques pages, chaque année, à donner, non pas seulement des résumés, mais des tableaux complets de ces observations. Ces tableaux font rechercher encore, après de longues années, des recueils qui ont d'ailleurs perdu tout autre intérêt, soit par les progrès de la science, soit par les changements survenus dans les procédés et les usages agricoles.

SECTION II. — *Des limites économiques.*

Les limites économiques des cultures dépendent de calculs assez compliqués qui n'ont pas tous été bien faits ; il y a des cultures qui ont dépassé ces limites, il y en a d'autres qui ne les ont pas atteintes.

Les bases de ces calculs sont : 1º les produits moyens des cultures dans la situation que l'on examine ; 2º les prix que ces produits obtiennent sur les marchés ; 3º les dépenses que la culture exige ; 4º les frais de transport ; 5º après avoir retranché la somme des deux derniers termes du produit des deux premiers, le rapport de la différence avec le résultat d'un calcul semblable fait pour d'autres cultures. Ce rapport doit être au moins égal à 1.

Le résultat d'une telle comparaison tend à étendre ou à resserrer les limites culturales des plantes et à les placer au delà ou en deçà de leurs limites météorologiques. Ainsi, il y a un point où les produits moyens sont peu abondants, mais où l'élévation du prix, le bon marché des cultures, et la facilité des transports permettent d'atteindre la limite météorologique extrême; tandis qu'il y a d'autres points où, les produits étant bons et abondants, la culture se trouve arrêtée, même au milieu de la région météorologique, par un des autres éléments qui concourent à établir la convenance économique. Citons des exemples de ces différents cas.

L'olivier fructifie encore sous les coteaux de Sainte-Foy, à Lyon; mais sa culture s'est arrêtée, sur la rive droite du Rhône, à Beauchâtel, à 18 kilomètres au sud de Valence, et à Donzère, à 59 kilomètres au sud du même point, sur la rive gauche. Au delà de ces localités les produits deviennent faibles, incertains, couvriraient difficilement les frais, et ne pourraient lutter avec des produits d'un autre genre, la vigne et le mûrier, qui se sont emparés de toutes les expositions favorables. Il y a eu un temps où l'on plantait l'olivier dans toutes les positions qui en étaient susceptibles en dedans de cette limite; alors l'industrie de la soie était peu développée; les routes étaient peu nombreuses, mal entretenues; on n'y aboutissait que par des chemins faits seulement pour des mulets; des voies de communication si difficiles rendaient onéreux tout transport d'une marchandise encombrante comme le vin, qui occupait seulement les abords du fleuve; au lieu que l'huile représentant une plus grande valeur sous le même volume supportait les frais du voyage. Il faut bien que, comparativement à d'autres cultures, le compte de l'olivier se soit soldé à perte depuis que les circonstances ont changé, car ceux qui sont morts dans les grands hivers n'ont pas été remplacés vers la limite de la région, et partout où ils ont laissé une place vide, le mûrier et la vigne l'ont occupée. Ce résultat est si nécessairement l'effet d'un calcul, qu'à la même latitude, près de Nyons (Drôme), un excellent abri donnant des récoltes plus assurées et plus considérables, l'olivier est resté en honneur et continue à être cultivé en première ligne comme par le passé.

Les frais de transport ont étendu la culture de la vigne au delà des limites où l'on fabrique du bon vin. N'est-il pas évident que si les vignerons de l'Aisne se trouvaient en concurrence immédiate avec ceux de la Bourgogne et du Midi ; que si les frais de transport n'élevaient considérablement le prix des vins de qualité supérieure, et permettaient de les vendre au même prix que la liqueur détestable que l'on récolte à cette dernière limite, on se hâterait de rendre à d'autres cultures les terrains auxquels on l'arrache avec tant de peine ? Voilà pour ce qui regarde la limite extrême. Mais au centre de la région, en Languedoc, que voyons-nous ? On y avait établi de vastes vignobles destinés à fournir des vins colorés et spiritueux qui se transportaient dans le nord pour corriger par leur mélange les vins faibles et décolorés qui s'y produisent. La chimie, qui a rendu de si grands services à l'agriculture, a porté un coup bien funeste à cette industrie. En constatant que l'addition du sucre dans le moût est une véritable addition d'alcool, en découvrant le moyen de transformer la fécule en sucre, elle a fait de la pomme de terre, de ce tubercule qui croît à l'abri du soleil, le supplément que l'on cherchait autrefois dans les produits d'un soleil méridional. L'usage des vins du midi s'est perdu ; comme remèdes aux défauts des vins du nord, on ne les recherche plus que dans des années exceptionnelles, où la qualité des moûts de ces contrées est si inférieure qu'on n'espère pas pouvoir les rétablir économiquement par la glucose. Les frais de transport entrent encore ici pour la plus grande part dans ce changement, car si l'on obtenait dans l'Orléanais et la Haute-Bourgogne les vins du Midi à un prix plus modéré, il n'est pas douteux que l'on ne préférât leur usage à celui des sucres qui ne donnent pas toujours un goût franc aux vins que l'on traite par leur moyen.

La législation contribue encore à limiter les cultures autrement qu'elles le seraient dans la nature. La vigne s'est étendue là où, sous d'autres conditions, elle ne pourrait exister, grâce à la disposition qui exempte d'impôt le vin bu par les propriétaires de vignes. Dès lors, pas de petit possesseur qui n'ait eu sa vigne, soit pour boire son vin franc de droit, soit pour masquer l'achat qu'il fait du vin d'autrui. La franchise de droit est entrée en compte avec les frais, et la vigne a été cultivée, là où, avec des conditions égales, elle ne pourrait subsister.

Nous nous bornons à ces considérations; elles prouvent la grande influence des circonstances économiques pour modifier les limites des régions agricoles; elles se résument toutes dans une comparaison des produits et des frais des différentes cultures qui sont déjà introduites ou qui peuvent être tentées dans chaque lieu, ainsi que nous l'avons dit au commencement de ce paragraphe.

Section III. — *Des limites statistiques.*

Nous désignons sous le nom de limites statistiques celles qui tiennent à la force et à la répartition de la population.

Dans les pays à grandes cultures de céréales, on sent le besoin d'une population étrangère au moment de la récolte, parce que les travaux de cette époque sont beaucoup plus considérables dans un temps donné et étroitement circonscrits que ne sont ceux que l'on doit exécuter à une autre époque dans le même espace de temps, le nombre d'ouvriers capables de cultiver et d'ensemencer la terre est tout-à-fait insuffisant pour les travaux des moissons. Dans le nord de la France, de nombreuses troupes de Belges viennent abattre les céréales;

dans le midi de la France, les montagnards dont les blés ne sont pas encore mûrs descendent pour faire les moissons de la plaine en attendant d'aller faire celles de leurs propres champs ; c'est aussi de la même manière que les choses se passent en Toscane, à Rome, à Naples, où les habitants des Apennins viennent scier les blés qui, sans eux, sécheraient sur plante. La grande faux remplace cette population supplémentaire quand elle manque ; mais peut-on dire qu'il y ait quelque part une grande culture de blé dont les cultivateurs puissent faire seuls la moisson ? Il suffit d'un chiffre pour prouver qu'alors la récolte sera prolongée au delà du terme convenable, et par conséquent faite imparfaitement, si la culture du blé est l'unique culture du pays. Nous supposons que l'on emploie la faux qui est la méthode la plus expéditive. La moisson exige 2 hommes et 2 femmes par hectare ; la culture exige seulement 1 homme par 20 hectares (proportion des fermes à blé des environs de Paris). Il s'ensuivrait donc que si l'on n'employait que la population de la ferme, la moisson durerait 40 jours.

Le défaut de densité de la population peut donc être une limite à certaines cultures, quand il n'y a pas une population supplémentaire que l'on puisse appeler d'un pays voisin, ou que l'on puisse emprunter à d'autres travaux dans le pays même.

La culture de la vigne à bras, telle qu'on la pratique dans le nord de la France, en Allemagne, en Suisse, exige aussi une nombreuse population occupée toute l'année. On ne pourrait penser à cultiver la vigne dans un désert ; au contraire, les méthodes de culture étant changées, les vignes se cultivent à la charrue dans une partie du Languedoc, et cette culture n'exige pas plus de bras que la culture du blé ; mais il lui faut aussi une population supplémentaire à l'époque des vendanges.

II.   21

La culture du mûrier et l'éducation des vers à soie qui s'y rattache nécessairement offrent encore un exemple frappant de la dépendance de la culture et de la population. Nous avons fait voir ailleurs[1] que chaque 100 kilogrammes de cocons produits, est l'œuvre de 2 ouvriers, et que le département du Gard, pour fournir 2,700,000 kilogrammes de cocons, y employait la moitié de sa population au-dessus de douze ans. Il y a donc une limite naturelle de production pour chaque pays où l'on introduit cette culture. Elle est habituellement fixée par le chiffre des individus que l'on peut y employer pendant la huitaine qui termine l'éducation des vers à soie.

Section IV. — *Des limites agricoles.*

Les limites agricoles dépendent des modes de tenure, du système de culture généralement adopté dans le pays, de la distribution du temps des ouvriers employés à ces cultures. Ainsi, quant au mode de tenure, on ne pourra pas faire faire de ces grands travaux qui augmentent le capital du fonds, aux fermiers dont les baux sont courts et chers, et qui sont toujours dans l'incertitude de les voir prolonger à l'expiration ; proposer à de tels tenanciers des plantations de pommiers, de vignes, de mûriers, d'oliviers, c'est s'exposer à un refus certain. Non-seulement ces fermiers ne feront pas à leurs frais de nouvelles plantations, mais encore ils négligeront et dégraderont celles que le propriétaire fera lui-même, si elles ne doivent produire que dans un avenir plus ou moins éloigné, et si elles occupent un terrain dont il jalouse la possession ; mais ils se prêteront à l'introduction des cultures des plantes annuelles si elles doivent réaliser un produit immédiat en argent. C'est par eux que le lin, le colza, la betterave ont été introduits en

(1) *Mémoires d'agriculture*, t. III, p. 273 et suiv.

France. Les métayers dont les baux se prolongent ordinairement pendant un temps indéfini sont plus susceptibles d'entreprises à résultat éloigné, pourvu qu'elles ne leur coûtent pas d'argent dont ils sont généralement dépourvus, et que leur part de frais puisse se solder en travaux. Les petits propriétaires qui doivent vivre du revenu annuel de leur terre ne les consacrent à de nouvelles cultures, qui offrent toujours des chances nombreuses de pertes, qu'après mûres réflexions, et quand ils ont l'exemple du succès sous les yeux; mais en qualité de propriétaires, ils ne répugnent pas à entreprendre des plantations pérennes. Alors, procédant par petits essais, ils finissent par doter le pays d'une culture qui aurait été longtemps à l'état d'enfance s'ils ne l'avaient pas adoptée. C'est la petite propriété qui a multiplié le mûrier dans le midi de la France et en Italie, et si l'on cherchait bien dans le passé, on trouverait encore que c'est à elle que l'on doit la naturalisation de la vigne dans ces deux pays.

Le genre d'assolement adopté dans une contrée peut aussi empêcher l'introduction d'une culture nouvelle, si les travaux qu'elle exige doivent se faire dans le même temps que ceux des cultures en usage. Ainsi, dans les pays où la récolte du foin se rencontre avec le dernier âge des vers à soie, elle sera un obstacle à l'introduction du mûrier; dans ceux où les semailles des céréales doivent se faire de bonne heure en automne, on n'introduira pas la culture de la garance en grand, l'arrachage de cette plante se faisant dans cette même saison et à grands renforts de bras, etc.

L'étendue et la distribution des bâtiments de ferme, la richesse du propriétaire qui lui permet de les modifier ou d'en construire de nouveaux, est aussi un élément qu'il faut faire entrer dans l'appréciation des facilités à l'introduction de certaines cultures. C'est le premier obstacle que l'on rencontre dans un pays où les bâtiments sont préparés pour l'assolement

triennal, si l'on veut passer à un assolement avec fourrage et
bétail, etc.

SECTION V. — *Conclusion.*

Après avoir parcouru les différentes espèces de limites que
rencontrent les cultures dans chaque situation, nous devons de-
meurer convaincus que les seules qui soient immuables, parce
qu'elles tiennent à l'ordre de la nature, les seules que l'on
puisse définir d'une manière un peu générale, sont les limites
météorologiques. La nature du sol est variable dans l'enceinte
du même horizon, les limites économiques changent avec les
modifications de la législation, avec l'ouverture des nouvelles
routes, avec un perfectionnement dans les méthodes de culture ;
les limites statistiques, plus durables, parce que les progrès de
la population et ses rapports avec le sol sont l'œuvre des siècles, ne sont pas à l'abri des révolutions, des guerres, des effets
prolongés d'un mauvais gouvernement. La Sicile, jadis si riche
en cultures et en habitants, ce grenier du monde romain, suffit
à peine aujourd'hui à sa propre subsistance. Les limites agricoles tiennent à des arrangements intérieurs, à des pratiques
susceptibles de se modifier instantanément. Mais l'atmosphère
et les lois qui la régissent sont persistantes et nous montrent
aujourd'hui les mêmes phénomènes que dans les temps les plus
anciens, malgré quelques variations locales. L'olivier reçu en
Provence de la main des Grecs phocéens, y vit encore et n'a pas
dépassé ses anciennes limites ; la vigne plantée dans les Gaules
peut produire ses fruits partout où l'histoire signale d'anciennes
récoltes de vin ; le palmier fructifère n'a pas franchi la Méditerranée ; toutes les grandes cultures ont trouvé successivement
leurs limites, mais elles n'ont pas quitté les lieux où elles
étaient établies ; les convenances statistiques, économiques,
agricoles, ont causé des oscillations, mais point de grands

changements. C'est donc aux limites météorologiques seules que nous devons nous attacher pour décrire les régions culturales, tout en indiquant les anomalies amenées par les causes qui leur sont étrangères. Les limites de ces régions tracées sur les cartes ne représentent que les faits qui se passent à peu d'élévation au-dessus de la mer ; les hauteurs ont aussi leurs régions qui répondent à celles qui dépendent des latitudes, mais leurs limites sont bien plus resserrées. La méthode que nous allons suivre permettra à chacun de déterminer la région culturale dans laquelle il se trouve, quand il aura déterminé son climat, en recueillant un assez grand nombre de faits météorologiques d'après les principes et le plan que nous avons tracés.

CHAPITRE X.

Détermination des régions agricoles.

Nous connaissons trop mal encore les circonstances atmosphériques qui s'adaptent le mieux au tempérament de chaque plante cultivée pour que nous puissions, *à priori*, déterminer les régions agricoles d'après les climats résultant de l'ensemble des observations purement météorologiques ; dans l'état actuel de la science, c'est un ordre inverse de raisonnement qu'il faut suivre ; nous devrons rechercher : 1º quelle est la plante qui, dans une région, donne les résultats les plus assurés, qui est cultivée de préférence, qui lui imprime pour ainsi dire son caractère principal ; 2º les cultures accessoires qui ont pour objet des plantes qui vivent et prospèrent dans une contrée, sans y acquérir un développement assez riche pour y tenir le premier rang, parce que, appartenant à une autre région, elles éprouvent dans celle-ci certaines perturbations qui rendent leur réussite chanceuse, ou que des causes économiques, telles que la difficulté des transports, compensent ces chances défavorables; 3° nous devons rechercher les limites géographiques qui indiquent l'enceinte dans laquelle la culture principale conserve son ascendant et les degrés de cet ascendant à mesure que l'on approche des limites, signalées en général par l'admission ou le rejet de nouvelles cultures accessoires; 4° enfin, il faudra déterminer le caractère météorologique qui accompagne le caractère cultural, pour que nous puissions, dans d'autres lieux et dans d'autres circonstances, prévoir les plantes que l'on peut introduire le plus avantageusement possible dans la culture.

En effet, plusieurs circonstances, mais surtout les différences d'altitude ou d'exposition constituent souvent des climats différents au centre des régions agricoles les mieux caractérisées; ceux qui habitent ces positions exceptionnelles commettent une grande erreur, quand, entraînés par l'esprit d'imitation, ils adoptent la même culture que leurs voisins placés dans d'autres circonstances météorologiques; ainsi, dans les pays de vignobles, de mûriers, on voit ces cultures s'élever sur les flancs des montagnes, à des niveaux où leurs produits sont mauvais et chanceux; on voit ailleurs cultiver des céréales à des hauteurs où la maturité est tardive et douteuse, tandis que de bons pâturages et la pomme de terre réussiraient bien et récompenseraient les travaux des habitants. C'est ainsi que les mêmes pratiques se propagent autour des grands abris en y trouvant des circonstances météorologiques différentes. Les cultures qui ne craignent pas l'ombre ne sont pas transportées sans dommages au sud de la montagne; celles qui exigent le soleil, au nord; et l'on ne récolte pas les mêmes qualités de produit, de vin, par exemple, sur tout le pourtour d'un simple coteau. Le coteau de l'Ermitage en offre un exemple bien frappant, par les qualités que ses vins manifestent selon le point du ciel que regarde chaque segment de sa circonférence; et cependant l'esprit d'imitation étend ces cultures sous l'empire des circonstances météorologiques les plus différentes.

Si nous jetons les yeux sur l'Europe et les pays qui l'avoisinent de plus près, auxquels nous bornons à présent nos recherches, nous trouverons, en faisant abstraction des lieux élevés, ou de ceux dont le climat est modifié par l'irrigation, trois grandes divisions : au sud-est et au sud, ce sont des arbres et des arbustes qui tiennent le premier rang parmi les produits du sol, l'olivier, le mûrier, la vigne ; cette division est le siége des cultures ligneuses et frutescentes ; au nord-est et au nord, on ne cultive plus que des plantes herbacées, jusqu'à ce que, plus au nord encore, on retrouve les forêts ou les végétaux ligneux, que l'on n'élève que pour leur bois. Du bas en haut des montagnes, on retrouve aussi le même ordre, les végétaux arborescents cultivés **pour leurs fruits**, puis les cultures herbacées, enfin les forêts.

La première division présente deux grandes régions bien distinctes par le climat comme par le genre et les procédés de culture : 1° celle où la culture de l'olivier est possible ; 2° celle où cette culture n'étant plus possible par le manque de chaleur solaire de l'été, les cultures les plus riches des terres sèches sont alors la vigne et le mûrier. La seconde division, où domine la culture des plantes herbacées, se distingue par deux traits principaux ; dans une partie de cette division, la prédominance de la culture des céréales ; dans l'autre, celle des herbages et des racines alimentaires.

Enfin, la troisième division, celle des forêts, peut se diviser encore en deux régions bien marquées : l'une où se mêlent les arbres verts et les arbres à feuilles caduques, et l'autre où les arbres verts dominent, en n'admettant d'autre mélange que celui du bouleau qui termine la série des végétaux utiles dans le nord.

21 *

Nous avons donc en Europe cinq régions agricoles, indiquées dans la carte ci-jointe (*fig.* 15) par les couleurs suivantes :

1° La région des oliviers, orangé ;
2° La région des vignes, rouge ;
3° La région des céréales, jaune ;
4° La région des herbages, vert ;
5° La région des forêts, bleu.

Fig. 15.

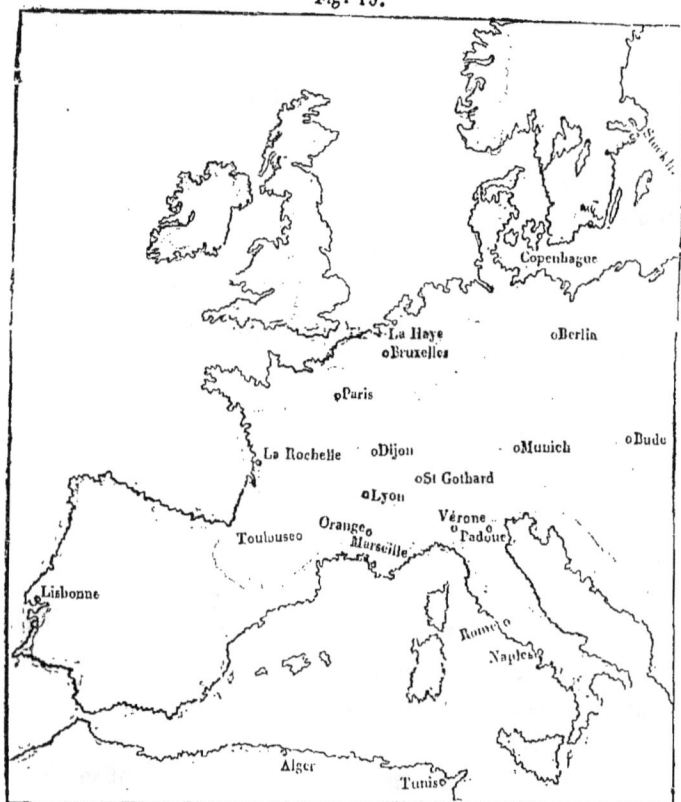

SECTION Irc. — *Région des oliviers.*

§ I. — Circonscription de la région.

On ne trouve par l'olivier aux Canaries, car l'Espagne n'en
permettait pas la culture dans ses colonies ; mais il n'est pas

douteux que cet arbuste n'y trouvât un climat parfaitement convenable dans la zone que M. Buch a nommée sub-tropicale, et dans une partie de la zone méditerranéenne de ces îles. Les mûriers, les orangers et les figuiers se montrent dans la première de ces zones, qui a une température moyenne de 21 à 20°, un maximum de chaleur de 30°, et un minimum de 16°; le ciel y est presque toujours sans nuage et la terre n'y reçoit que quelques averses de novembre en janvier. Là seconde de ces zones est presque entièrement occupée par la vigne qui s'y associe aux figuiers et aux amandiers. La neige tombe quelquefois à sa limite supérieure, mais y fond presque aussitôt. Ces caractères annoncent un climat très propre aux oliviers. L'humidité de la terre est entretenue par la fonte des neiges de la région supérieure, car dans un climat aussi sec la culture deviendrait difficile sans le voisinage de hautes montagnes. On sait que l'olivier prospère, sur le plateau du Mexique, à 2274 mètres d'altitude.

La côte septentrionale de l'Afrique paraît être la patrie de l'olivier. Cet arbre y serait le pivot principal de la culture, si le pays était suffisamment pourvu d'une population en rapport avec les nations civilisées. Cependant les terres non cultivées se garnissent spontanément, au printemps, de fourrages abondants parmi lesquels s'élève surtout le sainfoin d'Espagne, *sulla;* on cultive avec fruit les céréales, et une légère culture y procure aux Arabes une moisson qui a lieu vers le 25 mai et qui leur donne de 5 à 9 fois le grain qu'ils ont semé; mais la sécheresse de la terre ne leur permet pas, dès lors et jusqu'à l'année suivante, d'obtenir de nouveaux produits, si ce n'est par le moyen de l'irrigation, et alors les aurantiacées décorent la terre et enrichissent le colon. Ce long repos de la terre doit nécessairement leur faire préférer, tôt ou tard, les cultures arbustives comme le meilleur moyen de mettre leur terrain en plein rapport; et parmi celles-ci, l'olivier, qui n'exige pas le concours d'une population très nombreuse, doit l'emporter sur ses rivaux, le mûrier et la vigne, dont l'exploitation exige un nombreux personnel.

Les îles de la Méditerranée se trouvent à peu près dans les mêmes circonstances que la Barbarie. Des cantons entiers de la Sardaigne, de la Corse, des îles Baléares, sont plantés en oliviers, et la vigne s'associe à cette culture. En Sicile, l'olivier n'a jamais occupé des espaces considérables; il semble cantonné sur la côte orientale où il a une très belle végétation. Cela tient sans doute à l'impulsion qui fut jadis donnée à la culture des céréales dans cette île qui était le grenier des Romains, et que l'antiquité faisait la patrie de Cérès. En effet, la fertilité de ses terres la rend très propre à la production du froment, dont elle fournirait, avec une meilleure culture, une immense quantité. Mais les lois et la répartition de la propriété, concentrée entre un petit nombre de mains sans capitaux, ont détruit l'agriculture de la Sicile. D'ailleurs, ici comme dans toute la région des oliviers, peut-on voir sans regret six mois de beau soleil rester stériles pour toute production? Quels sont les terrains qui y sont les plus productifs? Ce ne sont pas les riches guérets de l'intérieur, mais les environs de Messine et de Catane, où se pressent les plantations d'oliviers, de mûriers, d'orangers; le petit nombre de pays, tels que les environs de Syracuse et de Marsala, où l'on cultive la vigne; enfin ceux de Palerme, où l'irrigation fait cesser la cruelle interdiction de six mois que la sécheresse oppose à la culture des plantes herbacées. Les terres à blé, à égalité de surface, ne viennent évidemment qu'en seconde ligne auprès de ces points favorisés.

La Grèce, la Judée, l'Asie-Mineure sont couvertes de beaux oliviers. Le mûrier s'y montre partout où la population se condense. L'Égypte, avec son sol rafraîchi par les inondations du Nil et les irrigations, peut se passer des cultures arbustives; le froment, le coton, le sésame, le millet, la fève occupent utilement son sol. L'olivier se montre encore en Crimée ; c'est, dit-on, une variété plus robuste que nos espèces et que l'on a essayé de transporter en Europe. Sur la côte ouest de la péninsule Ibérique, il ne remonte pas au delà du Portugal ; les vents du sud-ouest commencent alors à souffler presque constamment et amènent des nuages qui abaissent la température des étés. En revanche, la côte occidentale montre partout l'olivier au premier rang. D'abord, il est associé aux cultures plus méridionales, à la canne à sucre, vers Grenade, en Espagne, et à Avola, au sud de la Sicile, puis à la vigne et au mûrier en avançant vers les Pyrénées. Au nord de cette chaîne de montagnes, cet arbre se rencontre au pied des Corbières. En partant de là, il ne suit pas la ligne droite d'Arthur Young, mais contournant le fond des vallons, ses limites sont en France, à Arles (Ariége), Olette, Carcassonne, Sidobre, Saint-Chignan, Saint-Pons, Lodève, Le Vigan, Saint-Jean-du-Gard, Alais, Les Vans, Joyeuse, Aubenas, Beauchâtel, Donzère, Montségur, Nyons, Villeperdrix, Le Buis, Sisteron, Digne, Bargemont, etc. Dans les différentes vallées où il pénètre, il atteint les altitudes suivantes : à Alais 300^m, Saint-Saturnin 423^m, Vieux-Beausset 365^m, Vialard 365^m, Bargemont 602^m, Scillans 611^m, Fayence 622^m, Grasse 453^m, Vence 433^m [1]. Dans ces mêmes contrées le chêne blanc s'arrête à 1000^m d'élévation.

Traversant les Alpes pour gagner le pied méridional de l'Apennin, l'olivier pénètre jusque dans le royaume de Naples où on le trouve sur les deux pentes de la chaîne, puis sur le bord opposé de l'Adriatique en Dalmatie, et de là il gagne la Grèce. Nous avons déjà parlé de deux contrées détachées de la région des oliviers, comme des îles le sont du continent, et dans lesquelles cette culture est établie, les bords des lacs de Guarda et de Côme. Il paraît qu'autrefois il en existait une autre de

---

[1] *Annales scientifiques du Midi*, mars 1832, p. 257.

peu d'étendue, près de Bex en Suisse [1], mais l'olivier a disparu de cette localité.

La région des oliviers peut se diviser naturellement en deux sous-régions : celle où l'olivier ne gèle jamais ; celle où il subit quelquefois la funeste influence des hivers dans ses rameaux et dans son tronc. Dans la première, où la température ne descend jamais au-dessous de — 5° et qui n'a annuellement que 10 à 12 jours de gelées, on peut cultiver le coton herbacé, le caroubier, le sulla, le figuier d'Inde (*cactus opuntia*). L'agave, le styrax officinal et l'anagyris fétide achèvent de caractériser cette sous-région.

Dans la seconde sous-région, où l'olivier succombe souvent aux rigueurs du froid, cet arbre donne des récoltes qui, à égalité de surface, le disputent à celles de la première sous-région, parce qu'il y est mieux soigné, mieux traité, tenu plus bas et à portée de la main. Les hommes du midi ne peuvent revenir de leur étonnement en voyant les petits oliviers de Provence et de Languedoc, et ne s'imaginent pas qu'ils puissent rivaliser de produits avec les leurs.

Cette seconde sous-région comprend le midi de la France, à l'exception de quelques petits cantons bien abrités au bord de la mer, la Toscane et une partie des États romains. On reconnaît que l'on sort de la première sous-région pour passer dans la seconde, à la disparition du caroubier, du figuier d'Inde, de l'oranger et des autres plantes qui lui sont spéciales. Mais on y voit encore le pin à pignon, le pin d'Alep, le genevrier faux cèdre et de Phénicie, qui ne sortent pas de la région des oliviers.

§ II. — Caractères météorologiques de la région des oliviers.

La région des oliviers doit présenter nécessairement deux caractères principaux : une température hivernale qui ne com-

(1) *Société économique de Berne*, 1764, p. 196.

promette pas trop fréquemment l'existence de l'arbre ; une température d'été qui lui permette de mûrir son fruit. Pour remplir la première de ces conditions, il faut que la température minimum ne descende pas au-dessous de — 7 ou — 8 degrés, ou qu'une température plus basse ne dure pas plus de huit jours ; car, en cas contraire, l'olivier perd ses rameaux si le dégel est subit, ou s'il a lieu par un soleil chaud, et n'est pas ralenti par la pluie, ou par une transition graduelle de cette forte gelée au dégel. La seconde condition exige que, depuis le moment où le thermomètre a atteint au printemps la température moyenne de $+ 19^0$, qui est celle de la floraison de l'arbre, il puisse recevoir, avant les premières gelées, 1099^0 de chaleur solaire en sus de la température moyenne de l'air, ou en totalité, y compris la chaleur atmosphérique, 3978^0. C'est aussi à cette somme de température, précédant les gelées, que mûrissent les espèces les plus hâtives d'olive. Quand on n'a pas les éléments numériques de ce calcul, on y arrive approximativement en admettant que les jours sans nuage ont donné $11^{\circ},2$ de chaleur en sus de celle de l'atmosphère, et en multipliant par cette chaleur le nombre de jours qui s'écoulent depuis l'époque de la floraison de l'olivier, jusqu'à celle des premières gelées probables. Si d'ailleurs la somme de la chaleur atmosphérique atteint pendant cet intervalle de temps 2968^0, et que le produit de l'opération donne 1099^0 de chaleur solaire, on aura lieu de croire que l'on se trouve dans un climat où l'olive peut mûrir. Ainsi, à Toulouse, du 10 juin, époque où la température moyenne atteint $+ 19^\circ$, au milieu de novembre, où arrivent les premières gelées, on n'a que 33 jours clairs qui, multipliés par $11^0,2$, ne donnent que $614^0,4$; or, la somme de la température atmosphérique de ce même intervalle n'étant que de 2670^0, on voit que l'on n'a en totalité que 3284^0, chaleur insuffisante pour permettre à l'olive de mûrir. A Orange, qui est près de la limite de la région, le total de la température atmosphérique est de 287,8°; il y a 98 jours clairs qui donnent 1099°,7 de chaleur, ce qui donne la somme de 3977°,7 de chaleur totale pour l'intervalle de temps indiqué. Milan nous donne 3019° pour la température de son atmosphère, 100 jours clairs, et par conséquent 1120° de chaleur solaire, ce qui donne 4139° de chaleur totale, nombre qui surpasse celui qui est nécessaire pour mûrir l'olive. C'est donc ici la température des hivers, la prolongation des gelées et la nature des dégels par un temps clair qui ne permettent pas de cultiver l'olivier. Dès que les abris modifient ces circonstances, l'olivier se retrouve au bord des lacs qui sont au pied des Alpes.

Le nombre des pluies de l'été est faible dans ce climat, cette circonstance amène une atmosphère très claire dans cette saison. C'est dans cette région, où l'on souffre tant de la sécheresse, que l'on a dû étudier surtout l'évaporation, et il n'est pas douteux que son énergie, qui est grande et qui s'élève jusqu'à 4,4 fois la quantité de pluies, ne joue un rôle important dans l'existence des arbres à feuilles petites et coriaces dont l'exhalation est peu considérable. La neige est presque inconnue dans la région des oliviers, même à sa limite; elle se montre au plus 5 fois par année moyenne sous forme de rares flocons, fond à mesure qu'elle tombe et dure rarement deux jours.

§ III. — Agriculture de la région des oliviers.

Le premier obstacle que rencontre le cultivateur dans la région que nous venons de décrire, c'est la brièveté du temps qu'il peut consacrer aux cultures de la terre. Si la nécessité de respecter en hiver le peu d'herbes qui viennent sur les jachères, dans un pays où les fourrages sont rares, l'empêche de cultiver dans cette saison, il perd le temps le plus favorable, celui où le sol humecté par les pluies a perdu sa ténacité et peut être retourné sans de grandes fatigues. Il n'a plus alors pour ouvrir

ses terres que le court intervalle qui s'écoule depuis la renais-
sance du printemps jusqu'à la fin de mai. Il arrive même, dans
les terres argileuses, qu'il soulève d'énormes mottes par ces
premiers travaux, et que, durcies par le soleil, elles ne peuvent
plus être brisées que par les pluies d'automne. On ne saurait
donc trop recommander dans ce pays les labours faits à l'entrée
de l'hiver, immédiatement après les travaux des semailles d'automne. La terre est alors pulvérisée par les gelées, et se trouve
toute prête pour les semailles du printemps. Les cultivateurs
qui auront des pâtures d'été pour leurs troupeaux, car celle
des herbes venues dans les jachères sont une chère ressource,
suivront encore une meilleure pratique, en déchaumant légèrement par un coup d'araire, immédiatement après l'enlèvement
des gerbes, et croisant ce travail par un nouveau coup d'araire
après les premières pluies qui auront déterminé la sortie des
mauvaises herbes. C'est ainsi que dans quelques lieux renommés par l'industrie de leurs habitants, plus que par la nature du
sol, on se procure des blés nets, recherchés pour les semences.

Le défrichement des prairies artificielles, qui doit avoir lieu
en été si l'on veut préparer la terre à temps pour les semailles
d'automne, est une œuvre des plus laborieuses dans cette région, à cause de la sécheresse estivale. Il faut y employer de
très grandes forces ou répéter coup sur coup plusieurs raies
d'araire qui approfondissent peu à peu le travail. On évitera la
multiplicité de ces œuvres, en consacrant à l'avoine d'hiver les
terrains sur lesquels on défriche les prairies, cette plante vigoureuse n'exigeant pas une terre aussi meuble que le froment.

La culture du blé qui mûrit à la fin du printemps avant la
dessiccation complète de la terre, est générale dans la région des
oliviers. C'est elle qui fournit la principale nourriture des habitants. Le blé talle peu du pied, à cause de la dureté et de la sécheresse du sol ; il n'a pas une paille très abondante, mais n'ayant
pas à craindre les brouillards et les pluies lors de la floraison,

il graine bien et sa paille acquiert une force qui le préserve
du versement, si fatal aux récoltes des pays où les pluies du
printemps sont abondantes. Ce qu'il a surtout à redouter, ce
sont les sécheresses de cette dernière saison qui le privent de
l'humidité nécessaire à l'entretien de sa sève, hâtent la maturité et amènent de chétives moissons.

La récolte du blé se fait avec facilité, jamais le blé ne germe
dans les javelles, ou sur les aires où on le transporte. La sécheresse et la chaleur du jour permettent le dépiquage en plein air.

L'atmosphère elle-même restitue à la terre une partie des
sucs fécondants qu'elle perd par ses productions [1]. Cette propriété rend l'usage des engrais de moins en moins indispensable
en avançant vers le midi. Ce fait est incontestable, mais il serait heureux qu'on n'y attachât pas une confiance exagérée et
que, dédaignant les produits trop chétifs d'une culture non-
chalante, on cherchât davantage à seconder par l'action des
engrais les bienfaits de la nature.

Malgré les succès réels des cultures céréales bien dirigées
dans cette région, malgré les qualités précieuses de son froment abondant en gluten et ayant plus de poids sous un égal
volume que celui des autres régions, ce sont toujours les cultures arbustives qui font la grande ressource de ses habitants.
Le climat en fait une loi. Les racines des arbres vont chercher plus profondément l'humidité du sol, et n'ayant pas
comme les herbes deux saisons de repos, l'hiver et l'été, elles
travaillent constamment pendant neuf mois à soutirer les sucs
de la terre au profit de leurs possesseurs. *Arborum cura, pars
rei rusticæ maxima*, nous dit Columelle, imbu des maximes
agricoles puisées au centre de cette région; et parmi les arbres,
l'olivier sera toujours celui qui donnera les plus hauts produits nets et les plus sûrs, partout où il sera cultivé avec intelligence et sans parcimonie. Sous ces conditions, il défiera

(1) *Voir* t. I, p. 134 et suiv.

toutes les cultures de graines oléagineuses, et un jour viendra
où le midi de l'Europe les étouffera toutes sous sa production
intelligente d'huile d'olive. Nous verrons, en traitant spécialement de l'olivier dans le volume suivant, ce qui manque au
midi pour arriver à l'approvisionnement du monde entier.

Viennent ensuite les mûriers, dont l'exploitation exige une
population nombreuse et intelligente, et qui dans ces derniers
temps a fait tant de progrès dans la région des oliviers et dans
celle des vignes; puis la vigne elle-même, qui y couvre de vastes
étendues, y donne les vins les plus généreux et fournirait
aussi le monde entier d'alcool, si les législations fiscales ne venaient, en s'appesantissant sur l'industrie viticole, favoriser
des industries rivales dépourvues d'une partie de son mérite.
On cultive aussi en grand, dans la région des oliviers, le figuier,
qui fournit une si grande quantité de fruits secs, l'amandier,
le câprier, le micocoulier, les arbres à fleurs destinées à la
parfumerie, enfin l'oranger et le citronnier, qui ne croissent,
ainsi que le caroubier, qu'au midi de la région.

Plusieurs cultures industrielles, qui ne sont pas exclusivement propres à son climat, s'associent à celles dont nous venons
de parler : la garance, le safran, le pastel, la gaude, le car-
thame, le chardon à bonnetier, le millet à balais (*holcus sor-
gho*). Mais c'est surtout dans les terrains frais ou arrosés, qui,
conservant à la région tous les avantages de son soleil, lui procurent en outre ceux qui sont propres à des régions dont le sol
est mieux humecté, que l'on voit de véritables miracles agricoles, par le succès des prairies naturelles qui donnent de 3 à
5 coupes, par celui des luzernes qui en donnent de 5 à 7, par
la succession de plusieurs cultures dans la même année. Après la
récolte du blé, on peut encore s'y procurer d'abondantes récoltes
de pommes de terre, de haricots, de millet, de petit maïs, etc.,
qui doublent le produit de la terre. Le maïs, le coton ne viennent bien que dans des terrains naturellement frais ou arrosés,

Mais quand on est privé des avantages de l'irrigation, on
doit renoncer aux secondes récoltes dont les semences man-
queraient d'humidité pour germer ; la réussite des prairies naturelles dépend trop de la fraîcheur de la terre pour
qu'elles puissent donner plus d'une seule coupe ; il en est de
même du sainfoin et du trèfle, qui cependant peuvent se couper au moins deux fois dans les terres fraîches, avec un regain
pour pâture ; plusieurs des coupes de la luzerne, celle du milieu
de l'été, peuvent manquer ou être médiocres ; les récoltes-racines, qui approvisionnées d'humidité traversent la saison sèche
sans périr, et en particulier les betteraves qui reprennent en
automne le cours de leur végétation interrompue pendant les
grandes chaleurs, sont susceptibles de donner quelquefois un
produit satisfaisant. Mais on rencontre des difficultés qui confirment de plus en plus ce que nous avons dit des avantages de
la culture des végétaux ligneux dans cette région.

SECTION II. — *Région des vignes.*

§ Ier. — Circonscription de la région.

La culture de la vigne a pour limites, au midi, celles de la
région des oliviers. Elle embrasse ensuite une grande partie
du plateau central de l'Espagne, et toutes ses côtes ouest et
nord ; la France, à l'ouest des Corbières, et au nord de la limite des oliviers, jusqu'à une ligne qui, partant de Guérande,
à l'embouchure de la Loire, se dirige vers le Rhin, en passant
un peu au nord de Paris, et s'arrête aux environs de Dresde.
De là, rétrogradant le long des frontières de la Bohême pour
venir reprendre le Rhin au nord de Coblentz, la ligne limite
suit ce fleuve et enferme les bords du lac de Constance, re-
tourne alors vers l'ouest à l'approche des hautes montagnes de
la Suisse, ne comprend dans son enceinte que les parties infé-

rieures des vallées de l'Aar, de la Thiele, le lac Léman et le
Valais. Traversant les Alpes vers le milieu de ce dernier canton, elle en suit les pentes méridionales, embrasse la terre ferme
de Venise, revient traverser les Alpes pour enfermer la Basse-
Autriche, la Hongrie, la Valachie, et s'étend vers l'orient jusqu'en Crimée. Les pays montagneux, la Servie, la Bulgarie,
sont seuls exceptés et forment des îles terrestres appartenant à
la région des céréales et à celle des pâturages. Telle est l'immense étendue de terrain sur laquelle la vigne est susceptible
de croître et de porter ses fruits à maturité en Europe.

Mais il y a ici une observation importante à faire. Dans la
partie méridionale de ce vaste espace, la vigne fructifie en
plaine et sans abri ; si on lui en donne, c'est pour accroître encore les propriétés calorifiques du climat, mais nullement dans
la crainte de ne pas obtenir de raisin mûr. Dans la partie septentrionale, on choisit des pentes plus ou moins dirigées vers
l'azimuth du sud et plus ou moins inclinées, qui, ainsi que
nous l'avons vu, transportent le terrain dans un autre climat,
dans un climat qui est quelquefois de plusieurs degrés plus
méridional. Alors la vigne n'est plus la culture générale du
pays, elle devient la spécialité de certaines expositions ; elle
n'est la culture la plus profitable que dans ces expositions qui
n'ont pas le même climat que l'ensemble du pays[1]. Selon
nous, la région des vignes devrait être bornée à la ligne où cet
arbuste fructifie sans abri, et elle s'arrêterait alors à celle où
elle peut être cultivée concurremment avec le maïs. Cependant,
pour qu'il ne reste aucun doute dans les esprits, nous embras-
serons dans l'enceinte de la région tous les lieux où la vigne
est actuellement cultivée, mais en ayant soin de bien définir la
sous-région du maïs. Nous prévenons que la sous-région du
nord, où cette plante n'arrive pas à maturité, est un climat de
transition que l'on pourrait aussi bien ranger dans la région

(1) Voir t. 1. p. 202 et suiv.

céréale en le détachant de la région des vignes. Cette réserve faite, nous nous bornerons à indiquer les limites de la sous-région de maïs.

Elle s'étend au midi d'une ligne dirigée de l'embouchure de la Garonne à Spire. Dans le pays qu'elle embrasse, le maïs est surtout cultivé dans les plaines qui bordent les Pyrénées, dans les vallées qui descendent du Jura, dans la Lombardie, les États vénitiens, en Carinthie, en Autriche, en Hongrie ; dans les plaines, en un mot, les plus chaudes ou les mieux éclairées, et en même temps dont la terre est la plus fraîche de toute la région. Cette culture est repoussée au midi de la région des oliviers par la sécheresse de ses terres en été, quand elles n'ont pas le secours de l'irrigation ; au nord, par le trop peu de durée des chaleurs ou le trop peu d'intensité de la chaleur solaire.

§ II. — Caractères météorologiques de la région des vignes.

Nous avons vu dans le paragraphe précédent que ce qui distingue le climat de la vigne de celui des oliviers, c'est le défaut d'une température suffisante en été et en automne ; quand cette température vient encore à s'affaiblir, on voit les ceps de vigne perdre progressivement de leur grosseur, s'effiler, et porter des raisins moins mûrs. Cette gradation est si insensible, que l'on ne peut affirmer positivement qu'à la rigueur la vigne ne pût s'avancer de plusieurs myriamètres vers le nord, comme aussi que l'on ne se contente pas, dans plusieurs vignobles près de l'extrême limite, de vins qui n'en portent que le nom. Pour mettre en saillie la différence des deux climats, il faut donc comparer des lieux qui soient, les uns décidément en dedans de la région de la vigne, et les autres décidément en dehors, sans s'occuper des localités exceptionnelles. Nous établirons cette comparaison entre Paris et Bruxelles, Manheim et Berlin.

La vigne fleurit quand la température moyenne de l'air est parvenue à 17 ou 18° de chaleur, selon la précocité des espèces. Mais dans le nord on ne plante plus que les plus précoces, et c'est sur elles qu'il faut raisonner. C'est à peu près vers le 11 de juin que cette époque arrive à Paris[1]. De ce moment, jusqu'au 1er octobre où se fait la vendange dans ce même pays, quand la température descend au-dessous de 12°,5, le raisin cesse de mûrir, et la moindre humidité le dispose à la pourriture. Or, voici le résultat des observations faites à Paris :

Somme des températures.   1925,67
Chaleur solaire pour 61 jours clairs à 18°,3 ; et pour
les 50 autres, 2°,5 de chaleur solaire[2].   751
                                                          _____
                                                          2676,67

C'est évidemment la moindre chaleur qu'exige le raisin rouge entre la floraison et la maturité, car nous sommes ici bien près de la limite de la région.

À Bruxelles, de la floraison au 1er octobre, époque où la chaleur descend aussi à 12°,5, le raisin a reçu :

Température de l'air.   1914,2
45 jours clairs, 67 mi-clairs et couverts.   619
                                                          _____
                                                          2533,2

On voit qu'une simple différence de 144 degrés de chaleur sépare la région où la récolte de vin est possible, de celle où elle ne l'est pas. On les obtiendrait de 10 jours ajoutés à la saison où le raisin peut mûrir. C'est toujours ainsi que se prononcent les limites ; 10 jours de plus de saison chaude avant les pluies d'automne, et le coton réussirait en Provence.

À Manheim, la température de l'air parvient, à peu près à la même époque qu'à Paris, à 17°, terme de la floraison de la

(1) Cotte, *Mém. de la Société cent. d'agriculture*, t. XII, p. 208.
(2) Pour tenir compte de la décroissance de la durée des jours, on a multiplié chacun des termes de la chaleur solaire par le nombre d'heures de la journée, et l'on a divisé par 24 heures.

vigne ; c'est aussi vers le 1ᵉʳ octobre qu'elle tombe à 12⁰,5.
Nous avons :

Chaleur atmosphérique. 2087,6
Chaleur solaire, 37 jours clairs et 65 mi-clairs et
  couverts. 518
                                                ————
                                                2605,6

C'est la limite des raisins blancs. A Berlin, la floraison a lieu
à peu près à la même époque qu'à Paris, mais elle descend à
12⁰,5, avant le 1ᵉʳ octobre. Cette période de temps nous donne :

Chaleur atmosphérique. 1800,0
Chaleur solaire, 39 jours clairs, 58 mi-clairs et
  couverts. 537,0
                                                ————
                                                2337,0

Ici, quoique le produit de la chaleur solaire soit plus considérable, en partant de la même base hypothétique, l'abaissement de la température atmosphérique en septembre, qui rapproche l'époque où la maturation devient impossible, ne permet
plus de cultiver la vigne.

N'oublions pas cependant que l'effet produit par l'exposition
sur des plans inclinés au midi [1] est de créer un climat nouveau
transporté à une latitude plus méridionale. C'est ainsi que
s'explique la réussite de la vigne sur des coteaux bien exposés,
et dans un pays dont la température semblerait exclure cette
culture. C'est aussi l'effet des murs qui forment, par les espa-
liers, des expositions chaudes, en présentant leurs rameaux à
une température solaire intense.

Ainsi, le climat de la vigne est caractérisé par la possibilité
d'atteindre une chaleur totale (atmosphérique et solaire) de
2680 degrés au moins, pour les espèces les plus précoces de
raisin rouge, et de 2600 pour les espèces blanches, entre l'é-
poque de la floraison de la vigne et celle où la température
moyenne de l'air est descendue à 12⁰,5.

(1) T. I, p. 202 et suiv.

La sous-région de maïs se distingue seulement de la région des oliviers par la fraîcheur de la terre en été. Nous comparerons à cet égard Milan, Vicence et Florence; Toulouse et Orange.

	millim.	
A Florence, la quantité de pluie est en été de.	135,3	
le nombre de jours de pluie de		17,1
A Milan.	233,1	24,7
A Vicence	261,3	24,9

Ainsi, à Florence, en moyenne, tous les 5 jours une pluie de. . . . . 8 millim.   *jour moyen.* 1,6

A Milan, tous les 4 jours, une pluie de. 9   2,2

A Vicence, tous les 4 jours. 10   2,5

Mais de plus, à Florence, une évaporation qui représente . . . . 10 fois la pluie.

A Vicence. 3   —

Ainsi, à Florence, l'humidité qui reste dans la terre est représentée par . . . . . $\frac{16}{100} = 0,16$

A Vicence . . . . $\frac{25}{30} = 0,83$

On voit donc combien la terre reste plus fraîche en Lombardie qu'en Toscane.

	millim.	
A Orange, la quantité de pluie en été est de.	110	
le nombre de jours de pluie de		18,5
A Toulouse	154	25

Ainsi, à Orange, tous les 5 jours. 6 millim. de pluie.   *jour moyen.* 1,2

A Toulouse. 6,1   —   1,9

Mais, à Orange, une évaporation de. . . . . 9,2 fois de pluie.

A Toulouse 1,9   —

Ainsi, à Orange, l'humidité qui reste en terre est représentée par . . . . $\frac{1,2}{9,2} = 0,12$

A Toulouse. . . . . $\frac{1,9}{1,9} = 1,00$

Ces chiffres relatifs indiquent suffisamment l'état différent de ces deux régions.

La sous-région du maïs n'est séparée du reste de la région

de la vigne que par le degré de la chaleur totale (solaire et
atmosphérique) que la terre reçoit pendant l'été. Pour bien
s'en convaincre, prenons des lieux dont les uns sont bien décidément dans la région, et les autres dehors : Paris et Dijon ;
Strasbourg et Toulouse. Nous avons, pour les mois de juin,
juillet, août et septembre :

	PARIS.	STRASBOURG.	DIJON.	TOULOUSE.
Chaleur atmosphérique.	2147,2	2122	2330	2406
Chaleur solaire	307	425	840	467
Total. . . .	2454,2	2547	3170	2873

Paris se trouve encore à la limite de la sous-région du maïs,
qui y mûrit dans les bonnes années ; Strasbourg se trouve
aussi près de la limite ; on voit donc qu'il faut à cette plante
une température totale de 2600 degrés, au moins, pour se
trouver dans un climat qui lui convienne.

§ III. — Agriculture de la région des vignes.

Pour le plus grand nombre des habitants de cette région la
base de la nourriture est le froment, mais le maïs l'emporte sur
lui dans la sous-région qui porte son nom, et où sa culture est
introduite en grand. Ainsi, la Lombardie entière regarde tellement le maïs comme étant l'aliment de première nécessité,
que, malgré l'infériorité réelle de son pouvoir nutritif, le prix
de ce grain s'élève même au-dessus de celui du froment dans les
années où sa récolte vient à manquer, et le froment n'y supplée
pas le maïs. Ailleurs, en Franche-Comté et en Languedoc, ces
deux grains servent concurremment à la nourriture, et cela
tient sans doute à ce que le maïs est consommé en Lombardie
sous forme solide (polenta) et y tient lieu de pain, tandis
qu'ailleurs il l'est sous forme de potages (gaudes). Ces deux
cultures occupent les terres les plus fertiles de la région ; la
vigne, qui est moins exigeante, occupe les coteaux, et d'autant

plus qu'en approchant de la limite nord de la région, on sent le besoin de suppléer au climat par l'exposition et par des sols naturellement secs. On sent aussi de plus en plus la nécessité de l'élever sur des échalas pour découvrir le terrain et pour présenter les feuilles et les fruits à l'action du soleil, et aussi parce que le cep de plus en plus faible ne se soutient pas par sa propre force, mais se courbe et rampe quand on ne lui donne pas de tuteur. La culture de la vigne, dont presque toutes les opérations sont semblables à celles des champs dans la région des oliviers, adopte ici des pratiques spéciales appropriées à sa délicatesse, et constitue un métier à part, celui de vigneron. La division du travail se prononce de plus en plus en allant vers le nord, à cause des soins toujours plus nombreux qu'exige la vigne.

Le blé semé en automne est toujours celui qui donne le plus grand produit; mais dans la région actuelle, la fraîcheur de la terre au printemps permet d'en semer aussi dans cette saison. D'un autre côté, l'avoine, qui supporte les hivers dans la sous-région du maïs, commence à ne plus être semée qu'au printemps dans le nord de la région des vignes. Aussi la sous-région du maïs conserve-t-elle des assolements biennaux faisant revenir les céréales tous les deux ans, tandis que la faculté de semer le blé au printemps, et la nécessité de se procurer de l'avoine pour suppléer aux récoltes des fourrages, a introduit les assolements triennaux dans la partie nord de la région de la vigne.

Cette nécessité annonce que l'on ne compte pas dans toute la région sur des récoltes certaines de fourrages. Les retours des années de sécheresse y sont trop fréquents pour que les ré-coltes fourragères n'y présentent pas de grandes chances de perte, et pour que l'élève du bétail y prenne un grand développement. On ne le voit abonder que sur les côtes de l'ouest ou dans les lieux d'une assez grande altitude, et dans les vallées surmontées de cimes élevées ou boisées, où la fraîcheur du sol et du climat nous transporte dans la région fourragère ; ailleurs, il ne prend pas la première place, et l'incertitude qui règne toujours sur son approvisionnement fait que l'on reste plutôt au-dessous qu'au-dessus du chiffre auquel il pourrait moyennement atteindre.

Ce n'est qu'en favorisant l'irrigation, et en aménageant bien toutes les eaux qui peuvent être conduites sur les champs, que l'on parviendra à améliorer l'état de cette région relativement aux engrais.

Les vins que produit cette région sont moins alcooliques et moins liquoreux que ceux de la région des oliviers, mais en revanche ils sont seuls susceptibles de posséder ce que l'on appelle le *bouquet,* arome particulier, saveur parfumée qui diffère selon les sols et les expositions, et qui fait le principal mérite des vins renommés. Depuis les nouveaux travaux de M. Fauvé[1], la chimie est sur la voie de séparer ce principe du vin, car on n'a jamais pu le confondre avec l'éther œnanthique de MM. Pelouze et Liebig, à odeur ingrate, qui est celle des vins communs et qui s'attache aux bouteilles, aux verres, aux murs des cabarets où on les boit. La synthèse a cherché ici à devancer l'analyse, et depuis longtemps les fabricants de vins s'efforcent d'imiter le bouquet avec différentes drogues, le sirop de groseille, la racine d'iris de Florence, les amandes amères, etc., sans jamais parvenir cependant à tromper les véritables gourmets.

La luzerne et le sainfoin, qui sont la base des prairies artificielles de la région des oliviers, cèdent ici la place au trèfle qui préfère un sol un peu humide et ne porte que là de pleines récoltes. La luzerne, dont la pousse ne commence qu'avec la température de $+ 12^0$, et s'arrête quand elle revient en automne à la même température, a bien l'avantage d'y trouver

_____

(1) *Analyse chimique des vins de la Gironde.* Bordeaux, 1844, p. 31 et suiv.

plus souvent des printemps et des étés où le sol reste frais, mais aussi le nombre de ses coupes se trouve diminué par la durée plus courte de l'intervalle de temps qui sépare le commencement et la fin de la température supérieure à $+ 12°$. Les miracles de la luzerne sont réservés aux terrains frais ou arrosés de la région des oliviers.

Les cultures jachères, celles qui consistent en semis de printemps et en récoltes d'été, deviennent de plus en plus générales dans la région des vignes. Dans la région des oliviers, elles sont exposées à de fréquentes intempéries de sécheresse ; ici, la saison où elles végètent commence encore d'assez bonne heure, et elle est assez souvent humide pour favoriser ces récoltes intercalaires.

Le temps propre à la culture de la terre est bien plus long ici que dans la région des oliviers. Les grands travaux agricoles peuvent, en général, s'ouvrir en été, et l'hiver n'est ni assez rigoureux, ni assez prolongé pour que l'on ne puisse les reprendre de bonne heure au printemps.

Ainsi, la région des vignes jouit d'une partie des avantages de celle des oliviers et de celle des céréales de printemps, si elle subit quelquefois les inconvénients de l'une et de l'autre. C'est une région de transition où l'habileté du cultivateur est très nécessaire pour s'adapter aux exigences d'un climat variable, et pour incliner, selon les années, vers les procédés des pays plus méridionaux ou vers ceux des pays du nord. La grande erreur du cultivateur serait de prendre exclusivement ses modèles dans les uns et dans les autres. Il faut qu'il agisse avec un grand discernement, que sa prudence reste constamment éveillée, qu'il profite de tous les enseignements que sa propre expérience ou la science lui donne sur les chances que présente telle ou telle culture. Pour l'agriculture de cette région surtout, la météorologie est d'une utilité constante.

SECTION III. — *Région des céréales.*

§ Iᵉʳ. — Circonscription de la région.

Au nord et à l'est de la région des vignes se trouve la région
des céréales, à laquelle nous donnons ce nom parce que les
grains y deviennent la principale et la plus riche culture. Elle
suit la limite de la région des vignes, au midi. Sa limite, au
nord, rencontre la région des pâturages ou celle des forêts.
Elle laisse en dehors, en France, une partie des côtes du Poitou, de la Bretagne, de la Normandie, de la Picardie, que leur
climat et la nature de leur sol placent dans la région des pâturages ; il en est de même des côtes de la Belgique, de la Hollande tout entière et de certaines parties de la Westphalie, du
Danemarck et de la Norwége.

Les Iles Britanniques sont-elles tout entières hors de la région? Sans le haut prix où la législation maintient le froment,
l'éducation du bétail n'y serait-t-elle pas partout l'industrie la
plus lucrative, comme elle l'est en Irlande, sur les côtes ouest
de l'Angleterre et dans les hautes terres d'Écosse? C'est une
question que nous serions tenté de résoudre dans le sens affir-
matif. Le midi de la Suède et la Russie paraissent faire partie
de la région céréale, quand ces pays ne passent pas à la région
forestière. La longueur des hivers y donne un grand désavan-
tage à la nourriture des bestiaux, comparée à celle des grains.

§ II. — Caractères météorologiques de la région des céréales.

Au point où le climat cesse de convenir à la vigne, les céréales restent maîtresses du terrain et deviennent la culture
principale et souvent unique ; mais elles s'arrêtent pour prendre une position secondaire quand l'humidité du climat favorise

la production spontanée des herbages et des récoltes-racines ; et elle disparaît tout-à-fait dans le nord, quand la température totale de l'été cesse de donner la somme de chaleur nécessaire pour la maturité des grains.

Nous avons établi que l'humidité du climat résulte du rapport de son évaporation à la quantité de pluie qui y tombe. Nous trouverions donc sans peine le caractère météorologique qui sépare la région céréale de la région des pâturages, si nous possédions des observations exactes de l'évaporation. Dans l'état actuel de nos connaissances, nous ne pouvons faire qu'imparfaitement la comparaison dont il s'agit. En rapprochant celle de plusieurs lieux, nous trouvons cependant que, pour les pays à pâturages, les chiffres suivants indiquent les rapports de la pluie à l'évaporation de l'été :

	Pluie.		Évaporation.
Copenhague.	1	:	0,6
Middelbourg.	1	:	0,7
Tegernsée.	1	:	0,6
Pontarlier.	1	:	0,8
Gottingue.	1	:	0,8

Et pour les pays de la région céréale les plus voisins de la région à pâturages :

	Pluie.		Évaporation.
Stockholm.	1	:	1,2
Bruxelles	1	:	1,0
Munich	1	:	1,4
Lons-le-Saulnier	1	:	1,2

Il résulterait de ce rapprochement qu'un pays passerait de la région céréale à la région des pâturages, quand l'évaporation deviendrait moindre que la quantité de pluie tombée en été.

Outre l'humidité de l'air annoncée par la faible évaporation, il faut encore placer celle de la terre parmi les causes qui transportent un pays dans la région des pâturages. Cette humidité ne provient pas seulement de la quantité de pluie tombée, mais aussi de sa situation topographique. Ainsi, quand le niveau du sol est rapproché de celui des grands amas d'eau, de la mer ou des lacs, et que les eaux supérieures n'ont pas un écoulement rapide, on voit des contrées entières passer dans la région des pâturages, quoiqu'elles soient situées au sein même de celle des oliviers. Telles sont la Basse-Camargue, les environs d'Hyères et de Fréjus, les maremmes de Toscane, les marais Pontins, etc. Ce serait donc réellement l'état d'humidité du sol, plus encore que celui de l'air, qu'il faudrait considérer.

Au nord, les céréales se cultivent quelquefois de préférence même au milieu de la région des pâturages et des forêts. Nous avons déjà parlé [1] des cultures de blé qui ont lieu à l'extrémité septentrionale de la Norwége, près d'Altengrund; nous complétons ce que nous savons de ce fait curieux en rapportant ce qu'en dit M. de Buch [2]. « Dans le Lygenfiord, la neige avait disparu depuis 15 jours (le 4 juillet), et au Lygenserid, langue étroite de terre qui sépare l'Altfiord du Lygenfiord et qui n'est pas beaucoup plus méridionale que Tromsoé, le blé avait déjà quelques pouces de hauteur, comme si cet isthme, au lieu de se trouver à 3 degrés du cercle polaire, était sous le parallèle du Helgland; mais il est très enfoncé dans les terres et à une grande distance de la mer. Tromsoé, au contraire, n'est préservé que par Havalié, île étroite, du courant formé par les nuages qui viennent de la mer et enlèvent la chaleur. Aussi tous les cantons de cette contrée, où la culture et la population ont pris de l'accroissement, sont-ils situés dans l'enfoncement des bois et au milieu des montagnes où l'on trouve un sol qui paie le travail de l'homme. Lyngen est un excellent pays de blé, dit-on à Tromsoé; cette manière de parler est relative; mais s'attendrait-on, dans le midi, à entendre vanter la culture du blé qui a lieu sous le 70ᵉ degré de latitude? »

(1) Tome II, page 87.
(2) *Voyage en Norwége*, t. I, p. 430.

Que se passe-t-il donc dans ce climat pour favoriser la culture du blé qui a disparu depuis Christiania, le long de la côte de la Norwége? De Buch nous l'apprend. Le ciel y est d'une sérénité constante, et, le soleil restant près d'un mois sur l'horizon, il n'y a pas de réfrigération nocturne. Selon Lessing, le blé donne 10 à 12 fois la semence à Lyngen. A la fin de juin, les lilas étaient en fleur [1].

Dans le nord de la Russie et de la Sibérie, vers le 60e degré de latitude, la température de l'air en été et le nombre des jours clairs sembleraient permettre encore la culture du blé, mais la grande rigueur et la durée des hivers gelant profondément la terre, la glace se maintient pendant l'été à une petite profondeur au-dessous du sol. C'est la cause qui limite cette culture vers le nord du continent européen et asiatique.

§ III. — Agriculture de la région des céréales.

La région des céréales est la terre classique des assolements où l'on fait alterner les grains avec les fourrages, les plantes à cosse et les racines. C'est à l'état habituel de fraîcheur de la terre en été, à la régularité que cette circonstance introduit dans le résultat des cultures, que l'on doit la possibilité d'y adopter un ordre constant dans la succession de ces plantes, et de pouvoir traduire ainsi en règles toutes faites les leçons de l'expérience. L'agriculteur peut répéter chaque année ce qu'il a fait l'année précédente. C'est ce code adapté à cette situation particulière que l'on a voulu imposer à la terre entière comme des lois agricoles générales, comme si l'on pouvait prescrire à celui qui parcourt un chemin raboteux d'arriver à la même heure que celui qui glisse sur les rails d'un chemin de fer.

Dans les régions que nous avons décrites jusqu'à présent, l'irrégularité des saisons exige de la part du cultivateur une

(1) *Reise durch Norwege.*

intelligence toujours éveillée pour réparer les dommages causés par les intempéries ; là où il comptait semer des légumes,
il sera obligé de produire des fourrages parce que la sécheresse a fait disparaître les ressources sur lesquelles il comptait pour alimenter ses bestiaux ; d'autres fois la surabondance
de foin lui permettra d'augmenter le nombre de ceux-ci, et
d'autres fois il faudra qu'il se hâte de les vendre, parce que ses
foins auront manqué ; dans certaines années il aura beaucoup d'engrais et il en manquera dans d'autres ; une autre
fois il devra retarder la vente de son blé parce qu'une récolte
opulente en aura avili le prix ; mais l'année suivante, la sécheresse du printemps amènera la disette, et il devra défricher ses
fourrages pour pourvoir à la nourriture de sa famille ; la règle
serait sa perte : c'est une irrégularité d'accord avec celle de la
nature qui le sauvera.

Dans la région des céréales, au contraire, le nombre des intempéries est borné, et par cela même que le printemps est plus
tardif, on arrive au solstice d'été, temps le plus régulier de
l'année, au moment où les végétaux prennent tout leur développement. L'assortiment en ouvriers, en bestiaux, en capital,
peut être prévu et calculé d'avance ; les produits sont en rapport avec la consommation, et toute irrégularité est punie parce
qu'elle ne trouve pas de compensation dans une irrégularité en
sens contraire. Telles sont les causes qui ont produit cette
agriculture à formules qui plaît tant à l'esprit par son ordre
immuable, et par la presque certitude de ses résultats ; agriculture dont les autres régions peuvent tirer, sans doute, de
grands enseignements, mais dont l'ensemble ne saurait être
imité ailleurs.

Cette régularité de résultats a fait naître le mode d'exploitation connu sous le nom de *fermage*. Dans les autres régions,
il faut de la part du tenancier une grande prévoyance, une fer-
meté de conduite très rare, pour compenser par les bonnes an-

nées le déficit des mauvaises, et ne pas se faire illusion sur le retour certain de ces dernières. Il faut plus encore, il faut être pourvu de capitaux assez forts pour résister aux revers qui surviendraient au commencement du bail. Ces nécessités, qui rendent le fermage si difficile dans la région des oliviers et dans celle de la vigne, n'existent plus dans la région des céréales, et moins encore dans celle des pâturages; l'esprit le plus ordinaire y suffit pour diriger une ferme, et c'est en effet à la limite de cette région que le fermage commence à être généralement adopté; il y attire les riches propriétaires et les grands capitaux qui craignent les chances et les embarras des autres modes d'exploitation. Dans la région des céréales, le blé et le seigle sont, avec la viande et le laitage, la base de la nourriture des habitants. On supplée au vin par le cidre et la bierre. L'ordre des cultures est aussi régulier que celui des assolements. La terre ouverte au printemps peut continuer à recevoir des labours pendant tout l'été. L'hiver est un temps de repos qui permet de s'occuper des travaux industriels et de l'instruction populaire.

Cet ordre régulier du climat et des opérations de la culture réagit sur ces populations qui sont aussi les plus paisibles, les plus instruites et les plus morales de l'Europe.

Section IV. — *Région des pâturages.*

§ Ier. — Circonscription de la région.

Nous donnons le nom de région des pâturages aux pays où la production spontanée de l'herbe et la nourriture du bétail sont le mode le plus avantageux de tirer parti de la terre. Cette supériorité de produit peut venir de plusieurs causes : 1° Ou bien de ce que la croissance des herbages est en toute saison si abondante et si assurée, que le résultat économique de cette

récolte venant sans frais l'emporte sur celui des autres récoltes ;
en outre, celles-ci peuvent ne pas s'accommoder très bien de
l'état habituel d'humidité de l'air et de la terre que suppose
la faculté de produire les pâturages, et d'ailleurs la lutte qui
s'établit dans les champs, entre la production spontanée et la
production cultivée, exige un redoublement d'activité dans la
culture qui contribue à faire pencher la balance pour la première. Les pays ainsi favorisés constituent la sous-région des
pâturages perennes. 2° Ou bien de ce que sur des terrains fertiles très secs en été, la végétation d'hiver produit une herbe
abondante, et le manque de population causé par le mauvais
air ne permet pas une culture active, comme dans les maremmes de Toscane, la Métidja, les environs de Rome, etc. Tant
que cette cause de dépopulation existe (et on l'a bien vu s'em-
parer de vastes espaces autrefois sains, sans qu'on ait pu parvenir à la dompter), ces terrains forment une sous-région dans
la région des pâturages ; nous y associerons les terrains arides
et manquant de fertilité, qui, dans les pays secs, se couvrent
d'herbe en hiver et au printemps, mais ne sont pas susceptibles
de porter des récoltes qui paient les cultures ; des terrains en
un mot qui sont dans la période pacagère de M. Royer[1], telle
que la plaine de Crau en Provence. Tous ces pays ensemble
formeront pour nous la sous-région des pâturages d'hiver.
3° Enfin, de ce qu'il y a des pays où, pendant l'hiver, la rigueur
des froids et la présence des neiges ne permettent aucune végétation, mais où l'été offre une pâture abondante : tels sont les
pays du nord et le sommet des montagnes même dans les régions chaudes ; ils formeront la sous-région des pâturages d'été.

On voit que les distinctions établies entre ces trois sous-régions partent de principes très différents : la première sous-
région tient du climat toutes ses propriétés ; c'est encore ce
climat considéré dans les différentes saisons de l'année qui

(1) Tome 1, p. 346.

sert de base à l'établissement de la troisième ; mais la seconde ferait évidemment partie de la région agricole qui l'entoure, de celle des oliviers, des vignes ou des céréales, sans
l'infection miasmatique qui en écarte la culture, ou sans l'aridité de son sol.

La région des pâturages perennes comprend, sur les côtes
de France, la partie du Poitou, de la Bretagne, de la Normandie, la plus rapprochée des côtes, et surtout celle qui forme
le fond des vallées ; la moitié occidentale de l'Angleterre,
l'Irlande, l'Écosse, la Hollande.

La sous-région des pâturages d'hiver comprend les Landes,
les plaines de la Crau, près d'Arles, et d'autres plateaux caillou-
teux en Languedoc et en Provence, la Basse-Camargue et plusieurs autres espaces attenants à la mer en Languedoc et en
Provence, les côtes de Corse et de Sardaigne, des terrains fort
vastes en Algérie, les maremmes de la Toscane, les marais
Pontins ; des sites très nombreux dans le royaume de Naples et
en Sicile, etc.

Enfin, la troisième sous-région déterminée par la perma-
nence des neiges en hiver, comprend outre toutes les cimes et
les plateaux des montagnes, la Westphalie, le Danemark, la
Norwége, la Laponie, la Russie, et une partie de la Sibérie,
jusqu'à une latitude où le peu de durée des étés ne permet plus
de recueillir la pâture nécessaire aux animaux pendant l'hiver,
et où les habitants ne vivent plus que de chasse et de pêche.
Cette zone paraît commencer vers le 68e degré de latitude [1].

§ II. — Caractères météorologiques.

Nous avons appelé *terre humide*, en agrologie[2], celle qui,
trois jours après les pluies, conserve plus de 0,23 d'eau ; c'est

(1) *Voyage de Wrangel*, t. I.
(2) Tome I, page 321.

de terres ainsi constamment caractérisées qu'est formée la
sous-région des pâturages perennes. Les deux autres sous-
régions, celles des pâturages d'hiver et d'été, présentent ce
caractère pendant la saison du développement de leurs herbages. Nous en excepterons la partie des pâturages d'hiver caractérisée par l'aridité de son sol, qui n'offre que des pâtures
pour les moutons, et où une rare subsistance est dispersée sur
une grande surface. Ici, en effet, même en hiver, il arrive
parfois que la terre se dessèche au-dessous de ce point, et ne
conserve que l'eau nécessaire pour entretenir la vie des rares
graminées qui s'y trouvent.

Dans la région à pâtures perennes et dans celle à pâtures
d'été, la terre est maintenue humide par la régularité des
pluies, le peu d'intervalle qui les sépare, l'obscurcissement du
ciel par les nuages, et dans d'autres lieux par le peu d'élévation de la température qui ne provoque qu'une faible évaporation ; enfin, sur les pentes des montagnes, par la filtration des
eaux venant des cimes qui les dominent.

Quoiqu'on cultive le blé en Irlande, l'humidité habituelle
du sol y favorise extrêmement la production de l'herbage.
« S'il tombait autant de pluie sur les argiles d'Angleterre, dit
Arthur Young, qu'il en tombe sur les rochers de l'Irlande, *sa
sœur,* jamais les terres ne pourraient être cultivées. Mais ici les
rochers sont couverts de verdure, ceux qui sont calcaires n'ont
besoin que d'une très légère couche de terreau pour produire le
gazon le plus doux et le plus beau. Quant à son climat, j'ai
tenu note de l'état de l'atmosphère, depuis le 20 juin jusqu'au
20 octobre, et j'ai trouvé que, sur 122 jours, 75 avaient été
pluvieux, et que durant ces jours la pluie était tombée abondamment et sans relâche. La saison des pluies commence
vers le 1er juillet et continue jusqu'en septembre et en octobre. On ne doit pas juger de l'humidité du climat par la
quantité d'eau qui tombe : un seul grain de tropique en ap-

portera autant qu'il en tombe en Angleterre dans tout le cours de l'année. Si les nuages viennent à se dissiper, le soleil reparaît aussitôt, et, bientôt après le grain, l'air sera aussi sec qu'il était auparavant. Le climat de l'Irlande a cela de particulier qu'il est constamment humide sans pluie. Mouillez un morceau de cuir et laissez-le dans un endroit où il n'y ait ni feu ni soleil, il ne sera pas sec, même en été, dans l'espace d'un mois [1]; » et il ajoute ailleurs : « Ici, chez le général Cummingham et M. Silver Olivier, j'ai vu des pièces de turneps dont on n'avait pas labouré le chaume, et qui, l'été d'après, rapportaient d'abondantes récoltes de foin. Voilà de ces faits dont nous n'avons pas d'idée en Angleterre. Ainsi, la nature elle-même semble nous dire d'une manière très positive que l'emploi du sol pour le pâturage est le plus convenable en Irlande. Mais cette humidité si favorable à la germination de l'herbe est pernicieuse aux grains. Le plus beau blé de l'Europe et du monde entier se trouve constamment dans les pays secs. C'est le poids du froment qui prouve sa bonne qualité, et ce poids diminue progressivement pour un même volume, de la Barbarie jusqu'en Pologne. Le froment d'Irlande ne peut être comparé sous ce rapport à celui des pays secs, et j'ai déjà observé qu'on n'en trouverait pas un échantillon de bonne couleur dans tout le royaume. Les récoltes sont mêlées d'herbes et infectées de mauvaises productions, même avec la meilleure méthode de culture. Il fait une telle humidité pendant les moissons, et elles durent si longtemps, que le grain finit par se gâter. Mais en même temps, et par la même raison, le bétail de toutes les espèces est en Irlande le plus beau que l'on puisse voir, attendu qu'il ne manque jamais d'excellents pâturages pour se nourrir. Les grandes sécheresses de l'été n'ont pas pour effet de flétrir et d'endommager l'herbe des prairies, comme en Angleterre [1]. »

(1) *Voyage en Irlande*, t. II, p. 152 et suiv.
(1) *Voyage en Irlande*, t. II, p. 391.

Ces excellentes réflexions montrent à la fois le caractère d'un pays de pâturages et le tort que l'on se fait quand, opérant en dépit du climat, on convertit en terres labourées celles que la nature s'efforce à couvrir d'herbages. Si l'Irlande avait compris sa véritable destination, si en s'efforçant d'imiter l'Angleterre elle n'avait pas perdu de vue ses intérêts réels, elle fournirait de bétail l'Europe entière, et on n'y verrait pas une population famélique dont le travail est si mal récompensé par le sol, et qui est réduite à chercher dans le produit des pommes de terre les ressources alimentaires que les récoltes chanceuses de froment lui refusent.

Il y a d'autres pays en Europe où le labourage a pris trop d'extension aux dépens de la pâture, et qui méconnaissent peut-être la véritable destination que leur assigne leur climat. Les Anglais commencent à s'en apercevoir eux-mêmes, et, sans la législation sur les céréales, il est probable que les prairies, qui gagnent chaque année du terrain, couvriraient bientôt une grande partie de leurs provinces. La Bavière nous paraît être aussi dans des conditions favorables à la production principale du bétail. Partout où l'on voit prédominer la culture des choux, des pommes de terre et l'élève des porcs, on peut soupçonner que le climat incline vers celui de la région à pâturages. Le grand nombre de jours de pluie et son abondance dans un grand nombre de lieux viennent nous confirmer dans ces idées. En général, dans tout pays où les gazons restent verts pendant tout l'été, on peut être assuré que la terre conserve de 0,20 à 0,23 d'humidité. C'est le seul caractère que l'on puisse assigner à la région des pâturages.

Les soins du bétail et la laiterie sont généralement les occupations des pays à pâturages.

L'introduction des bonnes méthodes de fabrication de ces produits est l'amélioration qu'on doit le plus y désirer. Ces méthodes sont souvent si défectueuses, que le laitage est loin d'y obtenir son véritable prix. Les animaux s'engraissent d'eux-mêmes dans cette région, quand le sol est un peu riche ; là où il l'est moins, ou quand on est éloigné des centres de population, on s'adonne principalement à l'élève qui fournit des animaux maigres aux pays qui sont mieux placés pour la production de la graisse. La pomme de terre se plaît dans la région des pâturages; on y cultive aussi le chanvre et le lin.

Dans la région des pâturages d'été les habitants doivent réserver la partie la plus riche des herbages pour être fauchée et conservée pour la provision d'hiver. Cet assujettissement diminue considérablement la rente de la terre, surtout si l'on y ajoute la nécessité de construire de vastes étables, qui sont à peu près inutiles dans la région des pâturages perennes où la température de l'hiver est douce. Quand les pâturages d'été sont placés près des régions qui manquent d'herbages en cette saison, comme cela arrive pour les Pyrénées, les Alpes, les Cévennes, les Apennins, etc., les habitants ont peu de bétail et se bornent à louer leurs pâtures pour y nourrir celui de leurs voisins qui vient y passer la saison chaude. C'est le mode d'exploitation pastorale que l'on a désigné sous le nom de *transhumance*. A la fin de l'été les bestiaux descendent pour venir prendre possession des pays à pâturages d'hiver; ils remontent ensuite au printemps pour occuper durant les beaux jours les chalets des montagnes.

Section V. — *Région des forêts.*

La région des forêts s'étend au milieu des autres régions sur les terrains trop pauvres pour passer à l'état de pâture, état que M. Royer a désigné par le nom de *période forestière*[1]. Elle embrasse au nord une vaste étendue où la longueur des

(1) Tome I, page 346.

hivers et le peu de développement des herbes pendant l'été ne permettent plus aux habitants de nourrir avec profit les animaux; enfin, elle occupe la partie la plus élevée et la plus escarpée des montagnes où l'altitude produit les mêmes effets que la latitude au nord. Nous n'en dirons pas davantage sur cette région, n'ayant pas le projet de traiter dans cet ouvrage de la partie de l'agriculture qui prend le nom de science forestière; nous dépasserions ainsi les limites que nous nous sommes imposées.

SECTION VI. — *Réflexions générales sur la distribution des régions de culture.*

Quand on jette un coup d'œil sur la carte qui représente la répartition des régions de culture en Europe, on ne peut qu'admirer les desseins de la Providence, qui semble avoir voulu faire de ses habitants un seul peuple, uni par leurs besoins et leurs moyens réciproques d'échange. La région des oliviers fournit aux autres régions l'huile, les vins, les liqueurs, l'alcool, des fruits divers, les essences; la région des vignes donne des vins fins, des céréales, des soies; la région des céréales expédie des grains, des bestiaux gras, des laines fines; enfin la région des pâturages exporte des élèves, des chevaux, les produits de ses laiteries. Chacune des régions reçoit de ses voisines l'excédant de leurs produits, en retour de l'excédant des siens. Toutes ces régions qui ont un besoin réciproque les unes des autres, disposées à portée l'une de l'autre, réunies par les fleuves et les mers, forment un ensemble complet que notre folie, notre ambition, nos répulsions de race et de nation ont rendu si longtemps inutile à la prospérité générale. La France a longtemps présenté dans son propre sein le spectacle de ces divisions entre des pays que la nature de leurs produits appelait à s'unir. Quatre régions agricoles y existent côte à côte, les lois fiscales les avaient séparées ; aujourd'hui, réunies elles s'entr'aident mutuellement sans se nuire.

Les progrès de la raison feront sans doute un jour pour l'Europe ce que la révolution a fait pour la France, et chaque peuple sera appelé à jouir complétement des dons de son climat. En attendant cette heureuse époque, nous devons nous appliquer à bien apprécier notre position météorologique, pour ne rien demander au sol qu'il ne puisse produire avec avantage.

Il faut commencer en agriculture par mettre les saisons de son côté ; il n'est pas d'ennemi avec lequel on lutte plus désavantageusement que le climat. Quand avec toutes les ressources de l'art on cultive des plantes qui sont appropriées à un climat, on peut braver tous les rivaux qui, moins favorisés, voudraient se présenter sur le marché avec des productions venues sous des circonstances plus défavorables. Ainsi, comment produire des huiles hors de la région des oliviers, quand les habitants de cette région voudront soigner cet arbre et pourront arriver avec 300 fr. de frais de culture à obtenir une récolte de 500 kilogr. d'huile propre à tous les usages[1]? Quel fabricant d'alcool, s'il n'est pas favorisé par les lois fiscales, pourra parvenir à le donner à 0 fr. 65 cent. le litre, comme on le fait en Languedoc? Quelle région pourra obtenir de l'organsin de 28 deniers à 73 fr. le kilogr., comme nous avons fait voir qu'on pouvait le faire dans la région de la vigne et de l'olivier[2]? Quel cultivateur des régions méridionales espèrera pouvoir livrer constamment son blé à la région céréale à 15 fr. l'hectolitre, comme cela est possible, malgré le régime élevé de nos impôts et avec la rente de nos terres? Enfin, qui pourra lutter avec l'industrie pastorale de la région des pâturages, quand elle fabriquera bien ses laitages et qu'elle soignera ses

(1) *Mémoires d'agriculture*, t. II, p. 160.
(2) *Ibid.*, t. III, p. 271.

races d'élèves? Chaque région a sa spécialité, ce n'est qu'en s'y maintenant qu'elle arrivera à tout son développement et que les peuples obtiendront chaque produit à meilleur marché. C'est faute de suivre cette maxime, c'est pour vouloir produire de tout, hors des conditions assignées par la nature, que l'on fait naître le besoin de protections qui ne sont, le plus souvent, qu'une prime accordée à de fausses spéculations, que des encouragements à mal faire et à fausser l'ordre de la nature.

Ce que nous venons de dire pour l'Europe est vrai aussi pour le monde entier, si nous pouvions bien connaître et apprécier ses ressources. Le monde est un tout dont chaque partie est liée à toutes les autres par des liens nécessaires et malheureusement méconnus. C'est une organisation où aucun membre n'est inutile, n'est superflu. C'est par notre action aveugle que nous parvenons quelquefois à paralyser ces admirables organes ou à substituer à l'action parfaite des uns l'action incomplète des autres. On vit sans doute privé de la vue et de l'ouïe, mais on ne vit complétement que quand on n'est ni sourd ni aveugle.

TROISIÈME PARTIE.

MÉTÉOROGNOSIE.

———

S'il est peu de personnes qui comprennent d'abord l'utilité pratique de la météorologie dans son application à la détermination des climats et à l'appréciation des procédés agricoles, il n'en est point qui n'admettent l'avantage qui pourrait résulter de la prévoyance des événements météorologiques futurs. Pour le vulgaire, cette divination est toute la science.

La prévoyance des faits futurs n'est que le résultat d'un calcul de probabilité. « Nous devons envisager l'état présent de l'univers, dit Laplace [1], comme l'effet de son état antérieur et comme la cause de celui qui va suivre. Une intelligence qui, pour un instant donné, connaîtrait toutes les forces dont la nature est animée et la situation respective des êtres qui la composent, si d'ailleurs elle était assez vaste pour soumettre ces données à l'analyse, embrasserait dans la même formule les mouvements des plus grands corps de l'univers et ceux du plus léger atome; rien ne serait incertain pour elle, et l'avenir comme le passé serait présent à ses yeux. L'esprit humain offre dans la perfection qu'il a su donner à l'astronomie une faible esquisse de cette intelligence. En appliquant la même méthode à quelques autres objets de nos connaissances, il est parvenu à ramener à des lois générales les phénomènes observés, et à prévoir ceux que des circonstances données devaient faire éclore. »

(1) *Essai sur les probabilités.*

On conçoit sans peine de quel immense avantage il serait
pour les nations, le commerce, les agriculteurs, de pouvoir
prévoir à l'avance le caractère météorologique des années,
des mois, des jours qui vont suivre. L'approvisionnement, les
spéculations, les cultures seraient modifiées selon cette connaissance, et l'on irait ainsi au-devant des besoins et des événements. Mais nous sommes bien loin d'être aussi avancés, et
l'exposition que nous allons faire de l'état actuel de nos connaissances ne laissera, je le crains bien, que le sentiment de
l'insuffisance de notre savoir. Puisse-t-elle encourager ceux
qui verront une carrière si neuve ouverte à leurs efforts!

Nous rappelons au souvenir de nos lecteurs que la probabilité du retour d'un événement B, à la suite d'un événement
A, est représentée par une fraction dont le numérateur est
le nombre de fois que l'on a déjà observé ce retour, et le
dénominateur le nombre total de fois que l'on a observé l'é-
vénement A. Ainsi, supposons que le vent du nord souffle 208
fois dans l'année, et que la pluie l'accompagne 32 fois; la probabilité d'une chute future de pluie, quand on verra survenir
le vent du nord, sera $\frac{32}{208} = 0,15$. C'est à lier, par de semblables rapports, le plus grand nombre d'événements possible
que consistera principalement l'œuvre de celui qui voudra s'occuper de météorognosie [2].

De pareilles tentatives ont été faites avec plus ou moins
d'exactitude et plus ou moins de lumières dans un assez grand
nombre de cas. On a cherché :

1º A constater, par les résultats moyens d'une longue suite
d'années, les circonstances météorologiques probables pour

(2) Nous le renvoyons d'ailleurs, pour se préparer à de pareils travaux, au Calcul des probabilités de Laplace, à celui de Lacroix, et à
l'introduction du 3e volume de la *Statistique du département de la
Seine*, par Fourrier.

certaines époques. Ces probabilités, dont l'exactitude dépend du nombre plus ou moins grand des termes dont on a pris la somme, et de la quantité dont ils s'écartent du terme moyen, servent de base à la climatologie. Elles ont acquis un degré de certitude assez grand pour plusieurs ordres de phénomènes. Ainsi l'on peut assurer avec une grande probabilité que la moyenne de température de l'année ne s'écarte pas trop de 10°,8 à Paris, parce que, bien que le nombre des années dont on a la température certaine ne soit pas encore fort nombreux, les écarts de leurs températures moyennes sont assez faibles pour qu'on puisse parier 2 contre 1 que dans une année quelconque à venir, cette température ne sera pas de 1 degré plus forte ou plus faible que ce chiffre. La certitude de la température moyenne des mois est déjà plus faible, non que l'on ait opéré sur un nombre de termes moins grand, mais parce que les écarts, en dessus et en dessous de la moyenne, sont plus considérables ; cette certitude diminue beaucoup plus encore s'il s'agit de la moyenne des jours.

Nous n'aurons pas à nous occuper ici de ce genre de pronostic ; dès que les probabilités approchent de la certitude elles vont se classer dans la climatologie, et la météorognosie ne se réserve que la partie la plus conjecturale de la science.

2° On a cherché aussi à déterminer les phénomènes prochains qui se présenteraient, par l'observation d'un autre ordre de phénomènes que l'on croit précéder ou accompagner le phénomène que l'on cherche à prévoir, et qui a avec lui des rapports plus ou moins déterminés. Ainsi, l'on s'est demandé quelle était la probabilité que la pluie suivît ou accompagnât la descente du mercure dans le baromètre ; que tel ou tel vent amenât un abaissement ou une élévation de la température, la pluie, etc.

3° On a voulu prévoir le caractère météorologique d'un mois, d'une saison, d'une année, d'après celui des mois, des saisons, des années qui ont précédé.

4° Enfin, on a lié les phénomènes météorologiques à une loi hypothétique, et l'on a cherché à les annoncer par des formules liées à cette loi. C'est ainsi que l'on a imaginé le retour des mêmes saisons à certaines périodes dépendant du mouvement des astres ; tels sont les *saros* des Chaldéens ; telles sont les tentatives de Lamarck pour rattacher les changements de temps aux déclinaisons de la lune, etc.

Nous allons examiner ces trois ordres de recherches en les éclairant du flambeau de l'expérience.

CHAPITRE IER.

Détermination des phénomènes prochains par les faits actuels.

Il était impossible que l'homme intéressé par le besoin de l'industrie, par les nécessités de son existence, à connaître les changements de temps, ne s'aperçût pas qu'ils étaient précédés de certains signes qui devenaient pour lui autant de pronostics. Les bergers, dans leurs stations solitaires, ayant sous les yeux la voûte du firmament, peu distraits de cette contemplation, et ressentant plus que d'autres les fâcheux effets des orages et des tempêtes, durent être les premiers météorologistes pratiques, comme ils devaient être aussi les premiers astronomes. Les marins, pendant les longues nuits de leur navigation, découvrant l'horizon tout entier, apprirent à distinguer toutes les apparences de l'atmosphère et la succession des phénomènes auxquels ils étaient si intéressés ; enfin, les agriculteurs durent remarquer autour d'eux, chez les animaux domestiques qui remplissent leurs basses-cours, les signes précurseurs des météores.

La météorognosie conjecturale fut en honneur chez les anciens. Le Ier livre des *Géorgiques* et l'*Histoire naturelle de Pline* nous transmettent leur science, que d'ailleurs nous n'avons guère dépassée. Les livres d'agriculture moderne répètent toutes ces traditions, en y mêlant les erreurs de l'astrologie. Tous ces pronostics ont été recueillis dans un petit ouvrage anglais, intitulé : *Règles du berger de Banbury*, publié par M. Caridge, en 1744, et dans la météorologie pratique de M. Sénebier (4ᵉ édit., Genève, 1810). Nous allons les rappeler ici en en faisant un choix et un résumé.

Section Iʳᵉ. — *Pronostics météorologiques fournis par les animaux.*

On a souvent parlé de la délicatesse des nerfs pour découvrir l'action des fluides impondérables auxquels nos sens extérieurs sont insensibles. Quel est l'homme affecté de rhumatismes, d'engelures, de cors au pied, quel est l'amputé, qui ne se donne pour être un baromètre vivant et ne prédise avec assez de sûreté le passage du froid au chaud, du sec à l'humide, avant que le changement ait lieu. Les corps animés reçoivent donc des impressions particulières des prodrômes de ces changements ; les animaux paraissent doués, à cet égard, d'un instinct que les observateurs ont mis à profit, et l'homme lui-même, dans l'état sain, éprouve des sensations qui lui permettent d'annoncer d'une manière presque certaine les faits météorologiques qui vont survenir.

Ainsi, nous entendons mieux les sons lointains à l'approche de la pluie ; nous apercevons alors plus distinctement les objets éloignés ; les mauvaises odeurs se font sentir d'une manière plus incommode.

Les hirondelles rasent alors la terre dans leur vol ; est-ce pour se nourrir des vers qui alors sortent de terre ? Les lézards se cachent, les chats se fardent, les oiseaux lustrent leurs plu-

mes, les mouches piquent plus fortement, les poules se grat-
tent, se couvrent de poussière, les poissons sautent hors de
l'eau, les oiseaux aquatiques battent des ailes et se baignent.
Tels sont les résultats d'une espèce d'intuition populaire ; ils
n'ont pas été soumis à une critique sévère, mais ils se vérifient
assez souvent pour qu'ils ne puissent paraître douteux. Des
savants ont annoncé d'autres faits qui, par leur nature, pouvaient être soumis à l'expérience et que nous devons aussi rapporter.

On annonça, en 1744, dans les papiers publics, qu'un curé
des environs de Tours avait découvert dans les sangsues un
baromètre animal au moyen duquel on pouvait prévoir chaque
jour le temps qu'il devait faire le lendemain. Il renfermait une
sangsue dans un bocal ; elle restait au fond si le temps devait
être beau et serein ; s'il devait pleuvoir, elle montait à la surface et y restait jusqu'à ce que le temps devînt beau ; elle annonçait le grand vent en parcourant le bocal avec beaucoup de
vitesse, et ne cessait de se mouvoir que quand le vent commen-
çait à souffler ; lorsqu'elle passait plusieurs jours hors de l'eau,
éprouvant des agitations extraordinaires, il ne tardait pas à
arriver une tempête avec tonnerre ; elle restait constamment
contractée au fond de l'eau pendant la gelée, mais elle se fixait
à l'entrée du bocal en temps de neige ou de pluie. Valmont de
Bomare ayant fait les mêmes expériences pendant quinze jours,
à Chantilly, ne remarqua pas les mêmes prénomènes[1]. Bosc fit
plus, il mit quatre sangsues dans le même bocal, et il trouva
que chacune d'elles présentait une indication différente[2].

Dicquemare cherchait ses pronostics dans les actinées. Il observa ces animaux pendant trois mois consécutifs, comparant
leur état aux différentes modifications de l'atmosphère. Il en
mettait cinq dans un vase de verre, ayant soin de renouveler

(1) *Journal de physique*, t. IV, p 369.
(2) *Dictionnaire d'histoire naturelle* de Déterville, art. *Sangsue.*

l'eau tous les jours ; elles s'attachaient à l'angle que forme la paroi avec le fond. Il croyait avoir observé que les actinées, fermées par le mauvais temps et les grands vents, s'ouvraient de plus en plus à mesure que le vent se calmait et que la mer était peu agitée ; quand elles avaient le corps allongé et les membres étendus, c'était le présage d'un beau fixe. Cependant, quand le vent venait de l'est ou du nord-est, les actinées étaient souvent fermées quoique le temps fût beau. L'auteur remarquait que ces animaux, qui ne peuvent vivre que dans l'eau de la mer, ne devaient pas recevoir de nourriture pendant qu'on les observait[1]. Ces observations n'ont pas été répétées.

M. Quatremère Disjenval ayant remarqué que les araignées étaient fort sensibles à l'électricité, observa les mouvements de l'araignée pendice (*Epeïres diadema*, Latreille) dans ses rapports avec l'état de l'atmosphère. On sait que cette araignée fait des toiles verticales sur le sol des champs et des jardins. Cet auteur crut observer : 1° que leur absence ou leur disparition annonce un temps froid et humide ; 2° que leur petit nombre, filant des toiles composées d'un petit nombre de cercles concentriques et suspendus par des fils d'attache très courts, annonçait un temps variable ; 3° que le temps était sec et beau, si les épeïres étaient nombreuses et filaient des toiles composées d'un grand nombre de cercles concentriques ; 4° il croyait avoir observé que la disparition, la demi-apparition, la pleine apparition de ces araignées n'avait jamais lieu à la nouvelle lune, mais au premier quartier[2]. L'institut ayant chargé MM. Desfontaines et Cotte de vérifier ces observations, ils trouvèrent que ces coïncidences du mouvement des araignées et de l'état de l'atmosphère ne se confirmaient pas[3].

(1) *Journal de Physique*, 1776, t. I, p. 515 et suiv.
(2) *Mercure universel*, 2 août 1796.
(3) Voyez *Mémoires manuscrits* de Cotte, t. IV, p. 9, dans la *Bibl. de la Société centrale d'agriculture*.

Si nous avons parlé de ces tentatives infructueuses, c'est que nous pensons qu'il n'est pas impossible d'obtenir des pronostics de l'observation des animaux ; qu'avec l'esprit de suite et d'observation on pourrait être plus heureux, et que nous croyons avoir souvent remarqué, à la campagne, certains rapports qui ne peuvent être fortuits entre la nature animée et les météores. Nous avons donc cru devoir appeler l'attention de nos lecteurs sur ce genre d'observations.

Section II. — *Pronostics tirés des végétaux.*

Les anciens, dont les calendriers défectueux ne s'accordaient plus au bout de quelques années avec la marche des saisons, et qui étaient privés du secours du thermomètre, avaient choisi les plantes pour leur indiquer les époques naturelles. La chute des feuilles annonçait celle où l'on devait commencer à semer le blé ; la chute des glands, le semis de l'orge ; le développement des feuilles du mûrier, la sortie des plantes de l'orangerie, etc. Dans ce volume, nous avons mis en rapport quelques-unes de ces époques naturelles avec la marche de la température[1]. Ne se bornant pas à chercher dans le développement de la végétation l'indice du progrès des saisons, les anciens ont cherché aussi à y trouver des pronostics des changements de temps.

Presque tous les signes qui ont été indiqués sont produits par l'hygroscopicité des tissus végétaux, et annoncent plutôt l'humidité de l'air que l'approche de la pluie, car ils manquent quand un orage survient par un temps sec. Ainsi, l'on range le gonflement des boiseries qui rend difficile la clôture des portes faites de bois tendre, le raccourcissement et la tension des cordes composées de fibres végétales, parmi les signes de cette humidité ; on a même composé avec ces fibres des hygromè-

(1) Page 94.

tres grossiers. On a remarqué aussi que la fleur de l'*hibiscus trionum* se ferme, que celle de la pimprenelle s'ouvre, que les tiges de trèfle et des autres légumineuses se redressent, quand l'air se charge d'humidité. Linnée a observé que le souci d'Afrique (*calendula humilis*) ouvrait ses fleurs le matin entre 6 et 7 heures et les refermait à 4 heures du soir par un temps sec, mais que s'il devait tomber de la pluie il ne s'ouvrait pas le matin ; que lorsque le laitron de Sibérie (*sonchus Sibericus*) ferme sa fleur pendant la nuit, on a du beau temps le lendemain ; que si au contraire elle reste ouverte, on doit s'attendre à la pluie. M. Bierkemder annonçait[1] que la carline (*carlina vulgaris*) desséchée se contractait par un temps humide, s'ouvrait par un temps clair et sec ; mais Cotte assure qu'ayant fait cet essai, il n'a pas remarqué ces variations hygrométriques.

Section III. — *Pronostics tirés de l'état du ciel.*

La pâleur du soleil annonce la pluie ; on ne le voit alors qu'à travers un air chargé de vapeurs ; s'il fait éprouver une chaleur étouffante, c'est aussi un signe de pluie ; on se trouve alors entouré d'une atmosphère saturée de vapeurs et plus propre à s'échauffer à cause de son défaut de transparence. Si les vapeurs sont groupées en nuages, le soleil qui passe à travers ces nuages élève la température plus qu'il ne l'aurait fait par un temps parfaitement clair. Si le soleil est clair et brillant, il présage une belle journée ; mais quand le ciel est rouge au levant avant son apparition, et quand cette rougeur disparaît au moment où il se montre, c'est encore un signe de pluie. On présume alors que l'air froid et chargé de vapeurs réfracte les rayons du soleil, pouvoir qu'il perd en s'échauffant par la raréfaction de ces mêmes vapeurs. Le soleil couchant, clair et sans nuage, et

(1) *Feuille du cultivateur*, 1793, n. 59.

dans un ciel orangé, est un signe de beau temps ; si le ciel
est rouge, c'est un signe de vent.

Quand le soleil, à l'horizon, paraît plus grand qu'à l'ordinaire, c'est un signe de pluie ; il en est de même de la lune.
On juge aussi que la couleur pâle de celle-ci, que les cercles
concentriques plus ou moins obscurs dont elle est entourée,
que ses cornes mal terminées, que l'auréole lumineuse qui s'é-
tend autour d'elle et qui fait dire que la *lune baigne*, sont autant de signes de pluie. Les étoiles présentent aussi des *signes*
pareils : leur lumière perd de sa vivacité, et elles *baignent* aux
approches de la pluie.

Le ciel est d'autant plus noir qu'il y a moins de vapeurs interposée entre lui et l'œil du spectateur. Sur les montagnes, il
prend une couleur de bleu indigo foncé. Si l'air se charge de
vapeurs, il perd de sa diaphanéité, et la teinte du ciel devient
blanche, *farineuse*, comme on dit. Ce signe n'est pas équivoque.
L'air cesse aussi d'être transparent par l'effet des vents qui
agitent et transportent une telle quantité de poussière, que
l'air en paraît quelquefois rougeâtre à cause des reflets de la
lumière sur ces corpuscules solides.

La transparence de l'air n'est pourtant pas toujours altérée
aux approches de la pluie ; nous avons même déjà fait observer
qu'un des signes qui l'annonçaient le plus sûrement c'était une
translucidité inaccoutumée qui faisait que les objets éloignés
semblaient se rapprocher de nous dans ce moment. Ainsi, dans
un cas, le défaut de transparence de l'air, et dans l'autre, l'excès
de transparence, seraient tous les deux des signes précurseurs
de la pluie. Les faits s'accordent avec ces deux énoncés. Exa-
minons-en les circonstances.

1° Si la masse de l'air tout entière est très humide et a une
température assez élevée pour que la vapeur se trouve parfaitement dissoute ; si l'on suppose en même temps que la chaleur
soit répartie entre ses couches de manière à ce qu'elles restent

en équilibre, il n'y a plus de courant ascendant qui, en se refroidissant, diminue la transparence de l'air, et cependant
toutes les circonstances qui peuvent changer la température,
l'abaissement de la chaleur à mesure que le soleil décline, le
rayonnement nocturne, l'arrivée d'un vent froid qui ne manque
guère de se produire du réfrigérant voisin à l'air ainsi échauffé,
amènent la chute de la pluie. Cet état d'équilibre des couches,
joint à leur presque saturation de vapeur, se remarque surtout
en été, et c'est alors que les objets éloignés paraissent être
rapprochés.

2° Il arrive aussi que les nuages supérieurs forment au-dessus de nos têtes une espèce de dôme comme celui des panora-
mas, et qu'alors, nous trouvant dans une obscurité relative, les
objets éclairés semblent être plus voisins. Nous nous rappelons
avec plaisir le magnifique spectacle que nous présenta une semblable disposition sur le sommet du mont Ventoux. Tout l'horizon était clair, mais la montagne était surmontée d'une ca-
lotte de nuages noirs qui nous mettait dans l'obscurité. Alors
nous pûmes contempler ce que nous n'avons plus revu dans
d'autres ascensions, les Pyrénées orientales et les côtes de la
Méditerranée jusqu'au point où elles tournent au sud pour
regagner la Catalogne. Un moment après, le nuage s'étendit
et une grande pluie tomba sur toute cette contrée, dont l'atmosphère était sans doute dans l'état d'équilibre que nous
avons décrit plus haut.

Les vents sont aussi des indices du temps qu'il doit faire, non-
seulement d'après les qualités propres que nous avons déjà décrites, mais aussi par l'étude des vents supérieurs dont on connaît la présence et la direction par la marche des nuages. Si le vent
inférieur se renforce beaucoup, et que les nuages marchent en
sens contraire, ou dans des directions faisant un angle assez
ouvert, on juge que le vent inférieur va céder la place au vent
supérieur.

Deux vents de qualités opposées qui se succèdent amènent souvent la pluie. Ainsi, un vent froid, arrivant dans une atmosphère imprégnée d'humidité par le vent chaud qui le précédait, déterminera une précipitation aqueuse ; c'est ce que fait aussi le vent humide et chaud arrivant dans un air refroidi par le vent qui l'avait précédé.

Les vents froids qui ne soufflent que le matin et s'arrêtent vers le milieu du jour annoncent le règne prochain des vents humides et chauds.

On a remarqué que les vents qui se lèvent la nuit durent plus longtemps que ceux qui se lèvent le jour. Quand le vent souffle en suivant le soleil, et se dirigeant vers cet astre, le beau temps est assuré, mais quand il souffle dans un sens opposé, et partant du soleil pour se diriger vers le lieu de l'observation, le changement de temps ne tarde pas à se faire sentir.

On augure que la chute de la neige sera suivie d'une nouvelle neige, quand, en présentant un flambeau à une boule de neige, la boule se perce sans laisser tomber d'eau et sans éteindre la lumière. Bianchi observe que cette expérience indique seulement que la neige provient d'une couche d'air très froid, et que cet effet dépend de la loi qui veut que, pour réduire de la glace en eau, on mélange par parties égales de l'eau à $+$ 50° avec de la glace à zéro. Si la neige est très froide, l'eau se congèle de nouveau au moment de se fondre [1].

Les *cirri* accompagnent souvent un beau temps très durable, mais si la pommelure du ciel augmente et qu'il se forme un *stratus*, la pluie devient probable ; elle est presque certaine s'il vient s'y joindre des *cumuli*. En général, on peut d'autant mieux prévoir une pluie prochaine que le ciel présente plusieurs étages superposés de nuages. Les vents entraînant des masses de nuages (*cumuli*) détachés les uns des autres, ne versent que de petites pluies.

_____

(1) *Memorie della Soc. Italiana*, t. XX, p. 625.

Les nuages fixes, situés du côté où souffle le vent, n'amènent que la continuité du vent; ils annoncent sa fin s'ils apparaissent au côté opposé.

Les nuages arrivant à la fois, et par des vents opposés, annoncent un orage prochain.

Les nuages s'accumulant sur les flancs des montagnes, annoncent la pluie, si le vent est opposé à la montagne; mais les nuages légers, indiquant par une ligne horizontale la direction de la montagne, ne présagent que le beau temps.

Le ciel couvert du côté du vent humide est une annonce de pluie, ainsi que les nuages qui portent les couleurs de l'iris, preuve de l'incomplète dissolution de la vapeur.

Les brouillards qui se dissipent complétement sans former de nuages accompagnent le beau temps, puisqu'ils annoncent que l'air conserve la faculté de dissoudre la vapeur; mais plusieurs jours de brouillards de suite conduisent presque certainement à la pluie.

La rosée et la gelée blanche sont aussi des précurseurs de la pluie en annonçant la saturation de l'air.

Les pluies soudaines qui ne sont pas préparées par une certaine durée de vents humides, durent peu.

Dans chaque pays, on ajoutera facilement un grand nombre de pronostics locaux à ceux que nous avons recueillis ici.

Section IV. — *Pronostics tirés du baromètre.*

Parmi les instruments de physique dont nous pouvons tirer des pronostics, le baromètre attira de suite l'attention des observateurs. Ils remarquèrent qu'il baissait habituellement par la pluie et le mauvais temps, et s'élevait avec le beau temps. Ne se donnant pas la peine de rechercher si ces indications ne présentaient pas d'équivoque, ils se hâtèrent de placer à côté de la colonne de mercure une échelle qui s'est perpétuée jusqu'à nos jours, et qui porte à sa hauteur moyenne le mot *variable ;* de neuf en neuf millimètres au-dessus du variable, *beau temps, beau fixe, très sec ;* puis descendant au-dessous du variable et de neuf en neuf millimètres, *pluie ou vent, grande pluie, tempête.* Il y avait un fond général de vérité dans ces indications ; chacun pouvait constater qu'en général, les longues pluies étaient accompagnées et précédées de l'abaissement du baromètre, ainsi que les vents violents du midi ; que dans le beau temps fixe, la colonne de mercure s'élevait. Les marins se louaient des bons avis que cet instrument leur avait donnés ; La Peyrouse, Vancouver, Flinders attestaient que, grâce à ses indications, ils avaient eu le temps de se préparer à des coups de vent qui, survenus à l'improviste, auraient pu les mettre en danger ; mais, d'un autre côté, on voyait souvent le baromètre s'abaisser par un temps serein et calme ; on avait vu la pluie tomber par torrents et les orages les plus violents éclater quoique le baromètre fût élevé et immobile ; il fallait donc connaître définitivement comment on devait interpréter le langage de cet instrument.

Le baromètre indiquant la pesanteur de la colonne d'air qui pèse sur sa cuvette, par la hauteur de la colonne de mercure, si nous savions, *à priori,* dans quel cas la colonne d'air augmente ou diminue de poids, nous pourrions annoncer les phénomènes qui se préparent dans l'air d'après les mouvements du mercure ; mais nous sommes loin d'être aussi avancés. Les expériences de Saussure et celles de Landriani nous ont appris que, quand l'air dissout de l'eau, l'augmentation de son volume est plus grande que l'augmentation de sa masse, et qu'ainsi sa pesanteur spécifique diminue à mesure qu'il tient plus d'eau en dissolution, ce qui explique bien l'abaissement du mercure par les vents humides, et son élévation par les temps secs. Mais la différence d'humidité de l'air dans les différents cas serait loin de rendre raison de tous les mouvements du mercure. En supposant que l'air pût être complétement sec, ce qui n'arrive jamais, et qu'il devînt ensuite complétement humide, ces deux états n'amèneraient qu'un mouvement d'un cinquantième ou un soixantième dans la longueur de la colonne mercurielle, tandis que dans nos climats elle parcourt un intervalle de $\frac{1}{18}$ de sa longueur totale du bas en haut. La seule cause à laquelle on puisse rattacher d'aussi grandes variations est la chaleur, car elle-même varie de 50 degrés dans les régions tempérées, et de bien plus encore dans les régions polaires. Cette opinion paraît d'autant plus probable que les plus grandes variations du baromètre ont lieu en hiver et dans les latitudes élevées, tandis qu'elles sont faibles en été et en se rapprochant de l'équateur. Il semble donc qu'il y ait une corrélation bien établie entre la température de l'atmosphère et les oscillations barométriques. Elle est telle que M. de Buch a pu affirmer que la grandeur de ces oscillations était en état de nous éclairer avec plus de sûreté sur le climat d'une contrée que le thermomètre lui-même, et démontrer les rapports qu'ont ces oscillations avec la température des lieux [1].

Il n'est donc pas étonnant que le baromètre, qui n'indique que secondairement l'état hygrométrique de l'air comme lié à sa température, qui ne se borne pas à mesurer la pesanteur de la couche d'air dans laquelle il est plongé, mais celle de toute la masse de l'atmosphère, soit souvent haut lors de vents humides et chauds, bas lors de vents froids et secs. Ces prétendues contradictions s'expliquent par la différence qui existe entre l'état des couches supérieures de l'air et celui des couches inférieures. L'état électrique des nuages peut avoir aussi son influence sur le baromètre, si l'on en juge par l'accélération d'évaporation qu'il provoque dans certains cas, accélération qui doit s'unir à une moindre pression barométrique. La difficulté de combiner ces différents effets nous fait un devoir de procé-

(1) *Journal de physique*, 1799, t. 1, p. 91.

der par une autre méthode et d'attendre, pour établir des lois, que l'observation ait dégagé du calcul toutes les perturbations qui viennent si souvent en troubler les résultats. Les considérations que nous allons présenter dans les paragraphes suivants ne sont qu'une simple indication qui peut faire prévoir dans quel sens les lois seront établies, sans pouvoir encore donner le chiffre exact des effets qu'elles doivent régler.

§ Ier. — Influence de l'élévation du baromètre sur les vents.

L'élévation du baromètre a été étudiée par rapport aux vents et par rapport à la pluie. Ramond, ayant déterminé l'altitude relative de Clermont et de Paris, d'après une année d'observations, a trouvé que, sous l'empire des différents vents, les calculs donnaient les différences de niveau suivantes entre les deux villes :

		mètr.
Vent du Nord	. . . .	362,2
— Est	. . . .	351,0
— Sud	. . . .	313,9
— Ouest	. . . .	330,9

L'auteur comprenait :

Sous le nom de vents boréaux ou N. les vents.	NNO. N. NNE. NE.
Sous celui de vents orientaux ou E. ceux. . . .	ENE. E. ESE. SE.
Sous celui de vents méridionaux ou S. ceux. .	SSE. S. SSO. SO.
Sous celui de vents occidentaux ou O. ceux. .	OSO. N. ONO. NO.

Ces chiffres indiquent que, pendant le vent du nord qui est le plus froid, le baromètre placé le plus bas se trouve dans des couches plus condensées, qu'il a monté proportionellement plus que le baromètre le plus haut, qu'il y a donc excès dans le rapport des deux instruments, ce qui donne la différence de niveau trop forte.

Quand, au contraire, le vent le plus chaud souffle à terre, le baromètre supérieur descend moins que le baromètre inférieur ;

alors la différence barométrique, et par conséquent la différence d'altitude, est moindre. Si les deux instruments se trouvaient placés dans une couche d'air d'égale densité, l'altitude ne serait pas altérée.

Ces expériences prouvent que les vents n'occupent pas toute la hauteur de l'atmosphère, ce que nous avons déjà montré par l'expérience directe ; elles prouvent de plus que l'état du baromètre exprimant la somme des pressions de toutes les couches, il peut rester bas sous l'empire des vents froids, à la surface de la terre, s'ils sont surmontés par de plus nombreuses couches de vent chaud, et *vice versâ*, et qu'ainsi le baromètre est le véritable indicateur de l'état général de l'atmosphère dont nous ne pouvons observer directement par nos girouettes que les couches les plus inférieures.

Maintenant, que nous apprendra l'observation du baromètre dans une seule station, comparée à celle des vents? Nous savons qu'elle ne représente nullement l'élévation que prendrait la colonne mercurielle si le vent observé près de terre régnait à la fois dans toute l'étendue de l'atmosphère , mais seulement la somme des poids de toutes les couches superposées de vents plus ou moins différents, plus ou moins dominants, qui occupent ces différentes couches. En examinant séparément chaque observation, il ne faudrait donc pas s'étonner beaucoup si à chacune d'elles ne correspondait pas une pression égale pour chaque vent; mais leur combinaison montre cependant que, suivant que tel ou tel vent occupe la partie supérieure ou inférieure de l'air, il y a telle disposition des autres courants d'air qui est plus habituelle et qui ramène des pressions analogues. Ainsi, en définitive, le baromètre est le plus élevé quand les vents de terre sont dans la direction nord-est; il l'est le moins quand ils soufflent du sud-ouest. Les rapports des pressions entre elles varient cependant selon les lieux, ainsi que nous le montrera le tableau ci-après. Il nous sera donc permis

TABLEAU DE LA HAUTEUR MOYENNE DU BAROMÈTRE

PENDANT LE RÈGNE DES DIFFÉRENTS VENTS.

	NORD.	NORD-EST.	EST.	SUD-EST.	SUD.	SUD-OUEST.	OUEST.	NORD-OUEST.	MOYENNE générale.	DIFFÉRENCE à la moyenne générale du maximum.	DIFFÉRENCE à la moyenne générale du minimum.
	mill.	mill.	mill.	mill.	mill.	mill.	mill.	mill.	mill.	mill.	mill.
Londres........	759,20	760,71	758,93	756,83	754,37	755,25	757,28	758,03	757,58	3,13	3,21
Middelbourg....	762,61	764,73	764,42	756,99	753,29	754,34	758,07	759,04	758,46	6,27	5,17
Hambourg.......	758,86	759,76	758,64	758,44	755,48	754,80	756,83	75,41	757,73	2,03	3,13
Copenhague.....	764,52	765,43	763,69	759,40	759,54	759,44	761,07	763,49	762,26	3,17	2,86
Aberdeen.......	758,32	760,55	759,52	760,53	754,04	756,06	758,50	758,97	757,78	2,77	3,74
Paris..........	759,09	759,49	757,24	754,03	753,15	753,32	755,57	757,78	756,22	3,27	3,07
Minden.........	760,15	760,37	759,83	756,49	754,67	755,28	756,58	760,15	760,19	0,18	5,52
Carlsruhe......	755,14	755,59	754,73	752,34	750,61	752,36	753,31	754,67	753,85	1,74	3,24
Berlin.........	758,68	759,36	758,77	754,69	751,33	752,57	756,0	757,62	756,02	3,34	5,31
Halle..........	755,61	756,0	754,51	752,14	751,10	751,39	752,21	754,21	753,29	2,71	2,19
Vienne.........	749,88	749,14	745,78	748,30	747,74	745,89	745,84	749,16	747,79	1,35	2,01
Bude...........	744,0	745,08	743,25	745,82	741,88	740,52	742,71	743,75	743,27	1,81	2,75
Stockholm......	757,91	758,88	757,31	754,73	753,90	754,12	756,04	756,56	756,18	2,70	2,98
Pétersbourg....	759,72	761,97	762,0	762,25	759,90	759,88	759,43	757,58	760,64	1,61	3,06
Moscou.........	743,07	745,06	743,90	741,74	740,63	740,34	741,06	741,76	742,19	2,93	1,85
Boscekop (Norwège), 69°,59 N. l.	742,90	743,20	743,10	740,90	740,50	744,80	746,80	745,60			
Rekiavick (Islande)	751,06	748,96	748,91	749,19	749,01	745,89	752,23	753,07	750,18	2,89	4,29

1: Calculé par M. Bravais. Il ne donne pas les valeurs de la moyenne, du maximum et du minimum.

de penser que quand le baromètre monte, il présage des vents du nord à l'est, et des vents du sud à l'ouest quand il descend. Ce résultat sera vrai pour nos latitudes moyennes au moins et dans le climat de l'Europe. Ainsi, le temps étant beau et clair et le baromètre haut, quoique le vent reste encore au nord, si le baromètre vient à baisser, on peut prévoir que le haut de l'atmosphère est envahi par des vents chauds et humides, et qu'il ne tardera pas à y avoir un changement de temps.

Si l'on pouvait avoir une entière confiance dans ces chiffres, si l'on était certain que tous ont été corrigés de la température et qu'ils fussent le résultat des mêmes années d'observations, on pourrait en tirer une conclusion climatologique importante : c'est que la différence beaucoup plus grande des minima à la moyenne, dans certains lieux, indiquerait que le courant des vents du sud et du sud-ouest se divise particulièrement selon la ligne qui passe par Middelbourg, Minden et Berlin, c'est-à-dire qu'il traverse l'Allemagne du sud-ouest au nord-est, et qu'en dehors de ce lit des courants aériens, les couches de vents d'ouest sont moins épaisses.

Malheureusement les chiffres du tableau précédent ne nous offrent que des moyennes qui se composent d'un amalgame de termes variant tout autour de ces moyennes, et s'en écartant souvent en plus ou en moins d'une très grande quantité. Ces notions sont trop générales pour convenir à la pratique ; il lui importe de connaître positivement le degré de probabilité que telle hauteur barométrique sera accompagnée ou suivie de tel ou tel vent. C'est le résultat que nous allons tirer des recherches faites par Cotte, à Montmorency près Paris. Un pareil travail, entrepris pour des stations nombreuses et différentes, donnerait pour chacune d'elles un tableau sur lequel pourraient s'établir des pronostics importants, qui s'approcheraient beaucoup de la certitude.

HAUTEUR du baromètre.	NOMBRE d'observations.	VENTS QUI ACCOMP. LES HAUTEURS DU BAROMÈTRE.								POUR MILLE OBSERVATIONS.									
mill.		Nord.	Nord Est.	Est.	Sud-Est.	Sud.	Sud-Ouest.	Ouest.	Nord Ouest	Nord.	Nord-Est.	Est.	Sud-Est.	Sud.	Sud-Ouest.	Ouest.	Nord-Ouest.	du Nord au Sud-Est.	du Sud au Nord-Ouest.
726,38	8	0	0	0	0	1	5	1	1	0	0	0	0	125	625	125	125	0	1000
728,53	4	1	1	0	0	1	1	0	0	250	250	0	0	250	250	0	0	500	500
730,89	11	1	0	2	0	2	5	1	0	91	0	182	0	182	455	91	80	273	728
733,15	25	2	1	2	2	6	5	6	2	80	30	80	80	240	200	240	108	240	760
735,40	37	5	3	1	1	7	12	6	4	135	60	30	30	188	324	162	80	225	682
737,66	50	3	2	7	0	14	12	7	4	60	90	140	20	280	240	140	110	260	740
739,91	101	10	9	10	2	25	24	17	11	100	81	100	45	250	240	170	81	240	740
742,17	110	13	14	14	5	20	18	22	9	118	70	127	45	182	163	200	69	371	770
744,42	201	20	23	23	9	43	43	36	13	100	105	115	27	214	214	179	79	330	626
746,68	218	63	38	54	6	41	42	41	17	115	73	105	27	189	190	189	91	352	676
748,94	405	60	28	51	11	67	59	79	37	155	109	126	26	165	145	195	115	402	647
751,19	380	91	58	41	10	53	60	84	44	158	130	107	24	139	158	221	162	364	596
753,45	530	117	62	50	13	52	77	103	86	172	149	94	19	98	145	194	138	399	599
755,70	476	50	68	56	9	36	55	78	66	214	195	113	24	75	115	164	143	506	492
757,96	454	42	43	35	11	32	30	27	65	226	219	123	41	70	66	165	149	554	444
760,22	221	13	27	11	2	9	15	13	33	341	226	158	8	41	67	122	122	620	379
762,47	123	5	14	6	1	4	6	3	15	290	206	89	31	33	80	105	129	657	340
764,73	62	1	7	5	0	5	1	1	8	357	357	97	29	80	97	48	117	644	354
766,98	34		5	1		0	0	0	4		500	147	0	0	29	89	71	764	235
769,24	14		1			0			1			71		0	71	71		785	213
771,49	2								0			500			0			1000	0
Totaux......	3466	655	404	393	92	418	481	603	420	3602	2874	2504	476	2801	3874	2870	1969	9486	11414
Moyennes....	»	»	»	»	»	»	»	»	»	171	136	119	23	138	184	136	93	451	543

Totaux (HAUTEUR) : 15727,56 — Moyennes : 748,93

Ce tableau, qui est pourtant le résultat de dix années d'observations, nous montre des écarts qui prouvent la nécessité d'une série plus longue encore. Cependant, en le réduisant surtout aux deux dernières colonnes qui contiennent seulement les probabilités pour les vents septentrionaux ou méridionaux, on voit une progression nettement tranchée qui indique la prédominance des vents du sud avec le baromètre bas, et celle des vents du nord avec le baromètre élevé. Les probabilités pour chaque direction de la rose des vents sont beaucoup moins déterminées ; c'est donc à annoncer des vents du nord ou du midi que devra se borner, pour le moment, l'utilité que l'on pourra retirer de cette table. Le baromètre étant plus élevé, de 4 millimètres environ, à Paris qu'à Montmorency, il faudrait faire cette addition aux nombres portés dans la première colonne, pour que le tableau représentât les probabilités de Paris.

§ II. — Influence de l'élévation du baromètre sur la chute de la pluie.

Nous sommes beaucoup plus riches en observations calculées pour estimer les rapports de l'élévation du baromètre sur la pluie, que nous ne l'étions pour les vents ; nous nous bornerons cependant à un petit nombre de faits.

Les observations de Montmorency, calculées par Cotte, ont donné les probabilités suivantes :

Hauteur du baromètre.	Probabilité de pluie.	Probabilité de neige.
728 à 738 millim.	0,70	0,22
738 à 742	0,58	0,04
742 à 751	0,46	0,04
751 à 760	0,19	0,01
760 à 760	0,08	0,0
770 à 771	0,0	0,0

Ces mêmes observations nous donnent :

734 pluies avec le baromètre plus bas que la moyenne annuelle ;
346 pluies avec le baromètre plus haut.

Il y a donc cent à parier contre quarante-sept, ou environ deux contre un, que la pluie tombera avec le baromètre plus bas que la moyenne, plutôt qu'avec le baromètre plus haut. A Orange, dans la région des oliviers, nous avons les résultats suivants, tirés de 27 années d'observations, de 1813 à 1842.

	Pluies avec le baromètre plus bas que la moyenne.	Pluies avec le baromètre plus haut que la moyenne.	Ces pluies sont entre elles comme
Décembre	150	42	100 : 28
Janvier	162	49	100 : 30
Février	138	55	100 : 40
Mars	153	39	100 : 25
Avril	199	49	100 : 25
Mai	203	67	100 : 33
Juin	135	52	100 : 38
Juillet	100	42	100 : 42
Août	118	50	100 : 42
Septembre	162	50	100 : 31
Octobre	211	58	100 : 27
Novembre	194	54	100 : 28
	1925	607	100 : 32

On voit que, dans cette région, il tombe d'autant plus de pluie par le baromètre haut, c'est-à-dire sous l'empire des vents froids du nord, que l'on se trouve dans une saison plus chaude ; alors, en effet, il faut que la vapeur éprouve une forte réfrigération pour se résoudre en pluie, car celle apportée par les vents du sud ne tarde pas à se raréfier en arrivant sur le continent, par l'effet du rayonnement du sol échauffé.

Si nous ajoutons maintenant que le baromètre a été

1885 fois au-dessus de la moyenne et a donné 346 pluies.
1482 fois au-dessous et a donné. . . . . 734 pluies.

Nous verrons que

Sur 100 fois que le baromètre est élevé, il tombe 18 fois de la pluie.
Sur 100 fois qu'il est bas. . . . . 50 fois de la pluie.

Ces derniers chiffres indiquent les probabilités au moyen desquelles on peut établir les pronostics.

M. Prevost, de Genève, voulant connaître l'influence de la pluie sur le baromètre dans son pays, rechercha ce qui arrivait avant chaque pluie *initiale*. Il appelait ainsi celle qui tombait après plusieurs jours de beau temps. Il prit donc l'état du baromètre dans les deux jours qui précédaient ce genre de pluie et dans les deux jours qui le suivaient; il regarda comme immobile le baromètre qui n'avait pas varié de $0^{mm},15$. Toute pluie qui avait été précédée de l'abaissement du mercure était regardée comme *annoncée régulièrement;* s'il montait ou restait immobile, elle était une exception. Il obtint ainsi les résultats suivants :

	Nombre de pluies initiales.	Régulièrement annoncées.	Exceptions.
1796	37	25	12
1797	39	23	16
Six mois de 1798. . . .	13	10	3
	89	58	31

Si, au lieu de négliger seulement $0^{mm},15$ de variation, il négligeait $1^{mm},128$, il trouvait :

	Pluies initiales.	Régulièrement annoncées.		Exceptions.
En 1797.	39	22	lors de l'élévation du baromètre.	10
			lors de l'abaissement.	7
				17

Il y avait donc 65 pluies régulières annoncées sur 100, par l'abaissement d'au moins $0^{mm},15$, et 56 sur 100, par un abaissement d'au moins $1^{mm},128$.

Ayant repris ces recherches en 1803, il trouva que, dans cette année, 38 pluies sur 53, ou 72 sur 100, avaient été précédées de l'abaissement. En 1812, M. d'Hombres Firmas trouva à Alais que sur 29 pluies initiales, 20 avaient été régulièrement annoncées, c'est-à-dire 69 sur 100.

D'après M. Dove, dans le plus grand nombre de cas, les

II.   25

vents se succéderaient en passant du nord au sud par l'est,
et du sud au nord par l'ouest. Il suivrait de cette théorie
qu'un vent froid succède à un vent chaud à l'ouest de la rose,
et un vent chaud à un vent froid à l'est. Le vent du nord, plus
froid et plus pesant, chasse plus vite le vent du sud, plus chaud
et plus léger, que le vent du sud ne chasse le vent du nord.
Ainsi, selon lui, le baromètre monte plus vite qu'il ne descend, mais il est plus souvent bas que haut; quand le vent
est à l'ouest, on peut s'attendre bien plus promptement à
un changement arrivant par le vent du nord, qu'à un changement arrivant par le vent du sud, quand le vent se trouve à
l'est. Le vent étant à l'ouest, le vent froid du nord arrive par
le bas et se substitue de bas en haut à celui-ci; quand il est à
l'est, c'est le vent chaud du sud qui arrive par le haut, et se
substitue au vent froid de haut en bas.

Si l'on part de ces principes, on conçoit que, selon le vent
habituellement régnant dans chaque pays, il doit se passer des
phénomènes différents. Si le principal réservoir de vapeurs est
à l'ouest ou au sud-ouest, la plus grande probabilité de pluies
arrivera par l'introduction subite des vents du nord, avec
une élévation notable du baromètre accompagnant la chute de
la pluie, et il y aura un plus grand nombre de pluies au-dessus
de la moyenne barométrique que dans les pays placés dans
d'autres circonstances. Nous avons vu qu'à Paris il en tombe
68 sur 100 avec le baromètre bas, et, les vents du sud-ouest
étant les plus nombreux, les pluies y sont aussi très fréquentes.

Que si, au contraire, le principal réservoir de vapeurs est à
l'est, comme à Orange (golfe de Gênes), avec réfrigérant interposé (les Alpes maritimes), la plus grande probabilité de pluie
aura lieu pour les vents de l'est au sud, lors de l'introduction
des vents froids. Mais cette introduction étant graduelle et
lente, à cause de la difficulté de la substitution du vent du sud

à celui de l'est, il y aura un plus grand nombre de pluies qui seront accompagnées du baromètre bas, environ 77 pour 100. Nous avons trouvé 68 à Paris. Cette comparaison tendrait à confirmer cette théorie, mais nous désirerions que M. Dove voulût bien étudier la rotation des vents sur des tableaux détaillés faits dans les contrées méditerranéennes, pour donner à son système une confirmation qui lui manque encore. Les observations de Marseille, qui présentent la direction des vents à huit époques de la journée, offriraient, par exemple, une occasion favorable pour cette recherche.

§ III. — Pronostics tirés des marées diurnes du baromètre.

Chaque jour le baromètre éprouve deux élévations et deux abaissements. La marée du soir et de la nuit est généralement peu observée, c'est celle dont le maximum d'élévation est à 9 heures du matin, et le minimum à 3 heures du soir, dont il sera ici question. Cette marée représente le refroidissement nocturne de l'atmosphère qui rend l'air plus pesant vers le matin, et son réchauffement diurne qui diminue son poids dans l'après midi. Quand le ciel est couvert, le refroidissement nocturne n'ayant pas lieu, la marée est peu appréciable; il en est de même quand un vent froid ou chaud envahit toute l'atmosphère et l'amène à une température uniforme. Pendant la pluie, l'uniformité de température règne aussi dans la colonne aérienne; il arrive même alors quelquefois que la nuit est plus chaude que le jour, si la pluie discontinue pendant la nuit et qu'un vent chaud continue à souffler. Ces principes, découlant de la théorie, sont vérifiés par l'observation.

Les pluies initiales sont préparées de plusieurs manières :

1° Par des jours clairs avec saturation progressive de l'air, chute abondante de rosée pendant la nuit, qui se résout de nouveau en vapeurs pendant le jour, et enfin, formation de nuages quand l'air humide est condensé par un vent froid. Ces pluies sont annoncées par des marées qui surpassent de beaucoup la marée moyenne. Par exemple, à Orange, où la marée moyenne est de $0^{mm},79$, on en voit, dans le cas dont nous venons de parler, qui peuvent aller à $3^{mm},4$. Ces fortes marées, qui dépassent sensiblement la moyenne, accompagnées de rosée, sont des annonces presque infaillibles d'une pluie prochaine.

2° Si la pluie est préparée par l'arrivée de nuages tout formés poussés par les vents, la pluie est annoncée par des marées faibles et quelquefois par leur renversement; l'élévation barométrique de 3 heures surpasse alors celle de 9 heures. Le pronostic de la pluie n'est certain que s'il y a en même temps baisse du baromètre.

3° Quand il règne des vents froids et que l'atmosphère est progressivement envahie du haut en bas par des vents chauds et humides, il arrive un moment où les progrès de cet envahissement sont annoncés par une baisse du baromètre. Si ce moment tombe sur la marée de 3 heures, la différence de la marée basse à la marée haute du matin est augmentée; si, au contraire, l'abaissement tombe sur la marée montante de 9 heures, la différence est effacée. Ainsi, pendant le règne des vents froids, c'est le mouvement du baromètre en 24 heures, entre deux marées hautes et deux marées basses, qu'il faut consulter plutôt que la différence entre le maximum et le minimum diurne. Cependant l'absence de différence ou sa grande amplitude sont des pronostics presque assurés de pluie.

Pendant la durée de la pluie, la marée est très faible et souvent inverse; le rétablissement de l'ordre des marées ou leur accroissement annonce la fin de la pluie. Si alors le temps devient clair et calme, le jour qui succède à la pluie ou le jour suivant ont une forte marée.

Cette étude, faite seulement sur les observations d'Orange,

mérite d'être vérifiée en d'autres lieux avant qu'on puisse en tirer des lois générales. Mais nous pensons que l'on trouvera plus tard, dans les marées diurnes, des pronostics meilleurs et moins sujets à erreur que les mouvements de hausse et de baisse entre deux marées hautes ou deux marées basses qui se succèdent à 24 heures de distance.

Walker a voulu déduire des pronostics de l'état variable du ménisque convexe qui se montre à la surface supérieure de la colonne de mercure. Il assurait que ce ménisque devient concave à l'approche de la pluie, surtout si le baromètre était à sa hauteur moyenne ou au-dessus ; que le baromètre stationnaire avec le ménisque convexe était un indice de beau temps, surtout si le baromètre était alors à sa hauteur moyenne ou au-dessus de cette moyenne ; mais que, quelle que fût la hauteur du baromètre, la surface supérieure de la colonne devenait concave pendant une pluie établie, et convexe pendant le beau temps [1].

On sent que l'humidité de l'air extérieur ne peut avoir aucun effet sur le ménisque supérieur du baromètre. Ce ménisque devient plus convexe quand le baromètre monte, il tend à s'aplatir quand il descend ; ces effets sont surtout remarquables quand les tubes sont étroits, mais c'est une mauvaise expression de dire que la surface du mercure devienne jamais concave. Les mouvements de la flèche du ménisque étant tout-à-fait en accord avec les mouvements de hausse et de baisse, ils n'annoncent pas autre chose que ceux-ci ; dire que la pluie aura lieu quand la flèche se raccourcira, c'est dire que la baisse du baromètre annonce la pluie ; et cette observation est bien plus difficile et bien plus incertaine que celle de la colonne mercurielle elle-même ; nous ne pensons donc pas qu'on puisse tirer quelque avantage de cette substitution. D'ailleurs la présence du ménisque est due à la capillarité, qui n'a aucune espèce de rapport avec les changements de temps.

(1) *Philosophical Magazine*, août 1822.

SECTION V. — *Pronostics tirés du thermomètre.*

M. Changeux[1] croyait que le thermomètre devait être plus prompt que le baromètre à indiquer les changements de temps, parce que la chaleur et le froid agissent immédiatement sur lui, tandis qu'il fallait qu'ils eussent agi sur l'atmosphère entière avant de se faire sentir sur le baromètre. Ce raisonnement supposait que les changements s'opèrent et se préparent dans la couche d'air où se trouve plongé le thermomètre ; mais il n'en est rien, et tandis que la température persiste à rester la même à la surface de la terre, et que l'exposition, les abris, les réverbérations solaires peuvent jeter tant d'ambiguité sur le langage du thermomètre, le baromètre annonce déjà par ses mouvements les prodromes des météores qui vont bientôt se manifester. Malgré tant de causes qui peuvent rendre son langage équivoque, le thermomètre peut cependant donner des indications très précises, surtout lorsqu'elles viennent fortifier celles tirées du baromètre :

1° Quand il présente des variations considérables qui ont nécessairement une cause un peu générale ; ainsi, quand en hiver le thermomètre descend en peu de temps de 4 ou 5 degrés au-dessous du degré qu'il indiquait le jour précédent à la même heure, on peut présumer que le vent tourne de la portion de la rose des vents du sud-est au nord-ouest, pour aller se fixer à celle qui s'étend du nord à l'est ; au contraire, si le thermomètre remonte de plusieurs degrés, c'est que les vents vont passer de la bande du nord et de l'est à celle du sud et de l'ouest.

2° Mais le thermomètre présente des indications plus précises si l'on s'attache à consulter ses *minima*, parce que, durant la nuit, n'étant plus influencé par les causes locales, il participe

(1) *Journal de physique*, 1774, t. IV, p. 97.

des avantages du baromètre et annonce l'état de pureté de l'air qui facilite le rayonnement du sol.

Castellani pensait[1] qu'une différence sensible en plus sur la marche régulière des minima est presque certainement un indice de pluie prochaine. Nous pouvons indiquer aussi, d'après notre expérience, plusieurs pronostics plus complets que celui-ci. Le vent partant de la région chaude et humide, la baisse des minima est un signe presque assuré de pluie le jour même ou le jour suivant; l'air est alors saturé, mais clair, il y a chute de rosée ou brouillard le matin.

Si le minimum monte avec les vents froids et secs, ils sont près de leur fin et il peut y avoir pluie immédiate par l'entrée des vents du sud, sans abaissement de minimum. La fixité des minima annonce la continuation du même temps.

Les minima haussant graduellement annoncent que l'air devient de moins en moins transparent, qu'il se sature de vapeur et marche vers la pluie.

Section V. — *Pronostics tirés de l'hygromètre.*

L'hygromètre est un instrument plus populaire qu'exact pour prédire le temps. On le trouve sur toutes les cheminées des gens du peuple, sous la forme d'un capucin qui se couvre de son capuchon à l'approche de la pluie. Mais on sait aussi que ses pronostics sont fort souvent trompeurs.

L'atmosphère peut rester fort longtemps près du point de saturation sans donner une goutte d'eau, s'il ne survient pas de changement dans son état thermométrique qui puisse déterminer la précipitation de la vapeur aqueuse. Pour que le langage de l'hygromètre devienne positif, il faut y joindre les indications du thermomètre et du baromètre. Quand le baromètre baisse, que le thermomètre se trouve dans un des cas spécifiés

(1) *Bibliothèque universelle de Genève*, sciences, t. XII.

plus haut pour annoncer la pluie, et que l'hygromètre s'approche de son maximum d'humidité, la pluie est presque certaine; tandis que la baisse du baromètre lorsque l'hygromètre marche vers la sécheresse et que le thermomètre se maintient à son degré habituel, sans baisser subitement ou sans hausser graduellement, ne signifie pas une pluie prochaine.

De Saussure pensait qu'il devait faire beau temps quand la différence entre le point où l'hygromètre se trouvait le matin, et celui qu'il atteignait le soir, était plus grande qu'elle n'aurait dû l'être d'après l'augmentation de la chaleur [1]. Nous avons vu que l'on obtient ces mêmes indications au moyen du psychromètre. Dans l'un et dans l'autre cas, si l'hygromètre observé à l'ombre et avec les précautions indiquées, ou le psychromètre, indiquent que la chaleur du jour dissout de moins en moins la vapeur nocturne, que l'air se rapproche par conséquent du point de saturation, on pourra conjecturer une pluie prochaine, en comparant entre elles, deux jours de suite, les différences du matin à l'après-midi.

CHAPITRE II.

Prévisions du caractère des saisons et des années futures.

Au moyen des indications que nous avons données dans le chapitre précédent, on peut, jusqu'à un certain point, prévoir les changements de temps qui surviendront dans les jours qui avoisinent celui de l'observation. Il est bien plus difficile de pronostiquer le caractère des saisons et des années qui vont suivre; jusqu'à présent on n'y a pas réussi, et cependant M. Morin, ingénieur des ponts et chaussées, auteur d'un sys-

(1) De Saussure, *Essai sur l'hygrométrie*, in-8, p. 451.

tème de pronostics que nous exposerons plus loin, semble le croire plus aisé que de faire des prédictions prochaines ; la raison qu'il en donne nous semble être que les variations journalières tiennent à des causes locales difficiles à connaître et à apprécier à temps, tandis que l'on peut savoir en masse l'état de toute une contrée, pour en inférer ce qui doit se passer dans l'atmosphère, en faisant abstraction des détails[1]. C'est au moins ainsi que nous avons compris son explication. Nous allons voir à quoi ont abouti, jusqu'à présent, les tentatives de ce genre.

Kirwan nous dit d'abord qu'en comparant un grand nombre d'observations faites en Angleterre, de 1677 à 1789, il a trouvé : 1° Que lorsqu'il n'y a pas de tempête vers l'équinoxe de printemps, l'été suivant est généralement sec, une fois sur six.

2° Que lorsqu'une tempête arrive par un vent de la bande de l'est, vers le 19, 20 ou 21 mars, l'été suivant est généralement sec, quatre fois sur cinq.

3° Que lorsqu'une tempête a lieu les 25, 26, 27 mars, et non auparavant, de quelque point de l'horizon qu'elle vienne, l'été suivant est sec, quatre fois sur cinq.

4° Que s'il y a une tempête du sud-ouest ou de l'ouest-sud-ouest, les 19, 20, 21 ou 22, l'été suivant est humide, cinq fois sur six.

5° Que lorsqu'il pleut avec abondance en mai, il pleut ordinairement très peu en septembre, *et vice versâ*[2].

Ces relations sont à vérifier pour les différents pays, mais quant à Orange, nous n'avons pu en trouver aucune d'exacte pour les tempêtes de l'équinoxe du printemps et les pluies de l'été.

Giovene[3] part de ce principe, qu'il y a à peu près un égal

(1) *Mémoires*, § 44.
(2) *Transactions d'Irlande*, t. I.
(3) *Mem. della Societate italiana*, t. X.

nombre d'événements en dessus ou en dessous des moyennes obtenues par un grand nombre d'observations, et qu'ainsi, s'il y en a eu en plus, il y a à parier qu'il en arrivera en moins, *et vice versâ;* que plus l'écart aura été grand d'un côté, plus il le sera de l'autre; ainsi, la pluie ayant été, pendant 2, 3, 4 ans, plus forte que la moyenne au mois de septembre, il y a 4, 3, 2 degrés de probabilités que l'année suivante elle sera moindre; mais il ajoute que, pour pronostiquer avec sûreté, il faut considérer un ensemble de phénomènes, et que si la probabilité est, par exemple, pour un été chaud avec vents australes et pluie, ces choses qui s'accordent, renforcent la probabilité : il en serait autrement si elles se contredisaient, alors la probabilité décroîtrait. Cet auteur prend, non pas la moyenne numérique de l'élévation diurne du baromètre, mais le nombre de jours qu'il a été plus haut et plus bas que la moyenne; la tendance générale du baromètre, indiquée par sa moyenne, nous semble préférable.

Voici un exemple de ce genre de pronostics. Nous voulons connaître quel sera le caractère du mois de juin 1843. Nous trouvons :

	Orange, juin 1842.	Moyenne générale de 27 années.	Différence.
Vents boréaux	47	38	+ 9
Vents australes	13	22	— 9
Nombre de pluies.	5,0	6,7	— 1,7
	mill.	mill.	mill.
Quantité de pluies.	79,6	42,3	+37,3
Baromètre.	754,50	756,16	— 1,66

Ainsi l'année 1843 devrait présenter un mois de juin ayant moins de vents du nord et plus de vents du sud que la moyenne; plus de jours de pluie, une moins grande quantité de pluie, et un baromètre plus élevé. Ces différents éléments ne coïncident pas parfaitement entre eux. Un moindre nombre de vents du nord devrait entraîner, il est vrai, un plus grand nombre de

jours de pluie, mais une plus grande quantité de pluie et un
baromètre plus bas. Voici quel a été l'événement :

Vents boréaux.   41
Vents austraux   19
Nombre de pluies   11
Quantité de pluie   85,1
Baromètre. . . . . mill. 754,39

Ainsi le pronostic a été en erreur pour le vent du nord qui a
soufflé plus que la moyenne, pour le baromètre qui a été plus
bas, pour la quantité de pluie qui a été plus forte ; il s'est vérifié
pour le nombre de jours de pluie qui a été plus grand.

On ne peut nier qu'il n'y ait un fond de vérité dans ce système, mais on s'exposerait à de graves erreurs en y ajoutant
trop de confiance, car les compensations entre les années extrèmes qui constituent la moyenne ne s'établissent pas annuellement, mais par périodes plus ou moins longues. Ainsi, continuant à prendre le mois de juin pour exemple et ne nous
occupant que de la quantité de pluie tombée, la moyenne de
27 ans d'observations est de 42$^{mill.}$,3.

Prenons maintenant les 3 dernières années.

		mill.
1839.		29,5
1840.		7,1
1841.		12,6
Moyenne. . . .		16,4

Les deux dernières années.

		mill.
1842.		79,6
1843.		85,1
Moyenne. . . .		82,3

L'addition de ces deux séries nous donne 213,9, dont le 5^e
est 42,8. Ainsi, après 3 années plus sèches que la moyenne,
les deux dernières années ont établi la compensation. Il est
donc probable que le mois de juin de 1844 présentera un mois
de juin sec. En agissant ainsi par série d'années, les probabi-

lités seront plus fortes qu'en n'opérant que sur deux années consécutives.

En effet, si l'on se borne à isoler un des caractères de la saison, on n'en peut presque rien conclure de certain pour la saison suivante. Ainsi, nous avons trouvé, à Orange, que relativement au nombre de pluies, considéré par rapport à la moyenne de chaque saison,

L'hiver avait été conforme à l'automne.	15 fois sur 26	ou 61	sur 100.
Le printemps conforme à l'hiver	17 —	27	63
L'été conforme au printemps	12 —	24	50
L'automne conforme à l'été	12 —	26	45
L'automne conforme au printemps . . .	14 —	26	53
L'automne conforme à l'été et au printemps.	7 —	12	58
Toutes les saisons conformes	5 —	24	21

Ainsi les plus grandes probabilités sont : que le caractère de l'hiver sera celui de l'automne, et que le caractère du printemps sera celui de l'hiver; 61 et 63 fois sur 100. Mais il est probable, au contraire, que l'automne diffère de l'été 55 fois sur 100. Quand l'été et le printemps se ressembleront, il y aura 58 à parier sur 100 que l'automne conservera le même caractère, sous le rapport du nombre moyen des pluies.

En 1829, M. Hubert-Burnand d'Yverdon annonça un hiver rigoureux pour 1830[1], et le fait vérifia le pronostic : « Ce n'était pas une prophétie, dit-il, mais un calcul très-simple. Les vents de S. et S.-O. ayant régné pendant six mois, je devais supposer que les vents du nord auraient leur tour. En second lieu, le soleil ayant été caché presque continuellement pendant les mois de juillet à octobre, il était naturel de penser que la terre serait refroidie à sa surface plus qu'elle ne l'est ordinairement. Cette circonstance, jointe à la présence des vents du nord, devait rendre l'hiver très froid. Enfin l'automne ayant été extraordinairement pluvieux, l'hiver, selon toutes

_____
(1) *Bibliothèque universelle,* t. XLIII, p. 161.

les apparences, devait être sec. Lorsque toutes ces circonstances ne sont que partielles, on n'en peut rien conclure, mais leur généralité dans toute l'Europe devait produire des effets simples, parce qu'à d'immenses distances il n'y avait aucune cause perturbatrice. »

G. Hutchinson indique un moyen de déterminer à l'avance la température probable des mois d'hiver, d'après celle des mois correspondants de l'été précédent. La lenteur avec laquelle l'accroissement de température pénètre en été la surface du sol porte l'auteur à croire que la dernière partie de chaleur absorbée pendant la moitié estivale de l'année doit aussi être celle qui se dégage la première pendant la moitié hivernale. Ainsi aux mois dans lesquels a lieu l'absorption de la chaleur correspondent des mois où cette chaleur rétrograde ; ces mois correspondants sont les suivants :

Août correspond à . . . . Octobre.
Juillet, à. . . . . Novembre.
Juin, à . . . . Décembre.
Mai, à . . . . Janvier.
Avril, à . . . . Février.

L'auteur a, dit-il, vérifié cette propriété sur le climat d'Écosse [1]. Si elle ne s'appliquait qu'à la chaleur de l'intérieur de la terre on pourrait la comprendre, mais l'atmosphère étant sujette à de si grandes perturbations par l'action des vents, on ne peut guère penser qu'elle se vérifie régulièrement ; et en effet, elle présente autant d'exceptions que de cas qui y soient conformes dans la région méditerranéenne.

M. de Buzareingues, correspondant de l'Institut, a donné [2] un moyen de reconnaître si le nombre de jours de pluie d'octobre sera supérieur ou inférieur à la moyenne. Pour y parvenir, il ajoute le nombre des jours de pluie que l'on a eus de mars en avril, juin, juillet et septembre de la même année,

(1) *L'Institut*, 1841.
(2) *Mémoires de la Société linnéenne de Paris*, novembre 1825.

il divise le total par 5; si le quotient est supérieur au nombre de pluies d'un mois moyen conclu d'une longue série d'observations, le nombre de pluies d'octobre sera inférieur à la moyenne; il sera égal si le quotient est égal, et supérieur si le quotient est inférieur. De manière que les jours pluvieux d'octobre, ajoutés à ceux des 5 autres mois désignés, doivent donner un total dont le sixième sera plus souvent supérieur qu'inférieur à la moyenne de toute l'année. Nous avons voulu éprouver ce procédé sur nos observations d'Orange.

Nous trouvons pour le nombre de pluies d'un mois moyen $7^j,66$, et pour la moyenne d'octobre $9^j,7$, d'après les observations faites durant 27 ans. La dernière colonne indique par le signe +, si la loi s'est vérifiée, et par le signe —, si elle a été en défaut.

	Nombre de jours de pluie des mois					Total.	Quotient par 5.	Nombre de pluies observées en octobre.	Résultat de l'examen.
	Mars.	Avril.	Juin.	Juillet.	Septemb.				
1817.	4	3	9	8	5	29	5,8	10	+
1818.	5	10	7	3	10	35	7,0	6	—
1819.	5	11	6	4	6	32	6,4	11	+
1820.	6	8	6	6	6	32	6,4	16	+
1821.	12	11	8	9	5	45	9,0	9	+
1822.	6	7	2	6	7	28	5,6	11	+
1823.	7	14	9	5	6	41	8,2	12	—
1824.	11	9	16	1	11	46	9,2	19	—
1825.	9	6	13	9	5	42	8,4	8	
1826.	8	6	4	8	11	37	7,4	12	+
1827.	7	8	10	8	12	45	9,0	12	—
1828.	8	11	4	6	9	38	7,6	10	+
1829.	13	11	5	6	16	51	10,2	8	+
1830.	5	18	12	9	11	47	9,4	1	
1831.	9	13	4	6	5	37	7,4	5	—
1832.	8	9	3	2	3	25	5,0	6	—
1835.	4	5	8	2	9	28	5,6	5	—
1836.	7	5	3	2	8	25	5,0	6	—
1837.	5	9	2	3	9	28	5,6	5	—
1838.	7	6	5	3	7	28	5,6	6	—
1839.	5	5	4	2	11	27	5,4	20	+
1840.	2	12	8	9	13	44	8,8	6	+
1841.	5	11	3	7	7	33	6,6	11	+
1842.	7	15	5	5	11	43	8,6	13	—

La loi de M. de Bazareingues s'est vérifiée 12 fois sur 23. Elle n'a donc pour elle aucune probabilité. Mais si nous nous étions arrêtés en 1825, elle aurait été vérifiée 7 fois sur 10 ; l'auteur l'avait fondée sur une série favorable et avait pu la croire exacte. Nous avons rapporté cet exemple en détail, pour montrer combien il faut se défier, en météorologie, des principes généraux fondés sur un trop petit nombre de faits.

Kirwan admettait comme une règle que si la terre était privée pendant l'été de la quantité de chaleur qu'elle absorbe annuellement, on devait s'apercevoir du déficit pendant l'hiver suivant, puisque la chaleur qui tempère la rigueur du froid est en grande partie formée de la température terrestre. Ainsi, disait-il, l'hiver de 1709 fut précédé par un été froid en 1708. Par la même raison, à un été chaud devait succéder un hiver doux, de sorte que, d'après cette règle, la température de l'été pouvait servir de pronostic à celle de l'hiver suivant [1]. M. Prevost, en rappelant ce principe, remarque qu'en effet l'été chaud de 1803 a été suivi d'un hiver doux en 1804 [2]. Cotte ayant soumis cette règle à l'épreuve de l'expérience, a trouvé qu'il y avait dans ses registres 24 étés réputés chauds qui avaient été suivis de 15 hivers froids, de 9 doux, de 17 humides et de 7 secs ; et que 20 étés froids avaient été suivis de 5 hivers froids, de 5 doux, de 7 humides et de 3 secs.

D'après nos propres observations, 12 étés chauds ont été suivis de 7 hivers chauds, de 5 hivers froids, de 7 hivers humides et de 5 secs ; 11 étés froids ont été suivis de 9 hivers chauds, 5 hivers froids, 11 hivers humides et 3 secs. Ainsi nous trouvons, d'après ce petit nombre de faits :

Un été chaud annonçant sur 100 événements :

(1) *Examen de la température des divers degrés de latitude. Transactions d'Irlande.*

(2) *Bibliothèque britannique, sciences,* t. XXV. p. 325.

	A PARIS.	A ORANGE.
Un hiver chaud	37 fois	60
Un hiver froid.	63	40
Un hiver humide.	71	29
Un hiver sec.	29	40

Un été froid annonçant sur 100 événements :

	A PARIS.	A ORANGE.
Un hiver chaud	50 fois	65
Un hiver froid	50	35
Un hiver humide.	70	78
Un hiver sec.	30	22

Ainsi un été chaud annonce plutôt un hiver froid à Paris, et un hiver chaud à Orange; un été froid ne donne aucune probabilité décidée à Paris, mais en donne une forte pour un hiver froid à Orange. Dans l'un et l'autre pays, un été chaud annonce un hiver humide et froid, mais avec des degrés bien différents de probabilité. Ces rapprochements suffisent pour montrer le peu de confiance que l'on doit fonder sur de pareils résultats, conclus d'après d'aussi petites périodes de temps.

Lasalle pouvait se croire à l'abri d'un pareil reproche quand il croyait avoir trouvé le moyen de prévoir le retour des grands hivers, et une telle prévision serait d'une très grande utilité à l'agriculture, qui règlerait en conséquence les précautions à prendre pour les plantes délicates, et la possibilité de les introduire dans les rotations. En faisant le relevé des hivers mémorables de 554 à 1799, il croyait avoir trouvé que les grands hivers analogues reviennent tous les cent ans. Il définit un grand hiver, celui où, dans nos climats, le thermomètre centigrade est descendu au moins à — 12°,5 et s'y est maintenu pendant 15, 20, 30 jours ; et s'il est question de temps antérieurs à la découverte de cet instrument, il donne cette qualification à toute saison où l'on a vu les rivières tellement gelées que les charrettes chargées pouvaient les traverser.

En choisissant dans le tableau de Lasalle [1] les périodes sé-

_____

(1) Cotte l'a complété de plusieurs hivers oubliés. Voir *Mémoires de la Société d'agriculture de la Seine*, t. VII.

culaires qui offrent le plus grand nombre d'hivers remarquables, nous avons :

1.   544, 1354, 1553, 1655, 1754.
2.   558, 1158, 1358, 1458, 1658, 1758.
3.   568, 1068, 1268, 1468, 1768.
4.   670, 1470, 1570, 1670, 1771.
5.   823, 1124, 1323, 1423, 1523, 1624, 1724.
6.   1133, 1234, 1334, 1433, 1733.
7.   893, 994, 1294, 1594, 1795.
8.   1236, 1436, 1736, 1835.
9.   1420, 1620, 1720, 1820.
10.   1408, 1508, 1608, 1709.

On voit qu'il manque dans chaque série un assez grand
nombre de termes pour qu'il soit impossible de considérer
le rapprochement de Lasalle comme une règle. Mais ce que
le mémoire de cet auteur a fait ressortir, c'est que depuis
l'époque où les annales et les mémoires nous transmettent
une série à peu près complète de renseignements sur les températures extraordinaires, c'est-à-dire depuis le quatorzième
siècle, nous comptons 116 hivers rigoureux dans un espace de
543 ans, c'est un grand hiver tous les 4 à 5 ans. De plus, nous
voyons que souvent trois hivers rigoureux se succèdent sans
interruption : 1432, 1433, 1434; 1522, 1523, 1524; 1732,
1733, etc. Nous y voyons aussi que les séries des hivers doux
et rigoureux sont irrégulières et plus ou moins prolongées,
et qu'ainsi dans nos climats on doit être toujours en mesure
de les braver par les précautions que conseille une complète
connaissance des végétaux. Cette observation s'adresse surtout à ceux qui, placés aux limites des régions agricoles,
doivent craindre, plus que les autres, les saisons excessives.
C'est à eux que nous recommandons de ne croire à aucun
pronostic qui leur annoncerait un hiver doux, mais d'agir
toujours comme s'il devait être rigoureux.

Il nous reste à parler d'une tentative faite par M. Morin, ingénieur des ponts-et-chaussées, et ayant pour but de prédire

une année à l'avance l'état météorologique de l'année suivante[1].
Sa méthode est basée sur ce principe *à priori*, duquel dépend
tout l'enchaînement de ses idées et qu'il énonce de la manière
suivante[2] : « Si le soleil, en passant au nord de l'équateur, trouvait notre continent très humide, une année, quand l'année
précédente aurait été peu humide, ce continent étant dans un
état analogue à la mer qui l'entoure, la chaleur et l'évaporation
produites étant à peu près les mêmes sur l'un et sur l'autre, la
saison qui doit en résulter sera moins humide que l'année précédente, parce que les vents venant de la mer auront moins de
tendance à avoir lieu sur le continent. S'il existe quelque partie
de ce continent dont le terrain soit très sec, c'est vers ce point
que se portera l'humidité de l'air. » Ainsi, afflux de l'air humide vers les parties sèches du continent, tel était le principe
directeur de M. Morin dans toute la première partie de ses
recherches. Il établit alors une vaste correspondance pour
constater l'état d'humidité ou de sécheresse relatives des différents points de la terre, au moyen d'observations udométriques, mais surtout au moyen du niveau des fleuves, et il
tenta (§ 289 de son ouvrage), l'essai de prédictions météorologiques pour l'année 1830. Elles ne se réalisèrent pas toutes,
mais cependant il est remarquable qu'il annonça l'hiver rigoureux de 1829-30.

Son principe cependant péchait par la base. M. Morin avait
dû s'apercevoir que les vents de mer règnent presque constamment sur les parties habituellement les plus humides de l'Europe, qu'ils sont très rares sur les côtes de la Méditerranée qui
en sont la partie la plus sèche et où dominent, les deux tiers de
l'année, les vents de terre secs. Aussi, plus cet auteur avance
dans sa carrière, et plus il modifie et complique son principe

_____

(1) *Correspondance pour l'avancement de la météorologie*, 7 mémoires.

(2) § 19.

jusqu'à ce qu'enfin, dans le ☿ 776 et suivants, il semble le renverser complétement, et l'on ne comprend plus bien dans ses derniers mémoires, si l'auteur conserve un lien systématique entre ses idées. Nous attendons de lui le développement de la nouvelle situation où la réunion de tant de faits nouveaux doit l'avoir placé, relativement à la possibilité d'en tirer parti pour pronostiquer les saisons futures.

CHAPITRE IV.

Pronostics fondés sur la position et le mouvement de la lune.

Il y a des préjugés scientifiques comme il y a des préjugés populaires, mais dans aucun siècle les savants n'ont été plus disposés à renoncer aux leurs, à les soumettre de bonne foi au creuset de l'expérience et de l'observation, et le vulgaire lui-même ne tient plus avec la même ténacité à ses idées superstitieuses et se rend plus aisément à la voix de la raison. Le peuple ne tremble plus à la vue des comètes et des éclipses, on ne brûle plus de sorciers ; et d'un autre côté, le temps est passé où l'on traitait de ridicule l'assertion de pierres tombées du ciel, et où Lamarck était forcé de discontinuer l'examen scientifique d'une hypothèse météorologique. Rien n'indique mieux cette disposition générale que l'excellent article publié en 1832 par M. Arago relativement à l'influence de la lune sur la végétation[1], article plein de raison et d'impartialité, qui a permis d'aborder enfin une question que quelques savants osaient à peine effleurer avant cet écrit.

Si l'on part du simple raisonnement scientifique, on admettra avec les astronomes et les physiciens que la lune exerce un certain effet sur la terre. Cette influence est manifestée, soit

---

(1) *Annuaire du Bureau des longitudes*, 1832.

par les perturbations qu'elle imprime à l'orbite de notre planète, soit par les marées aqueuses qu'elle occasionne, soit par
un mouvement analogue produit sur l'atmosphère, ainsi que le
prouve l'observation du baromètre. On n'admet pas cependant
avec la même facilité l'influence de la lune sur les météores, sur
la végétation, sur la santé, etc. Quant aux météores, ces influences paraîtraient d'abord devoir être bien petites, puisqu'une série d'observations contredirait une autre série faite
dans un autre lieu ; ainsi l'on opposerait les observations de
L. Howard à celles de Cotte ; on opposerait ensuite les unes
aux autres les observations du même auteur faites à différentes époques. Les résultats obtenus en comparant les effets
des lunaisons sur le baromètre varient en effet de Londres à
Paris et d'une période de temps à une autre. Nous observerons
à cet égard qu'en employant les hauteurs barométriques non
corrigées des effets de la température, comme l'ont fait Howard
et Cotte, on ne pouvait arriver à des résultats exacts, puisque
ces effets étaient le plus souvent supérieurs à l'influence lunaire elle-même ; on tombait donc dans une confusion étrange
en associant les observations de l'hiver et celles de l'été dans
les mêmes totaux. Quant à la différence des lieux, nous avons
déjà fait remarquer [1] que les mouvements du baromètre n'étaient pas simultanés sur toute la surface de la terre, mais
que les courbes qui les représentent dans deux localités différentes, restant semblables de figure, les maxima et les minima
n'avaient pas lieu les mêmes jours. L'équilibre de pesanteur de
l'atmosphère ne se dérange et ne se rétablit que graduellement
et de proche en proche, suivant les obstacles qu'opposent la
nature et la configuration des lieux. Les marées atmosphériques
ont leur *établissement* comme celles de la mer. Il était donc
difficile de comparer entièrement les résultats des observations
sans faire la part de toutes ces considérations.

(1) Page 174.

On admettait aussi, comme une preuve décisive de l'absence d'effet de la lune sur l'atmosphère, que cette influence disparaissait entre les tropiques ; que dans ces contrées la chaleur, la pluie, les vents ne dépendaient que de la distance du soleil au zénith, sans qu'il fût nécessaire d'avoir égard à la situation absolue et relative de la lune. Cette assertion pouvait être contredite par des assertions contraires. Ainsi Clapperton remarquait au Bornou que les pluies suivaient une période de sept jours ; que dans la saison des pluies, le lac de Tschad croissait et décroissait alternativement tous les sept jours [1]. Everat observait qu'à Calcutta la pluie tombait abondamment les 2e, 5e, 6e et 7e jours avant la nouvelle lune, de sorte que dans la somme totale de 34,55 pouces d'eau, 25p,31 tombaient dans les sept jours voisins du renouvellement de la lune, et seulement 9p,24 dans le reste du mois lunaire ; que le nombre des jours de pluie était de 45 pour les sept jours avant la nouvelle lune, et de 23 pour le reste du mois lunaire. Ainsi, entre les tropiques, on aurait remarqué un effet marqué de la lune sur les météores aqueux.

Mais, dira-t-on encore, ce qui prouve *à priori* la petitesse de cette influence, si toutefois elle a lieu, c'est que des temps opposés ont lieu au même instant sur différents points du globe, et par conséquent avec la même phase lunaire. M. Bode, ayant rassemblé les observations faites pendant l'éclipse solaire du 18 novembre 1816, on y vit un mélange singulier de beau et de mauvais temps se manifestant le même jour sur une grande partie de l'Europe. Mais il faut remarquer que l'influence lunaire n'est pas la seule qui se fasse sentir, qu'elle vient partout s'ajouter à des influences préexistantes, celles des températures acquises par un sol plus ou moins humide, plus ou moins couvert de nuages, celles des vents régnants, etc. C'est ce que nous verrons clairement par la suite.

(1) *Voyages et Annales de voyages*, 3e série, t. I, p. 19.

M. Olbers, dont nous venons de reproduire les objections en cherchant à les réfuter, ajoute cependant, que quelque faibles que soient les effets de la lune sur le baromètre, il n'est pas impossible que les marées plus fortes des syzygies disposent l'atmosphère à des changements considérables ; que, de même, le passage par l'équateur et le périgée, qui ne peuvent pas produire des mouvements considérables dans l'atmosphère, pourraient en exciter les causes ; que d'ailleurs il serait possible qu'elle agît sur notre atmosphère par des forces différentes de son attraction et de sa lumière [1]. Au milieu de ces doutes et de ces assertions, ce qu'il y a de mieux à faire, c'est d'examiner consciencieusement tous les faits. On conçoit combien la vérification d'une influence déterminée aurait d'importance pour l'agriculture ; il y aurait une époque favorable pour semer, celle qui suivrait les pluies et où le temps serait encore suffisamment humide ; une époque où la sève étant plus abondante et plus aqueuse, les bois seraient plus imbibés d'humidité et où il ne serait pas à propos de les couper, etc. La plupart des anciennes maximes agricoles, traitées aujourd'hui de préjugés, pourraient reparaître sous une forme plus rationnelle et dégagées des erreurs palpables qui les accompagnaient. Nous croyons donc faire une chose utile en examinant cette matière avec un détail qui permette d'assigner les limites exactes dans lesquelles on peut admettre l'influence lunaire.

Avant d'entreprendre cette tâche, nous rappellerons à nos lecteurs que la lune, dans son mouvement propre autour de la terre, s'en éloigne et s'en approche successivement ; que le point où elle est le plus rapprochée de la terre est nommé son *périgée*, et celui où elle en est le plus éloignée son *apogée;* que ces deux points sont ce que l'on appelle les *apsides* de la lune et qu'elle les atteint tous les deux une fois pendant le cours de sa révolution sidérale, qui est de 27 jours

---

(1) *De l'influence de la lune sur les saisons*, par Olbers.

7 heures 43′,192 ; de plus, que pendant la durée de cette révolution, elle traverse deux fois l'équateur, se trouvant, pendant
une moitié de cette durée, dans la partie boréale de l'écliptique,
et dans la partie australe pendant l'autre moitié : ce sont les *déclinaisons* boréales et australes de la lune. Considérée relativement à la position du soleil, la lune tourne dans le même sens
que lui ; le temps qu'elle emploie pour revenir en conjonction
avec lui est un peu plus long que sa révolution sidérale. Quand
la lune est placée entre nous et le soleil, nous ne pouvons voir
sa face éclairée, et l'on dit qu'elle est *nouvelle ;* quand elle est
opposée au soleil, nous voyons au contraire sa face éclairée tout
entière, et l'on dit qu'elle est *pleine :* ce sont les *syzygies* de la
lune. Dans ses positions intermédiaires entre les syzygies elle
nous montre le quart de sa face éclairée, dont la convexité est
toujours tournée vers le soleil ; ce sont les *quadratures*. Le premier quartier a lieu quand elle marche de sa conjonction à son
opposition ; le dernier quartier, quand elle se trouve entre son
opposition et sa conjonction. On a appelé octant la partie intermédiaire entre une quadrature et une syzygie.

Les marées de l'Océan qui ne sont soumises, au moins en
très grande partie, qu'à l'action attractive de la lune et du soleil, sont à leur maximum de hauteur quand les syzygies correspondent avec le périgée, et que la déclinaison de la lune est
semblable à celle du soleil. (Nous faisons abstraction ici du
mouvement des nœuds.) Alors, en effet, toutes les forces agissent de manière à faire coïncider les attractions qu'elles exercent sur les mers. Au contraire, les marées sont les moindres
possible, quand les quadratures correspondent à l'apogée et à
une déclinaison lunaire opposée à celle du soleil, parce que les
actions de la lune et du soleil se contrarient, outre que la lune
est alors plus éloignée de la terre. Il est hors de doute que
l'atmosphère doit subir l'effet de ces mêmes forces, mais à un
bien moindre degré que l'Océan, en raison de la différence de

leurs densités respectives. Il doit en résulter un renflement
sphéroïdal au point de l'atmosphère le plus attiré par cette
force, et une diminution proportionelle de la pression de l'air
sur la surface de la terre. Laplace a fait voir que les conséquences de cet effet sont la production d'un léger courant
d'air de l'est à l'ouest et la baisse du baromètre ; mais celles qui
résultent de ses calculs sont très faibles, et l'on s'est accordé à
n'admettre l'influence lunaire que si elle pouvait ressortir de
l'expérience directe. Nous allons examiner ce que cette expérience nous apprend.

SECTION Iʳᵉ. — *Action de la lune sur le baromètre.*

Laplace, voulant vérifier les résultats de ses calculs, chargea
d'abord Cotte de calculer la hauteur du baromètre pour chaque
position de la lune ; mais ce travail était nécessairement
imparfait, parce que les termes n'étaient corrigés ni de la température du mercure, ni des effets de la capillarité ; il fut repris
par Bouvard, qui donna les résultats suivants [1] pour les deux
jours qui précèdent et les deux jours qui suivent les syzygies
et la quadrature :

	9 heures du matin.	Midi.	3 heures.	Marées diurnes.
3.	755,941	755,623	755,124	0,817
2.	756,205	756,016	755,510	0,695
Syzygies. . . .	756,319	755,989	755,396	0,923
2.	756,177	755,879	755,445	0,734
3.	756,100	755,845	755,377	0,723
3.	756,644	756,368	755,718	0,726
2.	757,031	756,851	756,403	0,628
Quadratures . .	757,057	756,689	756,027	1,030
2.	756,370	756,079	755,573	0,797
3.	756,438	756,158	755,711	0,727

Ainsi, nous avons ici une différence sensible entre la hauteur
du baromètre aux syzygies et aux quadratures.

(1) *Mémoires de l'Académie des Sciences*, t. VII.

	9 heures du matin.	Midi.
Quadratures.	757,057	756,689
Syzygies.	756,319	755,989
Différence	0,738	0,700

Nous avons fait un travail encore plus complet en cherchant, pour chaque jour de la révolution synodale, la hauteur de la colonne barométrique, à Paris, à 9 heures du matin, de 1809 à 1841; nous avons obtenu le résultat suivant :

Nouvelle lune	756,539	Premier quartier. . .	756,133
Pleine lune	755,689	Dernier quartier. . .	756,401
Moyenne. . .	756,114		756,267

Différence des quadratures aux syzygies, 0,153

Ce résultat semblerait être en contradiction avec les nombres qui ont été trouvés par Bouvard; mais il ne faut qu'y jeter un coup d'œil pour comprendre que les effets produits par la lune lors de ses deux syzygies ne sont pas égaux entre eux; il en est de même des effets qu'elle produit lors de ses deux quadratures. Bouvard n'a confondu ces différents effets que parce qu'il ne s'agissait pour lui que de vérifier la seule action attractive de la lune, tandis que cette action paraît produire d'autres résultats qui se manifestent ici. En effet, la différence entre la nouvelle et la pleine lune est de 0,850, et celle entre les quadratures 0,268; ces deux quantités sont plus grandes que la différence qui existe entre les syzygies et les quadratures réunies. Nous allons voir de plus que ce n'est pas aux époques précises de ces points que se trouvent le véritable maximum et le véritable minimum des actions que la lune exerce sur l'atmosphère terrestre. M. Eisenlhor a calculé pour Carlsrhue, mais seulement durant 10 ans, le développement semblable à celui obtenu pour Paris; il sera curieux de comparer ensemble les deux séries :

PARIS[1].		CARLSRUHE.	
Jours de la lune.	mill.	Jours de la lune.	mill.
4	755,618	26	754,633
3	755,899	27	754,590
2	756,496	28	754,440
N. L.	756,488	1	754,006
2	756,254	2	754,146
3	755,966	3	754,802
4	755,665	4	754,545
1	755,998	5	754,196
3	756,248	6	754,013
2	756,201	7	753,581
P. Q.	756,174	8	753,769
2	755,713	9	753,087
3	755,648	10	752,687
4	755,323	11	752,459
4	755,181	12	752,350
3	755,499	13	752,380
2	755,179	14	752,997
P. L.	755,167	15	753,094
2	755,641	16	753,094
3	755,718	17	753,914
4	756,249	18	753,547
4	756,280	19	753,297
3	756,541	20	754,119
2	756,453	21	754,324
D. Q.	756,450	22	754,236
2	756,510	23	754,757
3	756,811	24	754,994
4	756,105	25	754,728

En examinant de près ces deux séries, les seules qui aient été calculées complétement jusqu'ici, et surtout la représentation graphique que nous en donnons *fig.* 16, on est frappé de l'analogie des deux courbes qui les représentent. La courbe de Paris ABC, calculée sur les *maxima* seulement, est un peu

(1) Après avoir fait l'addition des observations de chaque marée à 9 heures du matin, nous avons voulu éliminer une cause d'erreur, c'est la plus grande élévation du baromètre dans certains mois de l'année; nous avons donc réduit tous les termes à un mois moyen où l'élévation du baromètre serait de 755mm,882.

plus irrégulière que celle de Carlsruhe DEF, mais les irrégula-

Fig. 16.

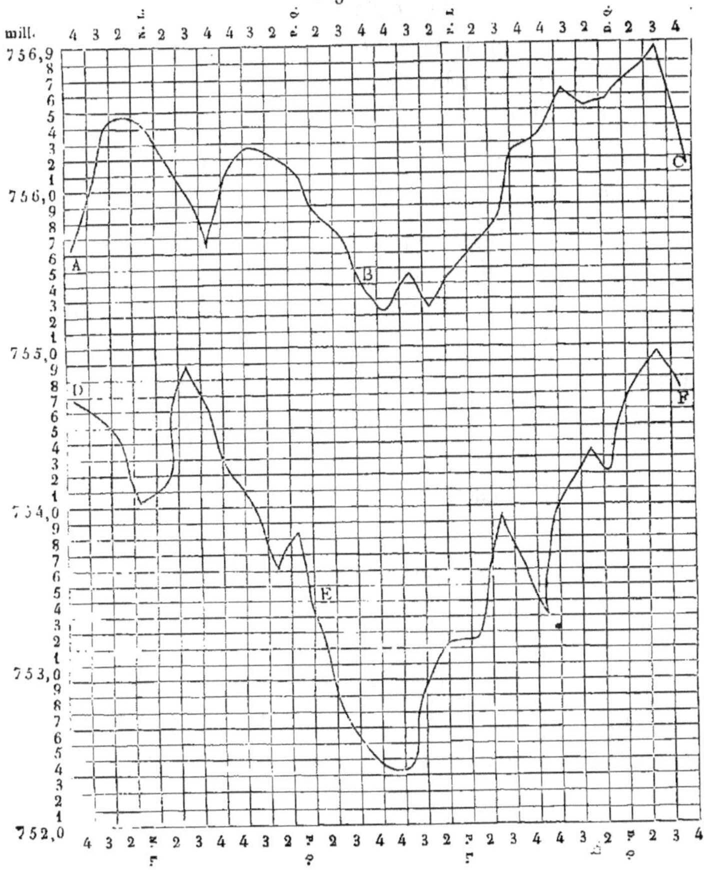

rités disparaîtront à mesure que l'on réunira un plus grand nombre d'observations et que l'on fera entrer les observations des
minima dans le calcul. Les deux courbes présentent deux
maxima et deux *minima;* le premier *maximum* à l'époque
de la nouvelle lune, le second vers le dernier quartier. Le
premier *maximum*, le moins élevé, précède, à Paris, celui de
Carlsruhe : le second, le plus élevé, est simultané dans les deux
régions. Quant aux deux *minima*, ils tombent, le premier,

entre le dernier quartier et la nouvelle lune, c'est le moins bas et celui qui a le moins de durée ; le second, entre le premier quartier et la pleine lune, c'est celui qui descend le plus bas et se prolonge le plus. Le rapprochement de ces courbes ne laisse aucun doute sur le sens de l'action lunaire à l'égard de l'atmosphère. Par leur continuité pendant toute la durée du mois lunaire, ces séries embrassent un beaucoup plus grand nombre de faits que toutes les tentatives isolées que l'on avait faites jusqu'ici. On n'avait pas la même garantie quand on se bornait à comparer deux ou trois de leurs termes ; et en effet, il suffirait d'examiner le tableau des opérations qui ont conduit à ces résultats et de calculer les probabilités diverses de chaque colonne, pour reconnaître que si l'on ne peut fonder aucune certitude sur chacune d'elles, prise séparément, quoiqu'elles comprennent chacune pour Paris 480 chiffres, l'accord général de la marche des courbes, soit en montant, soit en descendant, obtenu sur deux points différents et avec les observations d'années différentes (de 1809 à 1841 pour Paris, de 1810 à 1821 pour Carlsruhe), donne les plus fortes probabilités pour établir qu'elles indiquent l'ensemble du véritable mouvement imprimé à l'atmosphère par les phases lunaires. Nous en trouverons bientôt une nouvelle confirmation dans l'analogie profonde de ces courbes et de celles qui indiquent l'influence lunaire sur les pluies. Au reste, l'effet total produit sur le baromètre est bien petit. Du *maximum* au *minimum* du baromètre, nous avons :

A PARIS.	A CARLSRUHE.
mill.	mill.
756,713	754,994
755,207	752,350
1,506	2,644

La variation diurne du baromètre étant liée à la position du soleil, se trouve modifiée par différentes causes qui tantôt l'augmentent, tantôt l'affaiblissent, et quelquefois la changent de signe, c'est-à-dire que la hauteur barométrique du matin est alors plus faible que celle du soir. Il était important de rechercher si le mouvement diurne de la lune n'influait pas sur ces modifications, si, en d'autres termes, il n'y avait pas chaque jour une marée haute et une marée basse du baromètre causée par la lune et plus ou moins masquée par la marée thermométrique solaire. C'était une des considérations qui devaient décider si la cause des mouvements barométriques observés était la même que celle des marées de l'Océan, c'est-à-dire l'attraction lunaire. Pour y parvenir, M. Arago [1] a considéré qu'aux syzygies le *maximum* de hauteur barométrique dépendant de l'effet de la marée atmosphérique devait avoir lieu à midi, moment du passage de la lune par le méridien ou l'antiméridien. Cette hauteur croîtra continuellement de 9 heures du matin à midi ; aux quadratures, le *minimum* de hauteur barométrique devra être à 6 heures du matin et 6 heures du soir ; mais, comme on n'a que les observations de 9 heures, on trouvera au moins que le baromètre de 9 heures sera plus élevé que celui de midi ; si l'on prend donc la différence entre la hauteur barométrique aux quadratures et aux syzygies et que la lune imprime à l'atmosphère un mouvement semi-diurne, cette différence devra être plus forte aux quadratures qu'aux syzygies. Voici le résultat de cette opération :

	Quadratures.	Syzygies.
9 heures du matin.	756,06	756,32
Midi.	756,69	755,99
Différence. . .	0,37	0,33

M. Arago fait remarquer que ces deux nombres ne diffèrent que de $\frac{4}{100}$ de millimètre ; quantité évidemment au-dessous des erreurs d'observations

Nous avons tenté cette vérification par un autre procédé ;

(1) *Annuaire de 1833*, p. 176 et suiv.

nous avons cherché la hauteur du baromètre, à Paris, aux heures les plus voisines du lever, du coucher et du passage de la lune par le méridien, pendant les années de 1819 à 1828. Nous avons obtenu les chiffres suivants :

Lever de la lune . . 756,185
Coucher de la lune . 755,776

Demi-somme. 755,980   Passage au méridien.. 755,666

Différence entre la hauteur barométrique, la lune étant à l'horizon ou au méridien, 0,314.

La quantité de $\frac{3}{10}$ de millimètre cesse d'être au-dessous des erreurs d'observation. Il paraît donc qu'il y a en effet une marée semi-diurne atmosphérique causée par l'action lunaire.

Si nous considérons maintenant l'influence des apsides sur les mouvements du baromètre, nous trouvons les résultats suivants :

Jours.	mill.	Jours.	mill.
7	755,951	7	756,269
6	756,229	6	756,308
5	756,316	5	757,209
4	756,107	4	755,925
3	755,695	3	756,217
2	755,820	2	755,886
Périgée	755,509	Apogée	756,041
2	755,511	2	755,894
3	756,179	3	756,050
4	756,225	4	756,426
5	756,051	5	756,157
6	756,029	6	756,164
7	756,614	7	755,864
Moyenne.	756,018	Moyenne.	756,108

En représentant par une courbe (*fig.* 17) ces différents résultats, nous voyons, à travers ses irrégularités, que cette courbe a son *minimum* d'élévation au périgée ; de là elle se relève par un mouvement brusque, et, au lieu de présenter sa partie la plus convexe à l'apogée, elle la manifeste à la distance moyenne, sans doute parce que le nombre des observations employées est encore trop petit ; car d'ailleurs la moyenne des jours voisins de l'apogée est un peu plus forte que celle des jours voisins du périgée, et les hauteurs barométriques inférieures à la moyenne AB durant ces derniers jours descendent beaucoup moins au-dessous de cette moyenne.

Fig. 17.

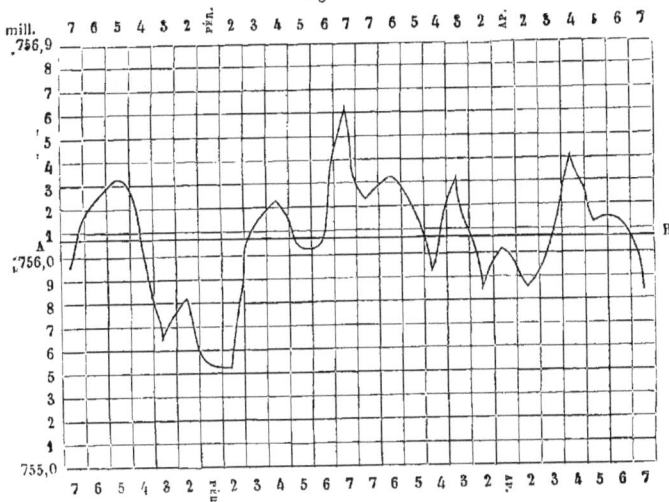

SECTION II. — *Action de la lune sur les météores.*

§ Ier. — Hypothèses sur l'influence de la lune sur le temps.

Quand on ne possédait pas encore de nombreuses observations, et que celles que l'on avait ne présentaient pas un degré d'exactitude suffisant, on fit en météorologie ce que l'on a fait dans toutes les sciences, on chercha à suppléer aux faits par des hypothèses. Nous ne savons pas trop de quelle nature était l'hypothèse qui fit prévoir à Démocrite d'Abdère une grande disette d'huile , et lui suggéra une bonne opération de commerce [1] ; mais depuis longtemps les personnes qui s'occupaient vaguement de météorologie croyaient que le retour de saisons sem-

(1) Pline, lib. XVIII.

blables était lié à certaines périodes déterminées par les révolutions lunaires. Cotte s'attacha, avec une grande obstination, d'après le conseil de Grandjean-de-Fouchy à rechercher
si les mêmes températures et les mêmes résultats météoriques
revenaient tous les 19 ans, période sur laquelle Lambert[1] et
Lalande avaient déjà appelé l'attention, et après laquelle les
phases de la lune coïncident de nouveau aux mêmes jours solaires. Ses nombreuses recherches sont consignées dans ses mémoires sur la météorologie[2], dans le *Journal de Physique* et
dans les mémoires de la Société d'agriculture de la Seine ; mais
quelques rencontres remarquables sont mêlées à un si grand
nombre de résultats contraires, qu'il est impossible d'attacher
aucune confiance à une hypothèse condamnée d'ailleurs par le
raisonnement, car le retour des phases aux mêmes jours n'entraîne pas le retour des apsides dont nous avons plus haut
signalé l'influence. Le même sort a frappé plusieurs autres
périodes que l'on a tour à tour préconisées, et dont quelques-
unes dépassent, par leur durée, le temps le plus éloigné pour
lequel nous possédons des observations[3].

Toaldo, possesseur d'une longue série de faits recueillis à
Padoue, fut le premier qui chercha à porter quelque méthode
dans les recherches météorologiques. Son essai de météorologie,
couronné en 1774 par l'académie de Montpellier, porta l'attention publique sur sa théorie des points lunaires ; mais il suffit
de lire son ouvrage pour se convaincre de tout ce que ses calculs ont d'arbitraire. Il s'occupa, non d'un météore déterminé,
mais des changements de temps ; et cette expression est si
vague, il est si vrai de dire que chaque jour, comparé au jour
précédent, présente un changement de temps, que l'on ne voit
pas où l'on pourrait s'arrêter pour arriver à des résultats

(1) *Acta helvetica*, t. II.
(2) T. I, p. 101 et suiv.
(3) Voir, dans l'*Annuaire du Bureau des longitudes* pour 1833,
p. 196 et suiv., l'excellente dissertation de M. Arago.

exacts. M. Arago a si bien discuté ce travail[1], que nous croyons inutile de nous y arrêter d'avantage.

Quand l'illustre secrétaire perpétuel de l'Académie publia cette notice, les cendres de Lamarck étaient à peine refroidies, et il ne voulut pas juger avec sévérité les tentatives que ce savant avait faites pour prouver que le caractère météorologique du temps se modifiait selon les déclinaisons de la lune, et donner ce qu'il appelait les constitutions lunaires. Lamarck admettait que, pendant les déclinaisons boréales, les vents étaient méridionaux, le temps pluvieux et le baromètre bas, et qu'au contraire les vents avaient plus de tendance à souffler du nord, le temps à être beau et le baromètre à s'élever, pendant les déclinaisons australes de la lune[2]. Il publia pendant plusieurs années un annuaire météorologique, dans lequel il prédisait le temps de l'année suivante d'après son hypothèse; les échecs successifs qu'éprouvèrent ses prédictions ne tardèrent pas à le rendre plus circonspect, et, ne cessant de compliquer son premier principe de nouveaux éléments qu'il avait d'abord négligés, il arriva enfin dans son dernier annuaire, celui pour l'an **XIV** de la république, à une complication telle, que la formule qui serait résultée de ses dernières idées n'était pas autre que celle des marées. Cotte avait eu la patience de vérifier, pendant un grand nombre d'années, l'hypothèse de Lamarck[3], et il y renonça à la vue du grand nombre de résultats négatifs auxquels elle le conduisait. Nous verrons plus loin ce qu'elle avait de vrai.

Après ces tentatives si arbitraires, on en vint enfin à des essais plus positifs, on ne rechercha plus seulement des faits trop généraux et trop vaguement définis, comme les changements de temps, mais on s'adressa à des faits bien définis, bien

(1) *Annuaire du Bureau des longitudes* pour 1833, p. 181.
2) *Annuaires météorologiques.*
(3) *Journal de physique,* de 1800 à 1804.

caractérisés. En 1777, Poitevin trouva pour Montpellier les nombres de jours de pluie suivants, tirés de 10 années d'observations.

Nombres de jours de pluie.

Pour 100 jours de nouvelle lune.	25
— premier quartier	14
— pleine lune	20
— dernier quartier	25

D'après les observations de Mourgues, Cotte avait trouvé pour les vents du même lieu les directions suivantes, qui résultent d'ailleurs de la formule de Lambert :

Nouvelle lune.	69° 9'
Premier quartier	25 4
Pleine lune	69 55
Dernier quartier.	22 56

Ainsi, le maximum des pluies avait eu lieu à la nouvelle lune et au dernier quartier avec des vents se rapprochant de l'est, le minimum au premier quartier et à la nouvelle lune avec des vents se rapprochant du nord.

Selon Cotte [1], l'influence lunaire sur la pluie et sur les vents était la suivante à Montmorency :

	Nombres de jours de pluie.	Direction des vents.
Pour 100 jours de nouvelle lune..	29	12° 26
— premier quartier . . .	28	18 44
— pleine lune	39	7 13
— dernier quartier. . . .	31	111 21
— lunistaire boréal. . . .	32	18 37
— lunistaire austral.. . . .	35	72 3
— équinoxe ascendant. .	33	319 5
— équinoxe descendant. .	30	19 27
— apogée.	33	19 28
— périgée	36	351 58

Pilgram a trouvé pour Vienne, en Autriche, les résultats suivants :

(1) *Mémoires sur la météorologie*, t. 1, p. 120.

	Nombres de jours de pluie.
Pour 100 jours de nouvelle lune.............	26
— pleine lune.............	29
— moyenne des deux quartiers...	25
(Il n'a pas séparé les deux quadratures).	
— périgée..............	36
— apogée...............	20

Schübler avait fait un travail plus sérieux et plus complet sur les observations de Stuttgart et d'Augsbourg, continuées pendant 28 ans. Il trouva les chiffres ci-après :

	Nombres de jours de pluie.	Pluies moyennes par an mill.
Pour 1000 jours de nouvelle lune........	306	42,15
— premier octant........	306	
— premier quartier......	325	39,05
— deuxième octant. (maximum).	341	42,44
— pleine lune........	337	39,20
— troisième octant......	313	
— dernier quartier. (minimum).	284	31,02
— quatrième octant.....	290	
Les sept jours les plus voisins du périgée...	1169	
Les sept jours les plus voisins de l'apogée..	1096	

Avant de donner le détail de nos calculs, voici quelques-uns de nos résultats que nous pouvons comparer à ceux de Schübler.

	Nombres de jours de pluie.	
	Paris.	Orange.
Pour 1000 jours de nouvelle lune.........	402	226
— premier octant.........	427	209
— premier quartier.......	418	273 (maximum)
— deuxième octant.........	467 (maximum)	230
— pleine lune..........	439	221
— troisième octant.......	426	204 (minimum)
— dernier quartier.......	391	233
— quatrième octant.......	376 (minimum)	221
Les sept jours les plus voisins du périgée.....		1809
Les sept jours les plus voisins de l'apogée....		1798

On se ferait la plus fausse idée de la marche des pluies en la jugeant sur des tableaux aussi incomplets ; nous voyons bien ici les maxima d'Augsbourg et de Paris coïncider sur le 2e octant, les minima arriver au dernier quartier ou au 4e octant ; nous comprenons bien comment les effets lunaires sont très différents dans le climat de Provence où les pluies procèdent d'autres vents ; mais ces chiffres isolés ne peuvent suppléer à ceux qui doivent les relier entièrement et manifester l'identité de la cause qui agit dans tous les cas. Il n'en est pas de même de ceux que nous allons présenter dans le tableau suivant que nous avons calculé pour Paris et Orange, en y rappelant les nombres trouvés pour Carlsruhe par M. Eisenlhor. Sur mille observations de chacun des jours des phases, on trouve :

Désignation des jours.	Paris.	Carlsruhe.	Orange.
4	406	452	221
3	422	446	220
2	425	418	188
N. L.	402	463	226
2	436	489	252
3	432	471	220
4	414	433	260
4	427	482	209
3	426	460	263
2	404	471	223
P. Q.	418	460	273
2	469	509	259
3	426	495	282
4	477	515	239
4	467	473	230
3	435	515	224
2	432	517	245
P. L.	439	464	221
2	418	418	233
3	468	493	288
4	422	471	236
4	413	441	204
3	429	479	207
2	435	436	224
D. Q.	391	426	233
2	418	436	213
3	378	446	232
4	377	465	248

Le titre de la colonne : JOURS PLUVIEUX.

Les nombreuses irrégularités que présentent les trois courbes **ABC** de Paris, **DEF** de Carlsruhe, **GHK** d'Orange (*fig.* 18)

Fig. 18.

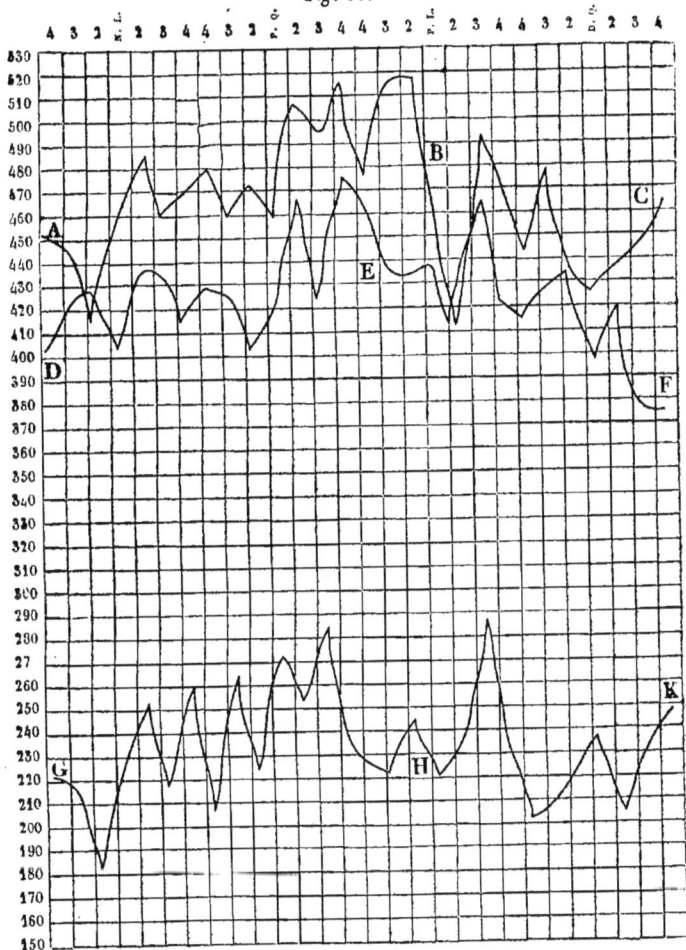

figurant géométriquement la fréquence relative des pluies pour
chaque jour lunaire, l'espèce d'hésitation qu'elles témoignent,
ne peuvent cependant masquer l'uniformité de leur tendance
tenant à la même cause, l'influence de la lune. Le résultat actuel
du tableau nous montre que, pendant l'intervalle qui s'écoule

entre le 4e jour après la nouvelle lune et le 4e jour après la
pleine lune, il tombe :

A Paris.	612 pluies.
A Carlsruhe.	674
A Orange	342

Et du 4e jour avant le dernier quartier au 4e jour avant le
premier quartier :

A Paris.	578
A Carlsruhe	630
A Orange	315

On voit dans les trois colonnes le nombre des jours de pluie
s'élever graduellement jusque dans les jours qui suivent le
premier quartier, témoigner par un dernier et court effort de
l'effet de la pleine lune, et s'abaisser ensuite sur le dernier
quartier. Il faudra un beaucoup plus grand nombre d'années
pour que la véritable influence des phases soit dégagée de
toutes les causes secondaires qui tendent à la dissimuler ; pour
que les apsides et les déclinaisons aient agi également sur tous les
termes, et enfin pour que les changements locaux de température, l'action des foyers de chaleur et des réfrigérants n'aient
pas pesé plus puissamment sur certaines périodes, et que cette
cause ait été éliminée par la multiplication des observations.

On conçoit aussi comment l'influence de la lune sur les pluies
est à grand'peine aperçue dans des pays comme Paris et Carlsruhe
où le jour moyen a encore plus de 40 pour 100 de probabilité
de pluie, et où le maximum d'effet de l'influence n'augmente
cette probabilité que d'un quart. A Orange, où la probabilité
moyenne n'est que de 25, mais où, dans certains mois, elle peut
se porter à 50, cette influence est très bien reconnue, et il en
est de même dans les pays méridionaux où les pluies sont rares.
L'influence de la lune y est une croyance commune; dans les autres contrées, elle est souvent regardée comme un préjugé.

L'influence de la distance de la lune à la terre, relativement à la production des pluies, a été aussi le sujet de nos recherches; elles nous ont donné le résultat suivant pour Orange et Paris; les chiffres de Paris résultent des observations de 1761 à 1841 :

Nombres de jours pluvieux sur 1000 de chacun des jours de la révolution anomalistique de la lune.

Apsides.	Paris.	Orange.	Apsides.	Paris.	Orange.
7	396	291	7	411	237
6	416	266	6	412	228
5	401	263	5	403	221
4	395	277	4	407	256
3	421	247	3	419	285
2	441	269	2	414	270
Périgée	435	284	Apogée	425	255
2	433	259	2	400	249
3	418	245	3	406	264
4	411	226	4	386	239
5	413	277	5	395	260
6	379	283	6	392	248
7	379	206	7	378	244
Sommes..	5338	3393		5248	3256
Moyennes.	411	261		403	250

Fig. 19.

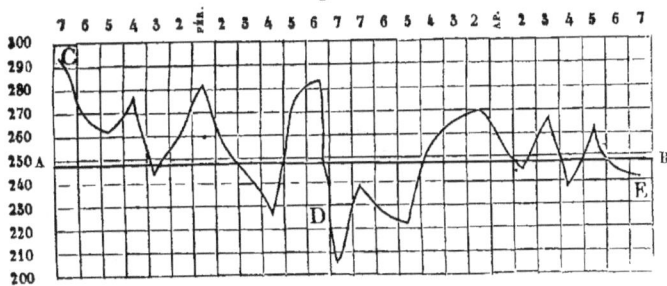

La courbe CDE (*fig.* 19) qui indique le degré de pluviosité de chaque jour de la révolution anomalistique à Orange est analogue à celle que nous avons obtenue pour le baromètre; elle doit nous convaincre que la même cause agit sur le mercure et sur les dispositions du baromètre à produire la pluie. Dans le voisinage du périgée, le nombre des jours pluvieux est le plus grand; 9 jours sur 14 qui se trouvent dans le voisinage du périgée ont des pluies plus nombreuses que les pluies moyennes, et 6 seulement dans le voisinage de l'apogée surpassent la moyenne A B.

Avant de quitter ce sujet, nous avons voulu rechercher quelle pouvait être la base sur laquelle Lamarck avait fondé ses opinions relativement à l'effet des déclinaisons boréales et australes de la lune sur le temps; nous avons été conduit à former le tableau suivant :

Nombre de pluies sur 1000 de chacun des jours de la révolution synodique de la lune.

Equinoxe boréal.	Pour l'année.		Avril à septembre.		Octobre à mars.	
	Paris.	Orange.	Paris.	Orange.	Paris.	Orange.
1	410	212	369	183	442	239
2	402	246	387	232	418	260
3	434	271	417	261	452	281
4	406	236	433	261	378	210
5	·458	262	353	294	390	229
6	405	219	383	235	427	202
7	430	275	405	255	455	295
8	474	283	467	267	482	299
9	444	289	420	294	468	286
10	430	236	390	244	470	231
11	431	279	413	259	445	298
12	438	261	447	257	412	265
13	450	271	437	266	462	277
14	418	250	390	258	447	211
Sommes	6,033	3,590	5,711	3,566	6,148	3,613
Moyennes. . . .	452	256	408	255	440	258
Equinoxe austral.						
1	412	250	403	241	420	258
2	435	213	407	210	467	217
3	436	224	432	213	440	236
4	418	255	392	302	477	208
5	451	223	443	236	458	210
6	440	233	418	242	463	223
7	435	267	448	298	422	237
8	402	253	385	226	385	277
9	425	247	395	223	455	274
10	438	269	425	238	452·	299
11	441	306	460	317	422	294
12	438	266	457	293	418	238
13	420	262	387	257	453	233
14	450	230	407	225	535	238
Sommes	6,041	3,498	5,859	3,521	6,267	3,442
Moyennes . . .	431	250	418	251	448	246

A prendre l'ensemble de l'année, le nombre moyen des pluies de chaque jour est, à Paris, de 427 sur 1000 jours.

Les déclinaisons boréales nous donnent 8 jours sur 14 au-dessus de la moyenne;
Les déclinaisons australes. . . . . . . 9 jours sur 14.

Une différence si petite peut tenir à l'erreur des tables qui ne comprennent pas un assez grand nombre d'années (1803 à 1841); et le résultat se rapproche tellement de l'égalité, que l'on a droit de s'étonner que Lamarck ait pù être amené à cette opinion par des observations réelles.

Mais le soleil étant pendant six mois dans ses déclinaisons boréales, et six autres mois dans ses déclinaisons australes, il fallait rechercher aussi ce que la concordance ou la discordance des déclinaisons lunaires pouvait produire. Le tableau ci-dessus nous le montre, et nous y voyons que d'avril en septembre la moyenne des nombres des pluies étant de 413 sur 1000 :

Les déclinaisons boréales nous donnent 7 jours sur 14 au-dessus de la moyenne;
Les déclinaisons australes. . . . . . . 7 jours sur 14.

D'octobre en mars, la moyenne des nombres des pluies étant de 444 sur 1000,

Les déclinaisons boréales nous donnent 8 jours sur 14 au-dessus de la moyenne;
Les déclinaisons australes. . . . . . . 7 jours sur 14.

A Orange, l'effet est plus marqué : d'avril à septembre, la moyenne des nombre des pluies étant de 253 sur 1000,

Les déclinaisons boréales nous donnent 10 jours sur 14 au-dessus de la moyenne;
Les déclinaisons australes. . . . . . . 5 jours sur 14.

D'octobre en mars, la moyenne des nombres des pluies étant de 252,

Les déclinaisons boréales nous donnent 8 jours sur 14 au-dessus de la moyenne;
Les déclinaisons australes . . . . 5 jours sur 14.

Ainsi, l'effet des déclinaisons, comme tous les autres effets lunaires, se trouve plus marqué dans les régions méditerranéennes. Les pluies plus fréquentes dans les déclinaisons boréales que dans les déclinaisons australes, le sont d'autant plus que le soleil se trouve dans des signes boréaux en même temps que la lune.

Section V. — *Des influences de la lune sur la végétation.*

Nous pouvons maintenant réduire à leur juste valeur les idées que l'on s'est formées à l'égard de l'influence que l'on supposait à la lune sur la végétation. Elles consistent principalement dans la croyance que le bois des arbres qui sont abattus en lune croissante, c'est-à-dire de la nouvelle à la pleine lune, ne se conserve pas, qu'il est sujet à être piqué des vers, ou à être atteint de la pourriture humide ou sèche ; qu'il faut semer et planter en lune décroissante si l'on veut avoir des végétaux qui portent des fruits, et en lune croissante si l'on désire qu'ils prennent un grand développement herbacé ou légumineux ; qu'il faut choisir le temps de la pleine lune pour récolter le grain que l'on veut vendre, car pendant la période de la lune croissante le grain augmente de grosseur ; que si, au contraire, on se propose de le garder, la moisson doit avoir lieu au temps de la nouvelle lune, parce qu'alors les grains plus secs sont moins sujets à la corruption (Pline) ; enfin, que le vin qui dans sa fermentation embrasse deux lunes différentes n'est jamais de bonne qualité et reste constamment trouble. Nous allons examiner ces différentes assertions.

§ Ier. — Epoques lunaires de la coupe des bois.

Les forestiers les plus habiles sont divisés sur la question de l'influence que peut exercer l'époque lunaire sur la coupe des bois, mais on peut dire que l'opinion de ceux qui soutiennent l'affirmative est à l'état de préjugé, comme celle de leurs contradicteurs est fondée uniquement sur le dédain d'une croyance populaire. Parmi les artistes et les ouvriers qui emploient le bois, la croyance aux effets de la lune est beaucoup plus générale, mais n'est pas mieux fondée; pour eux tout bois qui se détériore a été coupé en mauvaise lune. Il semblerait cependant que tant d'écoles forestières auraient dû depuis longtemps aborder le problème de front et chercher à établir la vérité; car si cette influence avait quelque chose de fondé, il s'ensuivrait que, les coupes ayant lieu au hasard, la moitié des bois, selon toute probabilité, serait soumise à une cause constante de détérioration.

Pourquoi tant de savants n'ont-ils pas tenté cette recherche? Pourquoi laissent-ils planer le doute et l'incertitude sur une question qu'il serait si intéressant d'éclairer? C'est, il faut le dire, qu'ils n'osent pas affronter le ridicule et avoir l'air d'ajouter la moindre foi à une croyance populaire; qu'ils croient se montrer *esprits forts* en la dédaignant. Ne voyons-nous pas avec qu'elle liberté vraiment digne d'un savant M. Arago n'a pas craint de la discuter, encourageant ainsi par son exemple, ceux qui ne peuvent pas s'abriter sous une si haute réputation, à l'aborder franchement par la voie expérimentale?

Mais déjà un des hommes les plus illustres qui se soient occupés de physiologie végétale, Duhamel, n'avait pas dédaigné d'examiner ce qu'il y avait de vrai dans cette opinion. Nous lui devons les seules expériences directes qui aient été tentées, et, quelqu'insuffisantes qu'elles soient pour conduire à la solution du problème, nous devons les citer comme un exemple à suivre et comme un renseignement utile, puisqu'elles peuvent au moins faire naître le doute, si elles ne peuvent forcer la conviction.

Duhamel n'embrassa pas la question dans sa généralité, il se borna à rechercher si, pour être bons, les bois devaient être abattus au décours de la lune, c'est-à-dire après que la lune avait passé son plein[1]. Il commença par examiner l'effet des saisons sur la coupe des bois, et il dut conclure qu'ils avaient tous la même force, soit qu'ils fussent coupés en hiver, en été, au printemps ou en automne, pourvu qu'ils fussent tous ramenés au même point de dessiccation. Ce point écarté, il pesa des morceaux de bois de chêne d'un égal volume, coupés les uns en lune croissante, les autres en lune décroissante ; voici les résultats qu'il obtint :

Iʳᵉ Expérience. — *Bois coupé en décembre.*

	kilogr.
En lune croissante	80,961
En lune décroissante	78,392
Différence	2,569

IIᵉ Expérience. — *Bois coupé en janvier.*

En lune croissante	80,915
En lune décroissante	77,554
Différence	3,361

IIIᵉ Expérience. — *Bois coupé en février.*

En lune croissante	80,319
En lune décroissante	69,948
Différence	10,371

IVᵉ Expérience. — *Bois coupé en novembre.*

En lune croissante	80,089
En lune décroissante	75,194
Différence	4,895

Ainsi, sous un égal volume, le bois de chêne a pesé toujours a peu près le même poids quand il a été coupé en lune croissante ; mais son poids a été très différent quand il a été coupé en lune décroissante, de novembre à février ; il est arrivé à son

---

(1) *De l'exploitation des bois,* t. I, p. 374 et suiv.

maximum de poids en janvier, et à son minimum en février, dans l'année où se sont faites les expériences.

Le maximum de différence de poids entre le bois coupé à ces deux époques tombe donc au mois de février, où elle est de 0,125 du poids du bois le plus pesant ; le minimum en janvier, où elle est de 0,031 de ce poids. C'est donc à ces deux époques, 12,5 pour cent de parties aqueuses additionnelles que le bois coupé en lune décroissante renferme de plus que le bois coupé en lune croissante. Duhamel a soin de dire que l'on ne peut supposer que ces quatre coupes aient été faites dans des temps également défavorables. Si des expériences nouvelles étaient faites sur une plus grande échelle et qu'elles vinssent confirmer avec la même constance le fait que les siennes mettent en lumière, il y aurait donc lieu de tenir grand compte dans la végétation de l'influence lunaire dans ces deux périodes de sa révolution.

La seconde série d'expériences de Duhamel eut lieu sur des barreaux de bois de chêne d'égal volume. Après les avoir pesés, il les exposait pendant quatre ans sous des hangars humides, et après ce temps il examinait l'état où ils se trouvaient.

Iᵣᵉ EXPÉRIENCE. — *Bois abattu en décembre.*

En lune décroissante.

	kilogr.	Etat des échantillons.
Poids à l'abattage...	19,839	1ᵉʳ. Aubier échauffé.
Poids après 4 ans...	15,357	2ᵉ. *Idem.*
Perte....	4,482	3ᵉ. Assez bon.

En lune croissante.

Poids à l'abattage...	19,824	1ᵉʳ. Bon.
Poids après 4 ans...	15,663	2ᵉ. Aubier échauffé.
Perte....	4,161	3ᵉ. *Idem.*

IIᵉ EXPÉRIENCE. — *Bois abattu en janvier.*

En lune décroissante.

Poids à l'abattage...	19,473	1ᵉʳ. Aubier piqué.
Poids après 4 ans...	14,317	2ᵉ. Aubier vermoulu.
Perte....	5,156	3ᵉ. Point d'aubier.

En lune croissante.

	kilogr.	État des échantillons.
Poids à l'abattage . . .	20,436	1er. Bon aubier.
Poids après 4 ans . . .	14,929	2e. *Idem.*
Perte. . . .	5,507	3e. Point d'aubier.

IIIe Expérience. — *Bois abattu en février.*

En lune décroissante.

Poids à l'abattage . . .	17,942	1er. Bon bois.
Poids après 4 ans . . .	14,318	2e. Aubier vermoulu.
Perte. . . .	3,624	3e. *Idem.*

En lune croissante.

Poids à l'abattage. . .	19,855	1er. Bon aubier.
Poids après 4 ans . . .	14,502	2e. *Idem.*
Perte. . . .	5,353	3e. *Idem.*

IVe Expérience. — *Bois abattu en novembre.*

En lune décroissante.

Poids à l'abattage. . .	18,738	1er. Aubier vermoulu.
Poids après 4 ans . . .	13,951	2e. Point d'aubier.
Perte. . . .	4,787	3e. Aubier en poussière.

En lune croissante.

Poids à l'abattage. . .	20,436	1er. Point d'aubier.
Poids après 4 ans . . .	14,960	2e. Bon aubier.
Perte. . . .	5,476	3e. *Idem.*

Ces dernières expériences tendraient donc à prouver, contre l'opinion commune, que le bois devrait être abbattu en lune croissante, et non quand elle est en décours. Les bois coupés dans la première époque ont conservé plus de poids sous le même volume après quatre ans d'exposition sous un hangar, et se sont montrés moins sujets à l'altération et à la piqûre des vers. « Reste à savoir, dit Duhamel, si la lune favoriserait la propagation des insectes, et si son influence peut disposer les bois à les recevoir et à les entretenir. » Mais il est facile de voir que, dans le premier cas, les bois coupés étaient imprégnés de moins de sève, qu'ils ont dû par conséquent perdre moins dans la dessiccation ; que, d'un autre côté, les insectes pullulent d'autant plus facilement que le bois est plus humide et plus ramolli.

Sur seize expériences que nous avons rapprochées d'après Duhamel, il n'y en a qu'une de discordante, celle du mois de janvier de la 2e série. Cet accord est déjà une forte probabilité en faveur de l'opinion que la lune a une influence manifeste sur la marche de la sève et sur son abondance relative aux deux époques du mois lunaire. Quel est l'état des météores à ces deux époques? D'après les tableaux que nous avons donnés plus haut, on a vu que le nombre des pluies était plus grand pendant la croissance de la lune que pendant son décours ; or, sans admettre l'influence directe de cet astre sur la sève, on pourrait conjecturer que la terre étant depuis la pleine lune jusqu'au 1er octant (4e jour après la nouvelle lune) dans un état de sécheresse relative, si l'on coupe le bois entre la nouvelle lune et la pleine lune, la pluie qui tombe plus abondamment alors n'aura pas encore eu le temps d'imbiber le bois, qui se trouve dans son plus grand état de sécheresse, et qu'au contraire, coupé après la pleine lune, il a reçu toute l'humidité superflue provenant de la période de pluie qui précède de quatre jours, et suit le premier quartier jusqu'à l'époque de la pleine lune.

Mais, nous le répétons, c'est trop s'arrêter en ce moment sur des expériences qui ne peuvent décider la question. Il en faut de plus nombreuses, de plus variées, soit par rapport aux saisons, soit par rapport aux essences des bois ; il faut que ceux qui les feront tiennent grand compte des circonstances météorologiques et de l'état d'humidité du sol au moment de la coupe. Il faut qu'aussitôt l'arbre abattu, les bois soient ramenés à un état de sécheresse absolue, pour comparer exactement la quantité de sève qu'ils contiennent ; il faut comparer un grand nombre d'échantillons pris sur le même terrain et sur des terrains différents. La question, enfin posée et dégagée de tous les scrupules et de toutes les entraves morales qui pouvaient faire hésiter les forestiers instruits, ne doit pas tarder à être résolue; et, en le faisant, on arrivera à un résultat toujours utile, soit qu'il conduise à nier ou à affirmer l'influence de la lune sur la végétation.

§ II. — Epoques lunaires des semis et des plantations.

Si l'on parcourt les auteurs anciens pour y chercher les traces des nombreuses opinions répandues sur les rapports des lunaisons avec le succès des végétaux semés ou plantés sous leur influence, on trouvera les contradictions les plus choquantes et les complications les plus grandes. A les en croire, la lune produirait un effet spécial et distinct sur chaque plante. C'est ainsi que Pline prescrit de semer les fèves à la pleine lune, et les lentilles à la nouvelle. Plus tard cependant toutes ces règles diverses se sont fondues en une seule, et il y a encore bien des vieux partisans de l'opinion que les semis et les plantations doivent être faites en lune décroissante s'il s'agit de végétaux destinés à porter du fruit, et en lune croissante pour ceux dont on n'exige qu'un grand développement ligneux ou herbacé. Au Brésil, M. Auguste Saint-Hilaire rapporte que l'on a soin de planter au décours de la lune tous les végétaux à racines alimentaires, les caras, les patates, les ignames, et en lune croissante la canne à sucre, le maïs, les haricots. M. Arago a fait justice [1] de la théorie qui cherchait à attribuer quelque effet à l'addition de chaleur apportée pendant la nuit à l'atmosphère, par la lune qui n'a pas encore atteint son plein, et qui alors se trouve sur l'horizon. On sait que l'on n'est pas parvenu à prouver que la chaleur transmise par cet astre fût de $\frac{1}{20000}$ de degré centigrade. De nouvelles expériences viennent d'être tentées à Naples, pour chercher les effets photométriques de la lune;

(1) *Annuaire de* 1833, p. 223.

ceux-ci ne peuvent être niés, puisque M. Daguerre a obtenu sur ses plaques une image de la lune ; mais cette image est très faible, et les résultats des essais tentés à Naples ne peuvent être admis, ayant été obtenus au moyen d'écrans qui, en dérobant la lumière de la lune à une partie des plantes que l'on voulait comparer à celles qui la recevaient, se trouvaient par là même soustraites à l'effet bien mieux constaté et bien plus énergique du rayonnement céleste, auquel les autres plantes étaient soumises. La théorie ne nous offre donc encore aucune donnée sur laquelle on puisse baser une telle opinion.

Resterait l'expérience directe, mais celle-ci n'a pas été tentée d'une manière régulière, et nous n'avons pu y suppléer que par le témoignage d'un praticien justement célèbre, La Quintinye, le directeur des jardins de Louis XIV. Cet homme, né et élevé au milieu des vieux partisans de l'influence lunaire, soumit ce préjugé général non à une expérimentation régulière, mais à une observation constante. Voici ce qu'il nous dit dans son ouvrage [1] : « Je proteste de bonne foi que, pendant plus de trente ans, j'ai eu des applications infinies pour remarquer au vrai si toutes les lunaisons devaient être de quelque considération en jardinage, mais qu'au bout du compte, tout ce que j'ai appris par ces observations longues et fréquentes, exactes et sincères, a été que ces décours (de la lune) ne sont que de vieux discours de jardiniers malhabiles... Greffez en quelque temps que ce soit, pourvu que vous le fassiez adroitement et dans les saisons propres à la greffe, et sur des sujets convenables à chaque sorte de fruits, et qu'enfin le plan soit bon et bien disposé, en sorte qu'il n'ait ni trop de sève ni trop peu, vous réussirez certainement... Et tout de même, semez et plantez toute sorte de graines et de plantes en quelque quartier de la lune que ce soit, je vous réponds d'un égal succès, pourvu que votre terre soit bonne, bien préparée, que vos plantes et

_____

(1) *Instruction pour les jardins fruitiers,* in-4, t. II, p. 355.

semences ne soient pas défectueuses et que la saison ne s'y oppose pas. Le premier jour de la lune comme le dernier seront également favorables à cet égard... »

La longue expérience de La Quintinye a été confirmée depuis par la pratique de nos meilleurs jardiniers. Soit que l'esprit sceptique se soit aussi glissé parmi eux, soit que la nécessité de serrer la trame de leurs travaux multipliés leur ait fait négliger les préceptes de leurs pères, nos maraîchers ne s'inquiètent plus depuis longtemps des effets de la lune, et il serait impossible que, si elle en avait de favorables et de funestes, on n'eût pas fini par remarquer les époques lunaires qui produisent tant de bien ou tant de mal. Nous croyons qu'on est encore un peu plus scrupuleux pour la taille et pour la greffe dans un grand nombre de vergers et de pépinières, mais le nombre de ceux qui ont secoué le joug du préjugé lunaire est assez grand pour que la comparaison de leurs revers avec le succès de ceux qui s'y soumettent encore eût dû les éclairer, s'ils avaient fait fausse route. On peut donc affirmer qu'il s'est fait une grande et complète expérience : d'un côté, une assez grande masse d'arboriculteurs ont continué à se soumettre aux règles anciennes ; de l'autre, un nombre non moins grand les a abandonnées, et les résultats ont été heureux de part et d'autre. La question nous paraît donc jugée en ce moment, et voici en quels termes nous croyons que le jugement pourrait être formulé.

Le moment à choisir pour semer, planter et greffer ne saurait être indifférent ; il est indiqué par l'état du terrain et celui des plantes. On ne peut planter et semer quand la terre est trop imbibée d'eau ; il faut qu'elle soit dans un état moyen de sécheresse. Cet état moyen peut se trouver dans toutes les positions de la lune ; car, si nous avons remarqué un effet marqué des phases sur la chute de la pluie, comme les phases ne gouvernent pas seules le temps, leur résultat n'est pas simple, et subit chaque année des modifications. Celui qui calculerait seulement, pour effectuer ses semis et ses plantations, sur la marche des phases, serait donc fréquemment trompé, tandis que celui qui consulterait l'état actuel du sol ne serait pas exposé à l'être. Mais nous avons vu plus haut que le plus grand nombre des pluies tombe en lune croissante, de la nouvelle à la pleine lune ; c'est donc au commencement de la lune décroissante que la terre se trouvera habituellement dans son état de plus grande humidité, et, quelques jours après, dans son état d'humidité moyenne. Il arrivera donc le plus souvent que l'homme qui consultera la lune plantera, selon le précepte ancien, en lune décroissante, de même que celui qui consultera l'état du sol. Il arrivera aussi, moins souvent sans doute, mais assez fréquemment encore, que le jardinier qui aura l'habitude de planter en décours, se trouvera dans une année où les influences lunaires modifiées lui donneront un terrain peu favorablement disposé, et qu'alors il ne se rencontrera plus avec celui qui n'aura consulté que l'état du terrain. Mais ne pensons pas cependant que, pour obéir à la règle, le premier sèmera et plantera dans un sol desséché ou trop humide; non, il n'en fera rien ; mais il aura perdu le moment favorable, et aura renvoyé d'un mois peut-être un semis ou une plantation qui souffrira de ce retard.

Nous dirons donc aux hommes les plus prévenus en faveur des influences lunaires : ou vous pensez que ces influences résident principalement dans les modifications qu'elles impriment à l'atmosphère et par contre-coup à la végétation, et alors simplifiez votre tâche; adressez-vous aux résultats sans chercher à remonter aux causes; consultez l'état du terrain pour planter et semer; il se trouvera le plus souvent d'accord avec vos principes, mais quelquefois il en différera, parce que les influences lunaires elles-mêmes sont plus compliquées que vous ne le pensez; mais, dans l'un et l'autre cas, vous arriverez au but que vous vous proposez ; ou bien vous croyez que l'influence lunaire se fait sentir sur les organes du végétal lui-même, sur la marche occulte de la sève, etc.; mais alors votre opinion manque de bases expérimentales, et ne peut être prise en considération que quand vous aurez pu lui en donner. On est encore à se demander comment l'expérience pourrait avoir prise sur une semblable question. Pour éliminer toutes les autres causes, pour obtenir l'effet lunaire séparé de celui de la température, de l'humidité du terrain et de l'air, il faudrait de telles complications de procédés, qu'on n'ose presque y songer ; et certes les contradictions des anciens préceptes horticoles ne nous disposent pas à les regarder comme les résultats d'analyses si délicates.

§ III. — Influence des époques lunaires sur les récoltes.

Pline nous conseille de choisir le temps de la pleine lune pour récolter le blé destiné à la vente ; car, dit-il, pendant la période de la lune croissante, le grain augmente considérablement de grosseur ; que si, au contraire, on veut le conserver, il faut moissonner en temps de pleine lune ou au moins en temps de décours.

Si nous appelons croissance de la lune le temps qui s'écoule du 4e jour avant le premier quartier au 4e jour après la pleine lune, et décours celui qui est compris du 4e jour avant le dernier quartier au 4e jour après la nouvelle lune, nous avons vu que l'on a, pour mille jours de chacune de ces deux périodes, les nombres de pluies suivants :

	PARIS.	ORANGE.
Lune croissante.	612,8	342,5
Décours de la lune.	577,8	314,8
Ces nombres sont entre eux comme	100 : 96	100 : 92

Prise sur la totalité de l'année, la différence est peu considérable ; mais on voit qu'elle tend à augmenter à mesure qu'on avance vers les pays méridionaux.

La récolte des blés se fait, à Paris, au commencement d'août ; à Orange, à la fin de juin. Si nous prenons donc les mêmes rapports pour le mois de juillet à Paris, et pour celui de juin à Orange, nous aurons :

	PARIS.	ORANGE.
Lune croissante.	663	389
Décours	643	305
Ces nombres sont entre eux comme . .	100 : 97	100 : 78

Conçoit-on maintenant comment une pareille opinion, très indifférente pour les cultivateurs du nord de la France, cesse de l'être pour ceux du midi, comment elle peut l'être bien moins encore en Sicile, en Algérie? Les pluies qui tombent à Paris, en lune croissante et décroissante sont, dans cette saison, un peu plus près de l'égalité que dans le reste de l'année ; à Orange, il pleut en lune décroissante le quart moins de fois qu'en lune croissante, pendant le mois de juin. Pline pouvait recommander, à ceux qui voulaient obtenir du blé renflé par l'humidité, de choisir, pour la moisson, l'époque de la pleine lune, qui suit celle des plus grandes probabilités de pluie ; mais il devait conseiller d'attendre la nouvelle lune, qui suit la plus grande probabilité de sécheresse, si l'on voulait récolter un grain sec et susceptible d'être conservé.

Les très petits propriétaires peuvent sans doute faire quelques combinaisons de ce genre, réglées non pas toujours sur la lune, mais sur l'état hygrométrique du grain ; il n'en est pas ainsi dès qu'il s'agit d'une propriété un peu étendue. On est dominé alors par des motifs plus pressants : celui de proportionner le temps pendant lequel la moisson peut se renfermer au nombre d'ouvriers dont on dispose. Toutes les autres considérations sont secondaires auprès de celle-là.

§ IV. — Influence des époques lunaires sur les vendanges.

Ce que nous venons de dire des moissons s'applique aussi
aux vendanges. Quoique le raisin puisse dépasser sans grand
inconvénient l'époque de sa maturité, qu'on puisse en reculer
la récolte, et qu'ainsi le cercle des travaux soit moins resserré
que pour les céréales, il y a cependant un terme que l'on ne
peut franchir sans s'exposer à la pourriture qui résulte des
pluies d'automne précoces. D'ailleurs, dans les grandes exploitations, où la vendange doit durer plusieurs semaines, on ne
peut se livrer à des calculs minutieux sur les époques lunaires.
En admettant même que ces calculs fussent fondés, ils pourraient convenir tout au plus aux très petites propriétés.

Il est donc bien rare aussi que dans les grands vignobles on
puisse s'assujettir à renfermer la fermentation dans l'espace
d'une seule lunaison. Cependant la règle indiquée peut être
justifiée, si l'on remarque que les jours qui suivent la nouvelle
lune sont ceux où il y a le plus de probabilité pour des vents du
nord froids, et pour un abaissement de température qui pourrait retarder et même interrompre la fermentation commencée.

Quoi qu'il en soit, on voit que toutes les prescriptions ayant
pour base l'influence des lunaisons sur les travaux rustiques
sont loin d'être dépourvues de vérité. Elles tirent leur origine
d'observations réelles, mais incomplètes, de la marche des saisons dans les pays qui avoisinent la Méditerranée. Mais dans
ces pays mêmes, les chances qu'elles donnent sont loin d'avoir
toute la valeur qu'on leur a attribuée, et elles mettraient souvent en défaut celui qui y attacherait une entière confiance.
C'est sous ces réserves que l'on peut affirmer qu'il n'est pas
impossible de s'en servir, et que nous avons dû nous borner à
faire pressentir l'usage limité que l'on en peut faire.

Ici se termine la tâche que nous nous sommes imposée pour

relier la météorologie à l'agriculture. La matière est loin d'être épuisée, tous les problèmes sont loin d'être résolus. Un avenir prochain nous prépare une riche moisson de faits. L'impulsion donnée, il y a quarante ans, par M. de Humboldt, est loin d'être arrêtée; les observateurs deviennent chaque jour plus nombreux, plus zélés, plus instruits; chaque jour ils sentent davantage le besoin de s'attacher aux questions essentielles pour la pratique des arts, et bientôt les matériaux seront assez abondants pour que l'on puisse résoudre plusieurs des problèmes que nous n'osons pas encore aborder. Ce n'est pas sans doute aux simples cultivateurs, qui ont besoin de repos après le travail, que nous demandons de s'associer à ces recherches; mais nous faisons appel aux propriétaires intelligents, qui sentent la nécessité de surveiller et même de diriger leur agriculture; ils n'éprouvent que trop souvent, dans l'emploi de leur journée, des vides qu'ils cherchent à remplir par une agitation sans but, par la chasse, la pêche, les plaisirs importés de la ville. Ils seront toujours sûrs de trouver une douce et utile occupation dans les observations météorologiques, dans leur comparaison avec celles des autres lieux et des autres temps; et en charmant leurs loisirs, ils prépareront l'époque où la météorologie acquerra la certitude qui lui manque, et où les conjectures de la météorognosie deviendront des probabilités.

D'un autre côté, nous désirons que ce livre puisse appeler l'attention des physiciens qui font de la météorologie une sérieuse occupation. En ajoutant un bien petit nombre de colonnes à leurs tableaux, un bien petit nombre de minutes à celles qu'ils consacrent à leurs observations, ils pourront rendre de véritables services à la climatologie botanique et agricole, et nous osons espérer qu'ils prêteront à l'agriculture leur concours, qui lui a déjà été si utile.

ARCHITECTURE RURALE.

AVANT-PROPOS.

La science des constructions nécessaires pour soustraire les agriculteurs, les bestiaux et les récoltes aux intempéries a toujours été considérée comme d'une grande importance en agriculture. Tous les agronomes attachent un prix extrême à la bonne construction, à la convenance, à l'harmonie, et même à une certaine élégance résultant de la bonne disposition en matière de constructions rurales. Des auteurs anglais affirment même que la différence résultant d'une bonne ou mauvaise disposition des bâtiments peut aller à un quart et même à un tiers du prix de ferme.

La France est positivement arriérée sous ce rapport; la stabilité de la propriété en Angleterre a permis de proportionner sur beaucoup de points les bâtiments à l'exploitation, et de présenter ainsi des constructions rurales dans lesquelles on ne trouve ni excès ni défaut. En France, au contraire, par suite des divisions et des mutations continuelles des propriétés, une ferme bien construite et bien proportionnée est une exception. Il est ordinaire de rencontrer des bâtiments de ferme extrêmement vastes, convenables autrefois pour l'exploitation d'un domaine étendu, et qui, affectés maintenant à une propriété réduite, obligent le possesseur à un entretien hors de proportion avec ses revenus, ou présentent l'image de l'abandon et du désordre, et contribuent quelquefois même à les créer. Il n'est pas rare non plus de voir des domaines considérables dont la création ou l'exploitation est récente, et qui ne présentent pour abri que de misérables mâsures dont l'insuffisance et l'aspect écartent les fermiers honnêtes et sérieux.

Les causes de l'infériorité de la France résidant dans sa législation et agissant constamment, on pourrait en conclure que cette infériorité est sans remède ; c'est notre avis, si l'on parle d'une manière absolue. Il est certain que, dans les acquisitions de *biens-fonds*, on est disposé à faire entrer pour bien peu la valeur des bâtiments de ferme; que par suite, dans la préoccupation d'une vente possible et probable, on est peu disposé à employer à des constructions une dépense dont on n'a soi-même tenu aucun compte; mais il n'en est pas moins certain qu'il y a d'immenses améliorations à faire. Et d'abord l'instabilité dont nous avons parlé n'est pas sans de nombreuses exceptions; il est un grand nombre de propriétaires qui conservent et transmettent dans leur intégrité leurs propriétés rurales : à ceux-là la connaissance des véritables principes de l'architecture rurale est indispensable; ils y trouveront des indications pour établir de nouvelles constructions là où les bâtiments manquent, pour profiter des bâtiments existants, soit en les réduisant, soit en les augmentant, soit en changeant leur distribution, pour en faciliter les abords et pour donner ainsi à leur exploitation ce juste équilibre qui est à la fois profitable et agréable. Quant aux possesseurs de la partie flottante de la propriété, ils pourront aussi quelquefois, en se pénétrant de ces principes, avec un capital bien faible, diminuer leurs dépenses, augmenter par-là le revenu, et parvenir peut-être à rendre à leurs propriétés la stabilité qu'elles ont perdue.

Ce n'est donc pas une œuvre inutile, même en ne considérant que la France, d'exposer les principes qui doivent guider les propriétaires dans la disposition et la construction des bâtiments ruraux; nous parlerons d'abord de la disposition des lieux sous les deux rapports principaux, l'emplacement et la distribution; la construction fera le sujet de la seconde partie.

PREMIÈRE PARTIE.

DISPOSITION DES BATIMENTS RURAUX.

CHAPITRE Iᵉʳ.

Emplacement.

§ Iᵉʳ. — De la salubrité.

La première condition dans le choix d'un emplacement est la salubrité. Il est même un assez grand nombre de cas où il devient nécessaire de séparer entièrement les bâtiments d'exploitation du domaine : c'est là une condition fâcheuse, mais à laquelle le propriétaire doit savoir se soumettre ; ainsi, dans les pays de mauvais air, où règnent des fièvres endémiques d'une mauvaise nature ou des fièvres pernicieuses, il ne faut pas hésiter, si à proximité il se trouve un emplacement salubre, à en faire le siége de l'exploitation. Il résultera certainement de cette disposition du temps perdu, mais qui ne peut être mis en balance avec la vie des hommes. Assurément il y a une limite à ce sacrifice, mais on n'est que trop porté à la réduire outre mesure ; cette tendance fâcheuse tient à ce que les propriétaires cherchent toujours à exagérer leur capital ; ils ne veulent pas considérer que l'insalubrité doit nécessairement réduire sa valeur. L'assimilation entre ces terres et des terres de même qualité placées dans un pays salubre n'est possible qu'autant qu'on tient compte, soit du danger auquel les cultivateurs sont exposés, soit des mesures nécessaires pour l'atténuer.

C'est cette considération qui doit fixer la limite du sacrifice ; cette limite ne peut pas se déterminer sur-le-champ par la différence du prix de ferme ; les habitudes prises, l'insouciance, quelquefois surprenante, des cultivateurs, leur feront d'abord probablement tenir très peu de compte des avantages qu'on leur aura procurés : mais bientôt la réputation de la ferme s'établira, et le propriétaire se trouvera amplement payé de ses sacrifices par la facilité d'affermer, par l'élévation des baux, par l'augmentation du capital, et par des sentiments plus relevés de satisfaction, dont il faut aussi savoir tenir compte.

Néanmoins, quand cette limite est dépassée, il y a deux partis à prendre : si l'air est trop pernicieux, comme dans certains cantons de la Sardaigne, de la Corse, de l'Italie, c'est dans le changement de culture même qu'il faut trouver le remède au mal. On doit modifier la culture de manière à ce que les travaux se fassent et les produits se recueillent dans les saisons où le danger est le moindre, et que les produits puissent, en raison de leur valeur, supporter les frais d'un transport considérable. Les constructions agricoles ne consistent plus alors qu'en abris passagers.

Si, au contraire, l'air n'est pas assez mauvais pour empêcher l'habitation, il faut au moins en combattre les effets par tous les moyens connus ; interposer un rideau d'arbres entre les bâtiments et les marécages ; placer toutes les ouvertures du côté opposé aux sources du mauvais air, s'asseoir aussi près que possible des eaux courantes, s'il y en a à proximité, garantir les issues par des châssis, voûter les appartements et donner de l'épaisseur aux murs pour éviter les variations de température, et par suite la précipitation des miasmes ; enfin prendre toutes les précautions hygiéniques recommandées, tant pour les hommes que pour les animaux, et dont l'énumération sortirait de notre sujet.

§ II. — De l'humidité du sol.

Toutes les causes qui peuvent affecter la santé générale des hommes et des animaux, et la conservation des récoltes, doivent être pesées chacune en raison de son importance quand il s'agit du choix d'un emplacement. L'humidité du sol est un des inconvénients les plus graves ; souvent elle affecte les animaux plus que ne ferait le mauvais air. Quand elle est inévitable, l'art offre des moyens pour la combattre, et nous parlerons de ces moyens dans la seconde partie ; mais, en général, il est facile de trouver dans une propriété un emplacement à l'abri de l'humidité ; ces emplacements sont, du reste, ceux sur lesquels la construction est d'ordinaire la plus économique, car les sols humides présentent des difficultés de fondations qu'on ne surmonte que par une augmentation de dépense. Ainsi on doit éviter les fonds de tourbe ou de glaise, dont la présence indique la stagnation des eaux ; on doit éviter aussi les sous-sols argileux, car leur imperméabilité cause une humidité constante à l'endroit de leur contact avec les terrains perméables. Les coupes naturelles du terrain dans les chemins creux, dans les fossés, dans les éboulis, la disposition générale du pays ou l'inclinaison des couches, la végétation spontanée elle-même, sont des indices précieux que le propriétaire ne saurait examiner avec trop de soin pour fixer ses idées sur la sécheresse d'un emplacement.

§ III. — De l'exposition:

L'exposition a aussi une grande influence sur la santé générale des habitants de la ferme ; nous en avons déjà parlé au sujet des pays de mauvais air ; nous avons à traiter cette question d'une manière générale. En principe, et sauf de rares exceptions, la meilleure exposition pour l'homme est aussi la meilleure pour les animaux domestiques et pour la conservation des denrées ; mais comme il est difficile, sans des développements fâcheux sous d'autres rapports et notamment sous celui de la dépense, de donner à tous les bâtiments d'une ferme la même exposition, il faut poser une limite à l'application du principe, et se contenter de se rapprocher le plus possible des expositions reconnues les plus avantageuses dans le pays où l'on construit.

En général, dans les latitudes tempérées, l'exposition du midi est de beaucoup la meilleure. Nous en avons donné les raisons dans l'agrologie (exposition des terrains) ; à cette exposition, les variations de température sont plus graduées. On y passe moins rapidement du *minimum* au *maximum* qu'aux expositions de l'est et de l'ouest ; et personne n'ignore que la variation brusque des températures est une des sources les plus ordinaires des maladies qui affectent l'homme et les animaux tout aussi bien que les plantes, en altérant les fonctions respiratoires.

L'exposition nord, quoique froide, ne présente certainement pas les inconvénients de celle du couchant et du levant, et nous ne craignons pas d'affirmer que l'orientation sud pour les terrains, en les supposant légèrement inclinés, et l'orientation sud et nord pour les bâtiments doivent être préférées en général. Il est bien entendu que dans l'orientation sud et nord les ouvertures principales doivent être placées au sud.

Si la disposition du terrain s'oppose à ce choix rationnel, on doit préférer les inclinaisons qui passent du sud au nord par l'est, à celles qui passent du sud au nord par l'ouest, et on doit tâcher de corriger le défaut d'exposition du terrain par l'orientation du bâtiment et des ouvertures, ce qui sera facile et peu dispendieux si l'inclinaison des terrains est faible, ce que l'on doit rechercher avec soin, car une forte inclinaison est en général une source d'incommodités et de dépenses.

§ IV. — De l'élévation au-dessus du sol.

Malgré toutes ces précautions, on ne garantirait pas encore complétement les bâtiments de la ferme de l'humidité, si on n'avait soin de leur donner une légère élévation au-dessus du terrain naturel ; on peut, pour le logement du fermier, porter cette élévation à 50 centimètres ; pour la cour et les bâtiments d'exploitation, on doit se contenter d'une surélévation de 25 centimètres ; cette précaution indispensable, et malheureusement trop négligée, n'entraîne pas d'augmentation sensible dans la dépense, en permettant d'utiliser les remblais qui proviennent des fouilles pour l'exhaussement du sol et de la ferme : tous les agriculteurs comprendront du reste quel avantage leur donne cet exhaussement pour faciliter l'écoulement des eaux ménagères et autres.

§ V. — Des plantations d'arbres.

La disposition des ombrages aux abords de la ferme exerce aussi une influence marquée sur la santé et la sûreté de ses habitants. Nous ne pensons pas qu'il convienne en général de placer les arbres à trop grande proximité des constructions et dans toutes les directions ; ils gêneraient la circulation de l'air et l'action bienfaisante du soleil, contribueraient ainsi à rendre humides les bâtiments, et particulièrement les greniers, par l'effet des feuilles accumulées sur les toits. Mais il n'en est pas moins certain que dans chaque localité telle ou telle direction du vent affecte, d'une manière fâcheuse, pendant toute la durée de son action, la santé des colons, des animaux d'exploitation, provoque la fermentation des grains et accélère la corruption des provisions de la ferme. Quelle que soit la cause à laquelle on puisse attribuer ces effets, il est positif que l'interposition d'un massif d'arbres, dans la direction du vent, a des effets salutaires et peut présenter, dans d'autres circonstances, des abris, un ombrage et de précieuses ressources. En ménageant dans le massif des arbres à tige élevée, on prévient en outre, en partie, le danger de la foudre, et cette considération n'est pas sans importance. Enfin l'agrément de l'aspect du corps de ferme doit aussi être mis en ligne de compte, et il gagne beaucoup à cette disposition. Il est un autre genre de plantations que les conditions particulières du climat peuvent rendre utiles : ce sont celles qui sont destinées à préserver les bâtiments de l'action des vents qui, sans être insalubres, affectent désagréablement les habitants de la ferme en hiver par leur violence et leur température, et occasionnent quelquefois des maladies inflammatoires, particulièrement dans l'espèce ovine. Ces abris, qui sont nécessairement formés d'arbres verts, ont toutefois des effets fâcheux en empêchant la circulation de l'air en été, et l'exagération de leur emploi a ordinairement plus d'inconvénients que d'avantages. Nous pensons qu'il vaut mieux atténuer les effets du vent par l'épaisseur des murs qui font face au nord, l'aménagement des ouvertures, les bonnes fermetures, et au besoin les fermetures doubles. Nous n'entendons pas néanmoins proscrire l'usage de ces abris, d'autant mieux qu'il est toujours facile de les supprimer dès qu'on s'aperçoit que les inconvénients surpassent les avantages.

§ VI. — De la configuration du domaine.

De toutes les questions que soulève le choix de l'emplacement d'un bâtiment de ferme, la salubrité est de beaucoup la plus grave. Mais, cette condition satisfaite, il en est beaucoup d'autres auxquelles il est important de pourvoir et qu'il est ordinairement facile de concilier avec elle. La position des bâtiments relativement aux terrains de la ferme est généralement considérée comme étant fort grave. Cette position est déterminée par la condition de donner le *minimum* de fatigue pour le service des terres et la rentrée des produits. En supposant un domaine horizontal, et dont les terres sont homogènes, cette position est le centre de figure du domaine. Elle varie dans les terrains inclinés, par la considération que les poids les plus lourds sont tantôt ceux de sortie, tantôt ceux de rentrée : l'emplacement de la ferme devrait être placé, dans le premier cas, en amont du centre de figure, dans le second cas en aval ; cette position devrait descendre encore si, comme il arrive ordinairement, les terrains les plus élevés étaient d'un produit moindre que ceux qui occupent le bas du domaine, et demandaient ainsi moins de charrois de toute nature. En général, à notre avis, entre de certaines limites, la question n'a pas toute l'importance qu'on lui attribue ; elle est dominée par la disposition des chemins ruraux, la forme des terres, qu'il est souvent essentiel de ne pas altérer, la possibilité de se procurer des eaux pérennes pour le service de la ferme, la proximité de chemins publics en bon état, qui facilitent les transports et rendent moins lourde la charge de l'entretien qu'un propriétaire soigneux ne manque pas de s'imposer ; néanmoins il convient de déterminer, dès à présent, l'influence de la position géométrique de la ferme.

Supposons, pour plus de simplicité, une ligne sur laquelle les transports doivent être également distribués ; en représentant les transports par des poids, et les distances de transports par des bras de levier, les forces de traction nécessaires aux transports ruraux seront exprimées par la somme des moments des différents points de la ligne par rapport au point qu'on aura choisi pour centre d'exploitation. Si le centre d'exploitation est placé au milieu de la ligne, la somme des moments est exprimée par la masse m des transports, multipliée par le quart de la longueur l de la ligne, soit $\frac{ml}{4}$. Si le centre d'exploitation est à une extrémité de la ligne, cette somme est exprimée par $\frac{ml}{2}$.

Ainsi la somme des transports effectués entre la ferme et les différents points du domaine peut varier du simple au double, suivant l'emplacement de la ferme : apprécions-en l'importance. Dans un domaine exploité par l'assolement triennal avec jachères, la quantité des transports de la ferme aux champs et réciproquement est annuellement de neuf voitures à deux colliers par hectare.

La formule du prix des transports est :

$$x = \frac{P\,(2\,D + d)}{l \times c}$$

x exprimant le prix de transport d'un mètre cube;

D la distance de la ferme au lieu de chargement;

P le prix du tombereau à deux colliers, dans les usages du pays;

d l'espace que parcourrait le chariot s'il se mouvait pendant le temps perdu au chargement et au déchargement;

l le parcours journalier d'une charrette marchant sans interruption;

c le cube du chargement.

Posons :

$$\begin{aligned}
P &= 7 \text{ fr.} \\
d &= 800^{m} \\
l &= 36000 \\
c &= 0^{m.c.},8
\end{aligned}$$

ce qui est une condition assez ordinaire en France. Si nous supposons $D = 500^{m}$ nous trouvons pour le prix du transport

II. 29

du mètre cube 44 cent., et 35 cent. pour le prix du voyage portant 0m,8.

Si 500m est égal au quart de la longueur totale du domaine, la limite supérieure du prix des transports sera trouvée en faisant, dans notre formule $D = 1000^m$, toutes choses égales d'ailleurs, et nous trouvons $x = 68$ cent., le prix du voyage est donc de 68 cent. $\times$ 0m,80 ou de 54 cent. ; la différence entre les deux limites est donc de 19 cent. par voyage, et, pour les neuf voyages par hectare, de 1 fr. 71 c.

Si le domaine est de cent hectares, la perte peut donc aller à 171 fr. par an, pour les transports. Il faut compter, en outre, le temps perdu, soit par les hommes, soit par les animaux, pour se rendre aux cultures, et qu'il est facile d'évaluer en journées. Les journées de cheval, pour les cultures d'un domaine de cent hectares, sont de 400 ; un excès de distance moyenne de 500m, pour l'aller et le retour, représente 15 minutes de perte par journée ; on perdra donc, pour les 400 journées, 10 journées d'animaux à 3 fr. 50 c., soit 35 fr.; pour les journées d'hommes, le nombre en est de 800 environ : la perte est donc de 20 journées d'hommes, soit 40 fr.

La perte totale due au mauvais emplacement de la ferme peut donc, pour une ferme de cent hectares exploitée par l'assolement triennal avec jachères, s'exprimer de la manière suivante:

Pertes sur les transports.	171 fr.
Pertes sur les journées de bêtes de trait.	35
Pertes sur les journées d'hommes. . . .	40
Total.	246

Ce qui représente un capital de 5,000 fr.

Si l'emplacement ne s'écarte pas du centre de figure de plus du quart de la plus grande dimension, ou de l'axe principal du domaine, la somme des moments est exprimée par $\dfrac{ml}{3}$ et cette perte se réduit à moitié; nous osons dire, dans ce cas, que, tout en tenant compte de la position géométrique, on doit la faire céder ou la modifier en raison des circonstances accessoires qui ont une grande importance pour la ferme.

§ VII. — Des chemins d'exploitation.

Dans le choix de l'emplacement d'une ferme, il importe d'avoir égard à la disposition des chemins d'exploitation et, par suite, à la forme des terres. Quand les chemins existants sont fortement en déblai ou en remblai, on s'exposerait à une charge très lourde en voulant changer leur position, surtout en raison du nivellement des terres dans les nouvelles formes qu'elles affecteraient par suite de ce changement. Il faut donc alors les conserver et rejeter les emplacements qui forceraient à en altérer notablement le système. Néanmoins il faut avoir soin de ne pas s'exagérer les conséquences d'un changement, car il arrive souvent qu'il est avantageux à l'exploitation, surtout s'il tend à substituer, sans trop de frais, un parcours facile à des communications mauvaises en tout temps et impraticables pendant une partie de l'année. Dans ce cas, les calculs établis plus haut pour le coût des transports ne peuvent plus être admis, la dépense pouvant, par le mauvais état des communications, devenir le triple de ce qu'elle devait être, et affecter les revenus du domaine d'une manière beaucoup plus forte que ne sauraient le faire, soit la position géométrique de la ferme, soit la dépense capitale d'établissement et l'entretien d'un bon système de chemins d'exploitation. Il est vrai que l'énorme quantité de journées perdues dans la plupart des propriétés rurales rend moins sensibles les imperfections de viabilité; mais c'est là un système vicieux et qu'on doit tendre incessamment à modifier. Toutes les journées des habitants de la ferme doivent être employées, soit dans la ferme, soit au dehors; et des pertes dans les transports d'exploitation, qui

peuvent aller à 90 journées de voiture à deux colliers avec leur
conducteur, pour une ferme de cent hectares, doivent être
considérées comme des pertes sèches, et évaluées en argent au
prix courant des journées, ce qui, en France, revient annuellement à plus de 600 fr. On conçoit donc combien il importe
d'avoir égard à la distribution des chemins d'exploitation,
quand il s'agit du choix d'un emplacement, puisque tous les
transports doivent partir de la ferme et lui aboutir, et combien
il est utile par conséquent de se placer près d'une voie de grande
communication, s'il s'en trouve par bonheur une traversant
ou longeant la propriété sur une assez grande étendue.

§ VIII. — De la proximité des cours d'eau et du forage des puits.

On doit prendre en très grande considération la possibilité
d'avoir des eaux salubres et abondantes pour les besoins des
hommes et des bestiaux, pour l'arrosement du potager, pour
la confection des fumiers, et pour tous les différents usages de
la ferme ; la meilleure condition est celle où l'on peut amener
les eaux, par une simple dérivation, au niveau de l'emplacement choisi ; il est rare, quand cette heureuse circonstance peut
se rencontrer, que la commodité qui en résulte ne paie pas
amplement les dépenses d'amenée.

S'il est impossible de satisfaire à cette condition, et c'est
malheureusement le cas le plus ordinaire, on doit au moins
s'assurer s'il est possible d'établir des puits pérennes sans frais
trop considérables : nous avons conseillé plus haut d'éviter,
pour l'emplacement des constructions, les sous-sols argileux, à
cause de l'humidité qu'ils entretiennent ; mais on doit considérer que ce sont ceux qui offrent le plus de chances de donner
des puits pérennes ; on peut concilier ces deux conditions en
ayant soin, ce qui est souvent facile, de choisir un point où la
profondeur du sous-sol soit supérieure à celle des maçonneries

de fondation des bâtiments ; bien qu'il résulte de cette profondeur des frais plus considérables pour l'établissement des puits et pour l'extraction de l'eau, on doit considérer que la profondeur elle-même est une garantie de l'alimentation, et qu'il est important pour la ferme de pouvoir établir des caves pour son service et la conservation de certaines denrées, sans craindre de les voir noyées. Une profondeur de 5 mètres est très convenable, et nous conseillons, avant toute décision sur le choix d'un emplacement, de s'assurer par la sonde de la condition du terrain sous ce rapport, quand il est impossible d'amener des eaux courantes.

A défaut de puits pérennes de surface, il est souvent possible d'y suppléer par des puits artésiens ; l'expérience des voisins, et à défaut la constitution géologique du pays, doivent être prises en considération. Au besoin, on procèdera à un sondage avant de rien arrêter.

Enfin, si le sol ne présente nulle part les conditions favorables à l'alimentation de la ferme, il est évident que les constructions peuvent sans inconvénient être placées dans l'un des points les plus déprimés, et on suppléera par un puits profond au vice de la perméabilité du sol.

§ IX. — Résumé.

Les différentes conditions qui doivent guider le propriétaire dans le choix d'un emplacement peuvent se résumer ainsi qu'il suit :

SALUBRITÉ PAR RAPPORT A L'AIR.

1° Exposition au midi, en général ;
2° Voisinage des eaux courantes ;
3° Plantations interposées entre les bâtiments et les vents chauds et humides ;
4° Abri du côté du nord, exceptionnellement ;

5° Epaisseur des murs, appartements voûtés ;

6° Exposition opposée à la source des miasmes dans les pays de mauvais air ;

7° Séparation des bâtiments du fonds, dans les pays de mauvais air.

SALUBRITÉ PAR RAPPORT A L'HUMIDITÉ.

1° Terrain incliné légèrement au sud ;

2° Exposition au midi ou sud-est ;

3° Sous-sol perméable ;

4° Elévation du rez-de-chaussée au-dessus du terrain naturel ;

5° Espacement des plantations.

POSITION PAR RAPPORT A L'EXPLOITATION

1° Position voisine du centre de gravité des transports ;

2° Proximité d'un bon chemin central d'exploitation ;

3° Possibilité d'avoir de bonnes eaux pérennes.

CONDITIONS ÉCONOMIQUES DE CONSTRUCTION.

1° Fonds sec et incompressible ;

2° Terrain faiblement incliné ;

3° Proximité de l'eau et des matériaux de construction d'une nature encombrante.

Ces conditions diverses ne peuvent pas toujours se concilier entre elles ; il faut alors faire céder les conditions secondaires devant les principales ; néanmoins un propriétaire ne doit se décider à ce sacrifice qu'après mûr examen. Leur ensemble se rencontre beaucoup plus fréquemment qu'on ne le suppose ; la légèreté, et souvent une idée d'économie mal entendue, qui sacrifie l'avenir au présent, font commettre aux propriétaires des fautes irréparables.

§ X. — Aménagement des bâtiments existants.

Quand il s'agit d'utiliser des bâtiments existants, les principes que nous venons d'exposer doivent encore être présents à la pensée du propriétaire. Avant tout, il convient d'examiner avec soin si les bâtiments existants ont assez de solidité et d'importance pour qu'il soit d'une économie bien entendue de les faire servir de base aux améliorations qu'on se propose d'opérer. Si cet examen est satisfaisant, deux cas peuvent se présenter, celui d'accroissement et celui de réduction des bâtiments existants.

Quand il s'agit d'accroître ou de compléter les bâtiments insuffisants d'une ferme, bien que le choix de l'emplacement ne soit plus à faire sous le rapport topographique, il peut encore varier dans de certaines limites. D'ordinaire il est possible de choisir une bonne exposition pour les nouveaux corps de bâtiments, d'en rendre l'intérieur sain, l'accession facile, le sol sec, et les écoulements commodes; souvent un simple changement dans la disposition des ouvertures de l'ancien bâtiment rend évident ce qui semblait impossible au premier abord; l'élévation des planchers par les moyens mécaniques permet de transformer un rez-de-chaussée bas et humide en des salles aérées et salubres, et de mettre en rapport les plans de l'ancien bâtiment et du nouveau. Quelquefois enfin les vieux bâtiments peuvent recevoir une destination tout-à-fait spéciale, et peuvent être conservés dans leurs formes et dimensions sans qu'il en résulte aucun assujettissement obligatoire pour la construction et la disposition des nouveaux.

Quand il s'agit de réduire des bâtiments trop considérables, et dont l'entretien est onéreux à pure perte, il faut encore examiner les meilleures conditions d'établissement d'une ferme en général, et avec les modifications que comporte la localité, pour déterminer la partie que l'on doit sacrifier et les modifications avantageuses que comportent les bâtiments que l'on conserve; mais, dans ce dernier cas, c'est surtout la disposition intérieure des bâtiments qui est à considérer, et nous allons entrer dans l'examen de cette importante partie de la science des constructions rurales.

CHAPITRE II.

Construction des bâtiments.

Section Ire. — *Distribution.*

§ Ier. — Problème à résoudre.

L'emplacement d'une ferme étant choisi, et son exposition principale déterminée, commence l'œuvre de l'architecte, œuvre qui suppose une profonde connaissance des besoins de la ferme, des capacités nécessaires et suffisantes pour placer commodément les différents agents de la culture et les produits qui doivent être soustraits à l'action des météores, des différentes successions du travail, soit pour le battage des grains, soit pour la confection des fumiers, soit pour l'alimentation des bestiaux, et, par suite, des dispositions propres à réduire ce travail au minimum. Le problème à résoudre est si difficile, si délicat, et si variable suivant les localités, que les différences les plus tranchées viennent accuser tour à tour, ou l'impéritie du constructeur, ou la différence énorme des procédés. Il n'entre pas dans notre plan de décrire ici toutes les variétés de constructions rurales ; on les trouvera dans les ouvrages spéciaux, et nous sortirions des bornes qui nous sont imposées, en entrant dans ce détail ; mais il est un certain nombre de données communes qu'il est possible de grouper, de principes généraux qu'il est facile de réunir, et nous pouvons, en les présentant, sinon donner la solution de chaque cas particulier, du moins indiquer le chemin qui y conduit.

§ II. — Proportion des bâtiments et des cours.

Avant tout, il est très important de déterminer avec soin la disposition générale des bâtiments, en raison de leur importance, et nous ne saurions trop insister sur ce sujet. Souvent la vanité et l'esprit d'imitation conduisent un propriétaire à créer une cour et à adopter une disposition de bâtiments rectangulaire, quand un bâtiment double sur une seule ligne aurait suffi pour l'exploitation commode de sa propriété. Aussi sa cour est étroite et mesquine, se prête mal aux manœuvres des attelages, à la disposition des fumiers, à celle de la mare, et cette gêne pèse éternellement sur le domaine. On doit réfléchir que les conditions de commodité d'une cour sont les mêmes, sauf de petites différences, pour une ferme de grande importance et celles d'une importance moyenne ; le minimum du côté du carré est donc une constante, et par suite le choix d'une disposition quadrangulaire pour les bâtiments est aussi limité, si l'on veut, comme on le doit, proportionner l'étendue des bâtiments aux nécessités de l'exploitation : si l'on objectait qu'une cour de ferme est pourtant indispensable, nous répondrions qu'il vaut mieux en former une attenante au bâtiment principal, avec des murs de clôture, que de se créer une cour insuffisante ou de faire des constructions inutiles.

Ce minimum nécessaire au service d'une cour de ferme est de 16 mètres pour le côté du carré ou le petit côté du rectangle.

Cette longueur, augmentée de deux largeurs de bâtiment simple hors œuvres, ou de 12 mètres environ, donne la limite à laquelle doit cesser la construction sur une seule ligne ; ainsi, en général, toutes les fois que le développement des bâtiments d'exploitation ne doit pas dépasser 32 mètres, on doit les établir sur une seule ligne (*fig.* 20).

Fig. 20.

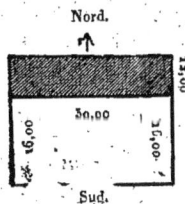

Entre 32 et 50 mètres, on doit les établir sur deux lignes parallèles, espacées l'une de l'autre de 16 mètres au moins, et placées aussi toutes les deux à l'exposition principale (*fig.* 21).

Fig. 21.

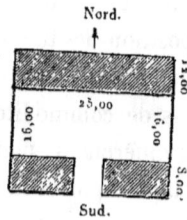

Entre 50 mètres et 75 mètres, on peut placer deux bâtiments à retour d'équerre sur le corps principal (*fig.* 22).

Fig. 22.

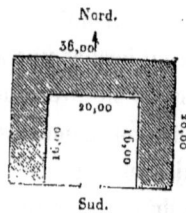

Enfin, à 75 mètres et au-delà, il convient de fermer le carré par les bâtiments (*fig.* 23).

Fig. 23.

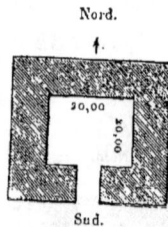

Nous avons donné sans détails les dessins qui représentent ces différentes dispositions, afin de ne pas ôter à ces observations le caractère de généralité qu'elles doivent conserver.

Il ne faudrait pas pourtant attacher une valeur trop absolue aux considérations qui viennent d'être présentées; d'abord il est évident que, pour des différences du simple au double de développement, on ne doit pas sacrifier une disposition qui plaît davantage, qui peut permettre une élévation plus agréable, ou des dispositions intérieures plus adaptées aux conditions particulières de la culture du pays dans lequel on construit. Ce qui est absolu dans ces conditions, c'est, d'une part, le développement des bâtiments réglé rigoureusement par la capacité des récoltes, la quantité de bétail, le nombre des bêtes de somme, les convenances du fermier et de sa famille, quelquefois aussi celles du propriétaire qui veut résider sur sa terre; d'autre part, le minimum de dimension de la cour. Ces conditions satisfaites, une meilleure relation entre les différentes parties, la facilité des communications à couvert, peuvent faire préférer les dispositions (*fig.* 20 ou 22) à la disposition (*fig.* 21). L'élégance de la façade peut faire préférer la disposition (*fig.* 22) à la disposition (*fig.* 23); enfin certains genres d'exploitation peuvent faire préférer la disposition (*fig.* 21) à la disposition (*fig.* 22): la disposition (*fig.* 21) a, du reste, l'avantage de pouvoir être mise en communication facile avec le potager et le fruitier sans traverser les bâtiments d'exploitation, et de donner une exposition avantageuse aux bergeries dans les pays où le bétail consiste presque exclusivement en bêtes à laine; c'est au propriétaire à peser mûrement ces considérations, de manière à ne rien oublier et à ne faire aucun sacrifice inutile.

§ III. — Bâtiment d'habitation.

La forme générale des bâtiments étant déterminée, il s'agit d'affecter une position dans ces bâtiments à chacun des services de la ferme.

En ce qui concerne l'habitation du fermier et de sa famille, les pièces essentielles sont : la cuisine, les chambres d'habitation, la dépense, le fournil et la laiterie dans certains cas. La cuisine est la pièce la plus habituellement occupée de la maison ; dans le plus grand nombre des cas, elle sert de salle à manger et de salon pour le fermier ; elle doit donc être parfaitement orientée et salubre, située à l'exposition principale des bâtiments, choisie d'après les principes posés plus haut, c'est-à-dire au sud ou au sud-ouest, élevée de $0^m,50$ environ au-dessus du terrain naturel, et placée au rez-de-chaussée.

Olivier de Serres la désirait au premier étage ; mais son opinion, qui a du reste un grand poids en ces matières, est fondée sur des raisons particulières de surveillance, dans la supposition où le fermier aurait lui-même sa chambre au premier étage ; nous pensons que, si le rez-de-chaussée est suffisamment salubre, comme il ne peut manquer de l'être dans les conditions que nous avons prises, il est bon que le fermier ait son appartement au rez-de-chaussée, et les motifs qui avaient déterminé Olivier de Serres disparaissent. Du reste, l'usage est contraire à l'opinion de ce savant agronome, et il est trop général pour n'être pas lui-même une raison d'un grand poids ; il est fondé sur le caractère de banalité de cette pièce, sur l'écoulement des eaux ménagères qu'il est facile de procurer au rez-de-chaussée sans souiller les murs ; sur le service de la cour, qui doit être en rapport immédiat avec celui de la cuisine ; sur le service même de la cuisine, qui exige des transports continuels de bois, d'eau, etc., et que la nécessité de monter un escalier rendrait fatigant et onéreux.

La chambre du fermier doit aussi être placée au rez-de-chaussée et à l'exposition principale ; les chambres des fils du fermier, trop jeunes pour être isolés des filles de la fermière ou des filles de service, s'il y en a, doivent être au premier, au-dessus de la cuisine et de l'appartement du fermier, et sans communication possible avec les autres bâtiments de la ferme.

autre que celle qui traverse le rez-de-chaussée en passant devant l'appartement du fermier.

Quant aux fils adultes et aux valets de ferme, ils doivent être distribués dans les différents bâtiments d'exploitation, suivant les besoins du service et de la surveillance, et nous aurons l'occasion d'en parler plus loin.

Les dépense, lingerie, armoires à provisions, buanderie, doivent être placées dans le logement d'habitation du fermier, à l'exposition du nord. La laiterie doit aussi être placée au nord, si le bâtiment n'est pas établi sur caves; si le bâtiment est sur caves, ces caves doivent être disposées de manière à contenir la laiterie, les provisions de pommes de terre, le cidre, le vin, et en général tout ce qui souffre des alternatives de température ou des températures extrêmes, sans trop craindre l'humidité. On doit, du reste, tenir à l'établissement de caves sous le logement d'habitation, parce que, indépendamment de leur commodité, elles contribuent à rendre le rez-de-chaussée parfaitement sain.

Les greniers à blé, à colza, ou destinés à renfermer les récoltes qui présentent une grande valeur sous un petit volume, doivent être sous la main et sous la clef du fermier; on doit par conséquent les placer dans le bâtiment d'habitation et à l'exposition du nord.

§ IV. — Bâtiments d'exploitation.

L'exposition préférable pour l'habitation des hommes est aussi la meilleure pour les animaux de la ferme.

On devra choisir pour les chevaux et les bestiaux l'exposition du midi, si l'importance ou le mode de l'exploitation permettent d'établir tous les bâtiments sur une même ligne, comme cela arrive fréquemment dans les provinces méridionales.

On devra encore choisir l'exposition du midi pour les animaux, si les bâtiments sont établis sur deux lignes parallèles comme dans la *figure* 21 du paragraphe précédent.

Dans le cas où les bâtiments de la ferme se composeront d'un corps de logis principal avec deux ailes en retour d'équerre, comme dans la *figure* 22, les chevaux ou bestiaux qui ne pourront pas être placés à l'exposition principale devront être placés dans le bâtiment situé au couchant, et dont par conséquent les ouvertures sur la cour sont orientées au levant. Le bâtiment du levant, orienté au couchant pour les ouvertures, doit être réservé pour les hangars et les granges.

Les bergeries doivent être toujours à l'exposition du midi. Cette exposition s'obtient tout naturellement dans les dispositions (*fig.* 20, 21, 23) du paragraphe 2, et dans la disposition de la *figure* 22, en plaçant les ouvertures des extrémités des ailes à l'exposition du midi et destinant cette partie du bâtiment aux bergeries.

Le fournil doit être écarté de toutes les matières inflammables, et quelquefois on l'isole complétement des autres bâtiments de la ferme ; le poulailler est bien placé auprès du fournil. Les loges à porcs doivent être invariablement exposées au midi et parfaitement sèches. Il n'est pas indispensable qu'elles soient absolument attenantes aux bâtiments principaux, dont elles dérangeraient la symétrie et la propreté ; mais elles doivent être dans un enclos attenant et à proximité de l'habitation de la fermière. En général, c'est une bonne combinaison de faire un petit corps isolé du fournil, du poulailler et des toits à porcs. Dans notre opinion, le même enclos pourrait recevoir l'aire à fumier, dans le cas où la cour de la ferme ne pourrait pas la contenir sans inconvénient. Les greniers à fourrages doivent être placés autant que possible au-dessus des animaux auxquels les fourrages sont destinés, à moins qu'on ne préfère les placer en meules, comme cela est usité dans la plus grande partie de l'Angleterre et de l'Allemagne. Quant aux granges, nous discuterons plus loin la question de leur établissement. Lorsqu'on jugera à propos d'en établir, elles seront placées au levant de la cour de ferme, ou ouvertes sur cette cour au couchant; quand, au lieu des granges, on adoptera une cour des meules, cette cour sera attenante aux bâtiments de ferme situés au levant de la cour principale, hors de l'atteinte du feu et sous l'œil des habitants de la ferme.

Nous indiquons, par la *fig.* 24, la masse des dispositions générales que nous venons de développer.

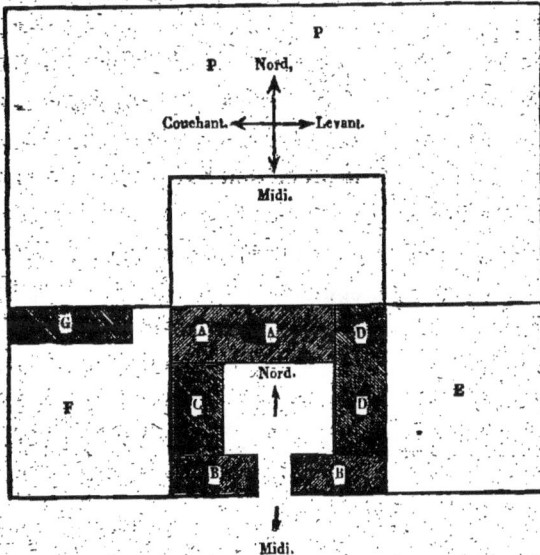

Fig. 24.

AA Habitation du fermier, cuisine, laiterie, cave, logement des filles, grenier à blé.

C Ecuries, étables, greniers à fourrages, logement des valets d'étable.

BB Bergeries, étables, greniers à fourrages, logement des valets bergers.

DD Hangars, granges, logement des charretiers.

E Cour des meules.

F Cour des aires à fumier.

G Fournil, poulailler, toits à porcs.

PP Potager, fruitier, enclos.

§ V. — Du choix de l'architecte.

Nous avons parlé plus haut de l'élégance des bâtiments; c'est un point qui a son importance et qu'on obtient le plus souvent sans augmentation de dépense, quand on a le bonheur de rencontrer un architecte habile. La première source d'élégance pour les bâtiments ruraux, c'est la symétrie ; elle est indispensable là comme dans l'homme lui-même, comme dans toutes ses œuvres complètes. La première chose qui nous choque, c'est le défaut de symétrie ; et l'architecte rural doit avoir à donner, quand il la sacrifie, de bien puissantes raisons.

Les rapports d'élévation des différents bâtiments, les rapports de hauteur des différents étages ; les proportions des ouvertures, l'emploi des matériaux, peuvent augmenter ou diminuer beaucoup l'élégance sans altérer le chiffre de la dépense. On sent donc combien il est important d'avoir affaire à un bon architecte connu par sa science et par ses œuvres, et dont les honoraires sont plus que compensés par le résultat obtenu. A son défaut, il faut que le propriétaire se rende un compte rigoureusement exact des sujétions qu'entraîne chaque service de la ferme ; et cette considération nous conduit à entrer plus avant dans notre sujet, et à déterminer les capacités et les dispositions intérieures qui sont le mieux adaptées à ces différents usages.

SECTION II. — *Dispositions intérieures et capacités.*

§ Ier. — Logement du propriétaire.

Quand le propriétaire a l'intention de se rendre une partie de l'année sur sa terre, il doit y trouver un logement commode et indépendant de celui du fermier ; on conçoit que s'il veut s'y rendre en famille, y tenir un état de maison, les conditions de commodité et de construction sortent de notre sujet, et rentrent dans le domaine de l'architecture ordinaire : s'il veut seulement avoir un appartement agréable, cet appartement doit se composer d'une cuisine, d'un salon, d'une antichambre et d'une salle à manger au rez-de-chaussée, de deux ou trois chambres de maître au premier étage, d'un grenier sous les combles, comprenant les chambres de domestique, et d'une cave au-dessous du rez-de-chaussée. Ces différentes pièces se trouvent facilement, et avec des dimensions très convenables, dans une longueur de 12 mètres prise dans un bâtiment double de 12 mètres de profondeur, et la *fig.* 25 indique sommairement la disposition du rez-de-chaussée.

Fig. 25.

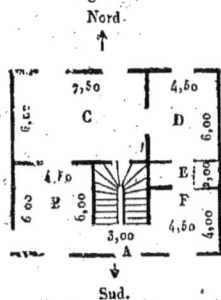

A	Escalier.	$3,00 \times 6,00$	D	Salle à manger. . .	$4,50 \times 6,00$
B	Antichambre. . . .	$4,50 \times 6,00$	E	Office ou buffet . .	$2,00 \times 4,50$
C	Salon.	$7,50 \times 6,00$	F	Cuisine.	$4,50 \times 4,00$

Il est bien entendu que nous supposons le bâtiment pris dans le corps de ferme; la disposition d'un bâtiment de maître séparé, ou d'une maison de campagne, sortirait de notre sujet.

Le propriétaire n'habitant d'ordinaire la ferme que pendant la belle saison peut avoir sans inconvénient ses pièces principales à l'exposition du nord, et laisser les dégagements sur la cour de ferme, comme nous l'avons supposé dans le croquis; du reste, suivant le pays ou les convenances, on peut adopter cette distribution ou la distribution inverse.

§ II. — Corps d'habitation du fermier.

Rien de plus variable, suivant les usages de chaque pays, que la capacité des bâtiments affectés au logement du fermier

II.   30

.et de sa famille; dans plusieurs fermes de la Normandie, les fermiers couchent dans la cuisine; dans d'autres pays, le fermier d'un domaine important veut avoir une chambre et un salon séparés de la cuisine; voici une disposition (*fig.* 26) qui offre

Fig. 26.

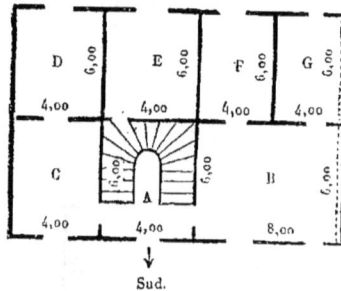

Sud.

A	Escalier.	4 × 6	E Dépense de la fermière. 4 × 6
B	Cuisine.	8 × 6	F Dépense de la cuisine . . 4 × 6
C	Chambre du fermier. . .	4 × 6	G Buanderie. . . . . 4 × 6
D	Salon du fermier	4 × 6	

aux fermiers d'un grand domaine toutes les commodités possibles; nous ne donnons que le plan du rez-de-chaussée.

Au premier étage et à l'exposition du midi sont les chambres des enfants de la ferme et des filles; à l'exposition du nord, au premier et au grenier, sont les greniers à blé; au-dessous du rez-de-chaussée sont les caves. Ce logement, qui pourrait être considérablement réduit, occuperait, sur un bâtiment double de 12 mètres de largeur, une longueur de 16 mètres. Il va sans dire que les conditions de capacité et d'exposition étant remplies, les convenances du fermier, la composition de sa famille, l'importance de la ferme, peuvent faire changer les dispositions, faire augmenter ou diminuer le nombre des chambres; mais en général dans les fermes d'une certaine importance, le pied-à-terre du maître et le logement du fermier varient entre des proportions assez peu différentes de celles que nous venons d'indiquer, et occupent sur un bâtiment double une longueur to-

tale qui ne doit pas être inférieure à 25 mètres et supérieure
à 30 mètres. Aussi les véritables variables sont les capacités
des bâtiments d'exploitation, et ici nous sommes obligés d'entrer dans la détermination rigoureuse des volumes à affecter à
chaque unité.

§ III. — Des écuries.

Le cube d'air nécessaire pour la respiration d'un cheval a
été fixé, par Vogeli, à 42 mètres cubes; par M. Dumas, à 23
mètres cubes seulement; et une commission de l'Académie des
sciences a conclu, par l'organe de M. Chevreul, son rapporteur,
qu'une capacité qui fournit de 25 à 30 mètres cubes d'air par
cheval est suffisante.

Le chiffre de 30 mètres cubes est celui pour lequel M. Boussingault a reconnu que la composition de l'air de l'étable était
représentée pour 100 parties par :

Azote.	79,00
Oxygène	20,77
Acide carbonique.	0,23
Total.	100,00

Or la proportion d'acide carbonique dans cette analyse est
sept fois plus considérable que dans l'air pur de la campagne,
et, bien qu'une telle proportion soit sans influence sensible sur
l'organisation, dans les conditions ordinaires de nos expériences,
il serait à craindre que l'action d'une quantité plus considérable n'eût à la longue une influence fâcheuse sur la santé générale des animaux.

Les conditions de respiration se concilient parfaitement avec
les conditions de commodité; en accordant à chaque cheval
une largeur de 1^m,75 et une longueur de 4 mètres, y compris la crèche, la mangeoire et le passage, il en résulte pour
chaque cheval une surface de 7 mètres carrés; et si l'étable

à 4 mètres de hauteur, le cube affecté à chaque cheval est
de 28 mètres, et diffère très peu de celui que nous avons
adopté.

L'écurie doit contenir, en outre, un lit pour le valet chargé
du soin des chevaux, et ce lit occupera la place d'un cheval. Le
coffre à avoine occupera aussi la place d'un cheval. Pour la
sellerie, quand l'écurie est sur un seul rang, en prenant $0^m,60$
de largeur de plus, ce qui la porte en totalité à $4^m,60$, on peut
mettre vis-à-vis de chaque cheval ses harnais, qui occuperont
ainsi une surface de 1 mètre carré; si elle est sur deux rangs,
cette disposition serait incommode, et la sellerie doit être à
part, comprenant autant de mètres carrés qu'il y a de chevaux.
Si donc m représente le nombre des chevaux, la capacité de
l'écurie, en y comprenant la sellerie, le coffre à avoine et le
lit du valet sera exprimée par :

$$28 \, (m + 2) + 4 \, m$$

4 mètres étant la hauteur de l'écurie. Cette expression s'écrit
plus simplement :

$$32 \, m + 56$$

Quand l'écurie est sur un seul rang, nous conseillons fortement d'adopter la largeur entre œuvres de $4^m,60$, et de placer
les harnais vis-à-vis de chaque cheval. Quand l'écurie est sur
deux rangs, on peut réduire, sans beaucoup d'inconvénient, la
largeur de 4 mètres affectée à chaque cheval, le même passage
pouvant servir pour les deux rangs; néanmoins il vaut mieux
pécher par excès que par défaut. Nous donnons (*fig.* 27) le
plan d'une écurie double à huit bêtes.

La surface de cette écurie est de 80 mètres; le cube déterminé par la formule pour huit chevaux étant de 312 mètres, la
hauteur du plancher doit être de $\frac{312}{80}$ ou de 4 mètres à très peu
près.

Fig. 27.

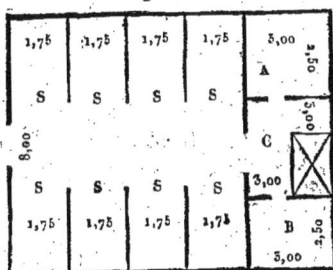

SSSS représentent les stalles.   B   La sellerie.
C   La chambre du valet d'écurie.   A   La chambre à avoine.

Il convient que les chevaux soient séparés par des stalles régnant sur une longueur totale de $2^m,80$ à partir du mur, élevées de 2 mètres à l'aplomb de la mangeoire et finissant à une hauteur de $1^m,20$; il faut que les séparations soient pleines et non à claire-voie, afin d'éviter que les pieds des chevaux ne s'y engagent. Le râtelier (*fig.* 28) doit être vertical, distant de la muraille

Fig. 28.

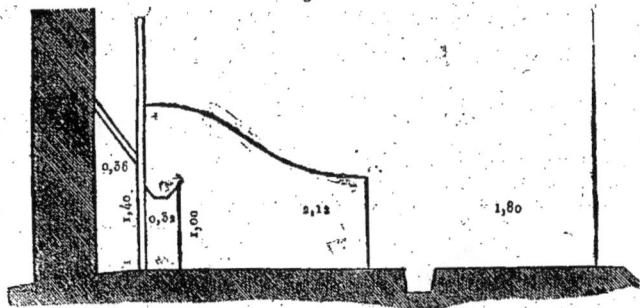

de $0^m,36$, et à sa partie inférieure élevé de $1^m,40$ au-dessus du sol. La mangeoire doit être en avant du râtelier de $0^m,32$ de largeur et avoir à sa partie supérieure 1 mètre au-dessus du sol; enfin, il y a derrière les stalles un passage de $1^m,80$ sur lequel les harnais empruntent environ $0^m,50$. Ce passage est séparé des stalles par une gondole ou conduit couvert d'une planche, destinée à l'écoulement des urines. La coupe, en travers de chaque stalle, est formée de deux plans inclinés vers l'axe et dont la flèche est de $0^m,6$. La coupe en long de la stalle est inclinée de $0^m,3$ par mètre, soit de $0^m,7$ depuis la mangeoire jusqu'à la rigole principale. La pente en travers et la pente en long sont ainsi assez faibles pour être tout-à-fait insensibles à l'organisation du cheval, et faciles à racheter du reste par la disposition de la litière ; elles sont d'ailleurs assez fortes pour faciliter l'écoulement des urines, surtout si on a soin, comme cela est indispensable, de donner à l'écurie un sol imperméable, tel qu'un pavé en béton, ou jointé à la chaux hydraulique. La rigole d'écoulement des urines doit être à $0^m,30$ au moins au-dessous du sol, recouverte exactement en planches et présentant toute la pente dont on peut disposer pour amener les urines dans la fosse qui sépare les deux parties de l'aire à fumier, et dont elle doit être considérée comme un simple embranchement.

Quand l'écurie est double, la rigole doit être placée au milieu du passage.

§ IV. — Etables à vaches.

Dans les pays où les étables à vaches sont de simples appentis, comme dans certaines parties de l'Angleterre et de l'Italie, il n'est pas besoin de se préoccuper de l'altération de l'air de l'étable, et il suffit que les animaux aient la place nécessaire pour se tenir debout et couchés, et pour qu'on puisse faire le service de l'étable. En France, les bestiaux doivent forcément, au moins pendant une grande partie de l'année, être tenus dans des étables fermées ; dans tous les pays, comme dans la France, l'engraissement des bœufs et l'éducation des vaches laitières se font très souvent et en entier dans l'étable ; il est donc indispensable de proportionner la capacité des bâtiments à la consommation d'air de ces animaux.

Les vaches ou les bœufs couchés occupent moins de place

que les chevaux, soit par la différence de longueur de leurs extrémités, soit par la position qu'ils affectent dans le repos;
aussi une largeur de 1^m,50 est-elle suffisante pour l'espacement; la longueur, en ménageant les crèches, mangeoires et un
passage, doit être de 4 mètres, et la hauteur des planchers
étant à 4 mètres au-dessus du sol, la capacité correspondant à
chaque vache est de 24 mètres cubes. Cette capacité est suffisante, d'autant mieux que les vaches craignent beaucoup moins
que les chevaux la chaleur de l'étable et une légère altération
dans la composition de l'air.

Nous indiquons une hauteur sous planchers plus forte que
celle généralement en usage; mais nous sommes convaincus
que l'abaissement des planchers est on ne peut plus malsain,
et contribue à l'état de souffrance évident d'une grande partie
du bétail de nos étables; du reste, l'augmentation de dépense
qui en résulte pour les constructions est presque nulle. Quoi
qu'il en soit, si l'on diminue la hauteur de l'étage, on devra
augmenter l'espacement des animaux dans l'intérêt de leur
santé, et l'étable devra toujours représenter une capacité de
24 mètres cubes par tête de gros bétail. Elle doit contenir en
outre la place du gardien, des jougs et harnais, que nous évaluons à deux fois la place d'une tête de bétail, en sorte que n
représentant le nombre des têtes de bétail, la capacité de l'é-
table sera exprimée en mètres cubes, par :

$$24\,n + 48$$

Les bœufs à l'engrais et les vaches mères doivent être séparés par des stalles, et il convient de leur accorder une largeur
plus grande que celle réservée aux bœufs de travail; cette
largeur doit être de 1^m,75.

Les écoulements des étables doivent être disposés comme
ceux des écuries que nous avons décrites dans le paragraphe
précédent.

Si la nourriture est jetée d'en haut, le plan des étables diffère très peu de celui des écuries. Nous donnons (*fig.* 29) la dispo-

Fig. 29.

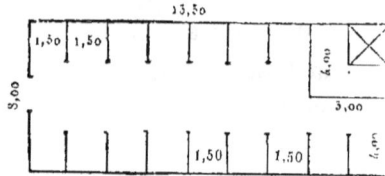

ition d'une étable pour 16 bœufs auxquels la nourriture est jetée de l'étage supérieur.

Les seules différences, dans ce cas, entre la coupe en travers de l'étable et celle de l'écurie, consistent en la suppression des stalles et l'abaissement du bas de la crèche au niveau du sommet de la mangeoire, c'est-à-dire à $0^m,90$ au-dessus du sol.

Quand la nourriture n'est pas jetée d'en haut, mais apportée du dehors, on doit changer la disposition de l'étable; le passage doit être établi derrière la crèche, et, si l'étable est double, entre les deux crèches; cette nouvelle distribution est indiquée dans la *fig.* 30, où la lettre P désigne le passage, CC les man-

Fig. 30.

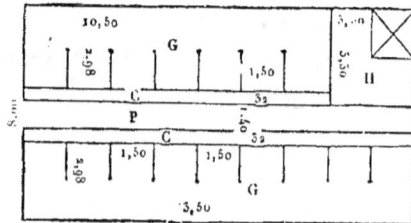

geoires, G les stalles ou l'étable proprement dite, et H la chambre du vacher ou du bouvier; les rigoles d'écoulement des urines sont alors au nombre de deux, et à $0^m,30$ des murs; pour la sortie de l'étable, les stalles extrêmes près de la porte peuvent s'ouvrir sur le passage. Enfin, dans ce cas, le râtelier, toujours vertical dans la partie qui est tournée du côté des animaux, doit être complété du côté du passage par une claie inclinée qui soutient le fourrage et qui permet facilement de le placer à la main ; cette disposition est indiquée dans la coupe (*fig.* 31); enfin la mangeoire peut être remplacée par un tiroir qu'on remplit dans le passage.

Fig. 31.

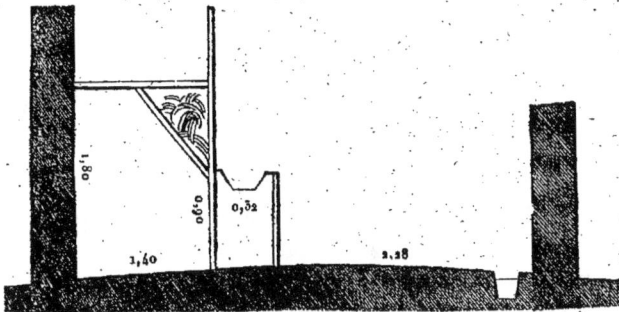

Sauf les deux ou trois premiers jours, les veaux sont tenus dans une étable séparée. Chaque veau occupe la moitié de la place d'une vache, et en supposant que v indique le nombre des veaux, la capacité nécessaire pour les renfermer est représentée par 12 v.

§ V. — Bergeries.

D'après les écrits de M. Tessier, l'emplacement à donner à chaque tête de l'espèce ovine doit être de 1 mètre carré pour chaque brebis ou mouton, et $0^m,75$ pour un agneau ; si donc l représente la largeur de la bergerie, x sa longueur, b le nombre des brebis, et a le nombre des agneaux, on a

$$b + 0,75\, a = lx$$

Si l'on suppose la largeur de la bergerie de 8 mètres, le troupeau composé de 150 brebis et de 50 agneaux, la longueur du bâtiment, déterminée par l'équation, sera de 23 mètres à très peu près.

D'après les usages, les bêtes à laine doivent manger toutes à la fois, et on calcule qu'il faut $0^m,50$ de crèche par tête ; dans un bâtiment de 8 mètres de largeur, le développement des crèches, x étant la longueur, est exprimé, en supposant une crèche double au milieu, une sur tout le pourtour, et un passage de 2 mètres à chaque extrémité de la crèche double, par $4x + 8$; s'il s'agit d'un troupeau de 200 bêtes, on doit avoir :

$$\frac{4\,x + 8}{0,50} = 200, \text{ d'où } x = 23^m$$

On voit que les deux données font arriver exactement au même résultat. Le bâtiment doit avoir au moins 4 mètres de hauteur sous le plancher ; la capacité appliquée à chaque brebis est donc de $3^m,50$, et de $2^m,62$ pour chaque agneau.

Si l'on diminuait la hauteur de la bergerie, on devrait augmenter la surface afin d'établir un volume suffisant pour entretenir la pureté de l'air ; en général, b étant le nombre des brebis et a celui des agneaux, la capacité des bergeries sera

$$3,50\,b + 2,62\,a$$

Le sol des bergeries doit être parfaitement sec : les déjections liquides de l'espèce ovine sont absorbées par la litière, et l'on ne doit pas songer aux écoulements ; mais c'est une faute grossière de croire qu'on peut pour cela se dispenser de tout soin de propreté autre que l'enlèvement régulier de la litière ; il n'est personne qui n'ait pénétré dans ces bergeries où le sol, profondément imprégné de sels ammoniacaux, exhalait constamment une odeur pénétrante et malsaine ; nous sommes d'avis de rendre le sol des bergeries imperméable, comme celui des étables, au moyen soit d'un pavé jointé, soit d'un béton placé au niveau du terrain naturel, et recouvert habituellement d'une couche de sable ou de marne, suivant la nature de l'amendement qui convient le mieux aux terres du domaine : cette couche est enlevée régulièrement et remplacée par une autre, la propreté de la bergerie est entretenue, et on se procure à la fois un amendement et un engrais sans préjudice du fumier de litière.

§ VI. — Loges à porcs.

M. de Lasteyrie donne $3^m,20$ de surface à chaque truie ou porc d'engrais. M. Block, de 3 à $3^m,50$; de 2 à 3 mètres aux verrats, et de $1^m,30$ à $1^m,50$ à chaque cochonneau, ce qui fait en moyenne, eu égard à la composition ordinaire d'un troupeau de cochons dans l'éducation, $2^m,55$ carrés par tête d'animal. Il est évident que si l'on se bornait à l'engrais, il faudrait adopter le chiffre de $3^m,20$ carrés par tête d'animal.

La *fig.* 32 donne la disposition d'une loge à porcs établie d'après les meilleurs auteurs.

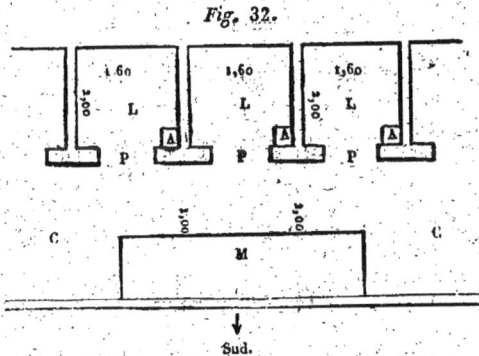

Fig. 32.

LLL représentent les loges. CC Cour fermée par une clôture.
PPP Portes à claire-voie. M Mare.
AA Abreuvoirs.

Il suffit que les séparations des loges soient de $1^m,25$ de hauteur; leur sol doit être incliné, pavé, et assez élevé pour être parfaitement sec, et permettre l'écoulement complet des déjections liquides dans un conduit qui les amène jusqu'à la fosse de l'aire à fumier; la hauteur du toit des loges peut être fixée à $2^m,50$, et on ne doit pas oublier que l'exposition doit être au midi ; c'est une précaution indispensable pour la prospérité de l'éducation.

§ VII. — Poulailler.

Le poulailler doit être dans un endroit chaud, à portée de la fermière, et sa capacité doit être proportionnée à la quantité de volaille qu'il est convenable d'élever, et non à l'importance de la ferme ; en effet, les fermes les moins considérables, et situées dans les terrains les plus ingrats, sont souvent celles qui se livrent le plus à l'éducation des animaux de basse-cour ; en général, a et b étant les deux dimensions du poulailler, le nombre des poules qu'il peut contenir est exprimé par $\dfrac{a+2b}{0,125}$ c'est-à-dire que m étant le nombre des poules, on doit avoir :

$$0,125\,m = a + 2b$$

Supposons $m = 100$, nous aurons $a + 2b = 12,50$; l'équation étant indéterminée, on y satisfera de plusieurs manières, et entre autres par une pièce ayant $4^m,50$ de longueur dans œuvre et 4 mètres de largeur, ou par une pièce ayant $6^m,50$ de longueur et 3 mètres de largeur.

§ VIII. — Hangars.

Les hangars doivent être suffisants pour mettre à l'abri du mauvais temps les instruments de la ferme et les voitures destinées aux charrois, qui ne doivent jamais, ce qu'on voit malheureusement trop souvent, traîner dans les cours, et à la fois embarrasser la circulation et se dégrader rapidement sous l'action des météores. La surface occupée par chaque charrette est de 10 mètres carrés, par chaque charrue de 5 mètres carrés ; enfin on doit ajouter à la surface, calculée en raison de ces quantités, la place d'une charrette, pour faciliter les déplacements et la sortie du hangar, et la place de deux charrues pour les herses, extirpateurs, rouleaux et autres instruments agricoles, en sorte que la surface du hangar est exprimée, c étant le nombre des charrettes, et c' celui des charrues, par

$$10(c+1) + 5(c'+2)$$

et la capacité, en supposant aux hangars une hauteur de 4 mètres, par

$$40(c+1) + 20(c'+2)$$

On ne doit pas craindre de donner aux hangars une dimension un peu plus forte que celle indiquée par le calcul, car souvent ces bâtiments sont utiles pour mettre à couvert les chariots chargés de récolte, quand le mauvais temps survient avant qu'on ait eu le temps d'engranger.

§ IX. — Granges.

Les expériences du savant M. Block ont fixé à 100 kilogrammes environ le poids moyen de gerbes de céréales contenues dans 1 mètre cube lors de la récolte; les 100 kilogrammes de gerbes donnent environ 30 kilogrammes de grains; 30 kilogrammes de grains représentent $30^{lit.},75$, ce qui donne par hectolitre de grains $2^m,67$ cubes de capacité de grange. La récolte d'un domaine étant appréciée en hectolitres, ce qui est toujours facile lorsqu'on connaît l'étendue des terres à blé et leur rendement moyen, et h étant le nombre des hectolitres, la capacité occupée par les gerbes est en mètres cubes de $2,67 \times h$; il faut l'augmenter de celle de l'aire pour le battage, et de l'espace pour mettre de côté la paille au début du battage; nous évaluons cette capacité à 1/5 de celle occupée par les gerbes, soit à $0,53 \times h$, et la capacité de la grange est fixée à $3,20 \times h$.

La question du mode d'établissement et de conservation des gerbes, dans l'intervalle qui sépare la récolte du battage, a été

fort controversée entre les agronomes ; il importe, pour donner
à la question toute sa netteté, de distinguer l'influence des
habitudes et du climat de chaque localité sur les méthodes employées. En Angleterre, les gerbes sont généralement conservées en meules ; ces meules, construites avec beaucoup de soin,
sont recouvertes en chaume et opposent un petit côté au vent
de pluie ; dans une grande partie de l'Allemagne on emploie
la même méthode, et elle est préconisée par Thaer. Dans le
reste de l'Allemagne, et dans la plus grande partie de la France,
on engrange les gerbes ; dans une partie des Pays-Bas, on fait
des meules circulaires recouvertes d'une toiture mobile qui
peut s'élever ou s'abaisser à volonté, au moyen de cordes et de
poulies ; dans certains cantons de l'Italie, dans le midi de la
France, en Espagne, les blés sont entassés sans grande précaution en meules, le battage suivant immédiatement la récolte.
Chacune de ces méthodes est fondée sur une raison particulière ; il est à désirer avant tout que le perfectionnement du
battage , l'emploi des rouleaux , etc., permettent d'étendre la
coutume du midi de la France, et dispensent ainsi de bâtiments
coûteux ; mais on ne peut raisonnablement espérer de généra-
liser une coutume à laquelle le climat et les habitudes agricoles s'opposent invinciblement dans une partie de l'Europe.
La question reste donc entière entre le système des granges et
celui des meules ; nous écarterons d'abord l'assimilation entre le
climat d'une partie de l'Angleterre et de l'Allemagne, et celui
des départements français où les granges sont usitées. Il suffit de
jeter un coup d'œil sur les tableaux comparatifs de ces climats
insérés dans la première partie de ce volume, pour juger que
le climat de la France est beaucoup plus humide, que les pluies
surtout y tombent en plus grandes masses à la fois, et que par
conséquent l'altération des meules est beaucoup plus à craindre. A cette différence de climat entre l'Angleterre et les provinces du nord et du centre de la France, vient se joindre une

différence de constitution dans la propriété : la concentration en un très petit nombre de mains ne permet pas, en Angleterre, le vol des gerbes ; en effet, celui qui n'est pas propriétaire du sol ne saurait justifier de la possession des gerbes, et le crime serait patent aux yeux de tous ; en France, celui qui déroberait des gerbes à son voisin pourrait le plus souvent les réunir aux siennes, et, à moins de flagrant délit, la recherche serait presque impossible ; aussi le système des meules isolées, praticable en Angleterre, est absolument impraticable en France. Dans les départements du midi, où le foulage suit de si près la récolte, pendant toute la durée des aires, on place un homme de garde la nuit pour empêcher les vols ou les infidélités ; mais cette méthode, possible pendant un mois d'été, devient impraticable dans les pays où le battage se fait l'hiver.

La facilité du vol dans les pays de petite propriété suffit pour obliger à placer les gerbes dans une enceinte fermée ; la question qui nous occupe est donc circonscrite, et nous n'avons plus qu'à décider si nous devons préférer une grange ou une cour des meules.

Le seul inconvénient des granges est la dépense capitale de leur établissement, qui est considérable ; mais on aurait tort de s'en occuper exclusivement, car la dépense du mur d'enceinte de la cour des meules et le capital qui représente la façon annuelle des meules à l'anglaise (façon qui ne laisse pas que d'être fort coûteuse) sont aussi une charge très onéreuse ; réduite à ces termes, la question est résolue pour nous ; le peu de bénéfice qu'on trouve à substituer les meules aux granges, la différence des climats, tout nous porte à conseiller l'emploi des granges, qui, du reste, sont plus facilement soustraites aux incendies et en général aux attentats contre les propriétés, dont la multiplication est alarmante ; seulement, dans beaucoup de cas, comme moyen terme, nous recommanderons de substituer aux granges des hangars couverts, qui, fermés à l'extérieur mais

ouverts sur une cour intérieure, présentent à la fois les avantages de l'aération et ceux de la sûreté.

Les propriétaires qui ne disposent pas d'un capital suffisant,
et qui préfèrent s'imposer une dépense annuelle, établiront
une cour des meules; mais, pour éviter des pertes considérables,
ils devront s'astreindre à construire leurs meules avec le plus
grand soin, et à les couvrir en chaume.

Quel que soit le système adopté pour les granges, elles doivent être assez élevées pour permettre le passage des charrettes
chargées; le sol doit être parfaitement sec, le bâtiment doit
être ouvert de manière à livrer passage aux charrettes de l'extérieur à l'intérieur, et réciproquement; les aires de battage
peuvent occuper l'emplacement même du passage ou des pas-
sages, suivant l'étendue de la grange. En combinant ces données avec celles que nous avons déjà présentées sur la capacité
occupée par les récoltes, le plan (*fig.* 33) conviendrait à une
grange destinée à renfermer les récoltes en céréales d'un domaine qui en recueille 300 hectolitres, en supposant les gerbes
entassées sur une hauteur de 7 mètres.

Fig. 33.

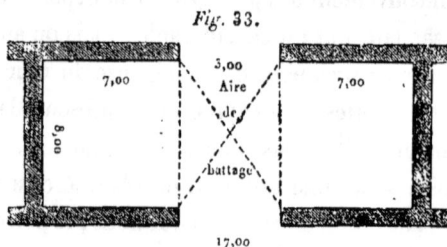

§ X. — Greniers à fourrages.

Les greniers à fourrage doivent contenir la provision de
l'année pour la consommation des chevaux; cette consommation est évaluée à 12^k,50 par tête de cheval et par jour; le
mètre cube contenant à très peu près 100 kilogrammes de four-

rage, la capacité nécessaire par cheval et par jour est de $0^m,125$, et pour l'année de $365 \times 0,125 = 45$ mètres cubes environ, en sorte que le nombre des chevaux étant exprimé par m, la capacité des greniers à fourrages devrait être exprimée par $45m$.

Supposons 8 chevaux, comme dans l'exemple cité plus haut; la capacité de l'écurie serait, d'après la formule de l'article (3), de 312 mètres, la capacité des greniers à fourrages est exprimée par $45 \times 8 = 360$ mètres cubes, et la hauteur de l'écurie étant de 4 mètres, la hauteur réduite du grenier à fourrages superposé doit être de $4^m,60$.

La consommation des bœufs est à très peu de chose près égale à celle des chevaux; quand ils sont nourris entièrement à l'étable, la capacité des greniers à fourrages, n étant le nombre des bœufs ou vaches, doit être de $45n$. Si les bœufs sont en pâturage la moitié de l'année, la capacité des greniers se réduit à $23n$.

La consommation des moutons à la bergerie est de $1^k,40$ par individu et par jour en moyenne, d'après les expériences de M. Mathieu de Dombasle, en supposant la moitié du troupeau à la ration d'entretien, et l'autre moitié à la ration d'entretien augmentée de celle de production. Si donc les moutons étaient entièrement nourris à la bergerie, b étant le nombre des têtes du troupeau, la consommation serait $511^k \times b$, et la capacité des greniers devrait être en mètres cubes de $5^m,11 \times b$; si, comme il arrive le plus souvent, les troupeaux sont aux pâturages pendant 6 mois de l'année, la capacité se réduit à $2,05 \times b$, et cette quantité varierait en plus ou en moins, suivant le mode de nourriture des troupeaux adopté dans le pays où l'on se propose de construire.

Ces quantités doivent aussi varier en raison de l'espèce et de la taille des animaux; les expériences savantes de M. de Dombasle ont prouvé que la nourriture était proportionnelle au poids des individus, et qu'elle devait varier de près d'un quart en moins ou en plus des moyennes que nous avons présentées pour les bœufs et pour les moutons, suivant qu'on leur donnait la ration d'entretien ou la ration d'engraissement.

Ces capacités peuvent varier aussi en raison du mode de nourriture. Si une partie notable de l'alimentation est faite en racines, on doit déduire de la capacité des greniers celle qui serait occupée par les fourrages équivalents aux racines consommées ; car les racines et les pommes de terre doivent être conservées dans des caves, ou mieux encore dans des silos, quand le terrain le permet. Avec cette précaution, et en se guidant d'après les éléments que nous venons de donner, on ne peut manquer de trouver la solution du problème particulier de chaque exploitation. Quant aux greniers à paille, il n'est pas nécessaire de nous en occuper ici ; la paille nécessaire à la nourriture des bestiaux est bottelée dans quelques pays, dans d'autres elle est mêlée avec le foin sans bottelage, et au fur et à mesure de l'emploi ; son poids est compris dans la quantité de nourriture que nous avons assignée à chaque espèce ; celle nécessaire à la litière reste en grange dans les pays où le battage s'effectue en grange, se met en meules dans les pays où le battage a lieu en plein air ; souvent même celle qui sert à la nourriture est laissée en meule et extraite au fur et à mesure des besoins ; alors la capacité des greniers peut être diminuée de celle nécessaire à contenir la quantité de paille employée à la nourriture. Enfin dans certaines contrées le foin lui-même est mis en meule et garanti des intempéries, soit par des roseaux, soit par un toit mobile ; ainsi donc, avant que de déterminer si l'on fera des greniers, et surtout quelle capacité on leur assignera, il importe de peser chacun de ces points et d'en tenir un compte exact, pour ne pas se livrer à des constructions inutiles.

Les observations que nous avons présentées sur les granges s'appliquent en grande partie aux bâtiments destinés à la conservation des fourrages ; dans beaucoup de pays on les dispose en meules, et leur qualité n'en paraît pas altérée; mais il faut convenir que dans ces pays les pluies sont peu abondantes, et que les fourrages y ont une valeur beaucoup moins élevée que dans la plus grande partie de la France. Néanmoins en France même, pour certaines qualités inférieures qui, par le peu d'élévation de leur prix, ne sont pas exposées au même degré, il n'y a pas à hésiter à adopter le système des meules; tels sont les triangles, les roseaux, les fourrages des prés marécageux en général; mais les luzernes, les trèfles, les foins des prés de bonne qualité doivent être enfermés. Les greniers doivent être placés, autant que possible, pour les chevaux et les bœufs, au-dessus des écuries et des étables; pour les moutons, la convenance des bâtiments doit être la seule règle, et on peut les placer indifféremment, au-dessus ou à côté, car dans aucun cas le fourrage ne peut leur être distribué du grenier.

§ XI. — Des bâtiments propres à l'éducation des vers à soie.

En général, dans les pays où l'éducation des vers à soie se fait d'une manière générale, il n'y a pas de bâtiment spécial affecté à cet usage. Comme la vie des vers à soie s'écoule avant la rentrée des fourrages, les greniers peuvent être affectés à l'éducation; les hangars, les appartements mêmes de la ferme sont souvent employés à cet usage, et il est en effet, en principe, de mauvaise économie d'avoir un bâtiment exclusivement affecté à un service qui ne doit durer que quelques semaines; il vaut mieux ou profiter du vide des greniers, ou s'imposer à leur défaut une gêne momentanée, d'autant mieux que, pendant toute la durée de l'éducation, les habitants de la ferme sont sur pied nuit et jour. Néanmoins il est des exploitations agricoles dans lesquelles l'éducation des vers à soie joue un rôle tellement exclusif, que les bâtiments nécessaires aux autres services de la ferme seraient tout-à-fait insuffisants; il faut alors lui affecter des bâtiments spéciaux, et c'est ici le cas d'examiner leurs dimensions, suivant les meilleurs procédés, d'autant mieux que ces considérations jetteront du jour sur les modifications qu'on pourra faire éprouver aux greniers et aux hangars, dans les pays séricicoles, pour qu'ils puissent servir commodément à cet usage supplémentaire, et déterminer, dans certains cas particuliers, soit à en augmenter les dimensions, soit à y introduire certaines dispositions qui mettront ces pièces au niveau de celles qui sont construites spécialement pour cet usage.

Dandolo affecte 52 mètres par 30 grammes de graine de vers, et pour une éducation de 600 grammes ; 62 mètres par 30 grammes et pour une éducation de 150 grammes. Nous adopterons ce dernier chiffre dont l'application se rapproche beaucoup plus de la pratique, d'autant mieux que si la quantité de vers à élever dépasse celle qui provient de 150 grammes de graines, il convient en général de séparer les chambrées. Quant à la feuille du mûrier, comme elle doit être tenue au rez-de-chaussée et au frais, on doit choisir dans les pièces de la ferme une salle à l'exposition du nord, contiguë à la magnanerie, ou du moins le plus près possible, et dont la surface, d'après Dandolo, doit être de 6 mètres carrés par 30 grammes.

Dans le système de M. Darcet, il faut une chambre à air chaud, une chambre à air froid, et un comble pour l'établissement du ventilateur, que ce ventilateur soit un fourneau d'appel ou un tarare ; nous avons de fortes raisons pour penser qu'on doit renoncer à la chambre d'air froid en tant que réfrigérant ; en effet, dans une ventilation puissante comme celle que se propose M. Darcet, le renouvellement d'air est trop prompt pour qu'une capacité ordinaire puisse suffire au refroidissement de l'air extérieur, et l'on ne doit jamais compter que sur la température de l'air extérieur près du sol et au nord ; la chambre d'air froid doit donc consister uniquement en la capacité nécessaire pour faire communiquer commodément les gaines avec l'air extérieur au nord et près du sol ; nous évaluons cette capacité à 10 mètres par 30 grammes. La capacité de la chambre d'air chaud, qui doit être séparée de l'atelier, est réglée par la commodité du service du foyer et de la transmission dans les gaines, et peut être fixée à 20 mètres cubes par 30 grammes pour les chambres de 120 grammes et au-dessus ; pour des chambres moins considérables, il vaut mieux s'abstenir de ces dispositions coûteuses et gênantes dans l'aménagement d'un corps de ferme. Le ventilateur doit être placé dans les combles, ce qui exige que la magnanerie soit séparée des combles par un plancher, ce qui fait perdre, dans le cas où l'on veut faire servir les bâtiments à deux usages, une capacité importante, environ 15 mètres cubes par 30 grammes de graines. Enfin, dans le cas où le ventilateur doit être mis en jeu pas un manége, on doit y joindre la place nécessaire à cet établissement.

En général, le nombre des grammes de graine étant exprimé par g, les capacités nécessaires à l'éducation sont, dans le système Darcet,

	m.c.
Au rez-de-chaussée	$1,6\ g.$
Au 1er étage	$2,0$
Dans les combles	$0,5$
Total	$4,1$

Dans le système Dandolo, ces capacités sont :

	m.c.
Au rez-de-chaussée	$0,7\ g.$
Au 1er étage	$2,0$
Total	$2,7$

§ XII. — Celliers, cuves vinaires.

La culture de la vigne est trop répandue en France pour qu'il nous soit permis de passer sous silence, malgré sa spécialité, la connaissance des capacités nécessaires à la préparation et à la conservation du vin. Nous nous bornerons à quelques indications générales, renvoyant pour les détails aux excellents traités de MM. Dubrunfaut et Chaptal.

Supposons des barriques de $1^m,10$ de grand diamètre extérieur, et de $1^m,30$ de longueur, contenant 750 litres de liquide ; chaque barrique occupera une surface de $1^{m.q.},43$; de plus, chaque rang de deux barriques devra être séparé par un intervalle de $1^m,40$ pour la manœuvre des barriques vides et le service de la cave, ce qui augmente cette surface de $0^{m.q.},77$, en sorte que la surface occupée par 750 litres sera de $2^{m.q.},20$, ou par hectolitre de $0^m,3^q$ environ. Alors, la récolte étant évaluée à h hectolitres de vin, la surface de cave nécessaire serait $0,3 \times h$. D'une manière plus générale, d étant le grand diamètre extérieur des futailles en usage, et l leur longueur, la capacité nécessaire est exprimée, en mètres cubes, par

$$\left(\frac{1,75\,(d-0,06)}{4}\right)^2 \pi\,l$$

et la surface horizontale qu'elles occupent, par

$$d\left(\tfrac{3}{2}\,l+0,05\right)$$

en sorte que la surface occupée par chaque hectolitre de vin sera exprimée par

$$\frac{d\left(\tfrac{3}{2}\,l+0,05\right)}{\pi\,l\,(1,75\,(d-0,06)\,)^2} \times 1,60$$

π étant le rapport de la circonférence au diamètre égal, comme chacun sait, à $3,1415926$.

Au seul aspect de cette expression, il est évident que le diamètre des futailles augmentant, la surface occupée par hectolitre doit diminuer, puisqu'elle contient le carré du diamètre en dénominateur ; ainsi, en prenant pour exemple $d = 2$ mètres $l = 2^m,50$, l'expression nous donne pour la surface occupée par chaque hectolitre, $0^m,14$; ainsi, en substituant à

des barriques de 750 litres des foudres de 5,670 litres, on diminue de moitié la surface occupée par la récolte. Faisant
$d = 3^m,50$ et $l = 4^m,50$, nous avons, pour la surface occupée
par hectolitre, $0^m,07$; elle est réduite à 1/4, et la capacité
des foudres est de 320 hectolitres à très peu près. Du reste, la
surface est encore diminuée par cette considération que, les
foudres une fois montés étant immobiles sur leur chantier, il
n'est pas nécessaire, comme pour les petites pièces, de réserver
un passage proportionné à leur grandeur. Quel que soit, du
reste, le mode auquel on s'arrête et dont l'appréciation sortirait
de notre sujet, la surface de cave à affecter aux vins en futaille
est réglée par la formule, et la valeur donnée par la formule
devrait être réduite à moitié ou au tiers, si la force des barriques permettait de les placer sur une hauteur de deux ou trois
rangs. Quant à la hauteur du cellier, elle est réglée à 4 mètres
sous clef, quand il doit contenir des barriques ordinaires; elle
est déterminée par la plus grande diagonale d'un foudre quand
il s'agit de grands foudres qu'on est obligé de monter sur
place. En général, h étant le nombre des hectolitres, la capacité de la cave sera donc exprimée par

$$6,40\, h \times \frac{d\left(\frac{3}{2} l + 0,05\right)}{\pi\, l\, \left(1,75\,(d - 0,06)\right)^2}$$

Quant à la place occupée par les cuves vinaires, elle est facile
à déterminer : h étant le nombre d'hectolitres, la cuve doit représenter en vide $0^{m.c.},15 \times h$, c'est-à-dire une moitié en
sus pour la fermentation et le marc; elle doit de plus être
surmontée d'une hauteur de 3 mètres pour le foulage et le
pressoir; en sorte que si la cuve avait 4 mètres de profondeur,
la capacité affectée à son établissement devrait être, tout compris, de $0^m,27 \times h$. Dans les cas, très rares selon nous, où il sera
à propos de renfermer le vin dans des foudres en pierre, la
capacité qu'il occupera sera réglée par la quantité d'hectoli-

tres, en tenant compte d'un passage de 2 mètres pour le service, d'une hauteur de 1^m,50 au-dessus des foudres en pierre, et de l'épaisseur des parois.

§ XIII. — Trous à fumier.

La quantité de fumier produite par une ferme est égale en poids au double de la consommation en fourrage et en litière; la consommation en fourrage est égale à celle en litière, et les deux consommations font ensemble 25 kilogrammes par tête de cheval ou de bœuf; la quantité de fumier produite est donc par cheval ou bœuf, et par jour, de 50 kilogrammes; pour l'année, quand les chevaux et les bœufs sont supposés toujours à l'écurie, elle est de 18,250 kilogrammes. Mais cette supposition n'est jamais conforme aux faits; en général, on doit compter pour les chevaux seulement sur les 2/3 de cette quantité, et pour les bœufs et vaches, sur une proportion déterminée d'après la durée du pacage, et des travaux qui les tiennent hors de l'étable; si le pacage est de 6 mois, on doit compter seulement la moitié de cette quantité par tête de gros bétail; en sorte que la quantité de fumier, c étant le nombre des chevaux et b celui des bœufs, serait exprimée par

$$12170 \times c + 9125 \times b$$

La quantité de fumier produite par les brebis ou moutons, d'après les mêmes principes et en les supposant hors de la bergerie pendant la moitié de l'année, est de 1,022 $\times m$, m désignant le nombre des moutons. Le mètre cube de fumier pesant 800 kilogrammes, la quantité de mètres cubes de fumier produite par la ferme est exprimée par

$$\frac{12170 \times c + 9125 . b + 1022 \times m}{800}$$

ou à très peu près, par

$$15,20 \times c + 11,40 \times b + 1,30 \times m.$$

D'après les excellents principes posés par Schwerz pour la confection des fumiers, et en supposant qu'on les dispose sur deux plans légèrement inclinés, séparés par une fosse où se rendent les eaux du fumier, et isolés des eaux adventices, on ne peut pas mettre le fumier sur plus de $1^m,50$ d'élévation moyenne, et la surface occupée en mètres carrés est exprimée à très peu près par

$$10,10 \times c + 7,60 \times b + 0,87 \times m$$

Pour donner une idée de la surface nécessaire à cette opération, la plus importante sans contredit de toutes celles de la ferme, prenons un exemple ; supposons une ferme exploitée par 6 bêtes de somme, ayant 8 vaches, et un troupeau de 100 bêtes à laine ; la surface nécessaire à la confection et à l'entretien du fumier sera exprimée par $208^m,40$, et sera obtenue par la méthode de Schwerz au moyen de 2 aires carrées de 10 mètres de côté chacune, séparées par un fossé de $0^m,50$. Si les fumiers, ainsi qu'il arrive dans beaucoup d'exploitations, sont enlevés à deux époques distantes l'une de l'autre de sept mois, la surface nécessaire se réduit à $121^m,60$, et s'obtient par deux aires carrées de 8 mètres de côté chacune.

On comprend, sur ce simple aperçu, que, dans certains cas, il puisse convenir de placer le fumier dans la cour, si sa grandeur est proportionnée aux dimensions calculées de l'aire à fumier, et que le plus souvent il est plus à propos de laisser à la cour les dimensions qu'elle doit avoir pour les autres services, et de placer l'atelier du fumier en dehors et parallèlement aux étables dont les eaux doivent être conduites par des rigoles dans la fosse de séparation où se trouve la pompe destinée à arroser le fumier.

Cette disposition, qui est indispensable dans de grandes exploitations, est bien préférable à l'usage dégoûtant et ruineux de placer le fumier dans un trou, au milieu de la cour, de l'entasser sur des hauteurs prodigieuses, et de laisser les eaux qui suintent en souiller toutes les approches, gâter l'eau des abreuvoirs, et entretenir dans la cour, au grand détriment de la qualité du fumier lui-même, une saleté repoussante.

On peut encore disposer les latrines de la ferme sur la fosse qui sépare l'aire à fumier en deux parties.

§ XIV. — Abreuvoirs.

Rien de si varié que la forme et la disposition des abreuvoirs ; en général, leur périmètre doit être suffisant pour permettre à tous les animaux de la ferme l'approche de la même étable.

Les moutons doivent boire à la bergerie même, dans des abreuvoirs portatifs en sapin reposant sur des chevalets.

Dans l'exemple que nous venons de citer, les abreuvoirs doivent être suffisants pour placer 8 bœufs, c'est-à-dire présenter au moins 8 mètres de périmètre libre.

Quant à la pureté de l'eau, qui est très importante, on y pourvoira facilement si l'on dispose d'eaux perennes peu profondes, et encore mieux si l'on a des eaux courantes. Lorsqu'on est privé de cet avantage, on y supplée au moyen d'une grande citerne appelée mare, et qui, pavée d'un côté, sur un plan faiblement incliné, reçoit les eaux de pluie qui tombent directement sur elle, et celles qui, tombant sur la surface des toits, y sont amenées par des conduits ; la largeur de la rampe d'accession doit être égale au développement que nous avons fixé pour les abreuvoirs, c'est-à-dire à 8 mètres dans le cas présenté plus haut, à moins qu'il ne s'agisse d'une exploitation tout-à-fait spéciale et qui nécessite alors des dispositions particulières.

Nous conseillons de ne disposer la mare que d'un seul côté en plan incliné, et de garantir par un garde-corps les trois autres faces verticales ; sans cette précaution, on augmenterait trop la surface évaporatoire, et la pureté de l'eau pourrait être altérée d'une manière fâcheuse pour la santé des animaux; nous n'avons pas besoin d'ajouter que la propreté la plus scrupuleuse doit présider à l'entretien de la mare, qui sera écartée le plus possible des fumiers, et purgée très fréquemment de tous les corps que le vent ou les accidents pourraient y amener.

Quant à nous, nous préférons à la mare une citerne couverte, telle que celle décrite à la page   tome   *de la Maison rustique du XIX. siècle;* on évite ainsi toutes les impuretés, les inconvénients de la gelée, et l'eau peut facilement être distribuée, au moyen d'une pompe, dans les abreuvoirs supérieurs, au fur et à mesure des besoins. La capacité de la citerne, si l'eau peut se renouveler tous les deux mois, p étant le nombre des personnes adultes, c le nombre des chevaux, b celui des bœufs, m celui des moutons, v celui des porcs, est exprimée, en mètres cubes, par

$$0{,}61 \times p + 3 \times c + 2\,b + 0{,}12 \times m + 0{,}20 \times v$$

Supposons 8 personnes, 5 chevaux, 8 bœufs, 100 moutons, et 10 porcs; la capacité de la citerne, d'après l'article que nous citons, doit être de 49 mètres cubes, et, en supposant que l'eau soit sur une profondeur de 4 mètres, la longueur de la citerne doit être de 4 mètres et sa largeur de 3 mètres. 800 mètres carrés de toiture, c'est-à-dire un bâtiment qui aurait 100 mètres de développement sur 8 mètres de largeur, suffira à l'alimentation complète de la citerne; mais il n'est pas permis, en général, de compter sur les eaux pluviales pour l'alimentation complète de la ferme; l'article même que nous citons en est la meilleure preuve, puisqu'il conduit, pour une ferme de 50 à 60 hectares, à une surface de 2,000 mètres carrés de toiture; ce qui, nous ne craignons pas de l'affirmer, représente une masse de bâtiments hors de proportion avec l'importance de la ferme, quel que soit du reste le mode d'exploitation.

Les mares et les citernes exclusivement alimentées par les eaux pluviales doivent donc être considérées comme des auxiliaires utiles, mais elles ne sauraient suffire au service de la ferme; il est de la plus haute importance de ne jamais se placer complétement hors de portée de l'eau potable; car il est telles années (et nous l'avons éprouvé dans l'été de 1840) où l'on serait réduit aux dernières extrémités.

Les bœufs à l'engrais et les porcs doivent être abreuvés à l'étable même, et à cet effet leurs stalles ou leurs loges doivent être garnies de petits abreuvoirs particuliers.

§ XV. — Greniers à blé.

Nous avons mentionné les greniers à blé en parlant de l'habitation du fermier; nous avons dit qu'il fallait les placer dans le corps même d'habitation et à l'exposition du nord. Leur disposition mérite une attention particulière qui nous force à revenir sur ce sujet. Le blé, étant très lourd, ne peut être placé qu'à couches très minces sur un plancher ordinaire ou sur une voûte en briques, car dans le premier cas il charge trop le plancher et l'expose à rompre, et dans le second il augmente la poussée par la charge et fait donner les murs de retombée. Un grenier à blé doit être placé sur des poutres armées ou sur une voûte pleine, et alors on peut sans crainte pousser la puissance des couches jusqu'à 1 mètre de hauteur. Les conditions de résistance remplies, il faut satisfaire à celles d'aération. La facilité qu'a le blé à se corrompre, soit par la fermentation, soit par la formation de champignons, soit par l'introduction des insectes, a fait inventer d'innombrables systèmes pour le conserver. Ces systèmes peuvent être rangés en deux classes principales : les silos et les greniers mobiles. Les silos sont fondés sur ce principe, que l'égalité de température et l'absence complète de lumière suffisent pour prévenir toute fermentation et toute végétation ; et on atteint le but soit en enfouissant les grains à une certaine profondeur au-dessous du sol, soit en les scellant dans des caveaux voûtés et parfaitement rejointoyés.

Les greniers mobiles consistent quelquefois en trémies fixes avec soupape à la face inférieure ; cette soupape sert à vider les grains contenus dans la trémie, et chaque quantité que l'on tire imprime un mouvement général à la masse ; ce mouvement, qu'on peut du reste rendre plus fréquent et plus considérable en écoulant de temps en temps une partie des grains qu'on reverse dans la trémie par son ouverture supérieure, suffit pour empêcher la fermentation et la formation de ces champignons vénéneux qui altèrent d'une manière si fâcheuse la qualité des farines. On a aussi proposé que le mouvement fût donné à la masse du blé au moyen d'une ou de plusieurs vis d'Archimède, auxquelles un mouvement de rotation serait imprimé par un moteur quelconque ; tous ces procédés, qui peuvent avoir de grands avantages pour une manutention considérable, ne sont pas ordinairement applicables à une exploitation agricole, et l'on se contente, en général, de remuer les blés à la pelle dans les greniers, pendant l'intervalle qui sépare la récolte de la vente.

Il nous serait impossible d'entrer dans de plus grands détails sur les éléments des constructions rurales sans sortir des limites qui conviennent à un cours d'agriculture ; il nous reste donc seulement à traiter de l'art de la construction en lui-même ; c'est ce qui fera l'objet de la deuxième partie de ce travail.

SECONDE PARTIE.

DE L'ÉTABLISSEMENT DES ÉDIFICES RURAUX.

CHAPITRE IER.

Des matériaux.

La première partie de la science des constructions est la connaissance des matériaux employés à les élever. Cette connaissance est sans contredit la plus essentielle de celles que les propriétaires sont obligés d'avoir en matière d'architecture rurale ; en effet, ils peuvent et doivent s'en remettre d'ordinaire, pour les procédés mêmes de construction, aux gens de l'art, et leur surveillance doit surtout s'exercer sur la qualité des agents de construction.

§ Ier. — Moellons ou pierres à bâtir.

La France est très riche en pierres à bâtir, et la construction des bâtiments en maçonnerie de moellons avec mortier est certainement celle qui est la plus usitée dans les bâtiments ruraux ; on doit donc apporter une grande attention au choix des pierres de construction ; on peut, dans beaucoup de départements, au même prix ou pour des différences de prix insignifiantes, se procurer de très bonne ou de très mauvaise pierre. Il est difficile de donner des règles générales à ce sujet ; l'aspect des bâtiments anciens existant dans le pays en apprendra plus que ce que nous pourrions dire ; néanmoins, comme les habitudes de plusieurs localités sont vicieuses, et comme on ne doit négliger aucun moyen de les changer, nous donnerons ici quelques indications sur les qualités qu'on doit rechercher dans une pierre à bâtir. Ces qualités se rapportent : 1° à la durée; 2° à la solidité; 3° à la forme; 4° à l'aspect.

1° La durée d'une pierre tient à la propriété qu'elle a de n'être pas gélive, c'est-à-dire d'être insensible à l'action des météores, et, dans certains pays, des vents de mer qui imprégnent les murs de particules salines.

On a successivement proposé plusieurs moyens de reconnaître si une pierre est ou non gélive; le plus connu est celui qui consiste à la plonger dans une solution concentrée de sulfate de soude, et à voir comment elle résiste à la formation des cristaux après qu'on l'a retirée de la solution. Ce moyen n'a qu'une valeur relative; certainement il y a présomption défavorable pour une pierre qui ne résiste pas à cette épreuve, mais beaucoup de pierres en sortent victorieusement et se délitent cependant sous l'action continue des météores. Certains praticiens donnent pour garantie infaillible de la bonté d'une pierre l'aspect brillant ou cristallisé de la cassure, et cependant nous avons vu des pierres à cassure brillante se décomposer rapidement, et des pierres qui ne présentent pas cet aspect subsister sans altération; nous ne pouvons trop le répéter : l'expérience des constructions anciennes, l'examen des tranches de carrières restées longtemps sans exploitation, en apprendront beaucoup plus que toutes les règles, exactes pour les localités qui les ont fait naître, mais fautives si on veut les appliquer à toute la France.

Il est cependant certaines qualités de pierre dont on peut dire avec certitude qu'elles ne sont pas gélives.

Dans cette catégorie se rangent en général les pierres calcaires à cassure vive, connues sous le nom de pierres froides, les grès compactes à pâte calcaire ou à pâte siliceuse, les granits durs, les basaltes, les pierres calcaires à cassure brillante et donnant à la cuisson de la chaux grasse foisonnant bien, les travertins, les marbres.

On doit se méfier des pierres à cassure terne, exhalant sous le souffle une odeur d'argile; des calcaires dolomitiques; des calcaires qui fournissent une chaux maigre ou une chaux hydraulique; des calcaires d'eau douce en général; des grès tendres; des granits et des schystes friables.

Les pierres dites meulières et les calcaires grossiers dits coquilliers doivent être examinés avec soin, avant qu'on puisse en autoriser l'emploi.

2° La solidité de la construction tient à deux éléments: 1° la résistance de la pierre à l'écrasement; 2° son poids. Rondelet a fait des expériences relatives à la résistance des pierres à l'écrasement, qui prouvent que cette résistance peut varier, pour les matériaux en usage dans les constructions, de 1 à 23. Ainsi, prenant pour unité la résistance de la pierre dure de Conflans, employée à Paris, on trouve 23 pour la résistance du basalte d'Auvergne. On peut répéter ces expériences pour les diverses pierres à employer, en taillant un cube régulier de $0^m,05$ de côté, et le soumettant à une succession d'efforts déterminés au moyen d'une presse hydraulique. Il est rare néanmoins que, dans les constructions rurales, les moëllons employés pèchent par défaut de résistance; ce défaut serait d'ailleurs atténué, si l'on employait de bons mortiers hydrauliques qui suppléeraient par leur prise au manque de dureté de la pierre.

La pesanteur de la pierre est un élément important. Il est évident qu'à égalité de résistance les pierres les plus légères sont les meilleures, parce qu'elles chargent moins les murs; une simple pesée suffit pour constater cette propriété; d'après les épreuves déjà faites, la pesanteur spécifique des pierres à bâtir varie depuis 3,06 (basalte de Suède) jusques à 2,07 (pierre de Conflans).

C'est à la force de résistance et à la légèreté du travertin employé dans les édifices de Rome, que les constructeurs italiens ont dû de pouvoir élever ces monuments qui nous étonner par leur hardiesse et par leur masse ; c'est à la légèreté de la pierre dure de Conflans que les constructeurs français ont dû de pouvoir l'employer dans des édifices considérables de Paris, cette légèreté faisant compensation à son défaut de résistance. La solidité des édifices, toutes choses égales d'ailleurs, varie en raison inverse de la densité de la pierre, et proportionnellement à la résistance à l'écrasement ; la résistance à l'écrasement étant

> Pour le travertin, de 3,30
> Pour la pierre dure de Conflans, de 1,00

et la densité

> Pour le travertin, de 2,36
> Pour la pierre de Conflans de 2,07

la solidité relative des constructions en travertin est à celle des constructions en pierre dure de Conflans :: $3,30 \times 2,07$: $1 \times 2,36$ ou à très peu de chose près, :: $2,5 : 1$.

3° La forme de la pierre a aussi une grande importance. Plus le mortier est médiocre, plus cette importance s'accroît ; ainsi, pour bâtir des murs à pierre sèche, il faut des pierres dont les lits de cassure soient plans et bien marqués, et dont le délit soit lui-même susceptible de régularité. Il est impossible d'obtenir de la solidité dans ce genre de construction, avec des pierres sans lit déterminé et à cassure irrégulière ou conchoïde ; mais si, au contraire, on veut établir une maçonnerie à mortier hydraulique, la forme de la pierre n'a plus d'influence sur la solidité, et n'est recherchée que pour la régularité et la beauté des parements, et la facilité de poser les enduits.

On voit que ce que nous appelons forme de la pierre est, pour les minéraux mélangés qui la constituent, un fait analo-

II.   32

gue à celui de la cristallisation pour les corps d'une composition déterminée ; en effet, de même que la cristallisation permet de séparer ces corps avec facilité suivant des plans déterminés, de même la disposition des particules dans les pierres à
bâtir leur permet de se séparer sous l'action des différents
agents dont on se sert pour les débiter, en blocs à faces plus
ou moins planes, plus ou moins parallèles, et par conséquent
plus ou moins propres à entrer dans les constructions.

4° L'aspect de la pierre est sans importance en matière de
constructions rurales, d'autant plus qu'il est d'usage, en général, de la masquer par un enduit ou un blanchissage à la chaux
souvent renouvelé ; nous n'insisterons donc pas sur cette qualité qui tient au grain et à la couleur, et qui n'est à rechercher
que pour la pierre de taille employée dans les constructions de
luxe ou d'agrément.

La dimension des moellons employés dans les constructions
est importante ; elle est réglée à la fois par l'épaisseur des murs
et par la limite du poids au delà duquel on ne pourrait plus les
charger et les manier aisément. La queue moyenne des moellons
peut varier entre $0^m,20$ et $0^m,35$, et leur poids entre 10 et
30 kilog.; les pierres plus petites ne doivent servir que pour
garnir l'intérieur de la maçonnerie. Nous parlerons de leur emploi quand nous traiterons de la construction proprement dite.

§ II. — Pierres de taille.

Bien que l'emploi des pierres de taille doive être nécessairement restreint, par des motifs d'économie, dans les constructions rurales, il est inévitable dans beaucoup de circonstances,
et il est même quelques localités où leur usage exclusif est
avantageux, à cause de la facilité d'exploitation des carrières et
du peu de main d'œuvre qu'on emploie pour les débiter. Nous
ne devons donc pas les passer sous silence.

Plusieurs des qualités de pierres exploitées comme moellons peuvent l'être comme pierres de taille, et la différence ne gît que dans la dimension des blocs et la main-d'œuvre à laquelle on les soumet; on doit donc rechercher dans les pierres de taille les mêmes qualités que nous avons décrites pour les moellons ordinaires. Il y a pourtant une distinction importante à faire; la pierre de taille devant être débitée suivant des formes parfaitement déterminées, les pierres dures, appelées en terme de l'art pierres froides, sont d'un emploi beaucoup plus dispendieux que les pierres tendres; et, toutes les fois que ces dernières offriront une consistance suffisante, on devra les préférer. Ainsi, en général, on ne doit employer pour la construction des portails, des voûtes, des encadrements et des angles des constructions rurales, que des pierres de taille susceptibles d'être débitées à la scie ou au taillant.

Les exceptions à cette règle sont très limitées et ne s'appliquent qu'à des cas particuliers où les exigences de l'exploitation demandent des arcs très surbaissés d'une grande portée, ayant peu d'épaisseur à la clef, et qui par conséquent nécessitent l'emploi de matériaux très résistants. Si la contrée n'offre que des pierres dures, il sera plus à propos, malgré les inconvénients de l'emploi du bois dans le corps des maçonneries, de substituer aux voûtes ou plates-bandes des pièces de charpente, ou même une maçonnerie soignée en moellons smillés avec des arcs noyés pour soulager les axes de vide et reporter les pressions sur les axes de plein. Enfin, la pierre de taille peut être remplacée, dans presque tous ses emplois, par la brique, quand il est facile de s'en procurer de bonne qualité dans le pays. Ainsi, à Bologne, à Ferrare, à Vicence, non-seulement les pilastres et les colonnes, mais encore les ornements les plus délicats d'architecture sont en briques revêtues d'un enduit général, et ces contructions réunissent à l'élégance de celles en pierre de taille une bien plus grande légèreté.

§ III. — Briques.

La brique est une terre argileuse ou mélange de carbonate de chaux, de silice libre et d'argile (silice et alumine), jetée au moule, séchée au soleil, et cuite au feu. Les qualités des briques sont très variables, d'après la nature de la terre employée et d'après le degré de cuisson. On sait que la silice, l'alumine et le carbonate de chaux sont séparément infusibles au feu ordinaire, et que ces substances mélangées dans de certaines proportions sont susceptibles d'entrer en fusion : on conçoit donc que les briques étant supposées cuites au même feu, la composition de la terre a la plus grande influence sur leur résistance, qui tient surtout au commencement de vitrification d'où il résulte une cohésion parfaite entre les particules. Il est certain qu'en faisant varier l'intensité du feu, proportionnellement à la difficulté de fusion du mélange, on obtiendra des briques excellentes avec des terres de compositions très variées. C'est ainsi qu'on fait des briques réfractaires avec des terres argileuses, qui ne contiennent que des traces de carbonate de chaux; mais ces briques réfractaires ne peuvent être employées que pour la construction des foyers, des fourneaux, et pour des usages industriels. Il serait trop cher de les employer dans les constructions; d'ailleurs, quelle que soit l'intensité du feu auquel elles ont été soumises, elles présentent toujours une résistance médiocre à l'écrasement. Les terres qui présentent une grande ténacité, et qui contiennent de 20 à 50 p. 100 de leur poids en carbonate de chaux, sont en général propres à faire des briques. Nous avons montré, en parlant de la ténacité des terres, que cette propriété tenait essentiellement à la proportion d'argile qu'elles contiennent, et par conséquent à la faiblesse du lot n° 1 de décantation (*voir* t. Ier). Ces terres se jettent au moule aisément, se cuisent à un feu ordinaire et fournissent les éléments de briques bonnes et économiques.

Nous avons cru à propos d'indiquer ainsi d'une manière générale les conditions d'une terre à brique, parce que souvent ces matériaux sont les seuls bons et économiques qu'on puisse se procurer ; et, par une heureuse compensation, les contrées dépourvues de matériaux de construction présentent souvent en abondance des terres propres à faire les briques. Notre intention n'est pas de compléter ici les notions que nous avons données, par l'indication des procédés de fabrication ; cette fabrication est un art spécial dont la description n'entre pas dans notre cadre ; un propriétaire qui se trouvera dans les conditions dont nous venons de parler trouvera toujours de l'économie à faire venir un homme du métier, qui dirigera le moulage et la construction des fourneaux, et lui évitera les fausses manœuvres.

Rien n'est plus facile que de connaître la qualité des briques faites : elles doivent être homogènes à l'aspect, quelle que soit leur couleur. Quand on les frappe, elles doivent rendre un son clair ; ce dernier caractère, qui indique une cuisson complète, est sans contredit le plus important. La densité de la brique est très variable ; la plus communément employée a pour densité 1,65, et comme sa résistance à l'écrasement est au moins égale à celle de la pierre dure de Conflans, il s'ensuit que la solidité des constructions en briques est à celle des constructions en pierre de Conflans, toutes choses égales d'ailleurs, : : 2,07 : 1,65 ; mais cette proportion est bien augmentée pour les constructions en briques par leur forme régulière. La dimension des briques n'est pas indifférente, elle doit être telle qu'elle puisse être employée dans l'épaisseur du mur, en bonne liaison, sans être remaniée. Cette condition règle la longueur et la largeur ; quant à l'épaisseur, dans l'intérêt d'une bonne cuisson, elle ne doit pas dépasser 5 centimètres ; un échantillon assez usité dans les départements du midi est celui qui

a $0^m,405$ de longueur, $0^m,27$ de largeur et $0^m,05$ d'épaisseur; mais, nous le répétons, c'est la dimension des murs qui
doit régler l'échantillon.

§ IV. — Des mortiers.

La première condition d'une bonne maçonnerie est un bon
mortier; il est même telle qualité de mortier avec laquelle des
pierres d'une nature tout-à-fait inférieure peuvent faire d'excellente maçonnerie. Par une sorte d'inversion, le mortier joue
le rôle de la pierre, et réciproquement; les qualités des mortiers tenant principalement à la chaux employée, nous allons
d'abord parler de la chaux.

Les chaux se classent, sous le rapport des constructions, en
quatre qualités principales : les chaux éminemment hydrauliques, les chaux moyennement hydrauliques, les chaux
maigres, et les chaux grasses.

Les chaux éminemment hydrauliques sont presque exclusivement composées de carbonate de chaux, de silice et d'alumine; elles peuvent admettre de 4 à 5 p. 100 de substances
étrangères, soit sulfate de carbonate de magnésie, soit peroxyde
de fer ou carbonate de protoxyde de fer, soit sulfate de chaux ;
mais une plus forte proportion de ces substances, et surtout
des sels magnésiens, altèrent leur qualité et les rapprochent
de la catégorie des chaux maigres, qui foisonnent peu et ne font
pas prise, ou ne font prise que pendant un temps plus ou moins
long, et sont soumises ensuite à une décomposition ou dés-
agrégation lente.

Pour qu'une chaux soit éminemment hydraulique, elle doit
contenir de 75 à 85 p. 100, de carbonate de chaux, et de 22
à 14 p. 100 de silice et alumine; une analyse très simple
permet de séparer la chaux et la magnésie de la silice et de
l'alumine, et d'apprécier l'énergie de la chaux. La durée et la

solidité du mortier tenant essentiellement à la formation d'un silicate de chaux, et ce silicate n'étant remplacé que très imparfaitement par les aluminates, il serait fâcheux que la proportion de silice fût trop faible dans la composition de la chaux; mais, sauf de bien rares exceptions, le rapport de la silice à l'alumine est compris dans des limites telles qu'on peut, presqu'avec certitude, lorsque le résidu obtenu par la séparation de la silice et de l'alumine dépasse 14 p. 100 du poids de la chaux analysée, affirmer que la chaux est éminemment hydraulique.

Les chaux éminemment hydrauliques se trouvent le plus souvent dans les calcaires tertiaires; et si l'on en rencontre dans les couches oolitiques, ce n'est que dans les rares rognons disséminés dans les bancs d'argile intermédiaires entre les couches de calcaire.

La cuisson de la chaux hydraulique demande beaucoup de feu, et un feu bien conduit et soutenu; elle doit être mise au four en très petits morceaux, et aussi égaux que possible; autrement on s'exposerait à avoir un fort déchet; enfin il faut éviter avec le plus grand soin les coups de feu, à cause de la facilité qu'a cette chaux à se friter, les mélanges de chaux de silice et d'alumine, dans cette proportion, étant très exposés à cet inconvénient. Tous ces soins élèvent le prix de la chaux éminemment hydraulique fort au-dessus de celui des autres chaux; néanmoins la différence ne peut entrer en ligne de compte avec les avantages énormes qu'offre son emploi, la solidité et l'économie d'entretien qui en résultent. Toutes les fois que les transports ne dépassent pas d'une quantité notable ceux qu'occasionne la chaux grasse, quand il s'agit de fondations en beton, de travaux à l'eau, etc., on ne doit jamais hésiter à employer la chaux éminemment hydraulique, et à son défaut l'énergie de la chaux doit être augmentée par l'emploi des pouzzolanes naturelles ou artificielles, dont nous parlerons plus bas.

Les chaux moyennement hydrauliques se trouvent presque partout ; nous appelons ainsi celles qui contiennent de 8 à 12 p. 100 de silice et alumine, et dans lesquelles les sulfates ou carbonates magnésiens n'entrent que pour une très faible proportion. Ces chaux, insuffisantes pour les maçonneries dans l'eau, sont excellentes pour les maçonneries hors de terre, et bien préférables, sous tous les rapports, aux chaux grasses. Il est rare, du reste, que leur prix soit de beaucoup plus élevé, et le propriétaire qui se propose de bâtir doit, pour première condition, et à moins d'impossibilité absolue, prescrire leur emploi à l'exclusion des chaux grasses. On les rencontre dans les calcaires jurassiques proprement dits, dans les calcaires oolitiques et dans les calcaires tertiaires, quoique plus fréquemment dans les deux derniers.

La chaux maigre, appelée ainsi parce qu'elle foisonne très peu à l'extinction, contient en général, au lieu de silice et d'alumine, des carbonates de magnésie, des sulfates de chaux et de magnésie ; le plus souvent ces chaux peuvent être comprises sous le nom de chaux dolomitiques ; on ne doit se fier en aucune manière à l'apparence pour les reconnaître, car souvent elles font prise d'une manière admirable, et leur défectuosité ne se reconnaît qu'à la longue ; mais l'analyse chimique, et une analyse à la portée de tout homme ayant des notions de chimie, fera reconnaître sur-le-champ l'absence des éléments essentiels d'une chaux hydraulique, et la présence de la magnésie en fortes proportions. Ces chaux, bien plus dangereuses que les chaux grasses, justement par la confiance qu'elles inspirent au premier abord, doivent être absolument proscrites, à moins que les proportions des substances que nous venons de désigner ne soient assez faibles pour qu'on puisse masquer leur mauvais effet par l'addition des pouzzolanes.

La chaux grasse est très répandue. Il est plusieurs localités où l'on ne pourrait, sans une grande augmentation de dépense, s'en procurer d'autre ; il faut donc savoir l'employer, et, avec certaines précautions, elle peut suppléer aux autres chaux ; elle se reconnaît au foisonnement : toute chaux qui augmente considérablement de volume à l'extinction ne peut être rangée ni dans les chaux maigres, ni dans les chaux hydrauliques ; nous allons exposer son emploi en parlant des mortiers.

Les mortiers ordinaires doivent être composés de proportions de chaux et de sable variables suivant leur composition. Ainsi, prenant pour point de départ le mélange reconnu convenable, d'une partie en volume de chaux grasse éteinte, et de deux parties de sable, voici les mélanges que réclament les différentes natures de chaux, d'après leur composition :

DÉSIGNATION DES MORTIERS.	PARTIES OU VOLUMES	
	de chaux éteinte.	de sable.
Mortier de chaux grasse............................	50	100
— — contenant 0,05 de silice et d'alumine.	54	100
— — contenant 0,10 *id*..................	59	100
— — contenant 0,15 *id*..................	64	100
— — contenant 0,20 *id*..................	70	100

C'est une forte erreur de croire que le même dosage convient aux mortiers de chaux hydraulique et de chaux grasse ; la quantité de sable qui entre dans le mortier doit diminuer de toute la quantité qui est déjà en combinaison avec la chaux ; cette règle, toute rationnelle du reste, est reconnue par les ouvriers eux-mêmes, qui l'expriment en disant des chaux hydrauliques, qu'elles portent leur sable.

Quant au sable lui-même, il est supposé parfaitement grenu, ne formant pas boule quand il est humide, ne salissant pas la main dans le même état, criant quand on le fait rouler entre les doigts, et essentiellement pourvu de parties siliceuses.

Il est évident que dans la confection du mortier le sable joue un rôle mécanique et un rôle chimique : le rôle chimique

est la formation de silicates avec la chaux; le rôle mécanique
est la division même des particules de chaux, qui a pour effet
d'abord de les mettre en contact avec de plus grandes surfaces
susceptibles de combinaison; en second lieu, de former un
réseau, tel que celui du sable qu'on emploie à *dégraisser* les
poteries grossières, et qui les empêche de se fendre par la dessiccation ou la cuisson.

Il est évident aussi que plus les chaux contiendront en
elles-mêmes les substances propres à la formation des silicates,
c'est-à-dire plus elles seront hydrauliques, plus la composition
chimique du sable, réduit à son rôle mécanique, deviendra
indifférente; aussi voit-on, dans les pays où la chaux communément employée est très hydraulique, employer, en guise
de sable, de la terre, de la poussière calcaire, etc., sans que la
qualité du mortier en paraisse bien fâcheusement altérée. Le
propriétaire qui se propose de bâtir doit donc apporter d'autant plus d'attention au choix du sable destiné à faire le mortier, que les chaux à sa disposition seront moins hydrauliques.
Indépendamment des caractères physiques généraux que nous
avons signalés plus haut, et qui sont toujours mentionnés dans
les devis des gens de l'art, l'analyse lui apprendra la composition du sable, et surtout si la silice se trouve dans un état
propre à la formation du mortier par la facilité avec laquelle
elle entrera en combinaison avec la chaux mise en contact; cette
épreuve se fera en agitant le sable avec de l'eau de chaux, et
examinant si la chaux est fixée en totalité ou en partie.

Moyennant ces précautions, on pourra obtenir d'excellent
mortier avec la chaux grasse elle-même; mais nous convenons qu'elles sont minutieuses, et qu'il vaut infiniment mieux
s'appuyer avec certitude sur une chaux hydraulique, de qualité reconnue, et dont le mortier fasse prise, malgré la né-
gligence trop habituelle des entrepreneurs, soit dans le choix
du sable, soit dans la confection des mélanges.

Quand la chaux est grasse, et quand le sable est de qualité inférieure, il faut nécessairement donner au mortier ce qui lui manque pour faire prise, c'est-à-dire lui fournir la silice dans l'état propre à entrer en combinaison; c'est le but qu'on atteint en remplaçant le sable en tout ou en partie par des pouzzolanes naturelles (sables volcaniques), ou par des pouzzolanes artificielles (grauwackes cuites, vase cuite, argiles cuites et réduites par l'écrasement à la consistance du sable). Pour les fondations de maisons, les fosses d'aisance, les conduits de latrines, les conduits d'eau, les égouts, les bassins, etc., et toutes les parties de bâtisse en contact habituel avec l'humidité, on ne doit pas hésiter à employer ce moyen de suppléer à l'inertie du mortier. La proportion de pouzzolane qui entre dans le mortier doit varier en raison de son énergie éprouvée, et, dans tous les cas, elle doit, jointe au sable, représenter en volume deux fois celui de la chaux éteinte employée.

La bonne confection des mortiers a une grande importance; d'après les principes que nous venons de poser, on comprend que cette bonne confection tient surtout à la perfection du mélange de la chaux et du sable; on reconnaît qu'un mortier est bien brassé quand, maniant le mortier de diverses manières avec le rabot, on ne met pas en évidence des grumeaux de chaux isolés qui se reconnaissent sur-le-champ à leur blancheur; pour arriver à cette perfection des mélanges, on peut employer soit le corroyage ou brassage à la main, soit les moulins à mortier. Dès qu'il s'agit d'une construction de quelque importance, on doit employer le second parti, qui offre à la fois une économie notable et la certitude d'un degré de perfection qu'on obtient rarement des gâcheurs.

Dans l'un et l'autre cas, il est important de n'admettre que la proportion d'eau strictement nécessaire pour opérer le mélange; une trop grande proportion d'eau a deux inconvénients; d'abord, en délayant la chaux, elle diminue l'énergie de son action chimique sur le sable; en second lieu, les maçonneries trop humides sèchent lentement, les habitations restent long-temps malsaines, et la force des murs est notablement diminuée jusqu'à ce que le mortier se soit débarrassé par l'évaporation de la quantité d'eau surabondante.

Quand le mortier est corroyé à la main, on doit le faire sur une aire plane en planches; cette disposition, qui n'est pas coûteuse, facilite le jeu du rabot, permet à l'humidité sura-bondante de s'échapper, et empêche le mélange du sol avec le mortier. La chaux étant étendue avec le rabot sur l'aire, le sable doit être répandu à la pelle pendant que les deux ma-nœuvres font aller vivement le rabot; de temps en temps le mélange est relevé sur les bords, à la pelle, et jeté au milieu de l'aire, et ce travail continue jusqu'à ce que la quantité de sable, soigneusement mesurée d'avance, d'après les règles que nous avons posées, soit entièrement répandue sur le tas; alors on examine si le rabot enfoncé dans le mortier, relevé à la pelle, met de la chaux en évidence. Si toute la chaux est mélangée, le mortier est propre à être employé; sinon, on continue à corroyer jusqu'à perfection du mélange.

Les moulins à mortier les plus ordinaires consistent en une roue de champ dont l'essieu vient s'attacher à un axe vertical, auquel on imprime un mouvement de rotation au moyen d'un manége; des racloirs mobiles avec l'axe ramènent le mélange sous la roue; le sable mesuré d'avance est jeté peu à peu sous la roue, à la pelle; un seul homme et un cheval suffisent pour la fabrication de tout le mortier destiné à la construction la plus considérable que puisse comporter l'architecture rurale.

§ V. — Du béton.

Le béton est un mélange de gravier ou de pierres cassées, et de mortier hydraulique; il est employé dans les fondations à l'eau ou à l'humidité, pour l'empâtement des fondations dans les terrains compressibles ; pour la construction des bassins, des citernes, et, malgré la grande extension donnée à son emploi, depuis les remarquables travaux de **M.** Vicat sur les chaux hydrauliques, on peut affirmer hardiment qu'il est loin d'avoir atteint le développement auquel il arrivera un jour.

La proportion de gravier employée au mélange a varié avec les constructions, et elle a dû varier en effet avec la nature du gravier ou des pierres cassées employés ; le rapport du mortier et du gravier doit être tel que le mélange ne soit ni trop gras ni trop maigre, c'est-à-dire que les graviers soient empâtés sans excès ni vides : l'excès du gravier rend le béton coulant, facilite la séparation des deux éléments, et nuit ainsi à la solidité ; les vides empêchent l'agrégation ; on déterminera donc la proportion de mortier à employer, par la connaissance même des vides du gravier ou des pierres cassées, et qu'il est facile de déterminer ainsi : on remplit de gravier sec une caisse de fer-blanc de grandeur déterminée, on pèse, on verse ensuite de l'eau dans la caisse remplie de gravier, jusqu'à ce qu'elle arase les bords ; la différence entre les deux poids, en grammes, détermine la somme des vides en centimètres cubes.

On verra ainsi que, dans les graviers purgés et les pierres cassées, les vides peuvent varier de 30 à 42 pour 100 du volume apparent. Les quantités de mortier employées au béton doivent varier de 65 à 77 pour 100 du volume du gravier employé ; voici les proportions classées d'après les vides.

Vides.	Mortier en volume.	Gravier en volume.
30	65	100
33	68	100
36	71	100
38	73	100
40	75	100
42	77	100

Comme vérification, le béton doit cuber, après confection, 35 pour 100 de plus que le gravier employé.

Pour fabriquer le béton, le mortier hydraulique fait, soit à la main, soit au moyen du moulin, est mis sur une aire en planches; le gravier, arrosé avec une pomme d'arrosoir, est jeté sur le mortier, à la pelle, et les manœuvres ne cessent pas de corroyer fortement jusqu'à ce que la totalité du gravier soit mêlée au mortier : on opère aussi le mélange du gravier et du mortier par les moyens mécaniques, sur une aire circulaire, en se servant de rabots assujettis à un axe vertical mis en mouvement par un manége; quand le béton est terminé, il doit paraître maigre, et juste de la consistance nécessaire pour se prendre en boule sous la pression de la main; s'il paraissait trop gras, on ne devrait pas hésiter à ajouter du gravier.

§ VI. — Du plâtre.

Le plâtre provient de la calcination du sulfate de chaux, communément appelé pierre à plâtre; on en chasse ainsi l'eau de combinaison; on le réduit ensuite en poudre, et l'avidité qu'il a, dans cet état, pour l'eau avec laquelle on le gâche, le fait durcir et en constitue un véritable mortier.

La cuisson du plâtre se fait dans des fours, et le feu doit être conduit longtemps et avec précaution, de manière à éviter la vitrification de certaines parties et la conservation de l'eau de combinaison de certaines autres.

On reconnaît la qualité du plâtre à sa consistance; quand il est gâché, il doit être onctueux et s'attacher à la main; il faut l'employer presque immédiatement après la cuisson; autrement il reprend peu à peu son eau de combinaison en attirant la vapeur d'eau atmosphérique et perd complétement sa force; aussi, s'il doit être soumis à des transports considérables, il convient de l'enfermer de manière à lui éviter le plus possible le contact de l'air extérieur.

La pierre à plâtre dure fait de meilleur plâtre que la pierre tendre, employée communément comme plus facile à cuire.

Quand on emploie le plâtre, il faut éviter avec soin d'y mettre trop d'eau, en terme du métier, de le noyer : mais on doit le gâcher plus ou moins serré, suivant l'emploi ; ainsi, pour des carrelages, le plâtre, devant pénétrer dans des joints très serrés, doit être gâché plus clair que lorsqu'il sert à poser des cloisons de briques ou à faire des encadrements de fenêtres ; enfin, le plâtre employé doit être plus ou moins fin suivant les ouvrages ; et dans certains cas, qui se rencontrent rarement pour les constructions rurales, on ne doit employer que du plâtre passé au tamis.

§ VII. — Du pisé.

Quand il est impossible de se procurer économiquement des moellons ou des briques, on peut souvent les remplacer par la terre elle-même, qui, pilonnée dans des moules, acquiert, dans de certaines conditions, une solidité égale à celle des maçonneries ordinaires : toutes les terres ne sont pas également propres à cet emploi ; et si l'on rencontre d'excellent pisé dans les départements du Rhône, de l'Ain, et de l'Isère, il est malheureusement encore plus ordinaire d'en rencontrer de très mauvais, qui donne lieu, quand l'humidité est prolongée, à de fâcheux accidents. La qualité du pisé tient à deux causes : la nature de la matière première, et la façon.

Les terres propres à piser sont, suivant Rondelet, celles qui ne sont ni trop grasses ni trop maigres, qui soutiennent un talus rapide ; la meilleure, suivant le même auteur, est la terre fraîche un peu graveleuse, ou argile sablonneuse. Cette définition de Rondelet contient, en effet, toutes les qualités d'une terre à piser ; pour la rendre plus nette et plus précise, nous entrerons dans quelques développements.

La meilleure règle est sans contredit l'examen de la terre

dans sa position naturelle, c'est-à-dire dans les coupes du terrain, dans les chemins creux, dans les ravins, dans les déblais anciens. Quand les terres se tiennent suivant des talus verticaux, sans se déliter et sans se dégrader, il est à peu près certain qu'elles seront propres à piser; elles seront d'autant meilleures, quand, satisfaisant à cette condition, elles contiendront peu de graviers ou des graviers très fins. Ce point est très important, car, pour que le pisé soit bon, il faut qu'il soit pilonné sans addition d'eau, et qu'il fasse prise par l'humidité naturelle que la terre retient; et cela ne peut avoir lieu si, avant d'employer la terre, on est forcé d'en séparer le gravier.

Quand on soumet à la lévigation les terres propres à piser, on trouve qu'elles donnent trois lots, dont le premier, de bonne terre, est très considérable, et dont le second, de terre mêlée de gravier, l'est beaucoup moins; le troisième lot, composé uniquement de gravier, est environ de 7 pour 100. Les proportions des trois lots sont les suivantes :

$$
\begin{array}{lr}
1^{er}\,\text{lot.} \dots\dots\dots & 71 \text{ parties.} \\
2^e\ \text{lot.} \dots\dots\dots & 22 \\
3^e\ \text{lot.} \dots\dots\dots & 7 \\
\hline
\text{Total.} \dots & 100
\end{array}
$$

Sous le rapport de la composition chimique, nous connaissons très peu de terres propres à piser qui contiennent un dosage considérable de carbonate de chaux; elles rentrent presque toutes dans la classe de celles appelées communément glaises, c'est-à-dire composées essentiellement d'argile et de silice en excès.

D'après la discussion à laquelle nous venons de nous livrer, on voit que la classe des terres propres à faire le pisé est tout-à-fait distincte de celle des terres propres à faire des briques, puisque les terres à briques rentrent dans la classe des marnes, et comportent nécessairement un dosage de carbonate de chaux considérable; ainsi la nature a pourvu, en quelque sorte, de

matériaux de construction bons et économiques toute la surface de la terre ; il ne s'agit que de les choisir avec discernement ; là où la pierre-moellon de bonne qualité manque, on trouve la terre à briques, ou la terre à piser ; et ces
trois classes de matériaux fournissent des maisons solides, à
l'abri des alternatives brusques de température et de l'action
du feu.

Cointeraux recommande, pour reconnaître la qualité d'une
terre, de la piser dans un vase et de renverser le vase au bout
d'un certain temps ; si la terre reste compacte, en conservant
la forme du vase, elle est, selon lui, propre à piser ; cette expérience est en effet très concluante, quand une fois on a constaté les caractères généraux que nous avons exposés plus haut.

Quand les terres ne font pas bien prise, parce qu'elles sont
trop maigres, on doit renoncer à les employer seules, et on n'aurait jamais une construction solide en leur faisant faire prise
par une addition d'eau ; car cette eau disparaissant par l'évaporation, les murs ne présenteront qu'une faible résistance à
l'écrasement, et on sera exposé à de nombreux accidents : dans
ce cas, on doit arroser la terre avec un lait de chaux, en ayant
soin que la masse soit également et parfaitement pénétrée ;
on obtient ainsi d'excellente maçonnerie, surtout si la chaux
est de bonne qualité.

Enfin, la terre elle-même est employée avec les pierres en
guise de mortier. La terre employée de cette manière, ne pouvant pas être soumise à la compression du pisoir, doit seulement être douée d'une assez forte tenacité, et être employée en
couches aussi minces que possible ; enfin, les murs faits de
cette manière doivent être recouverts d'un enduit au mortier.

Quel que soit le soin avec lequel on exécute ces constructions, dans lesquelles la terre entre, soit comme élément principal, soit comme mortier, on ne doit jamais les appliquer
qu'aux parties des édifices situées au-dessus du sol, et qui ne

II.   33

sont jamais exposées soit à séjourner dans l'eau, soit à une humidité constante ; ainsi on peut s'imposer pour règle de ne les établir que sur un socle en maçonnerie hydraulique, ou tout au moins en maçonnerie ordinaire, élevé de 1 mètre au-dessus du terrain naturel.

§ VIII. — Bois.

Les bois sont employés à la construction des planchers et des combles, et quelquefois aussi à celle des murs. Quand ils sont affectés à ce dernier usage, équarris et assemblés d'une manière régulière, la construction porte le nom de pans de bois, et les remplissages se font soit en maçonnerie ordinaire, soit plus ordinairement, et pour moins charger, en maçonnerie de briques ou de plâtras et gravats, comme on le fait souvent à Paris. Quand les bois sont employés bruts, la construction porte le nom de colombage, et les intervalles sont remplis soit en torchis, soit en pisé ; dans ce dernier cas, la construction même ne comportant pas une grande durée, et le principal but étant l'économie, on emploie les bois que fournit la localité, en les choisissant sains, et sans trop se préoccuper de leur qualité.

La construction à pans de bois, au contraire, s'applique à des édifices de toute sorte ; le choix des bois est extrêmement essentiel ; il est très imprudent d'employer le sapin à ce genre de construction : l'humidité, le contact de la maçonnerie le détruisent rapidement ; le chêne doit être choisi, à l'exclusion des autres bois. Si les procédés de conservation des bois, présentés par M. Boucherie, étaient assez consacrés par l'expérience pour offrir une garantie suffisante, le cercle des essences à employer serait très étendu ; mais, dans l'état actuel de nos connaissances, la méthode de M. Boucherie offre trop d'incertitude et trop peu d'économie pour les bois de la dimension de ceux employés aux constructions, pour qu'on puisse la conseiller.

Pour les charpentes et planchers, la résistance, l'économie, la légèreté, la durée même, avec certaines précautions que nous indiquerons plus loin, s'unissent pour faire préférer le sapin aux autres bois ; on trouvera cependant, dans des circonstances particulières, de l'économie à employer le peuplier d'Italie, qui offre une grande force de résistance, et qui, choisi avec soin, a encore assez de durée.

Les essences résineuses, autres que le sapin, telles que le mélèze, le cyprès, l'épicéa, sont d'un prix trop élevé pour pouvoir être appliquées aux constructions rurales. Le peuplier blanc est un mauvais bois de construction ; le châtaignier est un bon bois, mais il ne pourrait pas être exploité économiquement. Le choix des bois qu'on emploie aux constructions est très essentiel, puisque c'est de ce choix que dépend la durée. Le bois employé doit en général être parfaitement sec ; le centre de la pièce doit avoir une plus forte densité que la circonférence ; cette circonstance prouve que l'arbre qui l'a fourni a été abattu en pleine vigueur, et est la plus sûre garantie que le bois n'est pas menacé de la pourriture sèche, ce qui est la maladie la plus difficile à pronostiquer.

Toutes les autres maladies des bois sont faciles à reconnaître, parce qu'elles sont apparentes ; ainsi, on doit rejeter les bois présentant des nœuds vicieux, des chancres, des roulures, des fentes, des piqûres et le double aubier. Les nœuds sont vicieux quand ils ne sont pas adhérents, et forment ainsi dans les fibres une solution de continuité qui diminue la résistance des pièces ; les chancres se reconnaissent à la coloration particulière du bois et à son ramollissement ; la roulure est la non-adhérence des couches concentriques, c'est un des défauts les plus graves et qui diminue le plus la force des pièces ; on le reconnaît aisément en faisant scier une tranche mince de la pièce ; les fentes ne sont un défaut que quand elles traversent les pièces et diminuent ainsi leur résistance ; le double aubier est un défaut très grave, qui se reconnaît aisément et au peu de dureté du bois, et à l'étendue de la coloration particulière à l'aubier. Les piqûres se distinguent au premier coup d'œil, et on ne doit, sous aucun prétexte, employer des bois déjà attaqués par les insectes. Le chêne, en particulier, ne doit être admis qu'avec défiance quand il est rouge ; cette couleur indique que l'arbre vivant se couronnait, ce qui est un mauvais indice pour la durée et la qualité du bois.

§ IX. — Des fers.

Les fers se distinguent en fers fondus ou fontes, et fers proprement dits. Les deux espèces principales de fontes sont la fonte douce et la fonte aigre ; la fonte douce, fortement carbonée, a le grain gris et égal ; elle est assez facile à travailler. La fonte aigre est ordinairement d'une teinte plus claire ; elle coule mieux et est plus propre au moulage.

Les variétés de fer sont très nombreuses, et nous les distinguerons suivant leur emploi. Les fers qui doivent être soumis à des efforts de traction, tels que ceux qu'on emploie pour tirants, boulons, etc., doivent être à la fois doux et nerveux ; on les reconnaît à leur malléabilité, à leur constitution fibreuse, à leur couleur, qui est grise. Les fers qui sont destinés à supporter des charges considérables doivent se rapprocher, par leur constitution, de l'acier ; la cassure doit être grise, et le grain petit, un peu nerveux ; ils doivent offrir de la résistance à la flexion, c'est-à-dire une certaine élasticité.

Les fers dont le grain est gros et cristallin, et la couleur blanchâtre, doivent être rejetés.

§ X. — Du torchis.

Nous avons passé en revue les divers genres de matériaux

propres à fournir des constructions solides et saines ; mais nous sommes loin d'avoir épuisé l'examen des systèmes que certaines circonstances particulières ou la misère ont fait adopter ; tel est le torchis, qui consiste en un mélange de terre grasse et de paille hachée, et souvent de bouze de vache, avec lequel on remplit les cases laissées vides, par un système de charpente en bois brut, ou avec lequel on enduit des palissades : c'est un très mauvais système de construction, qui ne résiste que grâces à l'enduit dont on le recouvre ; encore, malgré cette précaution, les matières organiques qu'il contient entrent en décomposition et les murs se détruisent. Nous n'insisterons pas davantage sur des combinaisons que l'art réprouve, et nous examinerons l'emploi des différents matériaux que nous avons décrits.

CHAPITRE II.

De la construction.

§ Ier. — Des fondations.

Le bon établissement des fondations est le point le plus important de la construction ; il faut qu'une fondation soit : 1° incompressible ; 2° composée de matériaux résistants ; 3° établie de manière à mettre les murs à l'abri de l'humidité.

Quand le sol lui-même, sur lequel on se propose d'établir une construction, est incompressible, il suffit de le déraser suivant des plans parfaitement horizontaux, pour égaliser les pressions et éviter les glissements, et d'établir les maçonneries sur le sol dérasé. Quand le sous-sol incompressible est surmonté d'une couche compressible, il faut, autant que possible, pousser les déblais jusqu'au sol incompressible, le déraser comme nous l'avons dit plus haut, et faire reposer les constructions sur ce sous-sol.

Ces opérations donnent lieu quelquefois à d'assez grandes difficultés et à d'assez grandes dépenses ; néanmoins ces difficultés et ces dépenses sont inévitables et ne dépassent jamais, du reste, une certaine limite, quand le sous-sol incompressible n'est pas très profond ; si ce sous-sol était à une trop grande profondeur, le cas se rapporterait à celui des fondations dans un terrain compressible, dont nous parlerons plus bas.

Toutes les fois que, dans les fouilles pour fondations, on ne trouve pas d'eau, ces fouilles sont faciles ; seulement, à moins que le terrain ne soit d'une solidité reconnue, on doit étançonner la fouille avec soin, dès que sa hauteur dépasse $1^m,40$; cet étançonnement consiste en planches appliquées contre les parois, et assujetties par des pièces horizontales qui portent d'une paroi à l'autre ; quelquefois, lorsque le terrain a une grande poussée, il ne faut pas faire porter directement les étrésillons sur les planches, mais bien sur des traverses verticales qui s'appuient sur les planches. Si l'on rencontre de l'eau, il faut s'en débarrasser pour continuer les fouilles ; le moyen le plus simple consiste ordinairement à faire communiquer, au moyen d'une rigole, le fond des fouilles avec un niveau inférieur ; à défaut de ce moyen, on peut faire écouler les eaux, soit au moyen d'un simple baquetage, soit au moyen d'un chapelet mis en jeu par un manége, soit enfin au moyen des vis d'Archimède ; mais ce dernier moyen suppose une quantité d'eau considérable, et est si coûteux qu'on n'a jamais lieu de l'appliquer dans les constructions rurales.

Quand la quantité d'eau est considérable, on a souvent de l'économie à mettre les constructions en communication avec le sol incompressible, par l'intermédiaire de pieux bruts, battus avec une petite sonnette ou à la masse. Si les pieux de--

vaient dépasser une certaine longueur, le moyen deviendrait trop dispendieux, et alors il conviendrait d'appliquer les moyens économiques pour établir des fondations sur terrain compressible. Les moyens économiques à employer pour corriger la compressibilité du terrain sont très variés ; le plus sûr consiste à battre des pilots à refus, et à établir la fondation sur une plate-forme reposant sur les pilots ; mais ce moyen n'est guère applicable quand il s'agit de constructions rurales. On peut suppléer à ces pilotages coûteux par ce qu'on appelle une fondation à pieux perdus, dans laquelle des bois sans sujétion, appointés et durcis au feu, sont simplement enfoncés à la masse, les intervalles garnis de pierres chassées au maillet, et les fondations établies sur une première couche de libages reposant sur le bois et posés à sec.

Une autre méthode consiste à creuser la fondation, à remplir de sable sur une hauteur de 0^m,80 à 1 mètre, à mouiller le sable pour lui faire prendre tout son tassement et à bâtir dessus. L'effet de ce procédé est dû à la communication latérale des pressions que transmet le sable ; il résulte de cette transmission que le développement des parois de la fouille s'ajoute au fonds, pour augmenter l'empâtement. On peut prendre l'empâtement directement, en donnant aux fondations un grand excès de largeur sur l'aplomb des murs ; dans ce cas, pour être sûr de l'égale répartition des pressions sur toute la surface de l'empâtement, il est à propos de substituer à la maçonnerie ordinaire, ou même à pierre sèche, employée souvent dans les fondations, une bonne maçonnerie hydraulique bien garnie, et mieux encore un béton dont toutes les parties sont homogènes et solidaires.

Il résulte de l'examen auquel nous venons de nous livrer, que la solidité des fondations s'obtient exclusivement par deux procédés, la solidification du terrain ou l'empâtement ; si le terrain est naturellement incompressible, l'établissement se fait directement à une petite profondeur et sans difficulté ; si le terrain incompressible est couvert d'une couche compressible de peu de puissance, on arrive par une fouille à la couche incompressible, et le cas est ramené au précédent ; si on rencontre de l'eau, on l'écarte de la fouille par une rigole, par un baquetage, ou même par un chapelet mis en jeu par un manége. Si ces moyens d'épuisement sont insuffisants, on met, par des pieux, le niveau de la fondation en communication avec la couche incompressible ; si ces pieux doivent dépasser une longueur de 2 mètres, on supplée à la compressibilité du terrain, ou par des pieux perdus, garnis d'éclats de pierres, ou par un excès de largeur donné à la fondation, ou par une couche de sable siliceux mouillé, de $0^m,80$ à 1 mètre d'épaisseur.

Dans certains cas, on pourra être forcé d'établir les fondations dans l'eau : alors il convient souvent de couler entre des planches un massif de béton hydraulique, jusqu'à une hauteur de $0^m,30$ au-dessous du niveau des basses eaux d'été, et à bâtir sur le massif comme sur un rocher artificiel ; il va sans dire qu'on s'est assuré de la solidité et de l'horizontalité du fonds avant de couler le béton. Dans le cas où ces deux conditions ne seraient pas remplies, on devrait, avant tout, procurer l'horizontalité par des draguages ou des mines au besoin, et suppléer à la solidité qui manque par un pilotage ou par un excès de largeur dans les fondations ; le système bien simple de pilotis, espacés d'un mètre, battus avec la petite sonnette à tiraudes et empâtés dans le béton, réussit d'ordinaire parfaitement.

Enfin, il est certaines circonstances où l'emploi de plates-formes, de caissons, etc., est indispensable ; mais ces procédés rentrent dans l'art de l'ingénieur et ne sont pas applicables aux constructions rurales ; les propriétaires qui se trouveraient, par extraordinaire, dans le cas de les employer, devront recourir aux Traités de Belidor et de Gauthey sur la matière, ou mieux encore faire appeler un ingénieur qui les fixera sur les procédés à employer.

§ II. — De l'établissement des maçonneries.

La meilleure saison pour établir les maçonneries est le printemps ; en été la grande chaleur opère trop promptement le desséchement des parties faites, et empêche leur liaison avec celles qu'on superpose ; en automne les maçonneries sèchent difficilement, sont atteintes par la gelée quand elles sont encore chargées d'humidité, et il en résulte la décomposition du mortier ; en hiver ces inconvénients sont immédiats. Si la durée du printemps n'est pas suffisante, on peut continuer les constructions pendant l'été, en ayant soin de tenir les couches successives bien arrosées ; mais, en général, hors des mois de mars, avril, mai et juin, on ne doit pas faire d'ouvrages en maçonnerie.

Il est d'usage de poser toujours une couche de maçonnerie en libages secs, ou pierres sèches, dans les fondations : cet usage est excellent ; il arrive souvent que les fondations, re-posant sur un fonds peu perméable, coupent et interceptent des couches perméables, et les murs seraient exposés à une humidité très fâcheuse sans cette assise en pierres sèches, qui permet la filtration, par-dessous le mur, de l'eau des couches interceptées.

Cette première assise posée, on élève les fondations jus-qu'au niveau du terrain en maçonnerie ordinaire, en ayant soin de mener les parements aussi soigneusement pour l'a-plomb que s'ils étaient vus, de placer les pierres en bonne liaison, de garnir de mortier suffisamment, pour que chaque pierre, assurée au marteau, le fasse refouler ; enfin, de ne laisser en aucun point le mortier sur de trop grandes épaisseurs, et de garnir les flaches avec des fragments de pierre; enfin, les angles des fondations doivent être fortifiés par des pierres de taille posées *carreaux* et *boutisses,* et, à défaut, par de forts moellons qui figurent cet appareil. Quelle que soit l'épaisseur donnée aux murs, les fondations doivent excéder cette épaisseur de $0^m,10$.

On élève les murs avec les mêmes précautions que les fondations, en rectifiant très fréquemment l'aplomb et le niveau des assises. On doit faire les ouvertures en même temps qu'on élève les murs; les ouvertures doivent être garnies en pierres de taille ou en briques, ou en moellons de choix, et il est bon, pour empêcher les pressions sur les plates-bandes, de les protéger par une voûte en arc de cercle, noyée dans l'épaisseur des maçonneries.

Quand on établit une ouverture de grande dimension, telle qu'un portail, ce qui ne se fait qu'au rez-de-chaussée, on doit, si le portail est en voûte, le placer à une distance des angles qui permette au mur de résister à la poussée; le minimum de cette distance est le tiers de l'ouverture. Quand la disposition des constructions oblige à placer un portail à une distance moindre, on doit remplacer la voûte par une traverse en chêne.

Il convient, en général, de placer les planchers au fur et à mesure de l'élévation des murs, car il est plus facile alors de sceller les poutres, et la solidité des murs eux-mêmes est considérablement accrue par ce scellement; on ne doit renoncer à cette règle que lorsqu'on n'a pas la certitude de pouvoir couvrir la construction dans la campagne. Il faut aussi, et par les mêmes raisons, placer la toiture en terminant les maçonneries.

Les épaisseurs des murs suffisantes pour la solidité, si la maçonnerie est bien faite, c'est-à-dire si les aplombs sont bien conservés, si les matériaux sont bons, et si le mortier fait bien prise, sont les suivantes : une épaisseur de $0^m,40$ pour les murs en brique, de $0^m,35$ pour des murs en pierre de taille, garantit suffisamment la solidité de toutes les constructions rurales. Des murs en bonne maçonnerie hydraulique, de $0^m,45$ au rez-de-chaussée, et de $0^m,35$ au second étage, offrent aussi une résistance satisfaisante; mais la condition de la résistance n'est pas la seule qu'il convienne de remplir. Il importe que les murs soient assez épais pour ne pas se prêter brusquement aux variations de température, sans quoi les bâtiments deviendraient incommodes et malsains. Le minimum d'épaisseur pour remplir cette condition doit être de $0^m,55$ au rez-de-chaussée, réduits à $0^m,45$ au second étage, quand il y a deux étages. L'augmentation de façon qui en résulte est nulle, et la dépense ne consiste qu'en un supplément de matériaux très peu coûteux.

Les cheminées et fosses d'aisance doivent être menées de front avec la construction du reste de l'édifice; il est facile alors de conduire les tuyaux de manière à éviter la rencontre des pièces de charpente et la communication avec les parties voisines ou l'altération de ces parties. Les cheminées ou les tuyaux placés ou pratiqués après coup offrent toujours des fentes, des solutions de continuité ou des rencontres dont l'incommodité pèse éternellement sur l'édifice.

§ III. — De l'établissement des murs en pisé.

Les principes qui doivent guider dans l'établissement des maçonneries en pisé sont très importants, car, par l'observation de ces principes, on obtient de la très bonne maçonnerie, et, en les négligeant, on en fait de très mauvaise; et il est certainement à désirer qu'un procédé qui permet d'établir économiquement dans toute la France des maisons incombustibles, saines, chaudes en hiver, fraîches en été, soit bien connu et prenne de l'extension.

On établit d'abord en maçonnerie ordinaire les fondations et le socle, jusqu'à une hauteur de 0ᵐ,75 au-dessus du terrain naturel ; cette précaution est indispensable, car le pisé exposé continuellement à l'humidité se détruirait ; le socle construit, on place l'encaissement dans lequel doit être battu le pisé, et dont nous donnons (*fig.* 34) la coupe d'après Cointeraux, le meilleur guide dans ce genre de constructions.

Fig. 34.

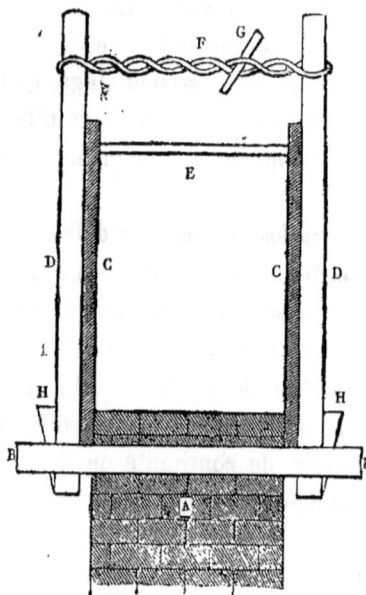

A représente le mur, que nous supposerons de 0ᵐ,50 d'épaisseur ; BB représente des pièces de bois dur, posées au travers du mur, dans des tranchées réservées ou pratiquées expressément pour cet objet ; ces pièces, appelées clefs, sont espacées d'un mètre d'axe en axe ; elles ont 1ᵐ,15 de longueur et 0ᵐ,9 d'équarrissage, et sont destinées à porter l'encaissement ; à cet effet, elles sont entaillées de deux mortaises ; ces mortaises reçoivent les tenons des pièces DD, qui portent le nom de poteaux, et qui doivent avoir à peu près 1^m,45 de hauteur, et 0^m,10 sur 0^m,8 d'équarrissage. Les poteaux DD embrassent les planches CC du moule ; ces planches, qui doivent être assemblées à languettes et parfaitement blanchies au rabot, pour que la terre n'attache pas, sont renforcées en dehors par deux ou trois barres verticales clouées et rivées ; le

Fig. 35.

0,13,5

1,05

moule doit avoir 0^m,95 de hauteur ; les planches, réduites au rabot, ont 0^m,3 d'épaisseur, et la longueur du moule doit être de 3^m,30 environ. Le moule posé doit embrasser la maçonnerie inférieure sur une hauteur de 0^m,8. Les poteaux DD sont serrés contre le moule et maintenus dans leurs assemblages par des coins HH ; la distance du moule est maintenue dans la partie supérieure par une tige E, dont la longueur est calculée sur le fruit du mur, et qu'on appelle gros de mur. Enfin, les poteaux DD sont serrés en haut, au moyen d'une corde, dans laquelle on passe un bâton.

Le mode d'encaissement étant ainsi bien déterminé, la forme de l'outil qui sert à piser ou massiver la terre est très importante. D'après Cointeraux, cet outil doit être fait en bois dur, et encore mieux en racine de bois dur ; le morceau doit être amené par l'équarrissage à un bloc régulier de 0^m,27 de longueur (*fig.* 35), de 0^m,16 de largeur, et de 0^m,13 d'épaisseur (*fig.* 35 *bis*). On trace un ovoïde, ainsi qu'il est figuré à la *fig.* 35, sur chacune des deux faces ; on délarde le bois en suivant une génératrice rectiligne qui se meut horizontalement sur les deux ovoïdes parallèles, et forme ainsi une surface cylindrique droite ; cela fait, on abat et on arrondit les

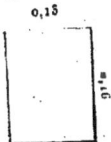

fig. 35 *bis.*

0,15

angles, et on emmanche avec un bâton de 1^m,05 de longueur, de sorte que l'outil ait en tout 1^m,32.

Le moule étant en place, on rend sa largeur encore plus invariable au moyen de petits tirants en fer, communément appelés *sergents*. Si le moule arrive jusqu'à un angle, on le ferme au moyen d'une tête qui est faite en planche, et qui remplit exactement la section du moule.

Ces dispositions prises, on coule un peu de mortier dans le pourtour de l'encaissement, pour empêcher la terre de couler entre les joints; on met la terre dans le moule, sur 0^m,08 ou 0^m,10 au plus d'épaisseur; on place trois ouvriers par moule, en mettant le plus habile à l'angle, et ils massivent la terre jusqu'à ce que le coup de pisoir ne fasse plus d'impression; on remet alors une nouvelle couche que l'on massive de la même manière. On pise droit du côté où il y a un angle, ou une porte, ou un ouvrage qui nécessite un appareil droit, et en retraite de un de base pour deux de hauteur, quand on est dans l'épaisseur du mur, et quand, par conséquent, la tête du moule est inutile.

Pour pouvoir facilement enlever les clefs, on les recouvre de pierres plates afin que la terre ne les presse pas dans les tranchées : le pisé étant battu jusqu'au haut du moule, on défait l'échafaudage, et on fait glisser le moule de manière à ce qu'il embrasse par son extrémité de 0^m,3 le haut du talus de la partie exécutée, et ainsi de suite; on termine l'assise en plaçant la tête du moule quand on arrive à une partie de l'édifice qui oblige à terminer le pan verticalement. Pour faire l'assise supérieure, on trace à la pioche la position des clefs, en les déterminant de manière à ce que les joints coupent ceux de l'assise inférieure, et la construction continue de la même manière jusqu'au haut de l'édifice.

Souvent, au lieu d'arriver jusqu'aux angles avec le pisé, on fait les angles en pierre de taille ou en pisé mortiéré par assises plus minces, et on monte ces angles en même temps qu'on élève le pisé ; on réserve de même, aux encadrements des portes et fenêtres et aux cheminées, l'espace suffisant pour établir ces encadrements et ces cheminées, en pierre de taille ou en briques ; le plus souvent on ne réserve pas les cheminées, mais on les établit après coup en briques, dans le corps même du pisé.

Nous avons voulu donner quelques détails sur une méthode de construction dont l'extension est à désirer et qu'il serait, sur beaucoup de points, avantageux de substituer aux constructions en bois, et très économique de substituer aux constructions en pierres.

Nous ne parlerons pas ici des constructions en bois ; outre qu'elles ne doivent pas être préconisées, elles tiennent plus particulièrement à l'art de la charpente, sur lequel nous allons donner des notions ; du reste, nous avons indiqué plus haut les principes de ce genre de construction.

§ IV. — De la charpente.

Nous avons exposé plus haut les règles générales qui doivent guider le propriétaire dans l'examen des bois de construction qu'il se propose d'employer. Nous allons parler de leur mise en œuvre : les principes qui doivent guider dans l'application des bois de charpente aux planchers et à la couverture des édifices sont de la plus grande simplicité ; et cependant, à l'aspect de la plupart des bâtiments ruraux, on les croirait complétement ignorés. Nous allons les rappeler et en tirer les conséquences.

La résistance à la flexion d'une pièce de charpente, supportée sur deux appuis, est inverse au carré de la longueur, et proportionnelle au produit de la largeur par le cube de la hauteur.

La résistance à la rupture est proportionnelle, dans ce cas, à la largeur multipliée par le carré de la hauteur, et inverse à la longueur.

Lorsque la pièce est encastrée solidement par les deux extrémités, la résistance à la rupture est double de ce qu'elle serait si la pièce reposait simplement sur des appuis; mais nous devons observer que ce cas d'encastrement parfait est très rare dans la pratique, et qu'on ne doit pas compter sur une augmentation de résistance aussi forte.

Deux ou plusieurs pièces superposées ou liées de manière à pouvoir glisser dans le sens de leur longueur ont une résistance totale égale à la somme de leurs résistances partielles; deux pièces invariablement liées par des assemblages et des boulons résistent comme une pièce unique : ainsi, 1 représentant la hauteur de chacune des pièces, dans le premier cas, la résistance à la rupture est proportionnelle à 2; dans le second cas, à 4, c'est-à-dire deux fois plus grande.

Quand une pièce est supportée en son milieu, les deux parties résistent séparément à la rupture, comme si chacune d'elles était encastrée à ce point intermédiaire. Toutes les fois que, par un assemblage invariable, on fixe un point d'une pièce, la pièce se trouve divisée, à partir de ce point, en deux parties qui se comportent comme si elles étaient encastrées à ce point; leur résistance à la rupture est donc augmentée dans le rapport de la longueur de la pièce totale aux longueurs des pièces séparées.

Si l'assemblage se compose d'une liaison invariable avec des pièces flexibles, comme cela arrive le plus communément, la résistance de ces pièces à la flexion vient s'ajouter à la résistance propre de la pièce assemblée; on a fait une pièce armée.

Ces principes, examinés dans tous leurs détails, comporteraient des considérations d'une nature trop élevée et des modifications qu'il ne convient pas de discuter ici, ce que nous avons dit étant très suffisant pour ce que nous avons à exposer.

Les planchers ordinaires consistent en poutres grossièrement équarries, sur lesquelles on place des solives transversales ; sur ces solives on cloue des lattes ou liteaux qu'on joint avec du plâtre et qu'on recouvre d'un briquetage.

L'expérience a prouvé que des poutres en sapin de $0^m,25$ d'équarrissage, encastrées dans les murs par leurs extrémités, pouvaient supporter sans flexion sensible une portée de 7 mètres, en les espaçant de 2 en 2 mètres d'axe en axe, et c'est la méthode la plus communément employée. La résistance à la rupture de ces pièces est proportionnelle à

$$\frac{0,25 \times \overline{0,25}^2}{2} = 0,0078$$

Supposons des pièces de $0^m,15$ de largeur sur $0^m,30$ de hauteur, espacées de $1^m,70$; la résistance à la rupture de ces pièces est proportionnelle à

$$\frac{0,15 \times \overline{0,30}^2}{1,70} = 0,0079$$

Ainsi la seconde combinaison est la plus avantageuse pour la résistance, et cependant le cube de bois employé est, dans le premier cas, proportionnel à $\frac{\overline{0,25}}{2} = 0,031$, et dans le second cas à $\frac{0,15 \times 0,30}{1,70} = 0,026$, c'est-à-dire qu'il est diminué de 20 pour 100. Nous devons ajouter de plus que la résistance à la flexion, étant proportionnelle au cube de la hauteur, est augmentée dans le second cas. Enfin, c'est à tort que nous avons supposé la charge proportionnelle à l'espacement des poutres, car les solives ont besoin d'une force moindre pour un espacement de $1^m,70$ que pour un espacement de $2^m,00$, et la dépense et la charge du plancher sont diminuées par cette considération.

II. 34

C'est donc une faute grave, en matière de construction, que d'employer ces gros bois équarris, dont on tirerait un parti beaucoup plus économique et plus avantageux en les refendant. Il est pourtant une limite à la diminution d'épaisseur des pièces : nous croyons que cette limite doit être fixée à $0^m,12$; ainsi, toutes les fois qu'on emploiera des bois de moins de $0^m,24$ d'équarrissage, il conviendra de les employer sans les refendre, autrement on s'exposerait à une destruction trop rapide des pièces ainsi réduites.

Quand les pièces ont une portée plus grande que celle que nous venons d'indiquer, les principes posés plus haut permettent d'apprécier leurs dimensions d'après la résistance ; ainsi a désignant la portée, b la largeur, et c la hauteur des pièces, et l'espacement étant supposé constant, on doit avoir

$$\frac{bc^2}{a} = \frac{0,15 \times \overline{0,30}^2}{7}.$$

Supposons $a = 9$ mètres, il vient $bc^2 = 0,0173$; si nous supposons une pièce refendue et $b = \frac{1}{2} c$, il vient $\frac{1}{2} c^3 = 0,0173$, d'où $c = 0^m,33$ et $b = 0^m,165$. Néanmoins, dans la pratique, ces dimensions doivent être augmentées, et nous devons exposer les causes et les règles de cette augmentation. On a vu plus haut que nous avons distingué en théorie la résistance à la rupture et la résistance à la flexion ; les pièces de charpente employées dans les constructions ne doivent pas éprouver de flexion sensible, sans quoi les planchers éprouveraient des mouvements inquiétants, et les murs, n'étant pas pressés suivant une ligne sensiblement verticale, seraient exposés à donner ; or une pièce plus longue, sans être exposée à rompre, donne une flexion plus considérable, et la résistance à la flexion est inverse au carré de la longueur des pièces ; de plus, le plancher doit porter le poids des pièces et une charge proportionnelle à sa portée ; dans ce cas, qui est le véritable cas pratique, on doit écrire

$$\frac{bc^3}{a^3} = \frac{0,15 \times \overline{0,30}^3}{\overline{7}^3}$$

la résistance à la flexion étant évidemment inverse au poids que nous supposons proportionnel à la portée. Si $a = 9^m,00$, il vient $bc^3 = 0,0086$; si, de plus, nous supposons $b = c$, il vient $c = 0^m,31$; ainsi il faut, dans le cas que nous avons voulu discuter complétement, pour montrer l'emploi des règles que nous avons posées, des poutres de $0^m,31$ d'équarrissage et espacées de $1^m,70$ d'axe en axe, pour représenter, sur une portée de $9^m,00$, la même force que des poutres de $0^m,15$ sur $0^m,30$ sur une portée de $7^m,00$.

Cette discussion nous montre immédiatement la limite à laquelle on doit s'arrêter pour employer des poutres au soutènement des planchers. L'équarrissage b des pièces qu'on a à sa disposition étant connu, on obtient la portée a à laquelle on doit s'arrêter par l'équation

$$a^3 = \frac{b^4 \times 7^3}{0,15 \times \overline{0,30}^3} = \frac{b^4 \times 343}{0,00405}$$

Dès que la limite posée par cette équation est dépassée, on ne doit plus employer les poutres à des planchers ordinaires. Cette limite est encore rapprochée si le plancher doit supporter un poids exceptionnel. Soit π ce poids, et ρ le poids du plancher avec sa charge ordinaire, la force de résistance des poutres doit être augmentée dans le rapport de $\pi + \rho$ à ρ.

Dans ce cas on peut prendre deux partis : ou remplacer les poutres simples par des poutres armées, assemblées à trait de Jupiter et boulonnées, qui représentent par leurs dimensions une poutre unique dont la force de résistance coïncide avec celle donnée par le calcul; ou bien soutenir les poutres trop faibles par des contrefiches qui, en créant des supports intermédiaires, diminuent artificiellement la portée des pièces, et leur donnent la résistance nécessaire : les points auxquels doivent aboutir ces contrefiches sont eux – mêmes déterminés par cette condition que la résistance à la flexion des différents segments séparés soit suffisante. Dans ce cas, pour créer des points fixes sur la poutre horizontale sans affaiblir les pièces par des assemblages, il convient de substituer aux contrefiches en usage deux moises qui embrassent la pièce et sont boulonnées avec elle, ou au-dessus et au-dessous ; ces contrefiches exercent sur les murs une poussée dont l'énergie est mesurée par la composante du poids de la moitié de la portée prise suivant l'inclinaison de la contre-fiche ; d'autre part, le mur est sollicité en sens inverse par la composante horizontale. Il faut, pour résister à ce double effort, que le mur soit d'une épaisseur suffisante, et en bonne maçonnerie.

Quand on a à sa disposition des bois assez forts, mais qui ne présentent pas une longueur suffisante, on peut remplacer le système des poutres par une disposition analogue à celle que nous représentons ci-contre. Les pièces $a\,b$, $a'\,b'$, $a''\,b''$, $a'''\,b'''$, sont engagées dans le mur par leurs extrémités a, a', a'', a''' (*fig. 37*), et assemblées l'une à l'autre à mi-bois par

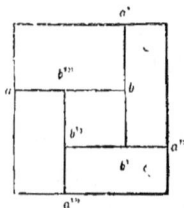

Fig. 37.

leurs extrémités b, b', b'', b'''; les assemblages doivent être faits avec la plus grande exactitude, afin que les pièces ne perdent pas leur force en leur milieu; ainsi le bout b de la pièce $a\,b$, en remplissant l'entaille à mi-bois du milieu de la pièce $a'\,b'$, doit être serré dans cette entaille de manière à empêcher tout raccourcissement des fibres. Si l'on suppose que les points a, a', a'', a''' soient placés au tiers des côtés du cadre, ce système a une force supérieure à celui de deux poutres de même équarrissage qui porteraient à la distance totale.

Quant aux solives qui portent sur les poutres, il est d'usage, en les espaçant, tant plein que vide, de leur donner en hauteur le vingt-quatrième de la portée ; ainsi, pour une portée de 1^m,70, les solives doivent avoir un peu plus de 0^m,07 de hauteur ; si l'espacement est porté à 3 mètres, les solives doivent avoir 0^m,12 de hauteur ; dans les pièces étroites, et en général dans toutes celles dont la portée ne dépasse pas 4 mètres, on peut sans inconvénient supprimer les poutres transversales, et les remplacer par des solives de 0^m,16, sur lesquelles on cloue directement les lattes pour l'établissement du plancher. Les lattes sont rendues solidaires par le plâtre qui remplit les vides. Quand on veut faire un plafond, si le plancher est simplement soutenu par des solives, on cloue les lattes sur la face inférieure, et on applique le plâtre ; si le plancher est soutenu par des poutres, on place des solives beaucoup plus légères que les solives supérieures, assemblées avec les poutres de manière à ne pas dépasser leur face inférieure, ce qu'on obtient facilement au moyen d'une rainure, et sur ces solives on cloue les lattes destinées à recevoir l'application du plâtre.

Les toitures rurales consistent d'ordinaire en une série de fermes parallèles en charpente, sur lesquelles reposent des pièces horizontales ; celle de ces pièces qui relie l'extrémité supérieure des fermes prend le nom de *faîtier* ; sur ces pièces horizontales ou *pannes* reposent des solives d'un plus faible équarrissage et parallèles à la direction des fermes ; ce dernier rang de solives porte la couverture. Quand le toit a une seule pente, et que les murs de refend ont une épaisseur suffisante, ou que les murs de face sont à une distance convenable, le système peut être très simple ; il consiste alors uniquement en poutres horizontales qui suppléent les fermes, et sont placées parallèlement les unes aux autres, suivant l'inclinaison du toit.

Alors la toiture devient un véritable plancher sur un plan incliné, et les règles que nous avons posées plus haut pour l'espacement et la dimension des pièces lui sont immédiatement applicables, en faisant néanmoins varier la force des pièces par la considération de la différence des poids et de la possibilité de poids adventices, tels qu'une charge de neige.

On peut aussi placer les poutres suivant la pente du toit, et les conditions d'équilibre diffèrent peu de celles du cas précédent ; seulement on doit observer que dans ce cas le poids de la toiture tend à entraîner les murs dans le sens de la pente ; cet effet est peu à craindre pour le mur le plus élevé, qui est ordinairement le mur de derrière, car il résiste à la poussée par tout l'effort des murs latéraux, des cloisons et des murs de refend ; mais il n'en est pas de même du mur de face, qui ne résiste que par ses liaisons ou sa cohésion avec le reste de l'édifice ; il serait donc fâcheux d'employer ce genre de toiture pour des inclinaisons trop fortes ; cet inconvénient est moins marqué pour la toiture à poutres horizontales, et néanmoins l'expérience a prouvé qu'on devait aussi s'en abstenir quand la nature du climat exigeait de fortes inclinaisons ; on doit alors, autant que possible, employer des fermes pour soutenir la couverture.

La ferme la plus simple consiste en une pièce horizontale AB (*fig.* 38), nommée entrait, qui supporte une pièce verticale

Fig. 38.

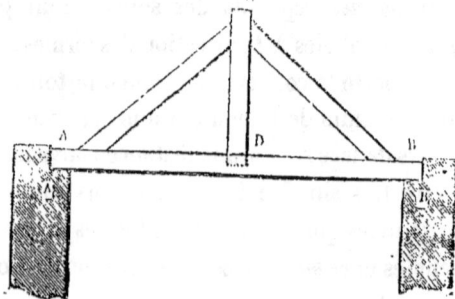

CD nommée poinçon, et deux pièces inclinées AC et BC appelées arbalétriers, qui viennent s'assembler sur le poinçon et sur
l'entrait. D'ordinaire, on se contente d'ajuster par un simple
tenon le poinçon et l'entrait; c'est une faute grave; le poids de
la toiture tend à faire fléchir les arbalétriers AC et BC (*fig.* 39);

Fig. 39.

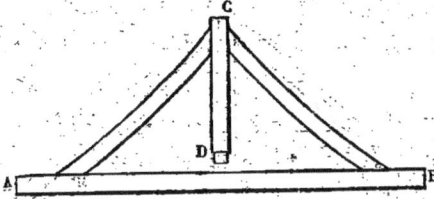

le propre poids de l'entrait et la déformation des deux autres
côtés du triangle ABC contribuent à le séparer du poinçon, et
à la forme première de la ferme se substitue celle que nous représentons ici; le poinçon se détache de l'entrait, et cette séparation est le spectacle ordinaire qui frappe les yeux de ceux
qui visitent les combles. Le premier soin à avoir est de relier
d'une manière invariable, par un étrier en fer, l'entrait au
poinçon; le grand triangle ABC étant ainsi ramené à deux
triangles ACD BCD, et le côté CD de ces triangles ne pouvant
plus éprouver de modification, la force de résistance à la flexion
de l'entrait vient s'ajouter à celle des arbalétriers, et la ferme
demeurera invariable toutes les fois que la somme de ces résistances sera suffisante.

L'entrait AB (*fig.* 40) empêche l'écartement des extrémités
E et F des arbalétriers, et par suite convertit la poussée qui
aurait lieu contre les murs en une pression à peu près verticale. Quand la résistance des murs est considérable, et que leur
écartement ne permet pas d'employer un entrait qui ait toute
la portée, on peut réunir les arbalétriers et le poinçon par des
moises placées à une certaine hauteur; enfin, pour reporter la
pression plus verticalement sur les murs, et pour fortifier les

arbalétriers, on les soutient quelquefois par des contre-fiches KM, K'M', qui prennent leur point d'appui sur les murs plus bas; cette disposition est surtout usitée dans les magasins, les hangars ou les granges; ces contre-fiches peuvent être heureusement remplacées par des pièces moisantes.

Fig. 40.

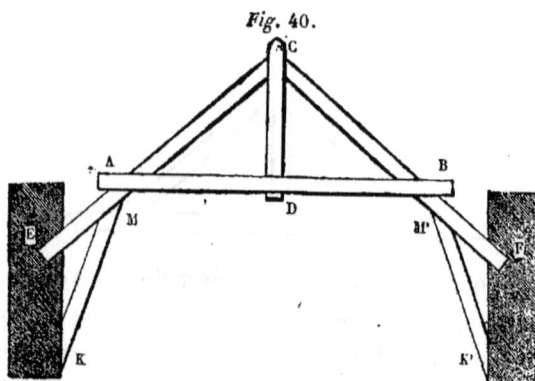

Il est facile d'établir d'une manière approximative la résistance des pièces dans la ferme. Quand le poinçon n'est pas relié à l'entrait, dans la pratique il n'exerce aucune pression sur l'entrait; donc, en décomposant le poids suivant la direction des arbalétriers et perpendiculairement à cette direction, la composante C (*fig.* 41), suivant la direction de l'arbalétrier,

Fig. 41.

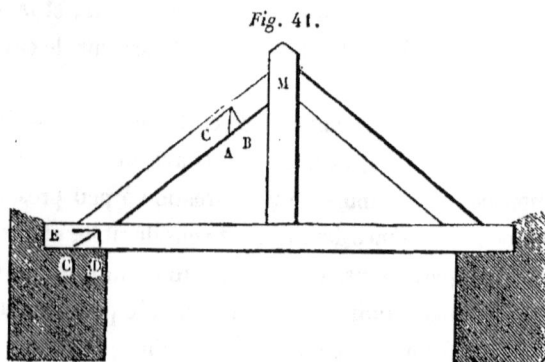

vient se reporter sur l'assemblage avec l'entrait; et si on décompose cette dernière force suivant la direction de l'entrait et perpendiculairement à cette direction, la nouvelle composante D est détruite par la résistance des murs, et la composante E exerce une traction sur l'entrait; la force de l'entrait est toujours plus que suffisante pour résister aux deux tractions E en sens contraire qui le sollicitent. Mais les arbalétriers sollicités par les composantes B ont besoin de la force nécessaire pour ne pas prendre une flexion sensible sous l'action de cette force; et comme leur point d'assemblage M avec le poinçon n'est pas un point fixe et est susceptible de monter ou de descendre, on ne s'écartera pas des conditions de la pratique en supposant que les arbalétriers sont remplacés par une pièce unique de leur équarrissage, ayant la portée de la ferme, et à laquelle les composantes B du poids de la toiture uniformément réparti sont appliquées; on rentre alors dans la détermination dont nous avons montré un exemple à propos des planchers. On conçoit, d'après cette analyse, que le poids supporté par les arbalétriers diminue à mesure que l'angle de la toiture devient plus aigu, et que dans ce cas l'entrait est soumis à des efforts plus considérables qui tendent à faire partir les assemblages; alors il convient que ces assemblages soient fortifiés, soit par la prolongation extérieure de l'entrait et celle de la toiture qui le recouvre, soit par des frettes.

Dans le cas où le poinçon est relié à l'entrait par un étrier, la forme du poinçon restant invariable, les arbalétriers ne peuvent fléchir qu'autant que l'entrait lui-même éprouverait une déformation; la résistance à la flexion de l'entrait vient donc en aide à celle des arbalétriers, et on est parfaitement sûr d'avoir une solidité suffisante en supposant que la force de résistance à la flexion de l'entrait vient s'ajouter à celle des arbalétriers, et en les calculant toutes deux comme nous l'avons indiqué plus haut. Nous disons qu'on est parfaitement sûr de la solidité : c'est qu'en effet, par la nature des liaisons qui existent entre l'arbalétrier et l'entrait, le système se rapproche d'une pièce armée, ce qui rend la résistance totale plus forte que la somme des résistances individuelles ; en augmentant la liaison de ces pièces par des contre-fiches ou des moises, on accroîtrait leur force, car on rapprocherait encore plus la ferme de la condition d'une poutre armée soumise à la composante du poids perpendiculaire à la direction des arbalétriers.

Si, indépendamment de la liaison du poinçon et de l'entrait, le poinçon est soutenu par un mur de refend en son milieu, chaque arbalétrier résiste à la flexion comme une pièce posée sur deux appuis ; et c'est la résistance individuelle de chaque arbalétrier à la flexion, sous l'action d'un poids uniformément réparti, qui doit déterminer la force des pièces.

Quant à la force des pannes et chevrons, qui jouent, par rapport à la toiture, le même rôle que les solives relativement aux planchers, leur détermination sera facile par les règles que nous avons posées dans l'examen des planchers pour des pièces horizontales sollicitées par un poids.

En suivant les principes que nous venons d'établir, et qui, sans être rigoureusement exacts, s'approchent très suffisamment de la pratique, on évitera bien des fautes qui se commettent tous les jours ; du reste, quand on voudra procéder par analogie et faire une charpente semblable à une charpente existante, et sur des portées plus réduites ou plus fortes, la dimension relative des pièces qu'on devra employer se trouvera exactement par le même procédé de calcul que nous avons employé pour comparer un plancher de 9 mètres de portée à un plancher de 7 mètres.

Les assemblages de charpente sont de différentes natures, et ont chacun un usage déterminé.

Toutes les fois qu'une pièce porte nécessairement sur une autre par la disposition de la charpente, on les réunit par un tenon simple ou double, droit ou incliné, suivant la direction des pièces. La *fig.* 42 représente le tenon simple droit; la pièce

Fig. 42.

Fig. 43.

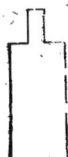
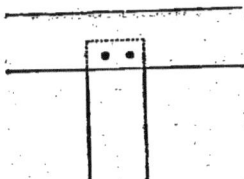

supérieure est entaillée suivant la forme du tenon qu'on y chasse au maillet et qu'on y assujettit ordinairement par des chevilles (*fig.* 43).

La *fig.* 44 représente un tenon double incliné; ce tenon se

Fig. 44.

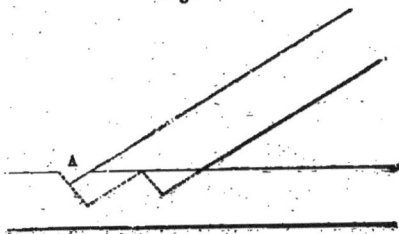

compose de deux dents retournées d'équerre sur la pièce et prises dans le tiers de la pièce; d'ordinaire on fait entrer l'arête A de 0^m,04 à 0^m,05 dans la pièce qui reçoit le tenon, pour que cette arête n'éclate pas. On appelle mortaise l'entaille qui reçoit le tenon.

Quand la disposition des pièces ne tend pas à les rapprocher,

Fig. 45.

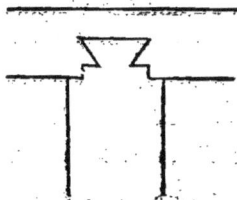

ou quand elles sont exposées à des efforts de traction modérés, on les réunit par un assemblage à queue d'hironde ; quand les deux pièces sont perpendiculaires, l'assemblage est représenté par la *fig.* 45 ; et quand les deux pièces sont bout à bout, par la *fig.* 46 ; ce genre d'assemblage se fait à mi-bois. Quand les

Fig. 46.

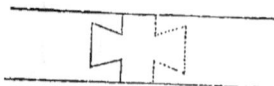

deux pièces sont bout à bout ou juxta-posées, et exposées à un effort considérable dans le sens de leur longueur, on les assemble par un trait de Jupiter. Nous représentons (*fig.* 47) le trait

Fig. 47.

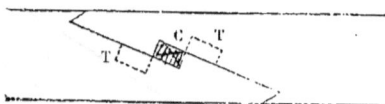

de Jupiter qu'on applique ordinairement à deux pièces bout à bout. Dans cet assemblage, chacune des pièces porte un tenon T et une mortaise, et le tenon de l'une entre dans la mortaise de l'autre ; entre les deux tenons on met une clef C qui, une fois placée, empêche la disjonction des pièces, et dont le vide, avant qu'elle ne soit placée, permet de les engager l'une dans l'autre.

Nous avons dû donner l'indication de ces différents assemblages, pour que le propriétaire éclairé pût juger s'ils étaient appliqués avec discernement ; car, nous le répétons, rien n'est plus surprenant que l'ignorance profonde qui préside à l'établissement de presque toutes les charpentes rurales ; nous devons ajouter que l'emploi des assemblages oblige à beaucoup de main-d'œuvre, et doit être très restreint ; en général, ils affaiblissent considérablement les pièces ; aussi, quand une pièce principale doit être soumise à un effort considérable, il faut remplacer la queue d'hironde ou le tenon cheville par un étrier qui la lie à la pièce qui la rencontre ; il est aussi le plus souvent préférable de remplacer la pièce qui rencontre par deux pièces moisantes ; on appelle ainsi deux pièces parallèles BB (*fig.* 48) qui, embrassant la pièce principale A,

Fig. 48.

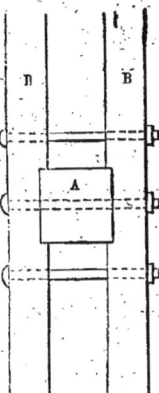

sont clouées ou boulonnées avec elle, ou boulonnées de part et d'autre, et qui d'ordinaire sont légèrement entaillées à leur rencontre avec la pièce principale pour empêcher le glissement.

Le trait de Jupiter ne doit non plus être employé dans les pièces bout à bout que dans des points où ces pièces reposent sur des supports intermédiaires ; et dans les pièces assemblées en long, il doit être soutenu par de forts boulons qui serrent les pièces. Les boulons tendant à faire fendre les pièces dans le sens de leur longueur, on ne doit jamais les placer à l'extrémité des pièces ; et si la liaison doit avoir nécessairement lieu aux extrémités, il faut remplacer les boulons par une frette ou un étrier.

§ V. — Des carrelages.

Les poutres, solives et lattes étant placées, il faut, pour ter-

miner le plancher, le carreler. On commence par en mettre
toutes les parties parfaitement de niveau au moyen de poussière ou de recoupe de pierre; ensuite on pose à la règle et on
scelle avec du plâtre chaque rang de carreaux. Pour qu'un car-
relage soit bien fait, il faut que les joints se suivent parfaitement, soient le plus serrés possible et parfaitement de niveau.
Quant aux carreaux eux-mêmes, les meilleurs sont ceux qui
sont parfaitement dressés, unis de couleur et sonores; néanmoins, comme ces trois qualités se rencontrent rarement réunies,
on doit, dans les constructions rurales, s'attacher surtout à la
sonorité, qui est une preuve de bonne cuisson et une garantie
de durée, et ne pas tenir au même degré à la couleur et à la
perfection du plan de la surface.

§ VI. — Des couvertures.

Les couvertures se font en ardoises, en tuiles creuses, en tuiles
plates, en planches ou en chaume. La couverture en ardoises est
assez rarement employée dans les constructions rurales; cet
emploi est limité aux pays même dont on tire l'ardoise. Il y a
deux sortes d'ardoises: la grande carrée, dont un mille couvre
23 mètres carrés; et la cartelette, dont un mille couvre 13 mètres carrés; pour assujettir ces ardoises, on les cloue sur les lattes, chacune avec deux ou trois clous. Les lattes doivent être
en chêne; tout autre bois s'échaufferait; le faîtier et les arêtiers
se couvrent en plomb. Les couvertures en ardoises, qui sont
légères, ont l'avantage de pouvoir s'appliquer, par leur pose, à
toutes les inclinaisons.

La couverture en tuiles creuses qui se posent à recouvrement et de manière à ce que chaque rang soit engagé avec deux
rangs de tuiles renversées, est excellente, quoique un peu
lourde; malheureusement les tuiles ont une tendance à glisser
dans le sens de la pente, et leur emploi devient impossible pour

des toitures fortement inclinées ; on augmente la cohésion en
les scellant avec du bon mortier qui doit être hydraulique
pour ne pas se décomposer sous l'action continue des météores.

La couverture en tuiles plates est très répandue ; ces tuiles
sont de simples briques garnies d'un crochet qui, s'engageant
dans les lattes, empêche le glissement ; dans ce genre de couverture, les lattes sont attachées de manière à cacher les deux
tiers de la longueur de la tuile ; on doit rechercher dans les
tuiles les mêmes qualités que nous avons recommandées pour les
briques en général et les carreaux.

La couverture en planches se fait, soit en mettant la longueur des planches dans le sens de la pente du toit à recouvrement, et recouvrant les joints avec des liteaux, soit en
débitant le bois en petites planchettes qu'on pose comme les
tuiles, et qu'on attache avec des chevilles ou des clous ; on peut
goudronner ces couvertures pour en prolonger la durée.

La couverture en chaume se fait en attachant des faisceaux
de paille ou de jonc aux chevrons, et plaçant les différents
rangs de faisceaux à recouvrement ; le faîtier doit toujours être
couvert en tuiles creuses.

§ VII. — Des constructions hydrauliques.

L'architecture rurale nécessite, dans beaucoup de cas, l'emploi des constructions hydrauliques. Les pavés des étables, les
citernes ou réservoirs, les abreuvoirs, les conduites d'eau
pour le service de la ferme, l'aire à fumier et les rigoles qui
l'entourent, doivent toujours être construits en maçonnerie
hydraulique.

Cette maçonnerie consiste, soit en pierres de taille rejoin-
toyées avec du ciment, soit en pierres-moellons réunies par
un mortier hydraulique et recouvertes d'un enduit hydraulique, soit en béton. On doit en général réserver les construc-

tions en pierre de taille pour les abreuvoirs, qui se font d'une seule pièce ; car, indépendamment de leur prix, qui est ordinairement fort élevé, relativement à celui de la pierre-moellon, il est assez difficile de rendre les joints parfaitement étanches ; cette difficulté tient à la petitesse des joints, qui ne permet de les abreuver qu'avec du mortier liquide qui laisse nécessairement des interstices par la dessiccation ; on obvie à cet inconvénient en grattant les joints profondément, en les garnissant avec un ciment et en lissant. Le seul avantage des ouvrages en pierre de taille est la facilité avec laquelle on peut pratiquer des trous pour l'écoulement des eaux, et changer leur position. C'est seulement dans les localités où il n'existe pas de chaux hydraulique naturelle ou artificielle que l'emploi de la pierre de taille est presque indispensable.

Le maçonnerie hydraulique en moellons se fait comme la maçonnerie ordinaire, mais avec des mortiers très hydrauliques ; seulement on doit apporter beaucoup d'attention à ce que les pierres soient parfaitement noyées dans le mortier. Quand la maçonnerie est sèche, on la recouvre d'un enduit rustique au mortier de chaux hydraulique, si l'ouvrage doit simplement faire office de citerne ou de réservoir, et on lisse cet enduit avec du ciment hydraulique, au moins dans la partie supérieure, si l'ouvrage est destiné à servir d'abreuvoir pour les bestiaux.

Le radier ou la sole des réservoirs et citernes doit être fait en béton, de préférence à la maçonnerie ordinaire : le béton, confectionné ainsi que nous l'avons exposé plus haut, est déposé par couche de $0^m,10$ à $0^m,20$ et battu à mesure sur toute la surface, jusqu'à ce qu'il ait atteint l'épaisseur qu'on se propose de donner au radier, laquelle doit varier entre $0^m,30$ et $0^m,60$, suivant que la charge d'eau varie entre $0^m,50$ et 2 mètres.

Si les pierres de taille et les moellons manquent, les pierres des réservoirs pourront être faites en maçonnerie hydraulique de briques ou en béton. Si on les construit en béton, on doit couler le béton dans un encaissement en planches et le pilonner par couches de $0^m,10$, par une méthode analogue à celle qui sert à faire le pisé.

Les pavés des étables et des aires à fumiers doivent être posés sur une couche de béton de $0^m,15$ d'épaisseur, et reliés entre eux avec du mortier hydraulique ; si on se contentait de construire le pavé avec du mortier hydraulique sans couche de béton inférieure, l'ébranlement causé par le piétinement des animaux détruirait bientôt la liaison et rendrait le pavé perméable

Les conduits des latrines particulières, en poterie ordinairement, doivent être noyés, soit dans une enceinte d'argile battue, soit dans un massif concentrique de $0^m,30$ au moins de maçonnerie hydraulique.

Les fondations des constructions, jusqu'à $0^m,50$ au-dessus du niveau du sol, doivent être construites en maçonnerie hydraulique, pour empêcher l'humidité de gagner les murs par l'effet de la capillarité ; si les chaux hydrauliques sont rares, on doit au moins séparer les fondations des murs par une couche de $0^m,50$ au moins de maçonnerie hydraulique de chaux grasse et de pouzzolane, ou de chaux grasse et brique pilée ; car, une fois que l'humidité a gagné les murs, tous les mastics ou ciments qu'on emploie pour la combattre ne sont que des palliatifs impuissants.

Nous avons parlé plus haut de l'emploi des ciments ; on appelle communément ciment une chaux très hydraulique, qui peut être employée immédiatement sans qu'on soit obligé de la mêler à d'autres substances ; la chaux anglaise, connue sous le nom de *ciment romain,* se compose de

Chaux	0,554
Magnésie.	0,000
Argile.	0,360
Oxyde de fer.	0,086
Total.	1,000

II.

Nous désignons par argile un mélange de silice et alumine qui peut être variable sans que la bonté du ciment en soit sensiblement altérée.

Le ciment de Boulogne, qui est à peu près de même qualité, se compose de

Chaux	0,540
Magnésie.	0,000
Argile.	0,310
Oxyde de fer.	0,150
Total.	1,000

On forme aussi des ciments artificiels en calcinant ensemble un mélange de craie et d'argile, dans des proportions semblables à celles que nous venons de donner; mais il est rare que l'on obtienne des produits aussi satisfaisants que les ciments naturels.

Enfin on emploie comme ciments des mastics artificiels; l'un d'eux se compose de 90 parties de terre cuite, de 10 parties de litharge, et d'huile siccative en quantité suffisante pour faire le mortier; mais ces mastics ne trouvent guère d'usage dans les constructions rurales, et nous n'entrerons à ce sujet dans aucun développement.

§ VIII. — De la construction ou de l'amélioration des chemins d'exploitation.

Tout le monde reconnaît aujourd'hui l'importance de bonnes voies de communication. Déjà, pour les chemins publics, on est arrivé à une situation qui est certainement bien loin de la perfection, mais qui pourtant est très satisfaisante si on la compare à celle où était la France il y a une vingtaine d'années; plus on est entré dans cette voie d'amélioration, plus on a senti les immenses avantages d'un parcours facile et commode, et l'on peut affirmer hardiment que le développement de la richesse publique a payé au décuple l'intérêt des dépenses affectées aux chemins.

Si les routes royales et départementales, les chemins de grande communication, et sur quelques points les chemins vicinaux, ont fait d'immenses progrès, presque partout les chemins d'exploitation rurale sont restés dans un déplorable état. Dans une grande partie de la France, la circulation rurale est, à proprement parler, impossible avec les chargements les plus modérés pendant quatre mois de l'année; et les exemples donnés par quelques propriétaires éclairés, qui ont cru, avec juste raison, bien placer le capital qu'ils ont consacré à l'amélioration de leurs chemins, n'ont pas été suivis.

Cette inertie tient à plusieurs causes : la première, que nous avons signalée dans la première partie de ce travail, est l'énorme proportion de journées perdues dans l'exploitation d'une ferme, ce qui rend les fermiers indifférents au surcroît de forces et de temps qu'ils sont obligés d'appliquer à la traction soit des fumiers, soit des récoltes des champs à la ferme, et réciproquement, et aux transports entre la ferme et les voies générales de communication les plus voisines.

La seconde est l'imperfection des chemins de petite vicinalité dans une grande partie de la France; et cela se comprend aisément. Le plus souvent, les transports ruraux empruntent en partie ces chemins: leur état affreux nécessitant un certain effet de traction, ils ne voient d'une part aucun intérêt à améliorer des portions de trajet séparées par des lacunes qui rendraient leur amélioration illusoire; d'autre part, personne ne veut prendre à sa charge une amélioration qui compète à tout un quartier; et comme il faudrait s'entendre avec ses voisins, ce qui est en tout la chose la plus difficile, on ne fait rien. L'état de ces chemins abandonnés est considéré alors comme l'état normal des communications de la ferme, et elles restent toutes au même degré d'infériorité.

La troisième, et la plus puissante sans contredit, est l'habitude; pour la vaincre, il faut de nombreux exemples dans toute

la France ; il faut que les propriétaires éclairés se livrent à des
travaux bien entendus et peu coûteux : l'agrément, la commodité qui en résulteront pour leurs domaines, la diminution des
frais d'entretien des voitures, des harnais, le bon état des animaux de la ferme, seront les véritables et sérieux encouragements qui nous feront sortir de cette situation déplorable.

Ainsi l'état d'abandon des chemins ruraux tient à trois causes
également funestes : indifférence sur le temps perdu, mauvais
état des chemins de petite vicinalité, mauvaises habitudes enra-
cinées. Ce n'est pas le lieu d'indiquer ici les moyens d'annuler
les deux premières causes ; ces moyens rentrent dans le domaine
de l'économie domestique et politique, et nous nous bornerons
à donner les règles qui doivent guider ceux qui voudront, par
leur exemple, atténuer la troisième.

Le point le plus important pour qu'un chemin soit bon est
son assainissement, ou le libre écoulement des eaux ; cette condition remplie, il n'y a point de chemin absolument mauvais ;
or le libre écoulement des eaux n'est pas, à proprement parler, un travail de route, il intéresse encore, et à un bien plus
haut degré, l'assainissement des terres, les cultures et les récoltes. Le premier but que doit se proposer un propriétaire qui
veut perfectionner à la fois ses communications et son domaine
est de se débarrasser des eaux stagnantes : un nivellement qui
lui permettra de se rendre compte du relief du sol lui indiquera
sur-le-champ la direction des écoulements ; le repurgement
des fossés, ou la création des fossés dans les points où ils manquent, quelques aqueducs rustiques pour faire passer les eaux
d'un côté à l'autre des chemins, quand elles doivent les traverser, suffiront d'ordinaire pour que ce grand et premier but de
l'assainissement soit atteint complétement. Il est des endroits où
les chemins profondément encaissés présentent de part et d'autre
du point le plus bas des pentes en long dont l'inspection exclut
toute idée d'assainissement, à moins de tranchées coûteuses ;

dans ce cas, il faut changer partiellement le tracé du chemin, et cela sans hésitation, car la condition que nous avons posée est d'une absolue nécessité.

Dans d'autres endroits, les chemins présentent un profil en long presque horizontal, et l'écoulement des fossés qui suivraient le chemin serait tellement lent que leur effet serait presque nul ; le plus souvent, on peut combattre cette fâcheuse disposition par des écoulements latéraux assez rapprochés, car il est rare que le profil en travers du terrain soit horizontal comme le profil en long. Si cependant ce cas se présentait, comme on le voit dans les terrains palustres, il faut atténuer le défaut de pente des fossés par l'augmentation de largeur, les relier aux canaux de desséchement qui ne peuvent manquer d'exister dans des terrains de cette nature mis en culture, et donner, au moyen des curages, du relief au chemin.

Dans toute autre position que celles que nous venons de signaler, les eaux peuvent suivre les fossés du chemin jusqu'à leur rencontre avec les écoulements naturels ou artificiels du domaine. On peut craindre toutefois que, dans les terrains en pente, l'excès de vitesse ne ravine les fossés et ne finisse par compromettre l'existence du chemin. A cette objection, nous répondrons que ces pentes excessives sont fâcheuses, et qu'il faut changer le chemin dès que l'inclinaison dépasse $0^m,06$ par mètre ; on pourra, quand on approchera de cette limite, combattre facilement l'approfondissement des fossés par des barrages placés de distance en distance et construits, soit en pierres sèches, soit en broussailles assujetties par des piquets, si l'on n'a pas à sa disposition de pierres à bon marché.

Les dimensions en travers du chemin, ou ce qu'on appelle, en termes de l'art, son profil en travers, ont aussi de l'importance : les chemins d'exploitation, sauf sur de très petites longueurs, ne doivent pas avoir moins de 5 mètres de largeur ; et si le terrain, dans des cas fort rares, paraît assez précieux pour qu'on réduise cette largeur, on doit ménager de distance en distance des élargissements ou gares d'évitement pour que les charrettes puissent croiser. La largeur des fossés, de part et d'autre du chemin, sauf les cas exceptionnels que nous avons mentionnés plus haut, doit être de 1 mètre, et la profondeur des fossés de 0^m,40 au moins ; le chemin doit être bombé de manière à présenter, pour sa largeur de 5 mètres, une flèche de 0^m,20, soit le vingt-cinquième de sa largeur.

Ce profil en long et ce profil en travers du chemin assurent une bonne viabilité par tous les temps secs ; mais dans les temps humides, et surtout après des pluies prolongées, si le fonds du chemin est en terre végétale, et encore plus s'il est argileux, il peut se manifester des ornières profondes qui entravent la circulation ; c'est à cet inconvénient qu'on obvie en faisant une chaussée, c'est-à-dire en couvrant le chemin d'une couche de gravier ou de pierres cassées de 0^m,15 à 0^m,20 d'épaisseur, plus ou moins, suivant la nature du terrain. On peut souvent se procurer du gravier à très bon compte et obtenir ainsi une circulation parfaite en tout temps. Dans les pays absolument dépourvus de pierres, ou dans les propriétés trop éloignées des carrières pour qu'on puisse s'en procurer économiquement, force est bien de se limiter à dresser les profils en long et en travers, et de se contenter d'entretenir le chemin en rabattant les ornières dès que les pluies ont cessé ; mais on ne doit pas renoncer légèrement, sous prétexte d'économie, à la formation d'une chaussée ; l'argument même des journées perdues, qu'on met en avant pour se dispenser d'entretenir les chemins, peut être employé pour prouver la facilité de leur amélioration et de leur entretien dans beaucoup de circonstances. Rien, en effet, ne paraît plus facile et moins onéreux aux fermiers que de les obliger, dans les baux, à un certain nombre de journées de transport en saison morte. En appliquant une partie de ces journées au transport des matériaux destinés à la formation de la chaussée, on finirait par faire disparaître tous ces cloaques qui déshonorent un domaine.

Nous avons parlé de certains cas où il convenait de rectifier les chemins vicinaux; nous devons donner quelques développements à ce sujet, d'autant plus que si les règles ordinaires de l'art doivent être prises en considération, elles doivent souvent fléchir dans ce cas devant la constitution du domaine. Toutes les fois qu'il s'agit de rectifier une portion de chemin en plaine, on doit choisir entre les lignes les plus courtes celle qui s'accorde le mieux avec la configuration des terres, et qui ne pourra gêner ni labours, ni hersages, etc. Ainsi la rectification doit peu s'écarter des limites des parcelles d'une culture bien entendue; on peut même souvent tracer le chemin de manière à obtenir une division plus heureuse que celle en usage sur le domaine; dans beaucoup de cas, on pourra côtoyer l'ancienne direction; dans d'autres, on pourra s'en écarter en ayant soin, comme nous l'avons dit plus haut, de vérifier d'avance par un nivellement les conditions de l'écoulement. Dans les terrains inclinés, et quand il s'agit de rectifier des pentes qui dépassent $0^m,06$ par mètre, il faut suivre rigoureusement les règles de l'art, que nous allons rapporter rapidement.

On établit une ligne de nivellement entre le point culminant auquel on veut parvenir et le pied de la rampe qu'on se propose de rectifier; on mesure la longueur comprise entre ces deux points; on divise la différence de niveau par la longueur: si le quotient est inférieur à $0^m,06$, les pentes exagérées du chemin qu'on se propose de rectifier proviennent d'une répartition inégale entre les différences de niveau, et il suffit de corriger les différences, soit en déblayant sur certains points et remblayant sur d'autres, soit, si la dépense qui en résulte est trop grande, en traçant une ligne d'égale pente sur le terrain entre les deux points, et faisant jouer le tracé près de cette ligne, de manière à obtenir un plan régulier, et dans lequel les déblais à effectuer se compensent à peu près avec les remblais.

Si le quotient est supérieur à $0^m,06$, c'est la preuve que le développement du chemin à rectifier n'est pas suffisant : on doit alors examiner d'abord si la ligne d'égale pente tracée entre les deux points extrèmes fournit un développement suffisant ; s'il en est ainsi, on se comporte comme nous l'avons exposé plus haut ; s'il en est autrement, on descend du point culminant avec la pente maximum qu'on s'est imposée, en ayant soin, s'il y a deux versants, de suivre celui qui conduit dans la plaine, en amont du pied de la montée ancienne, pour n'avoir pas à faire une contre-pente pour rejoindre le chemin.

On doit en général éviter, dans les tracés destinés à raccorder les alignements, les courbes qui ont moins de 10 mètres de rayon intérieur, ce qui peut toujours se faire sans augmentation de la dépense.

L'établissement ou le perfectionnement des chemins ruraux peut nécessiter la construction d'ouvrages accessoires, et particulièrement de murs de soutènement, d'aqueducs et de ponceaux.

Les murs de soutènement les plus usités sont ceux en pierre sèche ; ils doivent avoir pour épaisseur au moins les 0,40 de la hauteur ; les parements intérieurs et extérieurs doivent être faits avec le plus grand soin, et les assises aussi horizontales que possible. Les pierres de parement doivent avoir une queue suffisante et inégale, de manière à lier parfaitement la maçonnerie intérieure avec les parements ; enfin, pour augmenter la stabilité, le mur doit avoir, s'il dépasse une hauteur de 1 mètre, un fruit ou talus de 1 mètre de base pour 6^m de hauteur.

Si les pierres employées n'ont pas de lit marqué et la cassure conchoïde, il est difficile de faire un ouvrage solide en pierres sèches, car le mur se transforme en un remblai de pierres ; il faut alors faire le mur en maçonnerie. Le mur de soutènement en maçonnerie doit avoir pour épaisseur moyenne le tiers de sa hauteur; on lui donne communément, du côté opposé aux terres, un talus de 0,1 quand la hauteur dépasse 1 mètre; les règles générales que nous avons données pour les fondations s'appliquent du reste à ces ouvrages.

Les aqueducs doivent consister d'ordinaire en deux pieds droits en maçonnerie, recouverts de dalles d'une épaisseur de $0^m,20$ à $0^m,30$, suivant que l'écartement des pieds droits varie de $0^m,50$ à 1 mètre.

Les poutreaux doivent être, autant que possible, en maçonnerie ordinaire; ils consistent en pieds droits surmontés d'une voûte en plein cintre ou en anse de panier; l'épaisseur des pieds droits doit varier entre $0^m,50$ et $1^m,50$, suivant que le débouché varie entre 1 mètre et 6 mètres. L'épaisseur à la clef de la voûte doit varier dans les mêmes circonstances entre $0^m,25$ et $0^m,40$; si les pieds droits ont une hauteur plus grande que 1 mètre, leur épaisseur doit augmenter de $0^m,30$ par chaque mètre d'élévation ou proportionnellement; si les eaux ont un faible courant, les fondations de ces ouvrages rentrent dans la catégorie des fondations ordinaires; si les eaux sont torrentielles, on doit approfondir les fondations jusqu'à un sol ferme, dans le cas où ce sol n'est pas trop profond, et, dans le cas contraire, établir la construction sur un radier général, en maçonnerie, en défendant par de forts enrochements ou par des pieux les têtes d'amont et d'aval du radier.

Dans les domaines où les bois sont sur place et à bon compte, il peut être avantageux de remplacer la voûte par un plancher en charpente reposant sur des poutres en grume; mais ce cas est l'exception, car, en général, pour les poutreaux et aqueducs, les ouvrages en maçonnerie sont à la fois plus durables et plus économiques.

Enfin, si le propriétaire est forcé de construire des arcs de p'us de 6 mètres, ou même des ponts d'une grande portée, il devra préférer les ouvrages en charpente, à moins qu'il ne soit dans une condition désavantageuse pour se procurer des bois, et que la pierre soit tout-à-fait à sa portée.

Il n'entre pas dans notre plan de décrire ces ouvrages; outre que la nécessité de leur établissement se rencontre rarement dans l'étendue d'un domaine, ils nécessitent en général l'intervention d'un homme de l'art qui appréciera les conditions qui doivent en régler les différentes parties.

NOTE

RELATIVE AUX PAGES 86 ET SUIVANTES.

Il y aurait de curieuses recherches à faire sur les températures atmosphériques et solaires qui amènent les fruits à maturité dans les différents lieux. Ainsi Linné, dans plusieurs de ses ouvrages et particulièrement dans le mémoire intitulé : *Vernusio arborum*, cite des faits qui mériteraient une vérification attentive. Il nous dit, par exemple, qu'à Upsal l'orge met 123 jours, en moyenne, de sa semaille à sa maturité; 87 jours à Pitou, 4 degrés plus au nord; 93 jours à Nasinge, dans la Norwége; 100 jours à Korn, dans l'île de Bahus; 163 jours en Ostrobothnie, tandis qu'à Paris, semé le 23 avril, il ne se récolte que le 30 août, employant ainsi 130 jours pour arriver à sa maturité.

Il y a dans ces faits plusieurs points à considérer.

Les plantes ont une vie foliacée, si je puis m'exprimer ainsi, qui est plus ou moins longue, qui peut même se prolonger indéfiniment, si, avec une température suffisante pour exister, elles n'en éprouvent pas une qui le soit assez pour déterminer l'émission des fleurs et la maturation des fruits. Tout ce qui a été dépensé de calorique, distribué à petites doses pour produire de nouvelles pousses de feuilles, ne peut être additionné en partie au compte de la maturité des fruits sans l'exposer à des erreurs. En effet, supposons que le froment vécût pendant un an sous la température constante de 12°; il aurait reçu l'influence de 4380 degrés de chaleur, et cependant il continuerait à pousser des feuilles sans émettre d'épi. C'est ce qui se passe dans nos jardins de botanique, pour les plantes qui ne reçoivent pas une chaleur appropriée à leur nature. Des grains d'orge semés le 1er mars et le 25 avril arrivent l'un et l'autre en même temps à maturité, quoique ayant reçu des formes différentes de calorique. Si l'on veut arriver à des chiffres exacts, on n'y parviendra qu'en comparant les températures éprouvées de la floraison à la maturité, et non pas, comme on l'a fait jusqu'à présent, du moment de la reprise de la végétation pour le froment, quand la température moyenne arrive à $+ 6^{\circ}$ (et non $- 6$, comme on l'a imprimé par erreur page 86).

Tout ce qui a été fait à cet égard est donc à reprendre sur de nouvelles bases, mais les faits généraux qui prouvent l'influence solaire n'en restent pas moins dans toute leur force, et doivent être pris en sérieuse considération. L'exemple seul de Lyngen en fournirait la preuve.

A ce sujet, nous ne pouvons terminer sans dire que M. Martins, qui a séjourné dans le nord de la Norwége, pense que les chiffres que l'on nous a donnés pour la chaleur solaire de midi et de minuit sont peu exacts, et qu'il y a beaucoup moins de différence entre celle de ces deux époques de la journée, quoique peut-être la moyenne de cette chaleur puisse rester la même que celle que nous avons fixée.

SECONDE NOTE

RELATIVE A LA LIMITE DE LA RÉGION DE L'OLIVIER EN ESPAGNE.

Nous n'avons jusqu'à présent que des notions très imparfaites sur la végétation des côtes occidentales de la péninsule ibérique, et ce que nous en avons dit à la page 331 se ressent de cette imperfection des documents imprimés. Les notes qui suivent et qui nous ont été communiquées par M. Gay, d'après les souvenirs de M. Durieu qui connaît si bien la botanique de l'Espagne, compléteront les notions que nous avons données sur la région de l'olivier et de l'oranger. Elles nous prouvent que, hormis dans les lieux qui en sont exclus par leur altitude, toutes les côtes de la péninsule entrent dans cette région.

L'oranger à fruit doux (*citrus aurantium*) est partout cultivé sur les côtes orientale et méridionale d'Espagne, et sur les côtes du Portugal, d'où il s'avance sur la côte de l'Océan, jusqu'à el Padron, au milieu de la Galice.

L'oranger à fruit amer (*citrus vulgaris*) accompagne partout le précédent, mais s'avance un peu plus loin vers le nord. A Bergondo, près la Corogne, il y a une maison de campagne à laquelle on arrive par une véritable avenue, toute plantée d'arbres de cette espèce.

Il en est de même du citronnier (*citrus limonium*), avec cette différence que l'oranger à fruit amer s'arrête à la Corogne, tandis qu'on retrouve le citronnier à cent lieues de là, vers l'est, sur la côte du golfe de Gascogne, à Santona, province de Santander, en si grande quantité que c'est un objet de commerce. Je ne sache pas qu'il soit cultivé sur aucun point intermédiaire, entre la Corogne et Santona, ce qui peut s'expliquer par la nature des lieux, et notamment parce que sur cette côte les montagnes sont plus ou moins éloignées de la mer. C'est seulement à Santona qu'elles s'abaissent directement sur la plage. C'est un abri contre les vents du sud ; c'est une digue qui retient les vents du nord chargés des vapeurs de la mer. Tout le long de l'année, beaucoup d'humidité, par conséquent température basse et égale, très favorable aux végétaux qui craignent la gelée, sans avoir besoin d'une grande chaleur.

Entre ces deux points extrêmes (Santona et la Corogne) sont les Asturies, où les montagnes se tiennent à plusieurs lieues de la mer, dont le climat est comparativement sec, et où, par conséquent, on ne voit nulle part le citronnier, au moins dans les lieux visités par Durieu. Climat sec et tempéré. Cela devrait convenir à la vigne et à l'olivier. L'olivier cependant y manque complétement, et, quant à la vigne, il n'y en a jusqu'ici que quelques toises carrées essayées avec succès, par-ci par-là, par des agriculteurs intelligents. Ainsi la vigne n'est pas dans les habitudes du pays, mais elle peut y réussir. En est-il de même de l'olivier ? Je ne sais, mais ce qui pourrait faire croire à l'affirmative, c'est qu'il y a, à une lieue d'Oviedo, plusieurs assez grands dattiers qui s'y maintiennent en plein air depuis longues années, quoique dans l'hiver de 1835-36 le mercure soit descendu, à Oviedo, à sept degrés au-dessous de zéro (Réaumur).

L'olivier ne paraît pas non plus croître en Galice.

Dans sa Météorologie de la France, page 191, M. Martins cite Schouw (Europa 28), qui nous apprend que la vigne est cultivée en petit en Danemark, et Meyen (Pflanzen, géogr., page 437), qu'elle existe aux environs de Kœnigsberg, où l'on se contente de vendanger tous les six à sept ans.

FIN DU TOME SECOND.

TABLE

DES MATIÈRES CONTENUES DANS LE TOME II.

ARCHITECTURE RURALE.

FIN DE LA TABLE DU TOME SECOND.

II. 36

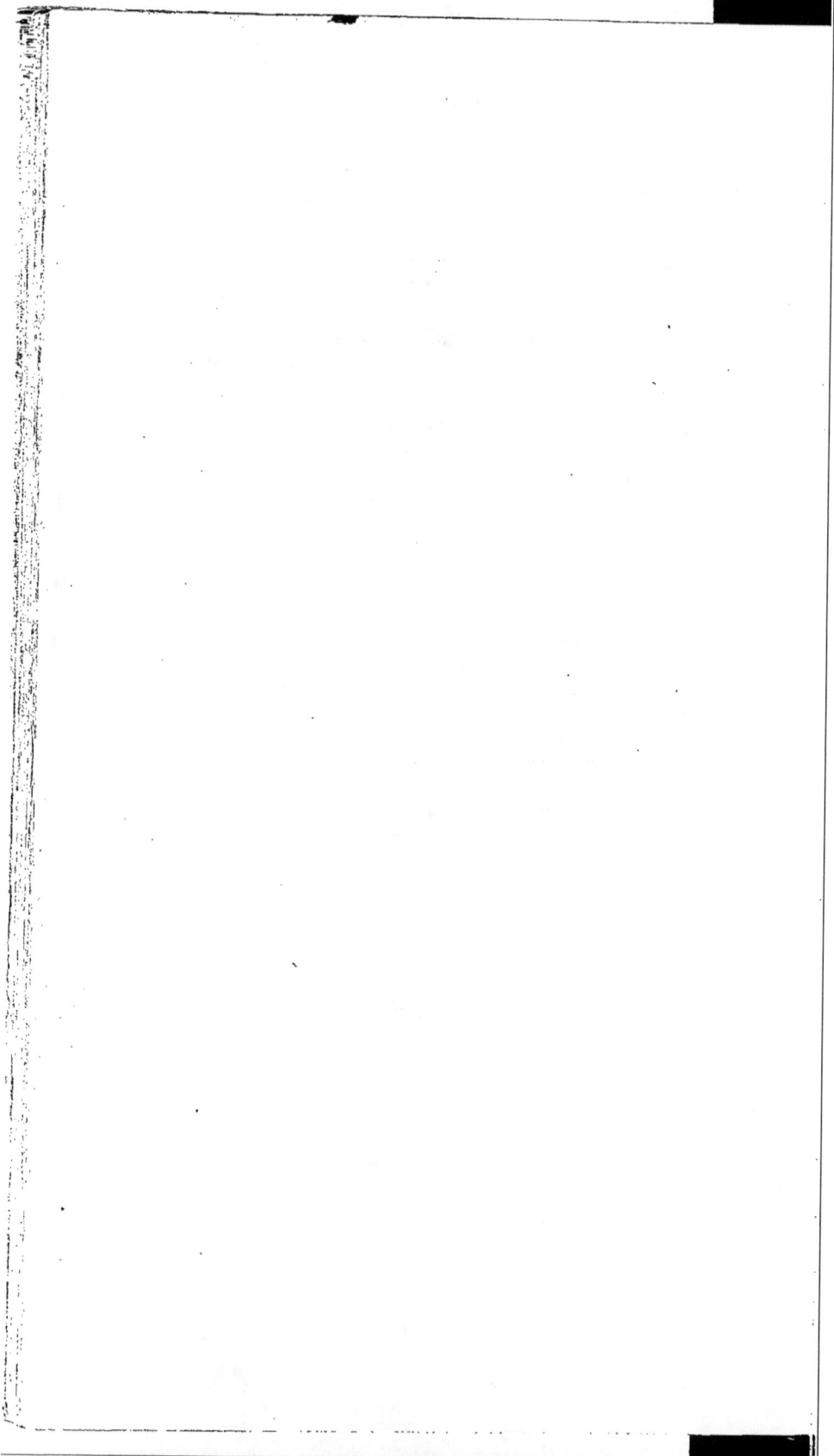

OUVRAGES

EN VENTE A LA LIBRAIRIE AGRICOLE

QUAI MALAQUAIS, N° 19.

Maison rustique du XIXᵉ siècle, 5 volumes in-4°, équi-valant à **25** volumes in-8° ordinaires, avec plus de **2,500** gra-vures représentant tous les instruments d'agriculture et de jar-dinage, machines, appareils, arbres, arbustes et plantes, fleurs, légumes, races d'animaux, bâtiments ruraux, etc.; publié sous la direction de MM. BAILLY, BIXIO et MALEPEYRE.

Tous les articles sont signés.

Prix : { Un volume . . . . 12 fr. »
{ Les 5 volumes . . . . 39 fr. 50

Toute personne qui place 6 exemplaires reçoit le 7ᵉ gratis.

Il n'y a pas d'agriculteur éclairé, pas de propriétaire qui ne consulte assidûment la *Maison rustique du XIXᵉ siècle ;* ce livre, expression la plus complète de la science agricole pour l'époque actuelle, forme à lui seul la bibliothèque de l'homme des champs.

Journal d'agriculture pratique et de jardinage, publié sous la direction du Dʳ BIXIO, par les rédacteurs de la *Maison rustique.* — Prix, un an . . . . 12 fr.

Le *Journal d'Agriculture pratique* paraît tous les mois en un cahier de 50 pages, et contient les vignettes nécessaires à l'intelligence du texte. Il rend compte de tous les instruments, expériences, publications qui inté-ressent l'agriculture et le jardinage ; seul entre tous les journaux du même genre, il indique tous les mois les travaux à exécuter dans le jardin et dans la ferme, et publie des chroniques agricole, horticole et séricicole du plus haut intérêt pour les cultivateurs, les propriétaires et les commer-çants, qu'elle tient au courant de toutes les variations des prix des denrées.

Cours d'agriculture, par le comte de GASPARIN ; tomes I et II. In-8° . . . . 15 fr.

Guide des propriétaires de biens ruraux affer-més, par le comte de GASPARIN. 1 vol. in-8° . . . . . 7 fr. 50

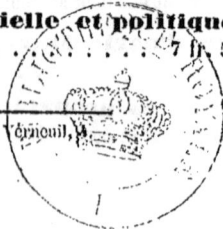

Imprimerie d'E. DUVERGER, rue de Verneuil, 4